"十四五"时期国家重点出版物出版专项规划项目
现代土木工程精品系列图书

强动载作用下钢管混凝土结构的动力响应

王宏伟　贾明明　著

哈爾濱工業大學出版社

内 容 简 介

土木工程基础设施与民用建筑在面临地震、强台风等自然灾害的同时，也可能遭受人为因素导致的爆炸、冲击等强动载作用，如何有效提升结构抵抗强动载作用的能力，是结构工程研究人员的初心和使命。本书建立了强动载作用下钢管混凝土结构的材料本构模型，以爆炸试验和数值模拟相结合的方式分析了爆炸荷载作用下钢管混凝土柱的动力响应和破坏模式，开展了爆炸后钢管混凝土柱残余承载性能试验，系统讨论了影响爆炸后柱结构残余承载力的因素；对影响钢管混凝土组合框架节点抗爆性能进行了参数分析，通过对爆炸荷载作用下框架结构损伤和倒塌动态响应规律的研究，指出了组合框架结构抗爆、抗倒塌分析流程，并给出了设计建议；最后针对钢管混凝土墩柱开展了抗车辆冲击性能研究，填补了该领域研究的部分空白。

本书可供工程抗爆与抗冲击专业人员、高等院校及科研院所从事相关研究的师生阅读参考，也可为从事高防护等级的钢管混凝土结构设计人员提供研究资料，助力相关工程的优化与创新。

图书在版编目(CIP)数据

强动载作用下钢管混凝土结构的动力响应/王宏伟，贾明明著.—哈尔滨：哈尔滨工业大学出版社，2025.3.—(现代土木工程精品系列图书).—ISBN 978-7-5767-1847-8

Ⅰ.TU375

中国国家版本馆 CIP 数据核字第 2024DK1961 号

策划编辑　王桂芝
责任编辑　张志雯　雷　霞
出版发行　哈尔滨工业大学出版社
社　　址　哈尔滨市南岗区复华四道街 10 号　邮编 150006
传　　真　0451-86414749
网　　址　http://hitpress.hit.edu.cn
印　　刷　哈尔滨市石桥印务有限公司
开　　本　787 mm×1 092 mm　1/16　印张 19.75　字数 486 千字
版　　次　2025 年 3 月第 1 版　2025 年 3 月第 1 次印刷
书　　号　ISBN 978-7-5767-1847-8
定　　价　118.00 元

前　言

典型的强动载，如爆炸、冲击等事故，往往会造成惨重的人员伤亡及财产损失。近年来，我国部分大型新建工程项目已将抗爆或抗冲击性能作为结构设计的重要环节。提升工程结构在爆炸、冲击等强动载作用后的可恢复性并减小灾害损失，在保障生命财产安全、维护社会稳定、经济发展等层面具有重要意义。在当下高层建筑、桥梁、地下设施等工程结构的各类典型应用场景中，钢管混凝土结构因钢材与混凝土之间的相互约束作用，具备优异的力学性能。相较于钢筋混凝土柱与纯钢结构柱，钢管混凝土柱在结构抗爆、抗冲击、抗连续倒塌等方面具有突出优势。

本书采用试验研究、数值模拟和理论分析等方法，基于从构件到结构体系的研究思路，对钢管混凝土结构在爆炸和冲击荷载作用下的动力性能进行了系统研究，全书共分为6章，具体内容如下：

(1)钢管混凝土结构抗爆性能与乳化炸药爆炸理论：本章介绍了爆炸的基本原理和炸药的特性，对爆炸荷载作用下钢管混凝土结构动力响应的研究现状进行了综述，着重强调了钢管混凝土柱在强动载作用下的优异性能。

(2)爆炸荷载作用下钢管混凝土柱的动态本构模型：本章建立了基于统一理论的钢管混凝土动态本构模型，探讨了爆炸荷载作用下钢材与混凝土组合材料的动力特性与抗弯刚度；通过全过程精细化数值模拟，分析了爆炸荷载作用下钢管混凝土柱的动力性能。

(3)钢管混凝土柱爆炸试验与破坏模式：本章开展了乳化炸药爆炸下钢管混凝土柱的爆炸试验研究，给出了爆炸荷载作用下钢管混凝土柱中侧向挠度时程曲线；基于柱中侧向挠度的冲量效应，对爆炸荷载作用下钢管混凝土柱的破坏模式进行了探讨。

(4)爆炸后钢管混凝土柱残余承载性能：本章基于残余承载力试验与理论分析等方法，开展了钢管混凝土柱爆炸后的残余承载力研究；对钢管混凝土柱爆炸后的损伤情况进行了系统研究，并给出了损伤分析指标。

(5)钢管混凝土组合框架节点抗爆性能：本章研究了典型钢管混凝土组合框架节点的抗爆性能，分析了组合框架外加强环节点的力学行为；开展了整体框架结构在爆炸作用下的损伤和倒塌分析，提出了爆炸下钢管混凝土组合框架结构损伤和倒塌的评估流程；针对高防护等级的组合框架结构，给出了设计建议。

(6)冲击荷载作用下钢管混凝土墩柱动力响应：本章对桥梁墩柱在车辆冲击荷载作用下的动力响应进行了研究，分析并验证了理论分析模型；基于数值模拟，进行了撞击场景重现，并对钢管混凝土墩柱进行了损伤分析。

本书的研究工作得到了黑龙江科技大学引进高层次人才科研启动基金项目(HKDQDJ202427)、黑龙江省优秀青年教师基础研究支持计划(YQJH2024218)、国家自然科学基金(51108106)的支持。在撰写过程中，作者的诸位研究生踏实勤奋的工作为本书的成文做出了巨大贡献。特别感谢郝洪教授、周云教授对研究工作的指引。前辈及同行的文献著作为作者提供了重要参考，在此一并表示衷心的感谢。由于作者水平有限，书中若存在不足之处，敬请各位专家批评指正。

作 者

2024 年 12 月

黑龙江科技大学

哈尔滨工业大学

目　　录

第1章 钢管混凝土结构抗爆性能与乳化炸药爆炸理论

1.1 爆炸历史案例及研究背景

社会经济的发展使得满足不同使用功能的各类型建筑不断涌现，减轻及规避建筑物因遭受地震、台风、爆炸冲击等外力影响而引发的结构破坏甚至倒塌的威胁，是土木工程学科的重要任务，这一任务也促使了建筑材料、工艺和技术的日益革新。

钢管混凝土一般指在钢管内部填充混凝土，两者形成一个整体结构，共同承受外荷载作用，从出现至今在国内外学者的研究完善下，其理论及应用体系都已建立成熟。作为一种典型组合结构，钢管混凝土发挥了混凝土三向受压下较强的抗压性能，通过钢管的套箍作用弥补了混凝土较弱的抗拉和抗剪性能，同时钢管又因内部填充了混凝土而提高了钢材的刚度和改善了受压时结构易失稳的情况。两种材料的相互作用既充分发挥了各自优点，又改善了单一材料的不足之处，因此钢管混凝土结构目前被大量运用于桥梁、超高层建筑等大型基础设施及公共建筑中，如图1.1所示。

大跨度桥梁、超高层建筑等当今社会的一些地标性建筑，人口密集区域的建筑或有政治、经济、军事、交通枢纽意义的建筑设施都需要考虑结构抗爆性能。爆炸会在瞬间释放巨大的能量，其产生的荷载具有传播速度快、压力峰值大、持续时间短等特点，爆炸事故一旦发生会直接造成人的生命财产安全损失，还有可能对建筑结构的局部产生冲击破坏，高温使建筑材料失去正常使用承载力，从而产生与初始破坏不成比例的结构连续性倒塌，造成一系列更严重的次生灾害。

图 1.1 采用钢管混凝土柱的超高层建筑

1.2 钢管混凝土结构抗爆应用研究

1.2.1 国外钢管混凝土结构的抗爆研究

爆炸产生的荷载一般被归类为建筑荷载中的偶然荷载，发生概率较低，相对于整座建筑物也只是局部的作用，但爆炸事故一旦发生，牵一发而动全身，局部破坏扩散使得建筑物发生连续倒塌，损失将不可想象。对此美国、欧盟、日本、澳大利亚等基础建设体系成熟的国家和地区，不断总结历史爆炸事件后果，制定并完善了相关的规范规程，如美国联邦紧急事务管理署的《商业建筑减轻空袭设计指引》(FEMA－427)，美国国防部的《抗偶然爆炸结构设计手册》(TM5－1300)、《建筑抗连续倒塌设计》(UFC4－023－03)等，上述规程可指导建筑结构在爆炸荷载作用下抗连续倒塌的分析与设计。

如今各国加大了对工程结构抗爆技术的研究力度，尤其针对建筑结构中起关键性作用的竖向承重柱，柱在遭受爆炸荷载后其残余承载力是否仍能满足承载能力极限状态以便人员有充足的逃生时间，是值得研究的问题。钢管混凝土柱施工简单，综合了两种材料的优点，具有良好的抗弯、抗剪承载力，延性和荷载作用后的残余承载力。因此，大量围绕作为柱的钢管混凝土结构在爆炸荷载作用下的动态响应的研究在国外开展，以下对国外钢管混凝土柱的抗爆研究成果按年份进行综述，以便得出相应研究发展趋势。

Shuichi Fujikura 教授团队开展了钢管混凝土桥墩柱在爆炸荷载作用下的破坏试验，

结果表明钢管混凝土柱相对单一材料具备更有效的抗爆性能，能减轻混凝土在爆炸荷载作用下的破坏和剥落。薛建英教授团队通过试验研究了圆钢管混凝土简支构件的抗爆性能，以炸药当量和钢管壁厚为控制参数，结果显示圆钢管混凝土简支构件的抗爆性能主要体现在延性上，其与构件承载力、自振周期相关，钢管与混凝土二者的相互约束效应改善了材料的力学性能，提高了抗冲击性能。吴成清团队设计制作了两种不同截面形式的钢管混凝土柱各 4 根进行爆炸试验，对比结论显示圆钢管混凝土柱破坏类型为延性破坏，方钢管混凝土柱破坏类型为脆性破坏，圆钢管混凝土柱相对而言有更明显的屈服平台和更强的竖向承载力储备。因其有效的抗侧向荷载能力和体现延性的残余承载力，采用钢管混凝土柱可提高框架结构抗爆性能和爆炸作用后的抗连续倒塌性能，但目前国内外对于钢管混凝土抗爆的研究主要集中于构件或节点的响应上，针对钢框架结构的整体性抗爆研究尚不多见，结构抗爆设计的指导较抗震、抗风荷载简单，深度不够；而在抗连续倒塌研究方面，由于整体框架结构倒塌的复杂性，目前国内外主流的研究手段是研究节点的抗连续倒塌，将动态简化为静态，没有很完整、具体地体现出偶然荷载的动力特性和框架连续倒塌的动态特性。

2016 年，Zhang 等对双层钢管混凝土(CFDST) 柱进行了近距离爆炸试验并对其进行了数值模型验证和参数化分析。试验结果表明，实测的反射峰值压力和冲量与 CONWEP 计算预测分别相差 18% 和 20%，CFDST 柱在大三硝基甲苯(TNT) 当量的爆炸荷载作用下未发生破坏，因此该柱对重要的、要求高的建筑具有十分重大的潜在工程抗爆应用意义。同年，Zhang 等对两种不同截面的 CFDST 柱开展了数值模型分析。试验结果表明，相对于外部钢管壁厚，内部钢管壁厚对 CFDST 柱的抗爆性能影响更小；相同截面情况下，方形 CFDST 柱比圆形 CFDST 柱承受更大的峰值压力和冲量；空心率大于 0.5 时，最大变形将会显著增加。

2015 年，Wang 等对钢管混凝土柱爆炸动力性能和静力性能进行了试验和数值模拟研究，并基于试验结果对数值模型进行了验证，得到较为吻合的结果。试验和分析结果共同表明，施加一定程度的轴压力能提高钢管混凝土柱的抗爆性能。同年，Zhang 等对近距离爆炸后 CFDST 柱进行了残余承载力性能试验研究。研究结果中引入无量纲参数 λ 及相应方程，两者均用于描述残余变形、爆炸荷载和几何尺寸之间的关系。由分析知，参数 λ 随着残余变形线性增大而增大。此外，引入了一个指数用于评价 CFDST 柱在爆炸后的残余性能，当该指数小于 0.4 时，意味着在受到剧烈爆炸荷载作用后，试件仍保留有 60% 的轴压残余承载力。

2012 年，Jayasooriya 等和 Li 等对爆炸荷载作用下钢筋混凝土框架结构的抗连续倒塌性能进行了数值分析，研究表明因炸药当量、结构尺寸及起爆距离的不同，结构受损后的残余承载力不尽相同。

综上所述，目前国外关于爆炸荷载作用下钢管混凝土柱在试验研究和数值模拟方面都迈进了一小步，但在理论分析上仍处于摸索阶段，而且大多数研究结果均停留在对概念的探讨上，并未得出具体的定量结论。从研究关注点角度来看，目前对钢管混凝土柱的研究主要集中在近距离爆炸和如钢管壁厚、混凝土强度等材料动力性能参数的分析上。未来国外关于钢管混凝土柱的抗爆性能研究将基于上述研究结果和方向，逐步深入细化研究指标，并结合现状提炼出具有更高价值的研究成果。

1.2.2 国内钢管混凝土结构的抗爆研究

国内学者对应用广泛的钢管混凝土柱开展了大量的爆炸试验，下面列出国内关于钢管混凝土柱的抗爆研究现状。

2024 年，谭清华、韩林海等从爆炸试验和数值模拟两方面开展了爆炸荷载作用下不锈钢管混凝土柱工作机理研究，建立了爆炸荷载作用下不锈钢管混凝土柱动态响应的有限元分析模型，模型计算结果验证了试验结果；基于验证的有限元分析模型，对比分析了不同条件下不锈钢管混凝土和普通钢管混凝土柱的破坏形态、动态响应和耗能规律。试验和有限元分析结果均表明，随着比例距离减小，柱的破坏程度由弹性变形到弯曲破坏或剪切破坏；混凝土的填充能够有效延缓钢管发生局部屈曲和破坏，柱的承载能力、变形能力和耗能能力得到有效提升，进而提高柱的抗爆性能。

同年，李明鸿等对爆炸荷载下预制节段拼装 CFDST 墩柱进行了动力响应数值模拟。分析结果表明，预制节段拼装 CFDST 墩柱的损伤机理主要表现为节段接缝处集中张开及转动变形引起的接缝附近混凝土压碎破坏和钢管局部压曲。预制节段拼装 CFDST 墩柱除通过材料塑性损伤耗能之外，节段接缝界面滑移耗能机制对墩柱耗能贡献最高可达 40% 以上。在爆炸荷载作用下预制节段拼装 CFDST 墩柱底部接缝发生明显剪切滑移，墩柱整体主要通过节段接缝张开及相对转动实现整体变形，墩柱整体变形呈弯折形态。钢管约束作用有效抑制了混凝土剥落破坏造成的二次破片伤害，这是此类墩柱抗爆性能相比普通钢筋混凝土节段拼装墩柱的优势。

2023 年，李治等应用 ANSYS /LS－DYNA 有限元软件针对爆炸荷载作用下钢筋混凝土梁－板子结构开展了抗连续倒塌动力效应研究，并对混凝土强度、配筋率和跨高比等参数进行了分析。研究结果表明，通过瞬间去柱模拟爆炸去柱会造成结构残余承载力和结构局部损伤程度偏保守或者偏高的后果，同时配筋率及跨高比的参数变化对压拱机制及悬链线机制的抗力均存在一定影响。

2021 年，蔡鹏飞等进行了爆炸荷载下钢管混凝土柱动态响应的数值模拟与试验验证。结果表明，近距离爆炸下，钢管混凝土结构的破坏过程大致分为四个阶段：第一阶段迎爆面中心位置钢管变形，混凝土被压碎，侧面出现鼓包；第二阶段冲击波继续传递，柱发生弯曲变形，到达背爆面后发生反射，背爆面混凝土受拉破坏；第三阶段冲击波到达柱端部，端部混凝土受拉破坏，跨中位移达到最大值；第四阶段结构上下振动直至稳定，产生残余变形。钢管混凝土柱具有良好的抗爆性能；爆炸荷载作用下，提高核心混凝土强度和增大钢管厚度都能减小柱的位移变形，改善钢管混凝土结构的抗爆性能；增大钢管厚度，对结构抗爆性能的改善效果更明显。

同年，董婧、赵均海采用理论研究和数值模拟结合的方法，对爆炸荷载作用下纤维增强复合材料(FRP)－钢管混凝土柱的动力响应和损伤评估进行了系统研究，选取了柱的支座转角作为损伤评估的准则，评估了不同工况下 FRP－钢管混凝土柱的损伤程度。研究结果表明，在一定范围内提高钢材强度、混凝土强度、含钢率、含 FRP 率、钢管外径，以及减小轴力和柱高均可以提高压力－冲量($P-I$)曲线中的超压渐近线值和冲量渐近线值，即提高 FRP－钢管混凝土柱的抗爆性能。

2020 年，邓旭辉等对中空夹层超高性能钢管混凝土柱进行了抗爆性能的数值模拟。分析结果表明，混凝土芯柱在近爆作用下的损伤过程可以分为 3 个阶段：损伤范围首先由芯柱迎爆面爆炸中心高度位置逐渐向背面蔓延，不断增大直至整个芯柱下端；随后由迎爆面下端向迎爆面上端延伸；最后由迎爆面上端向背面扩散。中空夹层超高性能钢管混凝土柱中混凝土芯柱通过严重的凹陷破坏耗散了大量的爆炸能量，钢管的存在能防止混凝土的剥落，充分发挥混凝土的能量吸收能力。

2016 年，王宏伟等进行了钢管混凝土柱爆炸后残余承载力试验，分析了施加轴压力对残余承载力、应变发展的影响。试验结果表明，与方钢管混凝土柱相比，爆炸后的圆钢管混凝土柱仍有明显的屈服平台，说明圆钢管混凝土柱具有更好的塑性。

2015 年，崔莹等对复式空心钢管混凝土柱爆炸试验进行初步分析后，采用 ANSYS/LS－DYNA 软件进行爆炸后损伤程度研究，建立了 $P-I$ 曲线。研究表明，比例距离为0.14 $m \cdot kg^{-1/3}$ 时，复式空心钢管混凝土柱迎爆面产生明显的塑性铰；柱端部节点强度与构件强度的一致性对复式空心钢管柱抗爆性能有重要的影响。孙宇等采用 ANSYS/LS－DYNA 软件分析了方钢管混凝土柱在爆炸荷载作用下柱中部挠度、压力和破坏形式。结果表明，柱中部发生最严重的弯曲破坏，柱脚发生剪切破坏，柱顶端出现高应力区域却未产生明显破坏。曹雪叶等基于统一强度理论，采用等效单自由度模型和逐步积分法，对钢管混凝土柱进行爆炸荷载作用下的动态响应理论计算分析。分析结果表明，塑性极限弯矩和极限位移随着套箍系数的增大而增大；塑性极限弯矩随着侧压系数的增大而增大；塑性极限弯矩在考虑钢管对受压区混凝土抗压强度提高的情况下增大12% ～ 19%。

2014 年，崔莹等对钢管混凝土柱进行了爆炸试验分析和数值模拟分析，研究了试验柱表面的超压分布及其与数值模拟超压分布的误差问题。结果表明，冲击波对构件产生的爆炸荷载效应应考虑超压峰值和冲量的共同作用；在本爆炸试验比例距离不小于 1.1 $m \cdot kg^{-1/3}$ 和数值模型的空气及炸药网格尺寸为 20 mm 时，数值模拟结果与实测结果吻合程度较为合理。牛操等采用 ANSYS/LS－DYNA 软件对圆、方钢管混凝土柱在爆炸荷载作用下冲击波的传播过程进行了数值模拟。结果表明，当比例距离小于 1 $m \cdot kg^{-1/3}$ 时，柱截面尺寸变化对超压峰值的折减系数影响不大；在数值模拟中网格尺寸的大小对波的传播时间影响不大。王新征等采用 AUTODYN 3D 对钢管混凝土柱进行了侧向非接触爆炸作用下的损伤演化分析。结果表明，在比例距离小于 0.686 $m \cdot kg^{-1/3}$ 时，爆心附近形成贯通损伤区，约束端外侧损伤较严重；端部约束类型仅对约束端混凝土损伤有影响。

2013 年，吴赛等采用 ANSYS/LS－DYNA 对不同截面形式的复式钢管混凝土柱进行了数值模拟，分析 3 种工况的动态响应。结果表明，复式钢管混凝土柱的抗爆性能比普通钢管混凝土柱要好。王帅等采用 ABAQUS 软件对爆炸荷载作用下不同碳纤维厚度的加固钢骨－钢管混凝土柱进行了数值模拟。结果表明，碳纤维对钢骨－钢管混凝土柱在爆炸荷载作用下的加固作用是有一定限度的。

2010 年，马云玲采用 AUTODYN 3D 软件对不同截面形式的圆钢管混凝土柱进行了小药量爆炸荷载作用下的数值模拟。结果表明，随着空心率与含钢率的增大，不同截面形式相同测点位置的压力减小；柱空心部分有效阻隔了应力波传播，限制了核心混凝土破碎区的发展。

2007 年，冯红波等采用 ANSYS/LS－DYNA 软件对方钢管混凝土柱进行了数值模拟，分析了不同比例距离下柱的失效破坏形式和关键点的位移。分析结果表明，比例距离为 $1\ \mathrm{m\cdot kg^{-1/3}}$ 时，钢管能有效降低破坏严重的混凝土产生的横向变形说明方钢管混凝土柱具有良好的抗爆延性性能。

2004 年，杜林等运用 ANSYS/LS－DYNA 软件对钢管混凝土短柱内部爆炸性能进行了数值模拟，比较了爆炸腔和节点位移，得出了定性的结果：钢管混凝土柱在爆炸荷载作用下能够有效地约束核心混凝土的变形，具有良好的塑性和抗爆性能。

对上述国内钢管混凝土柱的抗爆研究进行综合分析，可以看出数值模拟结合试验研究是目前最主流的研究方式，研究内容主要包括钢管混凝土柱在爆炸荷载作用后的安全储备富余程度，如残余承载力和动静力试验对比分析，甚至更深层提出了爆炸荷载作用下钢管混凝土柱的破坏模式和失效准则。在数值模拟方面，研究内容包括了对爆炸荷载作用下钢管混凝土柱自身材料性能的研究，如对套箍系数和钢管直径等大量参数的分析，以及冲击波与钢管混凝土柱的相互作用效应。值得重视的是，对钢管混凝土柱的抗爆理论分析已经逐步开展，甚至领先于国外研究水平。此外，部分学者致力于研究钢管混凝土柱的爆炸破坏模式与失效准则的关系，这将大力推进钢管混凝土柱在工程抗爆界的应用发展，大幅减少爆炸事件造成的人员伤亡和经济损失。

1.2.3 其他结构抗爆研究现状

除钢管混凝土结构抗爆研究外，学者们对钢筋混凝土结构、钢结构和使用各种新型材料的组合结构等也开展了抗爆性能试验研究和数值仿真分析。钢管混凝土结构的抗爆性能研究也可借鉴上述结构的研究方法和研究指标，以下列出国内外其他结构的抗爆研究现状。

2024 年，吕晋贤、吴昊等针对考虑填充墙影响的钢筋混凝土框架结构，借助高精度数值仿真分析，提出了综合考虑爆炸荷载、构件、房间和整体毁伤等级的建筑结构毁伤评估方法。基于不同爆炸工况，利用高精度数值仿真分析与毁伤评估方法预测结果，结果表明，两者得到的典型钢筋混凝土框架结构的整体毁伤等级一致，即在 25 kg、100 kg、200 kg TNT 当量爆炸下钢筋混凝土框架结构分别呈现轻度、中度和重度毁伤，所提出方法可缩短 99% 以上的计算耗时，兼具可靠性与时效性。

同年，李忠献等对 3 榀钢筋混凝土框架双跨梁子结构的中节点进行了竖向冲击加载试验，以模拟爆炸荷载作用下承重柱失效对子结构产生的轴拉效应。结果表明，在试验冲击工况下，子结构没有出现纵筋断裂，梁的破坏模式均表现为梁端弯曲破坏；顶部纵筋通长配置可以减轻跨中混凝土的开裂，并减小子结构在动力加载时的峰值位移响应。

2019 年，李绍琦、师燕超系统分析了爆炸前后钢筋混凝土柱一阶频率的变化规律，提出了基于现场实测频率变化的钢筋混凝土柱爆炸损伤快速评估方法，研究了箍筋配箍率、纵筋配筋率和长细比对爆炸荷载作用前后钢筋混凝土柱频率变化的影响规律。结果表明，文献中提出的基于频率变化的损伤指标与基于竖向剩余承载力的损伤指标均具有良好的相关性，其后运用最小二乘曲线拟合方法，得到了钢筋混凝土柱损伤程度快速评估的建议公式，从而实现了爆炸现场对钢筋混凝土柱损伤程度的快速评估。

2014 年，Qasrawi 等对增强玻璃纤维钢筋混凝土柱进行了近距离爆炸试验、数值模拟和理论分析，研究的主要目的在于量化外包增强玻璃纤维管的圆形钢筋混凝土柱在近距离爆炸作用下的优点，以及内部配筋率和比例距离对构件抗爆性能的影响。分析结果表明，增强玻璃纤维管的使用增强了对混凝土的约束，因而间接使侧向承载能力增大了 112%，能量吸收能力增大了 488%。增强玻璃纤维管的使用还减小了钢筋混凝土柱的残余变形。同年，Remennikov 等对空心和实心方钢管混凝土柱进行了高能炸药截面接触爆炸和近距离爆炸的试验研究、数值模拟和理论分析。研究结果表明，在试验研究中，作为钢管混凝土柱失效界限值的关键比例距离为 $0.15\ \mathrm{m\cdot kg^{-1/3}}$；基于该比例距离，通过非线性单自由度方法和有限元数值模拟技术，简化冲量加载函数可用于预测构件响应。

2013 年，师燕超等结合《建筑结构荷载规范》(GB 50009—2012)，对钢筋混凝土柱抗爆性进行了尝试性设计及数值模型验证。分析结果表明，《建筑结构荷载规范》给出的爆炸荷载预测低估了自由空气爆炸作用下结构承受的反射超压和反射冲量，设计结果偏于保守。

2012 年，Ding 等对爆炸荷载和爆炸后火灾作用下的钢管柱进行了数值模拟，建立了预测爆炸荷载和爆炸后火灾作用的综合破坏数值方法。分析结果表明，爆炸荷载对柱产生力学损伤和形状损伤，这将降低钢柱的抗火性能；钢柱残余轴向承载力与火灾暴露时间相关。人为设定函数 $F(P,I,t)=0$，即三维 $P-I-t$ 曲线，将用于预测爆炸后火灾暴露的特定时间内钢柱的残余承载力。同年，苏丽娜等对爆炸荷载作用下钢筋混凝土柱进行了数值模拟。结果表明，比例距离 $z>2.5\ \mathrm{m\cdot kg^{-1/3}}$ 时，爆炸荷载对柱的影响基本可以忽略。由于爆炸荷载作用时间短，反射压力可能较大，不能仅依靠柱的侧向位移判断结构的破坏程度，应结合钢筋混凝土柱的爆炸后残余承载力综合考虑。

2011 年，阎石等对爆炸荷载作用下轻钢结构柱进行了数值模拟。分析结果表明，比例距离和失效应变是影响轻钢结构柱应变率的主要因素，其中有效塑性应变率的数量级为 $10^2\ \mathrm{s^{-1}}$。同年，向强等对爆炸荷载作用下钢筋混凝柱进行了数值模拟。结果表明，增强钢筋混凝土柱抗爆性能的有效途径是对柱端部箍筋进行加密处理。

2010 年，阎石等对高温和爆炸荷载联合作用下的轻钢柱的动力响应和破坏模式进行了数值模拟分析。分析结果表明，轻钢柱的跨中变形随反射超压峰值出现时间的缩短而减小。在高温与爆炸荷载作用下，轻钢柱的变形要比常温的明显，其破坏模式明显不同于常温下钢柱的破坏模式。

2009 年，张秀华等对爆炸荷载作用下钢框架柱进行了数值模拟。分析结果表明，在冲量荷载作用下，钢柱剪切破坏和柱中翼缘弯曲破坏较易出现；在动力荷载作用下，柱脚剪切破坏较易出现；在准静态荷载作用下，钢柱整体弯曲破坏较易出现。壳单元可以考虑局部弯曲效应，能够与爆炸荷载作用下钢框架柱的响应和失效形式更加吻合。

2008年，师燕超等对钢筋混凝土柱进行了数值模拟分析。结果表明，柱的失效模式和自身特性及爆炸荷载类型有关。截面惯性矩和混凝土轴心抗压强度是影响钢筋混凝土柱抗爆性能的主要指标。

2007年，魏雪英等对爆炸荷载作用下钢筋混凝土柱进行了数值模拟。结果表明，当比例距离 $z > 2\ \mathrm{m \cdot kg^{-1/3}}$ 时，可以忽略爆炸荷载对钢筋混凝土柱的影响。

纵观上述国内外柱结构抗爆研究现状，其研究趋势大致可分为荷载效应和材料抗力两大方面。在荷载效应方面，研究点主要集中于：① 小比例距离时柱结构的动力响应。② 柱结构失效界限值相应的临界比例距离。③ 爆炸荷载与多种荷载联合作用下柱结构的动力响应。④ 实际工程应用时，简化爆炸荷载的误差程度分析。在材料抗力方面，研究点主要集中于：① 从试验研究、数值模拟和理论分析中探讨材料几何截面属性对抗爆性能的定性实用价值，并建立相应的数学表达式和材料构造限值等定量结果。② 结合各类柱结构的自身力学性能特性，尝试建立爆炸荷载作用下柱结构的失效准则并推广应用。

1.2.4 钢管混凝土结构抗爆研究中的挑战与难点

爆炸荷载作用时间极短，起爆时间在纳秒数量级，荷载作用在构件上的时间是毫秒数量级。而且炸药在生产加工过程中存在多种不可控因素，导致其释放的能量不可能达到规范化，仅仅是划分其下限。此外，爆炸荷载产生的威力巨大，对测量装置要求高，一般的试验仪器即使能使用，也多会受到破坏，试验的综合费用高，产出投入比低。总体而言，钢管混凝土柱在爆炸荷载作用下的抗爆性能研究存在以下问题：

(1) 爆炸的离散性较大。从荷载效应方面考虑，合理的爆炸荷载效应误差范围需要科学地定义，这涉及土木工程学科与武器炸药学科的交叉学科知识。

(2) 试验与理论计算模型存在差异。爆炸试验受场地限制，未能完全符合理论计算模型，如试件约束情况和加载方案。在理论计算模型分析时，需结合试验条件对分析结果进行验证。

(3) 爆炸荷载作用下钢管混凝土柱失效准则的建立与应用还存在一定难度。钢管混凝土柱的失效准则为 $P-I$ 曲线，现有的钢管混凝土柱在爆炸荷载作用下的 $P-I$ 曲线存在不完善之处，如仅从数值模拟角度绘制 $P-I$ 曲线，而未考虑从试验角度绘制 $P-I$ 曲线等。此外适用于任意截面形式的钢管混凝土柱失效评估的通用 $P-I$ 曲线，目前仍然处于探索阶段。

1.3 爆炸的基本理论与研究方法

1.3.1 炸药的基本概念及分类

目前炸药的分类主要如下：① 黑火药；② 雷酸汞；③ 硝化甘油和硝化棉；④TNT；

⑤ 达纳迈特；⑥ 硝酸铵混合炸药；⑦ 尼特拉蒙；⑧ 铵油炸药和浆状炸药；⑨ 乳化炸药。本书针对乳化炸药爆炸性能进行了研究，相应爆炸试验所采用的 2 号岩石型乳化炸药如图 1.2 所示。

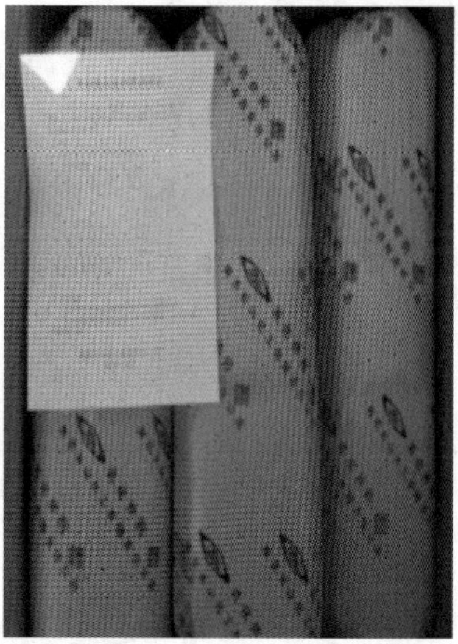

图 1.2　2 号岩石型乳化炸药

1.3.2　爆炸的概念与力学指标

爆炸是指在某系统内物质大量能量在有限体积空间和极短时间内迅速释放或急速转化的现象。物理爆炸、化学爆炸和核爆炸是爆炸的三种类型。物理爆炸是因容器内部压力过高而损坏容器产生的爆炸，如金属遇热冲击突然汽化而爆炸。化学爆炸是指由化学变化引起的爆炸，如炸药爆炸及液氢和甲烷等遇明火产生的爆炸。核爆炸是核聚变和核裂变反应的能量释放。

从爆炸对周围环境及介质的作用方面考虑，爆炸又可分为空中爆炸、地下爆炸和水下爆炸三种。这三种爆炸的共同点是超压(overpressure) 现象的形成，主要是爆炸生成迅速向四周扩散传播的高温高压气体产物，从而导致周围介质温度和压力骤然升高。本书主要以空中爆炸为研究对象，空中爆炸是指爆心在距地面一定高度处的爆炸，在忽略反射等复杂情况下爆心的初始冲击波的传播规律如图 1.3 所示。不同的爆炸源拥有不同的总能量、能量密度和能量释放速率(功率)，决定了冲击波超压强度和超压持时。

冲击波阵面是指爆炸产生的高密度高压气体高速膨胀导致周围介质压缩而形成突变的界面。冲击波又称激波，其主要特征是以超声速流形式传播，如图 1.4 所示。因此，在空气中传播或与建筑物相互作用的激波会造成压力、密度、温度和质点速度迅速变化。同时，当激波传至反应区前沿时将以超声速运动，此时的激波称为爆轰波。爆轰波到达炸药与介质的分界面时将在介质中产生冲击波，同时在爆轰产物中可能形成反射冲击波或反射稀疏波。

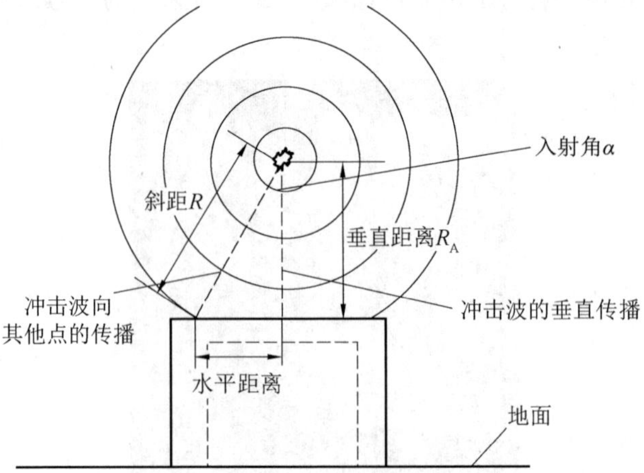

图 1.3　空中爆炸

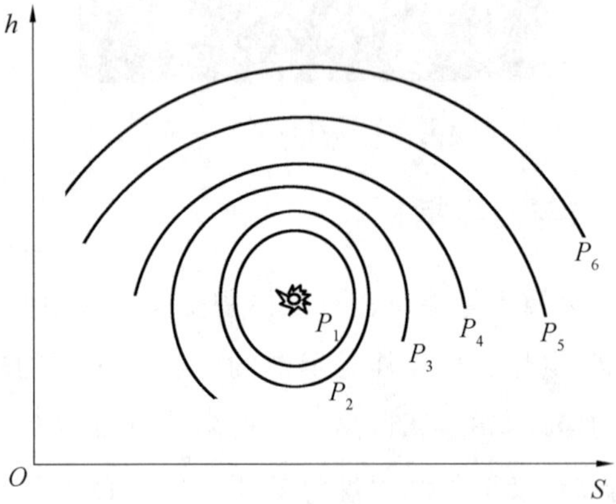

图 1.4　空中爆炸的初始激波超压等值线

炸药爆炸研究，最终是将炸药爆炸产生的破坏现象通过研究分析整理成定性指标和定量指标，用于指导后续工程实践应用。据此，炸药爆炸的力学指标简列如下：

(1) 爆速。爆速指炸药爆轰传播速度，高爆速炸药意味着炸药的冲击效应十分强。常用的炸药爆速为 2 500 ～ 7 000 m/s。

(2) 爆压。爆压是指爆轰波阵面上的压力。高爆速对炸药爆压有一定幅度的提高，一般工业炸药的爆压为$(0.22 \sim 2.33) \times 10^4$ MPa。

(3) 爆热。爆热是指炸药在爆炸分解时释放的热量。工业炸药的爆热为 3 300 ～ 5 900 kJ/kg。

(4) 爆温。爆温是指炸药爆炸时的最高温度，即爆炸热量全部赋存在爆炸产物时该产物达到的最高温度。常用工业炸药的爆温为 2 300 ～ 43 000 ℃。

(5) 炸药力、比能。炸药力和比能是指每千克炸药的做功能力。

1 kg 炸药爆炸,在标准条件下($P_0 = 101.33$ kPa,$T_0 = 0$ ℃ $= 273$ K) 所占有的容积为 V_0(L),根据理想气体状态方程有

$$P_0 V_0 = nRT_0 \tag{1.1}$$

设 P_1 为爆生气体压力,V_1 为容积,T_1 为温度,则有

$$P_1 V_1 = nRT_1 \tag{1.2}$$

将式(1.1) 和式(1.2) 联立,则有

$$P_1 V_1 = PV_0 T_1 / T_0 = PV_0 T_1 / 273 \tag{1.3}$$

$f = P_1 V_1$,单位是 L·MPa,通常称为炸药力或比能,工业炸药比能为 740 ~ 1 300 L·MPa。

1.4　乳化炸药的爆炸荷载效应

本书相关研究内容由于条件限制,难以获取 TNT 炸药,故选用了目前工业生产中较为常见的乳化炸药,因此需对乳化炸药相关爆炸性能开展研究。TNT 当量是衡量炸药性能的一个重要参数,在抗爆结构设计、确定安全距离、分析爆炸事故时都需要知道炸药的 TNT 当量。乳化炸药的 TNT 当量可定义为乳化炸药爆热与 TNT 爆热的比值,即

$$E_q = \frac{Q}{Q_{TNT}} \tag{1.4}$$

式中　E_q—— 某种炸药的 TNT 当量;

Q_{TNT}——TNT 的爆热,J/kg;

Q—— 乳化炸药的爆热,J/kg。

式(1.4) 应用于工业炸药会造成一定程度的误差。乳化炸药 TNT 当量还可定义如下:在乳化炸药和 TNT 的爆炸冲击波强度、正压冲量及爆炸距离相等的情况下,TNT 用量和乳化炸药用量的比值即为乳化炸药的 TNT 当量。由于乳化炸药的 TNT 当量随爆炸距离变化,在确定等压力(冲量)TNT 当量时通常是将一组乳化炸药的当量数据取平均值。应当明确,该种方法获取乳化炸药 TNT 当量仍存在一定程度的误差。

试验中使用的爆源分别为 2.4 kg、15 kg TNT 和 2.4 kg、15 kg、42 kg 岩石型乳化炸药,该乳化炸药的组分为 65% ~ 70% 硝酸铵、12% ~ 16% 硝酸钠、10% 水、2.5% 乳化剂、4% 复合油和 2% 玻璃微球(以上均为体积分数),药心离地面高度为 1 m。表 1.1 和图1.5、图 1.6 给出了不同量级炸药爆炸的超压与距离的关系。

表 1.1　超压随距离的变化

炸药种类	不同距离的超压 ΔP/ kPa							
	1 m	2 m	3 m	4 m	5 m	6 m	7 m	8 m
2.4 kg TNT	4 843	2 294	1 444	422	227	119	49	24
2.4 kg 岩石型乳化炸药	2 891	2 166	541	281	125	93	44	24
炸药种类	不同距离的超压 ΔP/ kPa							
	3 m	4 m	5 m	7 m	10 m	15 m	20 m	40 m
15 kg TNT	1 685	547	391	129	94	38	29	12
15 kg 岩石型乳化炸药	1 039	425	235	120	71	35	20	10
42 kg 岩石型乳化炸药	2 423	1 392	781		144	65	32	14

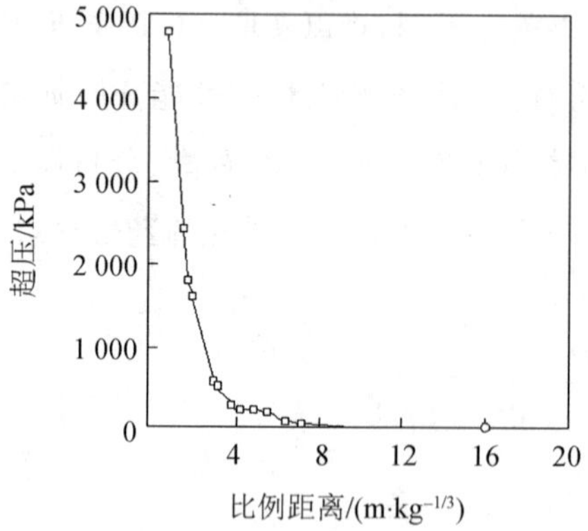

图 1.5　TNT 超压与比例距离试验曲线

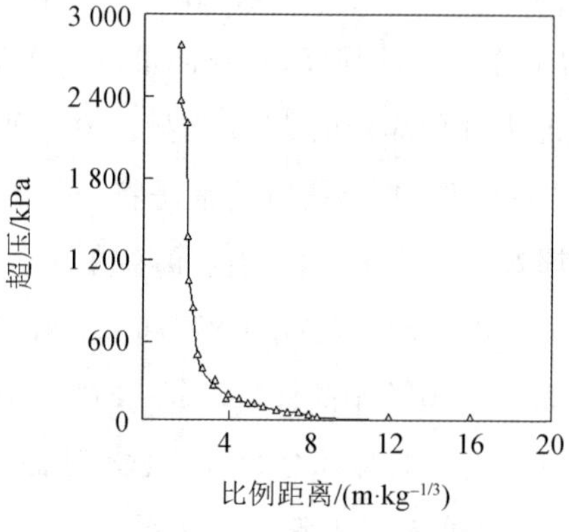

图 1.6　乳化炸药超压与比例距离试验曲线

根据试验数据，结合工业炸药的 Cranz 爆炸相似律，按最小二乘法原理得出的拟合超

压公式为

TNT：

$$\Delta P = 183.594/\bar{r} + 220.65/\bar{r}^2 + 3\ 259.44/\bar{r}^3 \tag{1.5}$$

岩石型乳化炸药：

$$\Delta P = 12.048\ 1/\bar{r} + 1\ 036.75/\bar{r}^2 + 532.802/\bar{r}^3 \tag{1.6}$$

式中　ΔP—— 空气冲击波超压，kPa；

$\bar{r}$—— 比例距离，$\mathrm{m \cdot kg^{-1/3}}$，$\bar{r} = r/\sqrt[3]{W}$（$W$ 为装药量，kg，r 为到爆炸中心的距离，m）。

由 TNT 等压力当量概念可知，岩石型乳化炸药等压力 TNT 当量为

$$E_q = \frac{W_{\mathrm{TNT}}}{W_{\mathrm{EM}}} = \left(\frac{\bar{r}_{\mathrm{EM}}}{\bar{r}_{\mathrm{TNT}}}\right)^3 \tag{1.7}$$

式中　W_{TNT}——TNT 的质量，kg；

W_{EM}—— 岩石型乳化炸药的质量，kg；

$\bar{r}_{\mathrm{TNT}}$——TNT 的比例距离，$\mathrm{m \cdot kg^{-1/3}}$；

$\bar{r}_{\mathrm{EM}}$—— 岩石型乳化炸药的比例距离，$\mathrm{m \cdot kg^{-1/3}}$。

计算岩石型乳化炸药 TNT 当量时，将同一压力下的 $\bar{r}_{\mathrm{TNT}}$ 和 $\bar{r}_{\mathrm{EM}}$ 代入式(1.7)，即可求出 E_q。超压在 10 ~ 1 000 kPa 时，岩石型乳化炸药的 TNT 当量曲线如图 1.7 所示，在该超压范围内岩石型乳化炸药 TNT 当量平均值为 0.708。

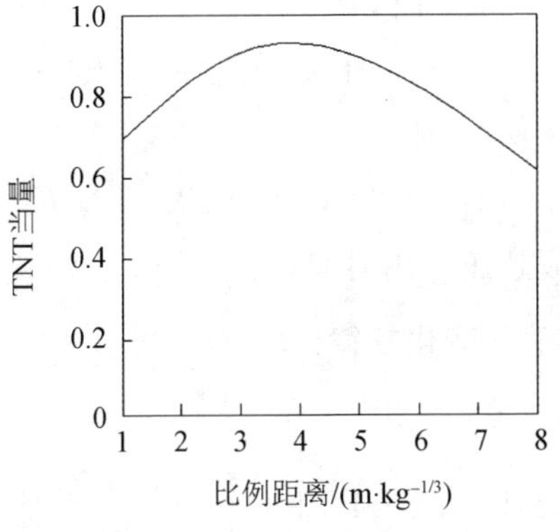

图 1.7　岩石型乳化炸药 TNT 当量与比例距离的关系

1.4.1　防护结构计算公式

1. 空中爆炸冲击波超压

当 $0.473 \leqslant R/\sqrt[3]{W} \leqslant 7.6$ 时，有

$$\Delta P_{m}=0.658\left(\frac{\sqrt[3]{W}}{R}\right)^{3}+0.261\left(\frac{\sqrt[3]{W}}{R}\right)^{1.5} \tag{1.8}$$

式中　ΔP_{m}—— 入射冲击波超压峰值,MPa;

W—— 等效 TNT 装药量,kg;

R—— 爆心至指定点的距离,m。

2. 空中反射冲击波超压

当 $\Delta P_{m} \leqslant 2$ MPa 时,有

$$\Delta P_{rm}=2\Delta P_{m}+6\Delta P_{m}^{2}/(\Delta P_{m}+0.7) \tag{1.9}$$

当 $\Delta P_{m}>2$ MPa 时,有

$$\Delta P_{rm}=n\Delta P_{m} \tag{1.10}$$

式中　ΔP_{rm}—— 正反射冲击波超压峰值,MPa;

n—— 正反射系数,如表 1.2 所示。

表 1.2　正反射系数取值

系数	不同 ΔP_{m} 对应的 n 取值						
	2 MPa	3 MPa	4 MPa	5 MPa	7 MPa	10 MPa	20 MPa
$n=\Delta P_{rm}/\Delta P_{m}$	6.45	7.10	7.55	7.90	8.45	9.10	10.70

注:当 ΔP_{m} 为表中范围内其他值时,用内插法确定系数 n 的值。

3. 空中爆炸冲击波超压作用时间

当 $0.014 \leqslant \Delta P_{m} \leqslant 0.5$ MPa 时,有

$$t_{+}=1.01\times 10^{-3}\Delta P_{m}^{-0.313}C^{1/3} \tag{1.11}$$

当 $0.5 \leqslant \Delta P_{m} \leqslant 7.03$ MPa 时,有

$$t_{+}=1.29\times 10^{-3}\Delta P_{m}^{-0.0536}C^{1/3} \tag{1.12}$$

式中　t_{+}—— 爆炸冲击波超压作用时间,s。

4. 爆炸冲击波超压随时间变化规律

当 $t_{\alpha} \leqslant t \leqslant t_{\alpha}+t_{+}$ 时,有

$$\Delta P(t)=\Delta P_{m}\left[f\left(\frac{t_{\alpha}}{t}\right)^{g}+(1-f)\left(\frac{t_{\alpha}}{t}\right)^{h}\right]\left(1-\frac{t-t_{\alpha}}{t_{+}}\right) \tag{1.13}$$

当发生空中爆炸时,有

$$t_{\alpha}=5.44\times 10^{-4}(R/\sqrt[3]{W})^{1.76}C^{1/3} \tag{1.14}$$

式中　t_{α}—— 冲击波到达指定点的时间,s;

f、g、h—— 系数,按表 1.3 取值。

表 1.3　系数 f、g、h 取值

系数	不同 ΔP_{rm} 对应的系数取值									
	0.05 MPa	0.1 MPa	0.2 MPa	0.3 MPa	0.5 MPa	1 MPa	2 MPa	10 MPa	30 MPa	60 MPa
f	0.189	0.189	0.190	0.232	0.430	0.625	0.575	0.535	0.515	0.510
g	17.2	12.0	8.5	7.4	6.5	6.9	8.5	15.0	21.1	24.9
h	1.20	1.55	2.55	2.22	1.53	1.22	1.29	1.28	1.22	1.20

注：当 ΔP_{rm} 为表中范围内其他值时，用内插法确定系数 f、g、h 的值。

5. 空中爆炸冲击波冲量

当 $0.473 \leqslant R/\sqrt[3]{W} \leqslant 7.6$ 时，有

$$i = 1.65 \times 10^{-4} (\sqrt[3]{W}/R)^{1.23} W^{1/3} \tag{1.15}$$

当 $0.21 \leqslant R/\sqrt[3]{W} < 0.473$ 时，有

$$i = 1.88 \times 10^{-4} (\sqrt[3]{W}/R)^{1.06} W^{1/3} \tag{1.16}$$

当 $0.024 \leqslant R/\sqrt[3]{W} < 0.21$ 时，有

$$i = 2.79 \times 10^{-4} (\sqrt[3]{W}/R)^{0.80} W^{1/3} \tag{1.17}$$

当 $0 \leqslant R/\sqrt[3]{W} < 0.024$ 时，有

$$i = 5.51 \times 10^{-3} W^{1/3} \tag{1.18}$$

式中　i—— 冲击波冲量，$\mathrm{N \cdot s/mm^2}$。

1.4.2　其他爆炸荷载效应计算公式

1.4.1 节展示了 TNT 炸药爆炸时产生荷载效应的全部计算量。此外，于文华对大量学者总结的球形空中爆炸入射超压计算经验公式进行了整理和对比分析，具体包括 1955 年 Brode、1965 年纳乌面科及皮特洛夫斯基、1973 年 Baker、1974 年萨多夫斯基、1979 年 Henrych、1987 年 Mills、1990 年《美国陆军技术手册》(TM5—1300)、我国《人民防空地下室设计规范》(GB 50038—2005) 和 1999 年叶晓华等超压计算经验公式，其中 Mills 冲击波强度经验公式的预估值最大。

1.4.3　乳化炸药等效 TNT 当量

从爆炸荷载效应考虑，Krauthammer 对 TNT 当量定义如下：等效 TNT 当量，即某种炸药的等效质量，指产生特定大小冲击波参数时，该单位质量炸药与 TNT 质量的比值。建立该当量是为了将不同炸药与 TNT 对比。通常可根据等压力、等冲量和等爆热进行 TNT 当量计算。据此，乳化炸药的 TNT 当量目前明确定义方法有两种：

(1) 根据公式(1.7) 和乳化炸药等压力 TNT 当量概念，按乳化炸药的质量和 TNT 质量比值计算 TNT 等效系数 E_{q1}。

(2) 根据公式(1.4),即某种炸药的爆热和 TNT 的爆热相比,所得的 TNT 当量即是 TNT 等效系数 E_{q2}。

表 1.4 中,乳化炸药等爆热 TNT 当量较小,原因是乳化炸药的爆热是 16 年前的参考数据。随着科学技术的发展,本爆炸试验乳化炸药的爆热应更大,因而等爆热 TNT 当量应更大。此外,按等爆热 TNT 当量对乳化炸药等工业炸药进行爆炸荷载效应计算将会造成很大误差。综合爆炸荷载效应和结构抗力两大方面考虑,等冲量 TNT 当量能更真实地反映钢管混凝土柱因受较大冲量作用而发生的弯曲型破坏。

表 1.4　乳化炸药 TNT 当量

炸药名称	爆热 /(kJ · kg^{-1})	E_{q1}	E_{q2}
TNT	4 520	1	1
乳化炸药	2 335	0.7	0.52

从结构抗力方面考虑,W.E.贝克对等效 TNT 当量的定义更适用于工程抗爆研究,其解释如下:某炸药的爆炸破坏量相应于若干千克或千吨 TNT 爆炸造成的等效破坏量,即为 TNT 当量。实际做法是使一定质量炸药产生的爆炸冲击波超压等于相应质量 TNT 产生的爆炸冲击波超压。其中,冲击波超压又细分为入射超压和反射超压,但目前爆炸荷载效应是以 TNT 爆炸入射超压为基准的,进而推导如反射超压等其他冲击波参数。

1.4.4　乳化炸药经验公式和等效 TNT 的 CONWEP 计算

乳化炸药的爆炸荷载效应计算方法主要有直接法和间接法。直接法是根据已有的乳化炸药爆炸荷载数据曲线拟合的经验公式,目前仅能计算冲击波超压峰值;间接法是通过乳化炸药等效成 TNT 当量后按 TNT 计算爆炸荷载效应,其冲击波超压计算公式可通过以下方式获得:① CONWEP 软件;② 大量已有爆炸冲击波超压峰值与比例距离的拟合公式;③ 入射超压和反射超压相互物理关系。

CONWEP 软件是由美国陆军部队根据 TM5－855－1 手册,在 1984 年制作的爆炸荷载效应计算软件,可进行铵油炸药(ANFO)、TNT、黑索金(RDX)、特里托纳尔(Tritonal)等 20 世纪 70 年代常用炸药荷载效应相关计算,能输出冲击波入射超压、入射冲量、反射超压、反射冲量、冲击波到达时间、爆炸荷载正相持时、爆炸荷载衰减指数等参数,如图 1.8 所示。

乳化炸药试验结果表明等冲量法比等压力法能更真实全面地反映爆炸荷载效应,主要体现在:

(1) 在大药量乳化炸药且比例距离小于 0.5 m · kg$^{-1/3}$ 下,由于爆炸荷载效应中反射冲量相等,反射超压等效后取值均偏大,预测的爆炸荷载效应偏大,有利于工程抗爆安全性设计。

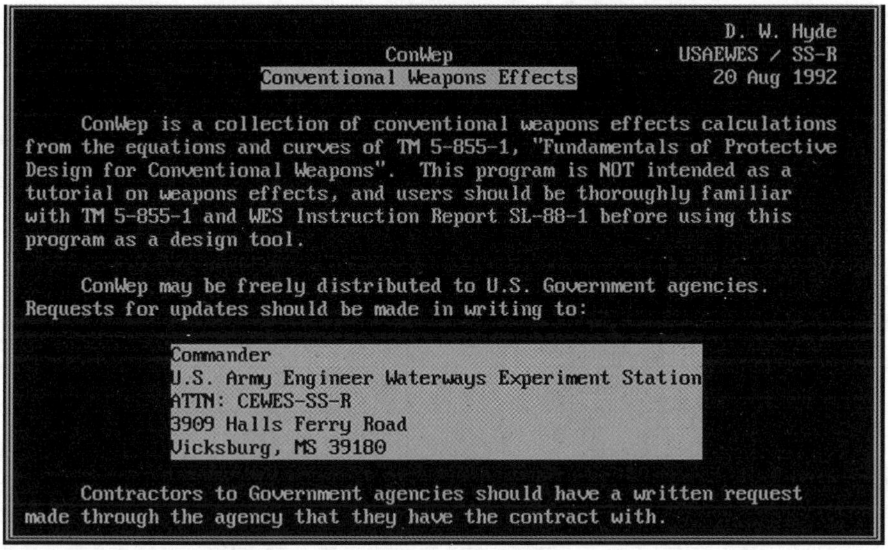

图 1.8　传统武器效应 CONWEP 软件界面

(2) 等冲量法能通过等效 TNT 当量系数值具体地反映出乳化炸药爆炸性能的离散性，反映了乳化炸药内在组分含量的影响。

(3) 等冲量法能考虑乳化炸药能量释放情形，结合乳化炸药能耗研究和 TNT 爆热，可作为一种获取和评价乳化炸药爆热的间接手段。

(4) 理论公式预测爆炸荷载效应与炸药实际产生爆炸荷载效应的差异通过等冲量法体现在反射超压峰值和 TNT 当量系数上，这为爆炸荷载效应理论经验公式结合具体炸药爆炸性能情况的修正提供了一种方法。

(5) 等冲量法适用于小比例距离爆炸荷载效应预测。爆炸相似律是有一定的适用范围的，尤其是 Cranz 爆炸相似律。换言之，在小比例距离下，根据冲击波超压强度和比例距离经验公式计算爆炸荷载效应存在较大误差，其中一个可能原因是冲击波超压随时间的变化不再完全服从指数形式。等冲量法解决了冲击波超压随时间分布的问题，因此提供了一种尝试解决小比例距离下爆炸荷载效应的方法。

(6) 通过等冲量法获取爆炸荷载效应能更大程度地保证工程抗爆设计时钢管混凝土柱的安全储备。在保证冲量误差最小的前提下，等冲量法将普遍增大爆炸荷载效应，因此能更真实地反映爆炸荷载。在工程抗爆设计中，将等冲量法应用于爆炸荷载作用下钢管混凝土柱失效准则 $P-I$ 曲线进行损伤评估，更加保证了钢管混凝土柱的安全储备。

表 1.5 汇总了作者曾开展的乳化炸药爆炸试验中实测得到的荷载效应、等压力 TNT 荷载效应和等冲量 TNT 荷载效应。将等压力 TNT 斜反射冲量与乳化炸药实测斜反射冲量进行对比分析，仅 2S2、4S3、10C4 和 5S3 的斜反射冲量较为吻合，但 10C4 及 5S3 的斜反射冲量误差已达到 12%，其他试件的斜反射冲量误差至少大于 52%，特别 6S4 试件的斜反射冲量误差甚至已达到 118%；将等压力 TNT 斜反射超压峰值与乳化炸药实测斜反射

超压峰值进行对比分析，误差基本上大于 20%，其中 5S3 斜反射超压峰值误差甚至达到 251%。

表 1.5　乳化炸药荷载效应汇总

炸药等效类型		各试件的数据						
		8C2	9C3	10C4	2S2	4S3	5S3	6S4
实测荷载效应	m	50	35	70	1.5	1.5	50	55
	$R_{s\alpha}$	0.46	0.514	0.408	1.468	1.468	0.456	0.442
	$P_{s\alpha}$	32	15	41	0.5	0.79	7	39
	$I_{s\alpha}$	7.15	4.45	5.12	0.3	0.29	3.4	9.11
等压力 TNT 荷载效应	m	35	25	50	1	1	35	40
	$R_{s\alpha}$	0.51	0.58	0.46	1.68	1.68	0.51	0.49
	$P_{s\alpha}$	24.6	19	32	0.99	0.99	24.6	27
	$I_{s\alpha}$	3.81	2.92	5.07	0.27	0.27	3.81	4.24
等冲量 TNT 荷载效应	m	75	42.5	50	1.18	1.13	30	102
	$R_{s\alpha}$	0.4	0.47	0.46	1.61	1.61	0.54	0.36
	$P_{s\alpha}$	41	28	32	1.17	1.12	22.2	49
	$I_{s\alpha}$	7.15	4.45	5.07	0.3	0.29	3.38	9.13

注：m 为炸药质量，kg；$R_{s\alpha}$ 为斜反射比例距离，$\mathrm{m \cdot kg^{-1/3}}$；$P_{s\alpha}$ 为斜反射超压峰值，MPa；$I_{s\alpha}$ 为斜反射冲量。

将等冲量 TNT 荷载效应与乳化炸药实测荷载效应进行对比分析，此时误差仅体现在斜反射超压峰值上，具体误差范围为 28%(10C4) ～ 217%(5S3)。W.E.贝克定义 TNT 当量涉及的等效破坏量有两种解释：① 爆炸荷载效应的冲击波超压或冲量等效；② 产生爆炸荷载作用下钢管混凝土柱弯曲型破坏等结构抗力的冲击波冲量等效。根据第二种解释，等冲量 TNT 荷载效应可作为钢管混凝土柱弯曲型破坏、弯剪型破坏、剪切型破坏的划分界限。

此外根据表 1.5 中的定量数据可归纳以下规律：以乳化炸药实测荷载效应为基准，将等冲量 TNT 荷载效应与等压力 TNT 荷载效应进行对比，分析对象从 4 个降至 3 个，等冲量 TNT 荷载效应因冲量等效而与实测荷载效应更吻合。同时，等冲量 TNT 荷载效应的斜反射超压峰值与实测斜反射超压峰值相比有所增强，工程抗爆设计时偏于安全。换言之，与等压力法相比，在应用钢管混凝土柱在爆炸荷载作用下损伤程度评估失效准则 $P-I$ 曲线进行对比时，等冲量法更符合实际爆炸荷载效应，从而更接近甚至超过损伤破坏区域。

对于不同炸药的爆炸荷载效应计算，宁建国等归纳整理后，认为在 $R/\sqrt[3]{m} \geqslant 0.35$($R$ 是爆炸中心距地面的高度）情况下的爆炸可近似为无限空气中的爆炸。不同炸药类型可近似根据能量相似原理，将实际装药量换算成 TNT 当量后采用 TNT 拟合经验公式计算，换算方式如下：

$$m_{e}=\frac{Q_{vi}}{Q_{vTNT}}m_{i} \tag{1.19}$$

式中　m_e—— 等效 TNT 当量；

m_i—— 该炸药用量；

Q_{vi}—— 该炸药爆热；

Q_{vTNT}——TNT 爆热。

由 1.4.3 节可知等冲量法下已得出各工况下 TNT 当量，以下给出乳化炸药目前的研究成果（表 1.6、图 1.9 和图 1.10）。

表 1.6　乳化炸药等冲量 TNT 当量及爆热

参数	各试件数据						
	8C2	9C3	10C4	2S2	4S3	5S3	6S4
TNT 当量系数	1.5	1.2	0.7	0.79	0.75	0.6	1.8
乳化炸药爆热 /(kJ · kg^{-1})	6 780	5 424	3 164	3 570.8	3 390	2 712	8 136

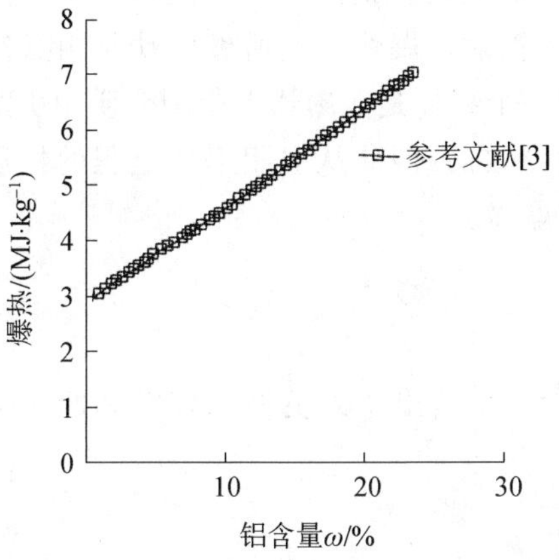

图 1.9　乳化炸药爆热－铝含量曲线

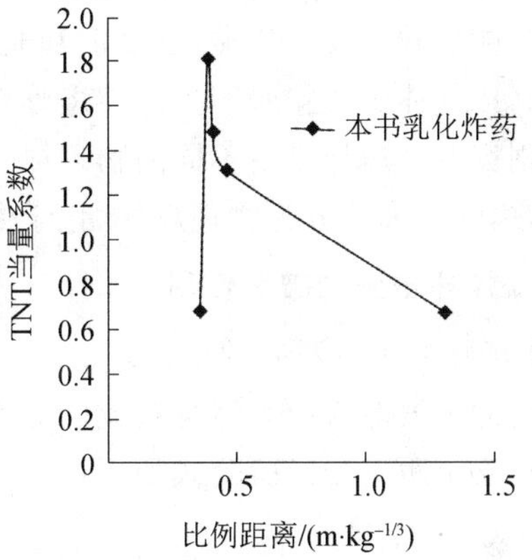

图 1.10　TNT 当量系数－比例距离曲线

由图 1.9 知，进行乳化炸药爆炸试验间接获取的爆热基本落在经统计的大量乳化炸药爆热区间内。因此，等冲量法用于乳化炸药与 TNT 的爆炸荷载验证，进而得出乳化炸药的爆热和 TNT 当量系数是合理可行的。当铝含量超过 12% 时，其爆热超过 5 MJ/kg，表明处于该范围的乳化炸药爆炸性能比 TNT 爆炸性能更强，亦解释了图 1.10 中乳化炸药等冲量 TNT 当量系数大于 1.0 的原因。

综上所述，可得如下结论：① 乳化炸药的等冲量法用于预测小比例距离下爆炸荷载效应是合理的；② 乳化炸药的等冲量法比等压力法更便于分析爆炸荷载效应误差；③ 乳化炸药的等冲量法可与爆炸荷载作用下钢管混凝土柱弯曲型破坏建立一定的联系；④ 乳化炸药的等冲量 TNT 当量可取平均值 1.05，乳化炸药的爆热可取平均值 4 739 kJ/kg；⑤ 等冲量法用于乳化炸药与 TNT 的爆炸荷载效应，求解乳化炸药的爆热和 TNT 当量系数是合理可行的。

第 2 章　爆炸荷载作用下钢管混凝土柱的动态本构模型

2.1　爆炸荷载作用及本构模型相关理论

2.1.1　爆炸基本概念

1. 爆炸

爆炸是在某一个“系统”中，其化学和物理能量急剧转化的过程。在此过程中“系统”的内在势能急骤转变为机械能、动能和光与热能的辐射。爆炸过程所做的功是由系统内部高温高压气体迅速膨胀产生的。爆炸最重要的一个特征是在爆炸点周围介质中引起状态的急剧突变。爆炸是由不同的物理或化学现象导致的，因此从引起爆炸过程的性质方面分类，爆炸可大致分为物理爆炸、化学爆炸和核爆炸。

2. 爆炸冲击波的破坏作用

(1) 爆炸冲击波对人的危害。

爆炸冲击波对人内脏器官造成的影响较大，表 2.1 给出了人员伤害等级和超压的关系。计算安全距离的经验公式如下：

$$R_K = 25\sqrt[3]{Q} \tag{2.1}$$

式中　R_K—— 安全距离，m；

Q—— 炸药量，kg。

式(2.1) 应用于炸药量小于 20 kg 的情况。

表 2.1　人员伤害等级和超压的关系

伤害等级	超压 /($\times 10^5$ Pa)	伤害情况
轻微	0.2 ～< 0.3	轻级挫伤
中等	0.3 ～< 0.5	耳膜损伤、中等挫伤、骨折
严重	0.5 ～< 1.0	内脏严重挫伤、可能引起死亡
极严重	≥ 1.0	人员死亡

(2) 爆炸冲击波对建筑物的破坏。

超压准则是最常用的评估爆炸损伤的准则，当爆炸冲击波达到某一临界值时，便会对周围建筑物造成损伤，表 2.2 给出了 1 000 kg TNT 地面爆炸式冲击波超压对建筑物的损坏程度。式(2.2) 是对安全距离的估算：

$$R_K = K_n\sqrt{Q} \tag{2.2}$$

式中　Q—— 炸药量，kg；

K_n—— 破坏状态和爆破指数相关系数。

表 2.2　1 000 kg TNT 地面爆炸式冲击波超压对建筑物的损坏程度

ΔP/kPa	损坏程度
5 ～< 6	门、窗玻璃部分破碎
6 ～< 15	受压面的门、窗玻璃大部分破碎
15 ～< 20	窗框损坏
20 ～< 30	墙裂缝
30 ～< 50	墙裂大缝，屋瓦掉落
50 ～< 70	木建筑厂房房柱折断，房架松动
70 ～< 100	砖墙倒塌
100 ～< 200	防震钢筋混凝土破坏，小房屋倒塌
200 ～< 300	大型钢架破坏

3. 典型爆炸冲击波超压时程曲线

在进行钢管混凝土柱爆炸试验后，需要对爆炸过程中的超压时程曲线进行分析，爆炸冲击荷载形式复杂，其特点是压力随着时间的变化而变化，几乎没有恒载区。图 2.1 给出了典型的爆炸冲击波超压时程曲线。

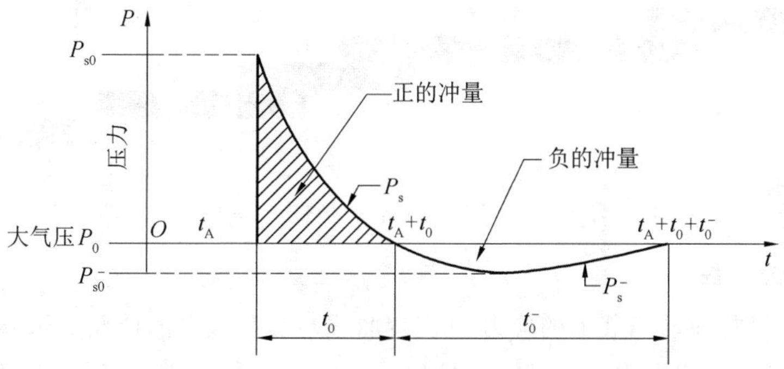

图 2.1　典型的爆炸冲击波超压时程曲线

从图 2.1 可看出典型爆炸冲击波超压时程曲线的趋势为：压力先突然增至峰值，然后呈现指数形式下降的正压作用阶段，最后到达负压作用阶段。通常对于结构设计，正的压力峰值和冲量更为重要。但是对于刚度相对较小的结构或柔性结构，负的压力峰值及冲量对结构响应具有重要的影响，不可忽略。

4. 爆炸荷载的施加

非线性有限元软件 ANSYS/LS－DYNA 中针对爆炸荷载的施加有三种方法。

(1) 采用相关的经验公式将爆炸荷载简化为三角形冲击荷载。该方法计算效率高、模型简单，广泛应用于被爆结构的动态响应问题，但是此方法的爆炸荷载分布不均匀，且不能考察爆炸荷载和结构之间的相互作用。

(2) 在 ANSYS/LS－DYNA 软件中直接建立炸药材料模型，通过模拟炸药的引爆使爆炸荷载作用到结构上。该方法可以直观地考察爆炸冲击波与结构之间的相互作用，但是建立的模型较多，导致计算效率较低。

(3) 采用 CONWEP 算法，在 ANSYS/LS－DYNA 软件中以相关关键字为基础输入炸药的 TNT 当量、爆心坐标、起爆时间、爆炸类型等基本参数，同时必须定义两条任意曲线。该算法适用范围广泛，计算效率高，但是不能考虑炸药的形状和障碍物对结构的影响。

本章为考虑爆炸冲击波和钢管混凝土柱之间的相互作用并提高模拟精度，采用第二种方法。

2.1.2　材料动力特性

爆炸荷载作用在结构上的时间非常短暂，使得结构的材料应变率大大提高。应变率是表征材料变形速度的一种度量，是应变对时间的导数。材料应变率的巨大变化会对结构的强度与变形等力学性能有直接影响。图 2.2 所示为不同荷载作用下的结构材料应变率的变化范围。

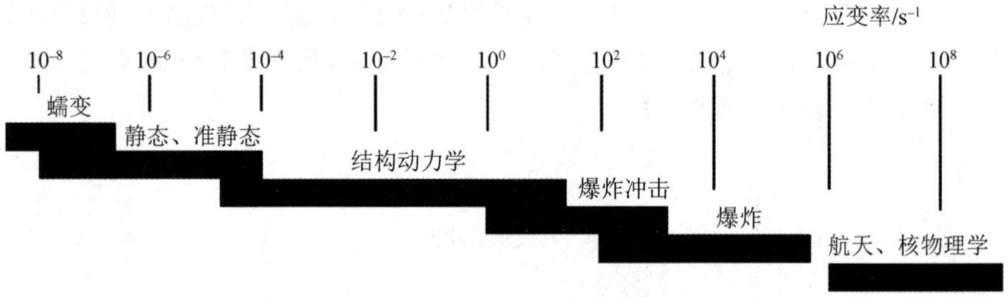

图 2.2　不同荷载作用下的结构材料应变率的变化范围

1. 钢材动力特性

研究表明，钢材在动荷载下的应力－应变曲线与静荷载下的情况不同，从图 2.3 可看出动荷载下的动力屈服上限(σ_{D1})和动力屈服下限(σ_{D2})均大于同一种钢材的静力屈服极限(σ_s)。

2. 混凝土动力特性

混凝土是一种由胶凝材料将集料胶结成整体的工程复合材料。在快速加载的条件下，混凝土的极限强度和变形模量有所提高。从图 2.4 混凝土在不同加载速率下的应力－应变曲线可看出，虽然两曲线的变化趋势相似，但是在变形的各阶段，随着应变率的提高，抗压强度明显增大。而试件压缩极限变形基本上是一个常数，且与加载速度无关。

本章将建立爆炸荷载作用下钢管混凝土柱有限元模型，并对其进行数值分析，由于在高应变率爆炸冲击荷载作用下，钢材与混凝土两种材料的应变率可以达到 100 ～

1 000 s^{-1}，将产生明显的应力提高现象，故在有限元分析中需要选取考虑应变率效应的钢材和混凝土动态本构模型。

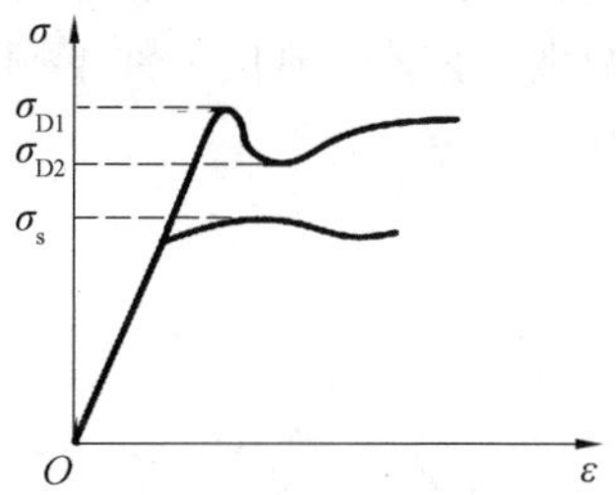

图 2.3　动荷载与静荷载下的钢材应力－应变曲线

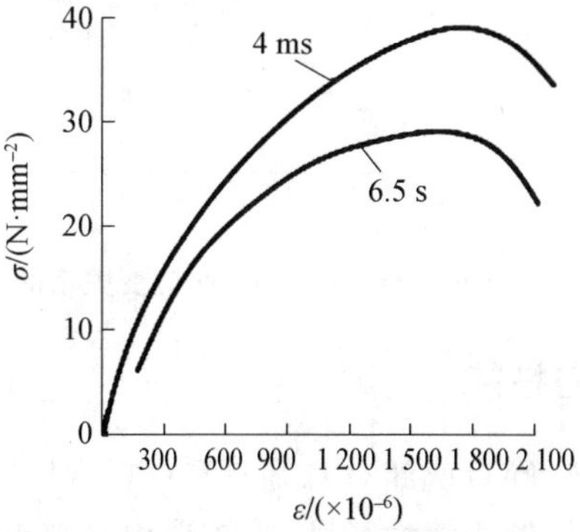

图 2.4　混凝土在不同加载速率下的应力－应变曲线

2.2　爆炸荷载作用下材料的动力性能

爆炸荷载作用下的动力响应问题属于典型的动力学问题，在高速动荷载作用下，材料的力学性能与在准静态荷载作用下的力学性能相比有很大不同，需考虑应变率效应，因此必须研究结构材料的应变率相关本构关系和相关破坏准则。

应变率是指结构内任一点在单位时间内发生的应变。爆炸冲击荷载对建筑物的作用过程属于典型的快速加载过程，结构材料在爆炸冲击荷载作用下经受毫秒级的快速变形，其应变率可达 $10^2 \sim 10^3\ s^{-1}$，而常规静荷载材料试验的应变率约为 $10^{-5}\ s^{-1}$，两种情况下应变率相差很大。材料的动力快速加载试验研究表明，随着应变率的提高，材料内部发生了一系列物理和化学变化，力学特性主要表现为应力－应变关系更为复杂；一些特征参数，如延性、强度、弹性模量、内聚力和阻尼比均有不同程度的改变。

2.2.1　钢材的动力性能

钢材在常应变率下的大量单轴拉伸压缩试验结果表明，钢材的屈服极限随应变率的提高而显著提高，而且屈服极限的出现有滞后现象；钢材的瞬时应力随着应变率的提高而提高，即使在同一应变下动力屈服极限的上限和下限均超过其静力屈服极限；静力屈服强度低的钢材，快速变形下屈服强度提高较多，反之则较少；钢材对应变率历史是有记忆性的，称为应变率历史效应；应变率的变化对钢材的屈服极限影响较大，对其极限强度和弹性模量影响较小；钢材拉压强度随应变率变化规律相同；随着含碳量的提高，应变率变化对钢材的力学性能的影响有所减弱，在钢材硬化条件下则不起作用。图 2.5 所示为应变率对钢材应力 — 应变关系的影响。

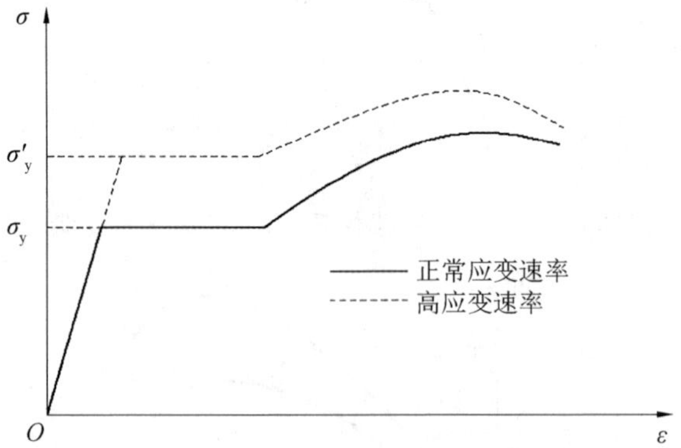

图 2.5　应变率对钢材应力 — 应变关系的影响

2.2.2　混凝土的动力性能

混凝土是由水泥、粗骨料(碎石或卵石)、细骨料(砂)和水拌和，经硬化而成的一种人造石材。混凝土材料具有明显的非线性特征，这主要由材料内部微裂缝的生成、扩展和传播特性所决定，而这些微裂缝的生成、扩展和传播最终导致材料的破坏。同样，混凝土的动力性能也主要是由微裂缝的产生和扩展所决定的。图 2.6 所示为混凝土动载下的应力 — 应变曲线。

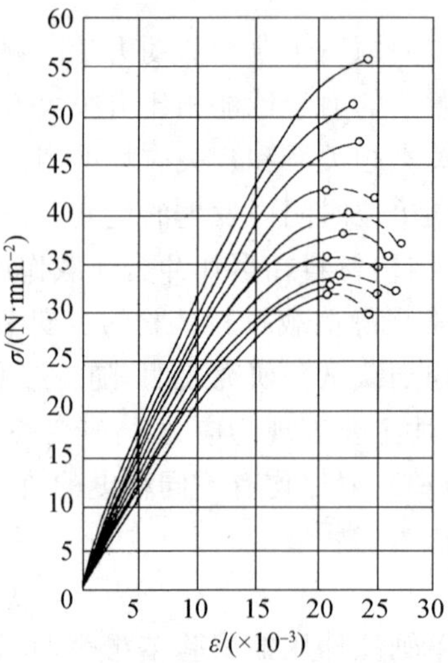

图 2.6　混凝土动载下的应力 — 应变曲线

近几十年来，许多专家学者对混凝土材料的动力性能进行了大量试验研究，总结这些试验结果，可以得出混凝土材料的动力特性有以下特点：

(1) 混凝土材料是明显的应变率相关材料，瞬时应力和屈服强度随应变率的增加而增加，增加幅度与混凝土强度关系不大。

(2) 屈服应力所对应的轴向应变随应变率的增加而增加，但是变化不大。

(3) 最大体积应变、耗能能力、割线模量随应变率的增加而增加，而初始弹性模量变化不大。

(4) 在应力水平较低时，泊松比变化不大，只有当应力水平较高引起内部微裂缝迅速发展时，泊松比才发生较大变化。由于动荷载作用下微裂缝发展较慢，所以动荷载作用下泊松比发生明显变化时的应力水平较高。

(5) 在动荷载作用下，混凝土材料具有明显的损伤软化效应，在循环荷载作用下，混凝土材料的失效和材料微裂缝的发展与材料的损伤累积有关。

(6) 混凝土的级配结构、含水量等都对动力性能有一定影响。

2.3　爆炸荷载作用下材料的本构模型

本构模型是一种描述材料力学性质的数学关系，是以大量的试验为实际基础，以预先提出的数学、力学模式为理论基础推导出来的。气体、液体和固体三种状态的材料，由于力学性质不同，可用不同的状态方程来描述它们的物理力学性质。

2.3.1　弹性、塑性应力－应变曲线

对材料进行应力－应变试验，一般采用圆柱形试件。圆柱形试件在轴向外荷载作用下，其应力－应变曲线如图 2.7 所示。在外荷载较低时，应力与应变成正比关系，且当去掉外荷载后，试件能恢复至原来的状态，即卸载按原来加载的路径返回，此阶段称为弹性阶段；当外荷载超过屈服极限 σ_P 后，试件发生屈服，而进入塑性阶段，此时应力－应变之间不存在一一对应关系，应变不仅与应力有关，还与加载历史有关。

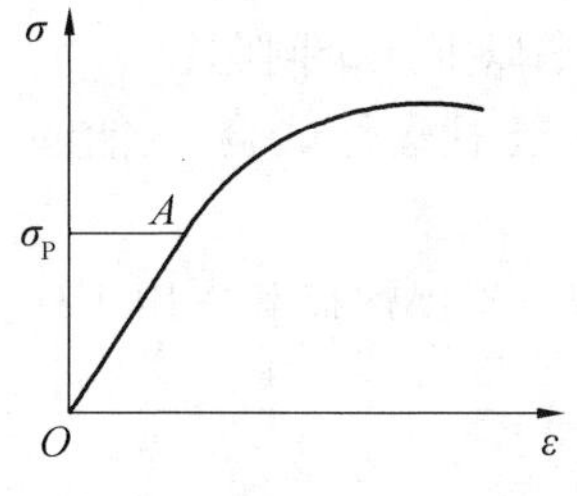

图 2.7　应力－应变曲线

2.3.2　本构模型拟合

方主明等对 20 根钢管再生混凝土短柱进行了轴压试验研究，取得替代率分别为 0、30%、50%、70%、100% 的荷载－应变曲线，进而用试件轴压得到的荷载－纵向应变曲

线，减去对空钢管进行轴压得到的荷载－纵向应变曲线，再除以混凝土截面面积，得到核心混凝土应力－应变曲线，然后利用最小二乘法对杨有福等提出的核心混凝土本构模型中的 ε_0 和 β 进行了拟合，拟合过程中使得理论核心混凝土应力－应变曲线逼近试验结果，最终确定了 ε_0 和 β 计算公式。

杨有福等提出的核心混凝土本构模型为

$$y=\begin{cases}2x-x^2 & x\leqslant 1\\ 1+q(x^{0.1\xi_r}-1) & (\xi\geqslant 1.12, x>1)\\ x/[\beta(x-1)^2+x] & (\xi<1.12, x>1)\end{cases} \tag{2.3}$$

其中

$$x=\varepsilon/\varepsilon_0 \tag{2.4}$$

$$y=\sigma/\sigma_0 \tag{2.5}$$

$$\sigma_0=[1+(-0.054\xi_r^2+0.4\xi_r)(24/f_{ck}^r)^{0.45}]f_{ck}^r \tag{2.6}$$

$$\varepsilon_0=\{\varepsilon_{cc}+[1\,400+800(f_{ck}^r/24-1)]\xi_r^{0.2}\}(1+r/\theta)\times 10^{-6} \tag{2.7}$$

$$\theta=65.715r^2-109.43r+48.989 \tag{2.8}$$

$$\varepsilon_{cc}=(1\,300+12.5f_{ck}^r)\times 10^{-6} \tag{2.9}$$

$$q=\xi_r^{0.745}/(2+\xi_r) \tag{2.10}$$

$$\beta=(2.36\times 10^{-3})^{0.25+(\xi_r-0.5)^7}\times(f_{ck}^r)^2\times 3.51\times 10^{-4} \tag{2.11}$$

$$\xi_r=A_s f_y/(A_c f_{ck}^r)=\alpha f_y/f_{ck}^r \tag{2.12}$$

式中 f_{ck}^r—— 再生混凝土的圆柱体抗压强度；
r—— 再生骨料替代率；
ε_{cc}—— 核心再生混凝土的峰值应变；
ξ_r—— 套箍系数；
α—— 含钢率；
A_s—— 钢管的截面积；
A_c—— 混凝土的截面积；
f_y—— 钢材的屈服强度。

此方法可应用于轴压作用下钢管混凝土柱的本构模型推导，若应用于爆炸荷载下的钢管混凝土柱动态本构分析需考虑以下几个问题：

(1) 需要开展大量的钢管混凝土柱爆炸试验，且能够得到荷载－应变曲线，同时需要做空钢管柱爆炸试验；

(2) 得到荷载－应变曲线后，由于爆炸荷载作用于柱身表面，不易推导应力－应变关系曲线；

(3) 轴力和应变率的影响。

2.3.3 HJC 动态本构模型

ANSYS/LS－DYNA 提供了 JOHNSON_HOLMQUIST_CONCRETE 动态本构模型，简称 HJC 模型。HJC 模型可直观展示爆炸或冲击荷载作用下的混凝土材料的动态本构关系，由于其考虑了应变率效应、大应变和损伤对材料的影响，能够较为准确地反映高应变率下混凝土材料的动态响应，另外由于 HJC 模型在压缩损伤描述方面较为完善，且适合 Euler(欧拉) 和 Lagrange(拉格朗日，简称拉氏) 算法，所以本书选用 HJC 模型作为混凝土的动态本构模型，但是针对爆炸荷载下核心混凝土的 HJC 动态本构模型的研究较欠缺，故通过修正 HJC 相关参数使本构模型精度得以提高，为今后爆炸荷载下钢管混凝土的 HJC 损伤模型的应用提供一定的参考和建议。HJC 模型主要由状态方程、屈服面方程和损伤演化方程构成。

1. 状态方程

HJC 模型的状态方程主要用来描述混凝土的静水压力和体积应变之间的关系，如图 2.8 所示。

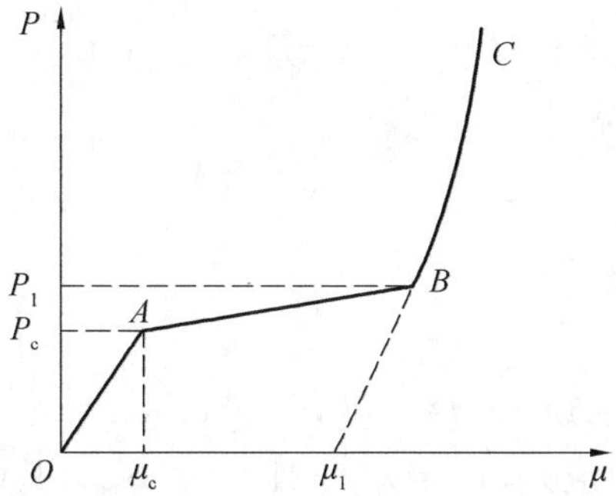

图 2.8　混凝土静水压力－体积应变曲线

OA 阶段是线弹性阶段，此阶段 $P < P_c$，静水压力和体积应变呈线性关系。其中

$$P = k_e \mu \tag{2.13}$$

$$k_e = P_c / \mu_c \tag{2.14}$$

式中　k_e—— 体积模量；

μ—— 体积应变；

P_c—— 单轴压缩试验的压碎体积压力；

μ_c—— 单轴压缩试验的压碎体积应变。

AB 阶段是塑性过渡阶段，此阶段 $P_c \leqslant P \leqslant P_1$，此时混凝土材料内的空隙逐步被压缩从而产生塑性变形，在此过程中随着混凝土内的空隙被压缩，混凝土结构会逐步受到损伤，且产生破碎性裂纹。

加载段：

$$P = P_1 + \frac{(P_1 - P_c)(\mu - \mu_1)}{(\mu_1 - \mu_c)} \tag{2.15}$$

式中　P_1—— 压实压力；

μ_1—— 压实体积应变。

卸载段：

$$P - P_{max} = [(1 - F)k_e + Fk_1](\mu - \mu_{max}) \tag{2.16}$$

$$F = \frac{\mu_{max} - \mu_c}{\mu_1 - \mu_c} \tag{2.17}$$

式中　k_1—— 塑性体积模量；

P_{max}—— 卸载前达到的最大体积压力；

μ_{max}—— 卸载前达到的最大体积应变。

BC 阶段是完全密实阶段，此阶段 $P < P_c$，当压力达到 P_1 时，混凝土内部的气体被全部排出且孔被完全压碎，关系式如下：

加载段：

$$P = k_1\bar{\mu} + k_2\,\overline{\mu^2} + k_3\,\overline{\mu^3} \tag{2.18}$$

$$\bar{\mu} = \frac{\mu - \mu_1}{1 + \mu_1} \tag{2.19}$$

卸载段：

$$P - P_{min} = k_1(\bar{\mu} - \bar{\mu}_{max}) \tag{2.20}$$

式中　$\bar{\mu}$—— 修正的体积应变；

k_1、k_2、k_3—— 常数。

2. 屈服面方程

屈服面方程的表达式为

$$\sigma^* = [A(1-D) + BP^{*N}](1 + C\ln\varepsilon^*) \tag{2.21}$$

式中　σ^*—— 标准化的等效应力，$\sigma^* = \sigma/f'_c$ 且 $\sigma^* \leqslant S_{max}$（其中 σ 为实际等效应力，S_{max} 为混凝土材料所能够达到的最大标准化强度，f'_c 为材料的静态抗压强）；

D—— 损伤度，$0 \leqslant D \leqslant 1.0$；

P^*—— 标准化的静水压力，$P^* = P/f'_c$（其中 P 为单元真实静水压力）；

ε^*—— 无量纲的应变率，$\varepsilon^* = \varepsilon/\varepsilon_0$（其中 ε 为真实应变率，ε_0 为参考应变率）；

A—— 标准化的内聚力强度，给定压力下无损伤（$D=0$）强度与完全损伤（$D=l$）强度之差即为内聚力强度；

B—— 标准化压力硬化系数；

N—— 压力硬化指数；

C—— 应变率。

3. 损伤演化方程

HJC 模型是通过等效塑性应变和塑性体积应变的积累来描述损伤的，其损伤演化方程为

$$D = \sum \frac{\Delta\varepsilon_p + \Delta\mu_p}{\varepsilon_p^f + \mu_p^f} \tag{2.22}$$

$$\varepsilon_p^f + \mu_p^f = D_1(P^* + T^*)^{D_2} \tag{2.23}$$

式中　$\Delta\varepsilon_p$—— 单个计算循环内单元的等效塑性应变增量；

$\Delta\mu_p$—— 单个计算循环内单元的等效塑性体积应变增量；

ε_p^f—— 常压下破碎的等效塑性应变；

μ_p^f—— 常压下破碎的等效塑性体积应变；

T^*—— 材料所能承受的标准化最大拉伸压力，$T^* = T/f'_c$（其中 T 为材料的最大拉伸强度）；

D_1、D_2—— 混凝土材料的损伤常数。

式(2.23)表明断裂塑性应变是有关静水压力的函数，且随着 P^* 的增加断裂塑性应变逐步增大。当 $P^* = -T^*$ 时，混凝土无承受塑性应变的能力。$\varepsilon_{\text{fmin}}$ 为混凝土材料破碎时所允许的最小塑性应变，且满足

$$D_1(P^* + T^*)^{D_2} \geqslant \varepsilon_{\text{fmin}} \tag{2.24}$$

混凝土损伤模型如图 2.9 所示，随着混凝土内部气孔不断被压缩破坏，混凝土的凝聚力强度逐步丧失，因此混凝土的损伤主要影响因素是塑性体积应变。

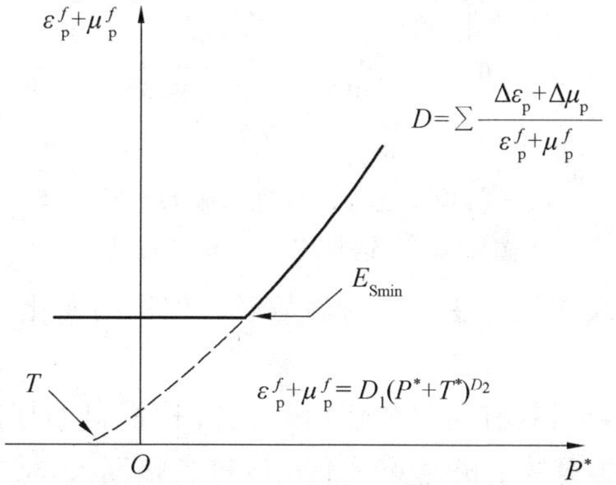

图 2.9　混凝土损伤模型

2.4　钢管混凝土结构动力性能及其组合刚度

钢管混凝土柱的钢管在柱充分承受轴压时，处于环向受拉状态，其内灌混凝土受到钢管的侧向约束而处于三轴受压状态，这有效增强了结构的纵向抗压强度和塑性性能。与普通钢筋混凝土柱相比，钢管截面积对提高柱承载力的作用，相当于同样面积纵向钢筋作用的两倍，且可省去箍筋。在动荷载作用下，由于混凝土和钢管材料强度因应变率放大效应而提高，更进一步提高了钢管混凝土柱的抗力，其动力强度简化计算可按钢管混凝土结构技术规范进行，但应计入材料应变率强度放大系数。对于日常防护结构，其多为短粗的柱结构，设计时一般不必考虑纵向的压屈稳定问题。

钢管混凝土柱的优点还在于它使轴心受压柱变为延性结构。钢管混凝土柱具有良好的延性，在最大轴压承载力时，结构的纵向应变超过 $5\times10^3\ \mu\varepsilon$①，继续加载可保持抗力不变而变形继续发展，直至应变达到 $5\times10^4\ \mu\varepsilon$ 以上。

2.4.1　钢材动力性能

工程结构中使用较多的是低碳热轧钢材。这种钢材的应力－应变曲线有明显的弹性部分和塑性部分及屈服点。塑性部分由屈服台阶和硬化段所组成。在断裂前有相当大

① $\mu\varepsilon$ 为微应变，即 $1\ \mu\varepsilon = 1\times10^{-6}\ \varepsilon$。

的相对伸长，其延性比可达 20 ~ 30，如图 2.10 所示。

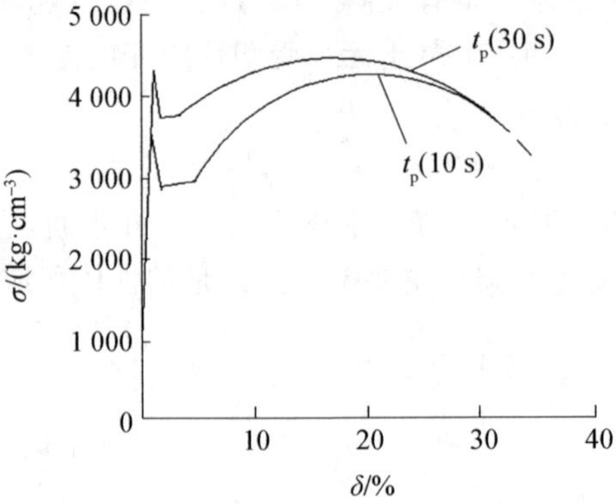

t_p— 等应变速度加载到屈服的时间。

图 2.10　钢材应力 - 应变曲线

钢材应力 - 应变曲线在快速变形下与静荷载时相比的变化，见下述常应变率下单轴试验的结果：

(1) 随着应变率的增加，具有明显屈服台阶的各种钢材的屈服强度均有不同程度的提高。较小的静屈服强度钢材在快速变形下强度提高幅度大，反之则小，钢材屈服强度提高比值如表 2.3 所示。

表 2.3　钢材屈服强度提高比值

钢材种类	$t_m < 50$ ms	$t_m \geqslant 50$ ms
Ⅰ 级钢(3 号钢)	1.35	1.15
Ⅱ 级钢(16Mn)	1.15	1.05
Ⅲ 级钢(25MnSi)	1.10	1.05
Ⅳ 级钢($44Mn_2Si$、$45Si_2Ti$、$40Si_2V$、45MnSiV)	1.05	1.10
5 号钢	1.25	1.10

注：Ⅰ 级钢为 Q235 钢，Ⅱ 级钢为 Q335 钢，Ⅲ 级钢为 Q400 钢。

(2) 钢材抗拉与抗压的强度提高比值相同。

(3) 初始静应力的存在与屈服强度动力提高比值无关。在动荷载作用下，如锚杆等预应力结构中的钢材，仍可采用无预应力时的提高比值。

(4) 钢材动力剪切屈服强度约为动力受拉屈服强度的 60%；极限动力剪切强度约为极限动力抗拉强度的 75%。

2.4.2　混凝土动力性能

混凝土动力性能研究是在大量已有的静力性能上进行的。因此，在阐述混凝土动力性能之前，必须对混凝土静力性能研究进行充分的说明，以便理解混凝土的动力性能。

(1) 混凝土的单轴静压应力 - 应变曲线如图 2.11 所示，曲线的大部分范围是非线性的。

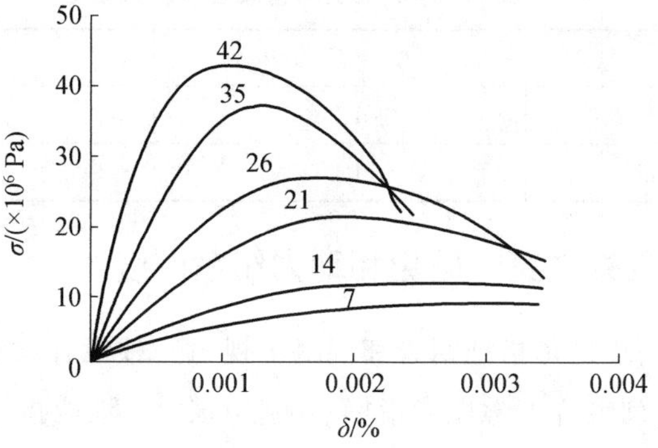

图 2.11　混凝土单轴静压应力－应变曲线

(2) 混凝土是脆性材料，其在构件钢筋的屈服应变值 0.002 附近达到最大强度。随后构件变形发展迅速，混凝土强度也迅速下降。一般混凝土的最大应变值为强度极限时的应变的两倍。

(3) 应力－应变曲线的初始斜率随混凝土抗压强度的提高而增加。

(4) 混凝土在两向或三向受力状态下，其抗压强度将大大提高。因此，约束混凝土如钢管包裹的混凝土具有很高的抗力。但混凝土存在侧向拉应力时，抗压强度将比单轴时显著降低。

(5) 随着混凝土龄期的增加，其抗压强度也增大。普通混凝土年抗压强度至少比28 d 标准抗压强度提高 30%。防护工程设计中可以考虑混凝土的后期强度提高，其提高比值可取 1.2 ～ 1.3。

基于以上混凝土静力性能的定性结论和定量结论，在高速荷载作用下混凝土动力性能的部分研究有如下结论：

(1) 在高速荷载作用下，随着应变率的增加，混凝土的应力－应变曲线的初始段更接近直线，其抗压变形模量(初始切线模量) 随之增加。

(2) 抗压强度随应变率的增加而提高。一般防护结构中，在应变率范围内，常用标号的混凝土强度放大比值基本相同，约为 1.2。在动荷载作用下，防护结构的混凝土设计强度等于静荷载强度与快速变形及龄期两者提高比值的乘积。

(3) 混凝土抗拉强度在高速荷载下的放大比值比抗压强度的放大比值大，但抗拉强度的后期强度放大比值比抗压强度的后期强度放大比值小，综合二者因素，动荷载作用下混凝土抗拉设计强度的放大比值与抗压强度的放大比值相同。

(4) 混凝土动荷载抗压强度对于混凝土不均匀性比静荷载时更为敏感，即由混凝土不均匀性而引起的动荷载抗压强度降低更多，因此动抗压强度提高值宜偏低取用。

(5) 混凝土被水浸泡至饱和后，动荷载强度提高但静荷载强度降低。

(6) 混凝土的极限应变值、泊松系数基本不受应变率影响。

表 2.4 是可参考采用的混凝土动荷载强度增大系数，其值未考虑混凝土的后期强度。防护结构设计实践表明，通常加载时间 t_m 均小于 50 ms。

表 2.4　混凝土动荷载强度增大系数

类别	$t_m < 50$ ms	$t_m \geq 50$ ms
混凝土强度	1.25	1.10
混凝土弹性模量	1.20	1.15

2.4.3　钢管混凝土统一理论和动力组合刚度

钢管混凝土统一理论是指把钢管和混凝土视为一种组合材料的统一体，研究其组合性能，从而得到一系列组合力学性能指标，并基于该力学性能指标计算结构的承载力和变形，最终简化设计工作。具体而言，钢管混凝土统一理论认为各种荷载下结构的工作性能随着材料参数、统一体的几何参数和截面形式及应力状态的改变而呈现连续的、相关的改变，而且计算方法是统一的。因此，钢管混凝土统一理论认为结构工作性能具有统一性、连续性和相关性。

(1) 统一性。钢管混凝土结构的统一性反映在钢管和混凝土的组合工作性能指标中，具体体现为对不同荷载均可按统一计算公式进行计算而不必区分钢管和混凝土。因此，钢管混凝土结构的承载力是统一的组合承载力，而不是钢管和混凝土承载力的机械叠加。

(2) 连续性。钢管混凝土结构的连续性反映在当钢管和混凝土强度及含钢率按一定规律改变时，钢管混凝土结构的组合设计性能指标呈现连续系列变化，如当截面形式由圆形经多边形到方形顺序改变时，钢管混凝土结构的组合设计性能指标均呈现连续的系列变化。

(3) 相关性。钢管混凝土结构的相关性反映在当两种或两种以上不同荷载共同作用时，各种荷载产生的结构内力对钢管混凝土组合结构的极限承载力的影响是有联系的。当多种荷载共同作用时，钢管混凝土结构计算公式把钢管混凝土结构的组合性能统一到相关计算公式中。

由 2.4.1 节和 2.4.2 节知，钢管和混凝土在高速荷载作用下，强度和弹性模量将会大幅度提高，尤其核心混凝土处于三向受压状态。钢管混凝土柱在爆炸荷载作用下可作为一个大偏心压弯构件，其受压区仍存在较强的套箍作用，受拉区混凝土可对钢管产生侧向支承作用，因而在爆炸荷载等高速动荷载作用下，考虑钢管混凝土统一理论仍具有重要意义。

一般而言，钢管混凝土柱主要用作轴心受压构件或小偏心受压构件。但在爆炸荷载作用下，钢管混凝土柱则作为抗侧力压弯构件，需要考虑组合侧向抗弯刚度，以下列出目前多种钢管混凝土柱弯曲刚度的计算方法。

(1) 日本规程 AIJ(1997)。

$$K = E_s I_s + 0.2 E_c I_c \tag{2.25}$$

其中，$E_s = 2.058 \times 10^5$ N/mm²，$E_c = 21\ 000\sqrt{f'_c/19.6}$，单位为 N/mm²，分别为钢材和混凝土的弹性模量；I_s、I_c 为钢管和混凝土的截面惯性矩。

美国规程 ACI(2005) 中给出的计算公式与 AIJ(1997) 类似。

(2) 英国规程 BS 5400(2005)。

$$K = 0.95E_sI_s + 0.45E_cI_c \tag{2.26}$$

其中，$E_s = 205\ 000$ N/mm²；$E_c = 450f_{cu}$，单位为 N/mm²。

(3) 福建省工程建设地方标准《钢管混凝土结构技术规程》(DBJ 13－51－2003)。

地方标准《钢管混凝土结构技术规程》考虑结构受弯后混凝土开裂问题，对混凝土部分抗弯刚度进行适当折减。研究结果表明，圆形钢管对其核心混凝土的约束效果要优于方、矩形钢管，对其混凝土部分的抗弯刚度的折减可略小。地方标准《钢管混凝土结构技术规程》给出钢管混凝土结构在正常使用极限状态下组合弹性抗弯刚度的计算公式为

$$K = E_sI_s + a_0E_cI_c \tag{2.27}$$

其中，$E_s = 2.06 \times 10^5$ N/mm²；$E_c = \dfrac{10^5}{2.2 + 34.7/f_{cu}}$，单位为 N/mm²。系数 a_0 的确定方法是：对于圆钢管混凝土柱，$a_0 = 0.8$；对于方、矩形钢管混凝土柱，$a_0 = 0.6$。

(4) 规程 EC4(2004)。

$$K = E_sI_s + 0.6E_cI_c \tag{2.28}$$

其中，$E_s = 210\ 000$ N/mm²；$E_c = 22\ 000(f'_c/10)^{0.3}$，单位为 N/mm²。

(5) 规程 AISC(2005)。

$$K = E_sI_s + C_0E_cI_c \tag{2.29}$$

其中，$E_s = 200\ 000$ N/mm²；$E_c = 0.043\omega_c^{1.5}\sqrt{f'_c}$，单位为 N/mm²，$\omega_c$ 为混凝土的密度，1 500 kg/m³ $\leqslant \omega_c \leqslant$ 2 500 kg/m³；系数 $C_0 = 0.6 + 2\alpha \leqslant 0.9$，其中 $\alpha = A_s/A_{sc}$。

《全国民用建筑工程设计技术措施：结构》(2009 年版) 中的钢管混凝土柱抗弯刚度计算公式为

$$K = E_sI_s + 0.8E_cI_c \tag{2.30}$$

在对钢管混凝土荷载－变形关系曲线理论分析和试验研究结果的基础上，韩林海给出了钢管混凝土初始抗弯刚度(K_i) 的计算公式：

$$K_i = 0.2M_u/\varphi_c \tag{2.31}$$

参考 Varma 等对水平荷载作用下方钢管混凝土压弯结构的研究方法，暂以 $M = 0.6M_u$ 的割线刚度作为钢管混凝土柱使用阶段的抗弯刚度 K_s。

在参数分析结果的基础上，给出 K_s 的计算公式为

$$K_s = 0.6M_u/\varphi_{0.6} \tag{2.32}$$

其中，$\varphi_{0.6}$ 的确定方法是：

对于圆钢管混凝土柱：

$$\varphi_{0.6}=[(41.48\beta_c+343.43)+(17.32\beta_c+30.39)\xi]\beta_s^{0.82}/(E_sD) \tag{2.33}$$

其中，D 为圆形截面直径。

对于方、矩形钢管混凝土柱：

当绕强轴（$x-x$）弯曲时，有

$$\varphi_{0.6}=[(38.9\beta_c+319.11)+(12.61\beta_c+23.1)\xi]\beta_s^{0.82}/(E_sD) \tag{2.34}$$

其中，D 为矩形截面的长度。

当绕弱轴（$y-y$）弯曲时，有

$$\varphi_{0.6}=[(38.9\beta_c+319.11)+(12.61\beta_c+23.1)\xi]\beta_s^{0.82}/(E_sB) \tag{2.35}$$

其中，B 为矩形截面的宽度。

以上各式中，$\beta_c=f_{cu}/30$，$\beta_s=f_y/345$，f_{cu} 和 f_y 需以 N/mm^2 为单位代入。

(6)《钢管混凝土结构技术规范》(GB 50936—2014)。

结合《钢管混凝土结构技术规范》中 5.1.2 条得

$$f_{sc}=(1.212+B\xi+C\xi^2)f_c \tag{2.36}$$

式中　f_{sc}—— 钢管混凝土柱抗压强度设计值，MPa；

f_c—— 混凝土的抗压强度设计值，MPa；

ξ—— 钢管混凝土柱的套箍系数，$\xi=\alpha_{sc}f/f_c$；

B、C—— 截面形状对套箍效应的影响系数。

对于圆形钢管混凝土柱，有

$$B=0.176f/213+0.974 \tag{2.37}$$

$$C=-0.104f_c/14.4+0.031 \tag{2.38}$$

对于方形钢管混凝土柱，有

$$B=0.131f/213+0.723 \tag{2.39}$$

$$C=-0.070f_c/14.4+0.026 \tag{2.40}$$

式中　f—— 钢材抗压强度设计值，MPa；

f_c—— 混凝土抗压强度设计值，MPa。

由上述规范中的 5.1.7 条得

$$E_{sc}=1.3k_Ef_{sc} \tag{2.41}$$

式中　E_{sc}—— 钢管混凝土柱的弹性模量，N/mm^2；

k_E—— 轴压弹性模量换算系数，对于 Q235 钢材为 918.9，对于 Q345 钢材为 719.6，对于 Q390 钢材为 657.5，其间线性插值。

由上述规范中的 5.1.8 条得

$$B_{scm}=E_{scm}I_{sc} \tag{2.42}$$

$$E_{scm}=\frac{\left(1+\frac{\delta}{n}\right)(1+\alpha_{sc})}{\left(1+\frac{\alpha_{sc}}{n}\right)(1+\delta)}E_{sc} \tag{2.43}$$

$$n = E_c / E_s \tag{2.44}$$

$$\delta = I_s / I_c \tag{2.45}$$

$$\alpha_{sc} = A_s / A_c \tag{2.46}$$

对于圆钢管混凝土柱,有

$$I_{sc} = \pi r^4 / 4 \tag{2.47}$$

$$I_c = \pi (r - t)^4 / 4 \tag{2.48}$$

$$I_s = I_{sc} - I_c \tag{2.49}$$

对于方钢管混凝土柱,有

$$I_{sc} = a^4 / 12 \tag{2.50}$$

$$I_c = (a - 2t)^4 / 12 \tag{2.51}$$

$$I_s = I_{sc} - I_c \tag{2.52}$$

式中 E_{scm}—— 钢管混凝土柱的弹性受弯模量,N/mm^2;

E_s、E_c—— 钢材和混凝土的弹性模量,N/mm^2;

I_s、I_c—— 钢管和混凝土部分的惯性矩;

I_{sc}—— 钢管混凝土柱的截面惯性矩;

B_{scm}—— 弹性受弯刚度;

α_{sc}—— 含钢率;

n—— 混凝土弹性模量与钢材弹性模量比;

δ—— 钢管惯性矩和混凝土惯性矩比;

r—— 外半径;

t—— 钢管厚度;

a—— 边长;

A_s、A_c—— 钢管与混凝土面积。

当钢管混凝土柱将会出现受拉区时,截面惯性矩用下式修正代替:

$$I_{sc} = (0.66 + 0.94\alpha_{sc})(I_s + I_c) \tag{2.53}$$

2.4.4 讨论与分析

国内外对钢管混凝土结构在低速静荷载下抗弯刚度的计算有多种方法,而对于高速动荷载下抗弯刚度的计算方法仍在探索阶段。结合2.4.1节和2.4.2节可知,在爆炸等高速动荷载作用下,钢材和混凝土的屈服强度及弹性模量因应变率动力放大效应呈现大幅度增强。已有研究表明,应变率动力放大系数的常规取值为1.2。为便于第4章钢管混凝土柱 $P-I$ 曲线的理论推导,考虑将 B_{scm} 弹性受弯刚度乘以动力放大系数1.2以作为动力弹性受弯刚度。尽管如此,在高速动荷载作用下,钢管及混凝土的弹性模量均有大幅度提高,应用上述公式进行爆炸荷载作用下钢管混凝土柱性能计算时,仍然有较大的安全储备空间。因此,用静荷载抗弯刚度计算公式进行动荷载结构设计是偏于保守和安全的。结合最新钢管混凝土结构研究成果，应采用《钢管混凝土结构技术规范》(GB 50936—2014)进行爆炸荷载作用下钢管混凝土柱的抗弯刚度计算。

2.5 爆炸荷载作用下钢管混凝土柱的数值模拟分析

2.5.1 数值模拟简介

1. ANSYS/LS－DYNA 简介

ANSYS/LS－DYNA 是一种显式大型非线性有限元程序。有限元法是解决工程实际问题的有效数值计算方法，它将弹性理论、计算数学和计算机软件有机结合在一起。ANSYS/LS－DYNA 是功能齐全的几何非线性(大位移、大转动和大应变)、材料非线性(140 多种材料动态模型)和接触非线性(50 多种)程序。它以 Lagrange 算法为主，兼有 ALE 和 Euler 算法；以显式求解为主，兼有隐式求解功能；以结构分析为主，兼有热分析、流体－结构耦合功能；以非线性动力分析为主，兼有静力分析功能(如动力分析前的预应力计算和薄板冲压成型后的回弹计算)；是军用和民用相结合的通用结构分析非线性有限元程序。

ANSYS/LS－DYNA 主要有以下特点：① 分析功能强大。可进行非线性动力学、刚体动力学、流体、温度场等多种分析。② 单元类型众多。显式单元有 9 种类型，且各类单元又有多种算法供用户选择。③ 材料模型丰富。ANSYS/LS－DYNA 拥有近 150 余种金属和非金属材料模型，另外使用者亦可以自定义材料模型，具有强大的拓展性。④ 接触分析功能齐全。ANSYS/LS－DYNA 程序的全自动接触分析功能齐全，易于使用，有 50 多种选择。⑤ 荷载、初始条件和约束功能齐全。⑥ 应用领域广泛。ANSYS/LS－DYNA 广泛应用于汽车工业、航空航天、制造业、土木工程、国防工业等领域。

综上 ANSYS/LS－DYNA 有限元软件能够满足爆炸作用下钢管混凝土柱数值模拟分析工作。

2. ANSYS /LS－DYNA 的基本算法

ANSYS/LS－DYNA 提供了三种数值计算方法，分别为 Lagrange、ALE 和 Euler 算法。

(1)Lagrange 算法。

Lagrange 算法多用于固体结构的应力－应变分析，描述的网格和分析的结构是一体的，有限元节点即为物质点。Lagrange 算法网格附着在材料上，随着材料的流动而产生单元网格的变形。但是当结构的变形巨大时，可能会造成网格的严重畸变，导致数值计算困难，甚至终止程序运算。

(2)ALE 与 Euler 算法。

ALE 与 Euler 算法可以克服由于单元发生畸变而引起的计算困难，且可实现流固耦合的动态分析。ALE算法先执行一个或几个 Lagrange时步计算，此时单元网格随材料流动而产生变形，然后执行 ALE 时步计算：① 保持变形后物体边界条件不变，对内部单元进行网格重划分；② 将变形网格中的单元变量和节点速度矢量输送到重划分后的新网格中。Euler 算法则是使材料在固定的网格中流动，适用于处理大变形问题。ANSYS/LS－DYNA 可以将 Euler 网格与全 Lagrange 有限元网格进行耦合，以处理流体与结构在各种复杂荷载条件下的相互作用问题。

3. 简化积分单元和沙漏控制

在显式积分的每一时步中，单元计算所需时间为主要耗时部分，而单元积分点的个数与中央处理器(CPU) 时间成正比，所以简化积分单元是降低耗时的有效方法。ANSYS/LS－DYNA 3D 程序采用的是高斯积分法，可在极大程度上节约数据存储量和运算次数。但是简化积分单元存在以下缺点：① 应力结果的精确度与积分点数直接相关；② 可能引起沙漏模态，产生一种自然振荡并且比所有结构响应的周期要短得多。

沙漏模态是指某些位移模态，在积分时，对应变能没有任何的抵抗能力，通常会引起极大的振荡，会使网格变形成无刚度且产生锯齿形外形(称为沙漏变形，图 2.12)，导致程序无法运行。因此，必须采取有效措施来防止过度沙漏的产生，措施如下：

(1) 均匀划分网格且有效细化网格，避免在单点上集中加载；

(2) 增加抵抗沙漏模式的刚度，但不增加刚体运动和线性变形；

(3) 对沙漏方向上的速度施加阻尼；

(4) 调整模式的体积黏性，可调整 EDBVIS 命令中的线性和二次项系数增加体积黏性；

(5) 使用 SHELL163 和 SOLID164 单元的全积分方法；

(6) 增加模型的弹性刚度。

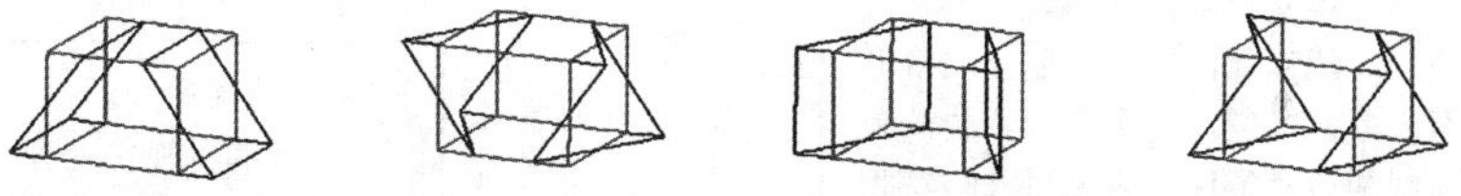

(a) 单点实体单元

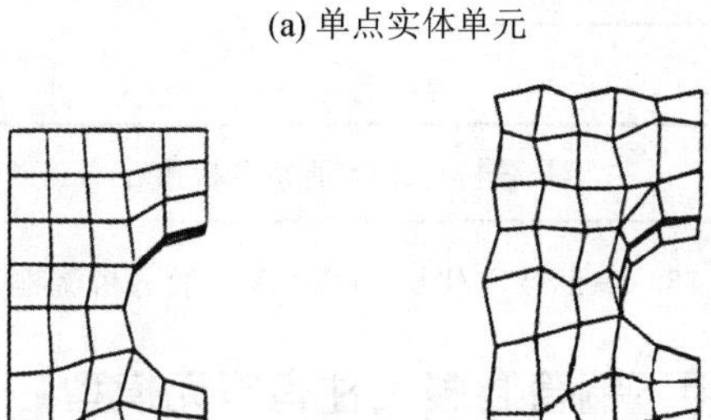

(b) 总体表现形式

图 2.12　沙漏变形

4. 时间积分和时间步长控制

ANSYS/LS－DYNA 3D 程序的运动方程考虑阻尼影响后为

$$\boldsymbol{M}\ddot{x}(t)=\boldsymbol{P}-F+H-\boldsymbol{C}\dot{x} \tag{2.54}$$

式中　$\boldsymbol{M}$—— 总体质量矩阵；

$\boldsymbol{P}$—— 总体荷载矢量；

F—— 单元应力场的等效节点力矢量集合；

H—— 总体结构沙漏黏性阻尼力；

$\boldsymbol{C}$—— 阻尼系数矩阵，$\boldsymbol{C}=c\boldsymbol{M}$（其中 c 为阻尼常数）。

采用显式中心差分法进行时间积分的算式为

$$\ddot{\boldsymbol{x}}(t_n)=\boldsymbol{M}^{-1}\left[\boldsymbol{P}(t_n)-F(t_n)+H(t_n)-\boldsymbol{C}\boldsymbol{x}(t_{n-\frac{1}{2}})\right] \tag{2.55}$$

$$\dot{\boldsymbol{x}}(t_{n+\frac{1}{2}})=\dot{\boldsymbol{x}}(t_{n+\frac{1}{2}})+\frac{1}{2}(\Delta t_{n-1}+\Delta t_n)\ddot{\boldsymbol{x}} \tag{2.56}$$

$$\boldsymbol{x}(t_{n+1})=\boldsymbol{x}(t_n)+\Delta t_n\dot{\boldsymbol{x}}(t_{n+\frac{1}{2}}) \tag{2.57}$$

其中，$t_{n-\frac{1}{2}}=\frac{1}{2}(t_n+t_{n-1})$；$t_{n+\frac{1}{2}}=\frac{1}{2}(t_{n+1}+t_n)$；$\Delta t_{n-1}=(t_n-t_{n-1})\Delta t_n=t_{n+1}-t_n$；$\ddot{\boldsymbol{x}}(t_n)$、$\dot{\boldsymbol{x}}(t_{n+\frac{1}{2}})$、$\boldsymbol{x}(t_{n+1})$ 为 t_n 时刻的节点加速度矢量、$t_{n+\frac{1}{2}}$ 时刻的节点速度矢量、t_{n+1} 时刻的节点坐标矢量。

5. ANSYS /LS－DYNA 的分析流程

ANSYS /LS－DYNA 显式动力分析过程包含前处理、求解处理和后处理三个基本操作环节，详细介绍如图2.13 所示。

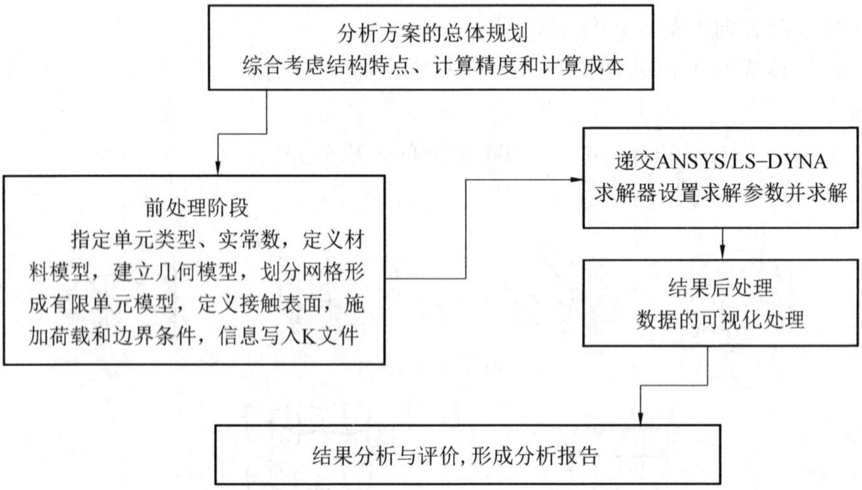

图 2.13　ANSYS /LS－DYNA 一般分析流程

2.5.2　爆炸荷载作用下钢管混凝土柱有限元模型

本节根据试验工况建立了爆炸荷载作用下 S1、S3、C1 和 C3 四根钢管混凝土柱的有限元模型，详细介绍了有限元模型在 ANSYS/LS－DYNA 前处理阶段的单元类型、定义材料模型、建立几何模型、划分网格形成有限单元模型、定义接触表面、施加荷载和边界条件等内容。

1. 流固耦合

本节将建立爆炸荷载作用下钢管混凝土柱的有限元模型，内含针对炸药、空气、钢管和混凝土四部分的建模，采用流固耦合法实现爆炸冲击波与钢管混凝土柱之间相互作用的模拟。

流固耦合法可用于处理并有效解决流体和结构相互作用的问题，是 ALE(或者 Euler) 和 Lagrange 单元间的耦合。在进行爆炸有限元建模时，流体和结构之间必定存在重合部分，一般是流体的网格包含结构的网格，此时利用流固耦合法可使得流体中的爆炸冲击波传递到结构上。ANSYS/LS－DYNA 软件通过 K 文件中的关键字实现流固耦合。因此，本节将钢管和混凝土通过关键字 *SECTION_SOLID 定义为 Lagrange 算法，将炸药和空气通过关键字 *SECTION_SOLID_ALE 定义为 ALE 算法，然后通过定义关键字 *CONSTRAINED_LAGRANGE_IN_SOLID 实现空气与钢管混凝土柱的耦合。在此过程中需要通过关键字 *CONTROL_ALE 对 Euler 算法进行定义。

虽然采用流固耦合的方法使得计算效率有所降低，但是此方法可有效提高计算的精度，为了模拟的准确性，采用此方法实现爆炸冲击波与钢管混凝土柱之间相互作用的模拟。

2. 单元类型

本节所建模型均采用 SOLID164 实体单元。SOLID164 实体单元是一种 8 节点实体单元。单点积分的优点是省时，并且适用于大变形的情况。SOLID164 实体单元具体特点如下：

(1)SOLID164 实体单元是三维实体单元，具有 8 个节点，每个节点有 9 个自由度，但只有位移是实际意义上的物理自由度，如图 2.14 所示。

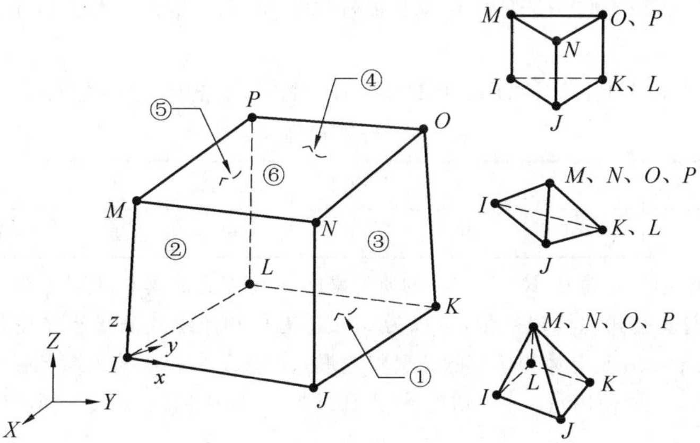

图 2.14　SOLID164 实体单元

(2) 该单元默认情况下采用单点积分算法，也可以采用全积分单元算法。当采用全积分单元算法时会避免沙漏问题，但计算耗时会成倍增加。

(3) 该单元没有实常数，单元体积不能为零。

(4) 可通过单元表面施加荷载，各面编号由节点决定。

(5) 可在多数材料列表中选择此单元。

3. 材料模型

ANSYS/LS－DYNA 具有十分丰富的材料模型，可为所有材料提供五大类模型：线性材料模型、非线性材料模型、与状态方程相关的材料模型、离散单元材料模型和刚体材料模型。在有限元模型建立过程中，要分别赋予几何模型对应的材料模型，本节通过 K 文件中关键字的设定，分别对炸药、空气、钢管和混凝土采用了对应的材料模型，具体如下（单位统一为 g－mm－ms）。

(1) 炸药材料模型。

炸药材料模型采用的是 ANSYS/LS－DYNA 提供的 *MAT_HIGH_EXPLOSIVE_BURN 模型及 JWL 状态方程。JWL 状态方程为

$$P = A\left(1-\frac{\omega}{R_1 V}\right)e^{-R_1 V} + B\left(1-\frac{\omega}{R_2 V}\right)e^{-R_2 V} + \frac{\omega E_0}{V} \tag{2.58}$$

式中　P—— 爆轰压力；

V—— 相对体积；

E_0—— 单位体积内能；

ω、A、B、R_1、R_2—— 材料常数。

*EOS_JWL 的卡片参数如表 2.5 所示。

表 2.5　*EOS_JWL 状态方程卡片参数

变量	EOSID	A	B	R1	R2	OMEG	E0	V0
变量类型	I	F	F	F	F	F	F	F

注：EOSID— 状态方程模型 ID 编号；E0— 初始能量密度；V0— 初始相对体积；A、B、R1、R2、OMEG— 状态方程中的材料参数。

另外 *MAT_HIGH_EXPLOSIVE_BURN 模型的卡片参数如表 2.6 所示。

表 2.6　炸药模型卡片参数

变量	MID	RO	D	PCJ	BETA	K	G	SIGY
变量类型	I	F	F	F	F	F	F	F

注：MID— 材料模型的 ID 编号；RO— 炸药的质量密度；D— 炸药的爆速；PCJ— 炸药的爆压；BETA— 炸药单元内部压力计算公式的标识变量，可以为 0(表示有体积压缩或满足程序控制起爆条件将起爆)、1(表示根据计算结果，凡是有体积压缩的情况将起爆)、2(表示由程序输入参数控制起爆)；K— 体积弹性模量(当 BETA＝2 时使用)；G— 剪切模量(当 BETA＝2 时使用)；SIGY— 屈服应力(当 BETA＝2 时使用)。

在 ANSYS/LS－DYNA 中炸药的起爆位置通过关键字 *INITIAL_DETONATION 进行设定，其卡片参数如表 2.7 所示。

表 2.7　起爆位置卡片参数

变量	PID	X	Y	Z	LT
变量类型	I	F	F	F	F
默认值	all HE	0	0	0	0

注：PID— 建模过程中的 Part 编号；X、Y、Z— 设定的起爆位置三轴坐标；LT— 起爆点的起爆时间。

(2) 空气材料模型。

空气采用 NULL 材料模型以及 LINEAR_POLYNOMIAL 状态方程加以描述。线性多项式状态方程为

$$P = C_0 + C_1\mu + C_2\mu^2 + C_3\mu^3 + (C_4 + C_5\mu + C_6\mu^2)E \tag{2.59}$$

$$\mu = \frac{1}{V} - 1 \tag{2.60}$$

式中　P—— 爆轰压力；

E—— 单位体积内能；

V—— 相对体积。

当线性多项式方程用于空气时，有 $C_0 = C_1 = C_2 = C_3 = C_6 = 0, C_4 = C_5 = 0.4$。

* EOS_LINEAR_POLYNOMIAL 的卡片参数如表 2.8 所示。

表 2.8　* EOS_LINEAR_POLYNOMIAL 状态方程卡片参数

卡片 1：

变量	EOSID	C0	C1	C2	C3	C4	C5	C6
变量类型	I	F	F	F	F	F	F	F

卡片 2：

变量	E0	V0
变量类型	F	F

注：EOSID— 状态方程模型 ID 编号；E0— 初始能量密度；V0— 初始相对体积；C0、C1、C2、C3、C4、C5、C6— 状态方程表达式参数。

另外，空气 * MAT_NULL 模型的卡片参数如表 2.9 所示。

表 2.9　空气模型卡片参数

变量	MID	RO	PC	MU	TEROD	CEROD	YM	PR
变量类型	I	F	F	F	F	F	F	F
默认值	none	none	0	0	0	0	0	0

注：MID— 材料模型 ID 编号；RO— 空气材料密度；PC— 截止压力；MU— 动态黏性系数；TEROD— 拉伸侵蚀的相对体积，典型取值大于 1，若该参数为 0，则拉伸侵蚀未激活；CEROD— 压缩侵蚀的相对体积，典型取值小于 1，若该参数为 0，则拉伸侵蚀未激活；YM— 杨氏模量；PR— 泊松比。

(3) 钢材材料模型。

钢材材料模型采用的是 ANSYS/LS－DYNA 中提供的 PLASTIC_KINEMATIC 非线性塑性材料模型，该材料模型适用于包含应变率效应的各向同性塑性随动强化材料。在爆炸与冲击荷载作用下，结构材料会产生快速的变形作用，导致材料内部发生一系列物理和化学变化，表现为应力－应变关系更加复杂，屈服极限、阻尼比等参数的变化。通过众多材料动力试验可知，动力屈服应力比静力屈服应力有明显的提高，在大量试验的基础上 Cowper 和 Symonds 提出了如下公式：

$$\frac{\sigma_y}{\sigma_s}=1+\left(\frac{\dot{\varepsilon}}{C}\right)^{1/P} \tag{2.61}$$

式中 σ_s—— 静态极限屈服应力；

C、P—— 与材料性质相关的常数；

σ_y—— 动态极限屈服应力；

$\dot{\varepsilon}$—— 应变率。

塑性随动强化模型是在式(2.61)基础上建立起来的，具体公式如下：

$$\sigma_y=\left[1+\left(\frac{\dot{\varepsilon}}{C}\right)^{1/P}\right](\sigma_0+\beta E_p\varepsilon_p^{\mathrm{eff}}) \tag{2.62}$$

式中 σ_0—— 初始屈服强度；

C、P—— 与材料性质相关的常数；

β—— 可调参数，$\beta=0$ 为塑性随动强化模型，$\beta=1$ 为等向强化模型；

E_p—— 塑性强化模量，$E_p=\dfrac{E_1E}{E-E_1}$；

$\varepsilon_p^{\mathrm{eff}}$—— 等效塑性应变，$\varepsilon_p^{\mathrm{eff}}=\int_0^t\left(\dfrac{2}{3}\dot{\varepsilon}_{ij}^{p}\right)^{1/2}\mathrm{d}t$。

塑性随动强化模型对于爆炸冲击荷载作用下的金属材料非常适用，利用其得出的计算结果与试验数据一般比较吻合，因此本节选用该模型作为钢材的材料模型。非线性塑性 PLASTIC_KINEMATIC 模型的关键字参数如表 2.10 所示。

表 2.10 钢材材料模型卡片参数

卡片 1：

变量	MID	RO	E	PR	SIGY	ETAN	BETA
变量类型	I	F	F	F	F	F	F
默认值	none	none	none	none	none	0	0

卡片 2：

变量	SRC	SRP	FS	VP
变量类型	F	F	F	F
默认值	not used	not used	not used	0

注：MID— 材料模型的 ID 编号；R0— 材料密度；E— 杨氏模量；PR— 泊松比；SIGY— 屈服强度；ETAN— 切线模量；BETA— 硬化参数；SRC、SRP— 应变率参数；FS— 失效应变；VP— 速度影响公式。

(4) 混凝土材料模型。

混凝土材料模型采用的是 ANSYS/LS — DYNA 中提供的 JOHNSON_HOLMQUIST_ CONCRETE 材料模型，简称 HJC 材料模型，由于本书后续主要以试验结果为基础，针对混凝土的动态本构 HJC 材料模型进行参数数值确定工作，故本节仅列出 HJC 材料模型的关键字卡片，如表 2.11 所示。

表 2.11　混凝土 HJC 材料模型卡片参数

卡片 1：

变量	MID	RO	G	A	B	C	N	FC
变量类型	I	F	F	F	F	F	F	F

卡片 2：

变量	T	EPSO	EFMIN	SFMAX	PC	UC	PL	UL
变量类型	F	F	F	F	F	F	F	F

卡片 3：

变量	D1	D2	K1	K2	K3	FS
变量类型	F	F	F	F	F	F

注：MID— 材料模型的 ID 编号；RO— 材料密度；G— 剪切模量；A— 归一化黏性强度；B— 归一化压力硬化系数；C— 应变率影响系数；N— 压力硬化系数；FC— 准静态单轴抗压强度；T— 最大抗拉静水压力；EPSO— 参考应变率；EFMIN— 破坏前的总塑性应变；SFMAX— 归一化最大强度；PC— 压溃点的压力，一般取 PC = FC/3；UC— 压溃点的体积应变；PL— 压实点的压力；UL— 压实点的体积应变；D1、D2— 损伤参数；K1、K2、K3— 压力参数，根据试验数据确定；FS— 破坏模型。

4. 几何模型的建立

实体建模的最终目的是对建造的几何模型进行网格划分以生成节点和单元而得到有限元模型。ANSYS 有两种几何建模方式，分别为自底向上建模和自顶向下建模。其中，自底向上建模是在建立几何模型时首先定义关键点，然后利用关键点建立较高级图元（线、面、体）；而自顶向下建模是指一开始就通过较高级图元来构造模型，其建模效率更高。本节采用自顶向下的建模方法分别建立了炸药、空气、钢管和钢管混凝土柱几何模型，如图 2.15 所示。

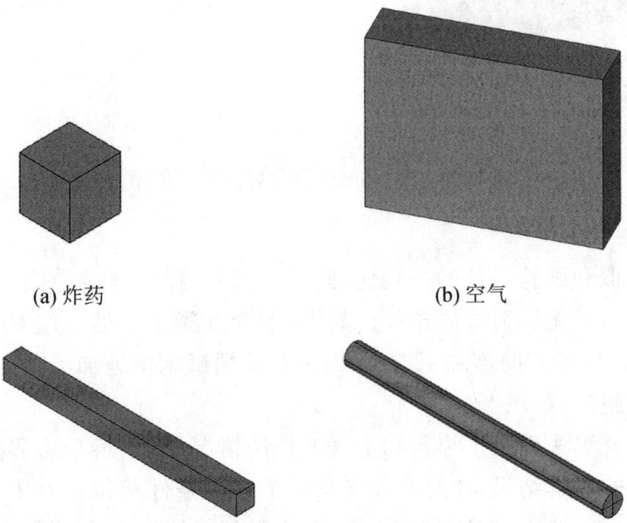

(a) 炸药　(b) 空气

(c) 钢管混凝土柱

图 2.15　几何模型

5. 网格划分

网格划分对数值模拟分析至关重要，将直接影响后续数值计算分析结果的精确性。在运用 ANSYS/LS－DYNA 进行数值分析时，网格划分包括定义单元属性、定义网格属性和划分网格三个过程。划分网格的方法一般分为以下几种：

(1) 自由网格划分，是自动化程度最高的网格划分技术之一，它在平面上可自动生成三角形或者四边形网格。

(2) 映射网格划分，是针对规则模型的一种网格划分方法。此方法原始概念为：对于面，只能是四边形面，网格划分数需在对边上保持一致，形成的单元全部为四边形；对于体，只能是六面体，对应线和面的网格划分数保持一致，形成的单元全部为六面体。在 ANSYS 中，这些条件有了很大放宽，不过在选择映射网格划分方式时仍需对模型进行详细的规划。

(3) 扫掠网格划分，主要应用于复杂三维实体模型的网格划分，比映射网格划分方法具有更大的优势和灵活性。

本节所选择的网格划分方法为映射网格划分。该方法主要应用于规则模型，炸药、空气、钢管混凝土柱均属于规则模型。此外，利用映射网格划分所得到的数值模拟结果要比自由网格划分更加准确，且计算时对计算机配置要求相对较低，可提高计算效率。网格划分的尺寸统一为 20 mm，划分结果如图 2.16 所示。

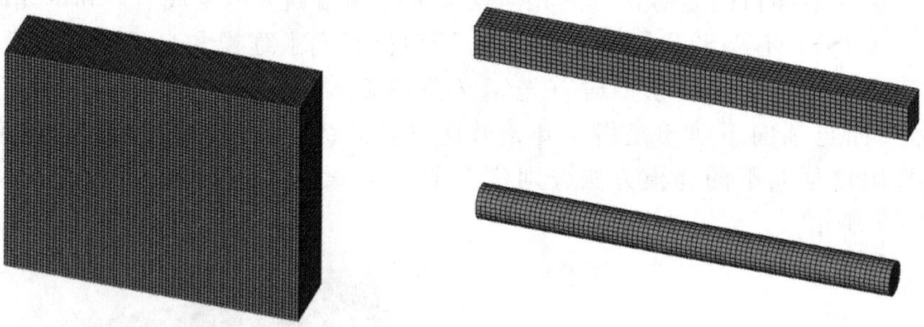

(a) 整体　　(b) 钢管混凝土柱

图 2.16　网格划分后的单元网格

6. 边界条件

为了保证模拟和试验条件的一致性，此处对钢管混凝土柱施加了位移边界条件，对空气的最外层面施加了无反射边界条件。其中，钢管混凝土柱的一端对所有自由度进行了约束，另一端对 Y 和 Z 方向施加了约束，因为在此端试验中施加了轴力，即模拟时在 X 方向进行了轴力的施加，如图 2.17 所示。

采用流固耦合算法模拟了炸药和空气的作用情况，为了避免边界爆炸过程中边界处的冲击波反射影响求解结果，此时必须定义一个边界条件使得在有限的空间内模拟出无限大的区域，ANSYS/LS－DYNA 中无反射边界条件的设定恰好满足了这一点。在对空气最外层节点施加无反射边界条件设定时，需要考虑膨胀波和剪切波被吸收的情况，故软件操作时选取膨胀波和剪切波选项。图 2.18 给出了最外层区域施加无反射边界条件后的情况。

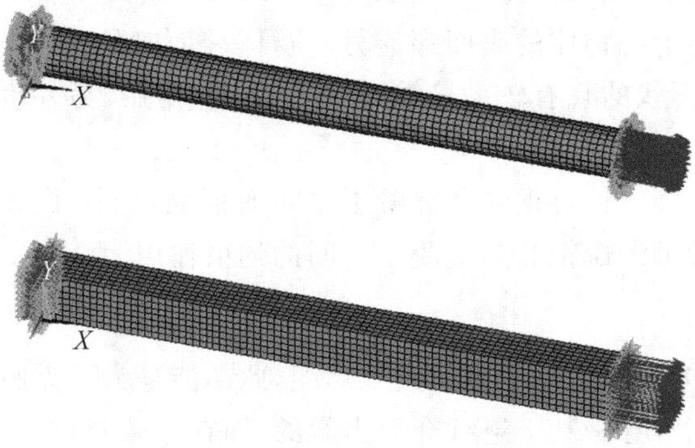

图 2.17

图 2.17　约束与轴力的施加

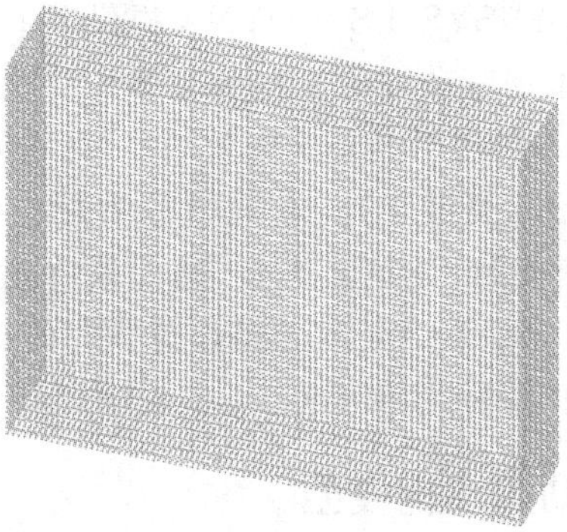

图 2.18　无反射边界条件的施加

7. 定义接触

ANSYS/LS－DYNA 中采用 EDCGEN 命令来定义接触表面，使用此命令的步骤如下：

(1) 定义接触类型；

(2) 定义接触实体；

(3) 定义动静摩擦系数参数；

(4) 对所定义的接触类型给定附加输入；

(5) 定义接触和激活时间。

为了充分定义在显式动态分析中模型表面间的复杂关系，ANSYS/LS－DYNA 提供了 24 种接触方式，根据每个接触方式的特征来选择合适的接触方式是至关重要的。24 种接触方式可分为 3 种基本接触类型：单面接触、点面接触、面面接触。

单面接触用于一个物体表面间的自身接触或者两个物体表面间的接触，在单面接触使用过程中，ANSYS/LS－DYNA 会自动识别所接触的表面。故单面接触是最简单的一种接触类型，当单面接触定义完成后，ANSYS/LS－DYNA 允许一个模型的外表面发生接触，因此单面接触主要应用于预先不知接触表面的自身接触或大变形问题的模型分析中，例如碰撞和撞坏事故动力问题分析等。

点面接触主要用于两表面之间的接触，需对 Target 表面和 Contact 表面进行定义。

面面接触主要用于一物体的表面穿透另一物体表面时的情况，是应用最广泛的接触类型，常应用于任意形状的且有较大接触面积的物体接触中，另外也应用于物体间存在大量相对滑动的情况。

本节所建立的模型中针对钢管和混凝土之间的接触，选择了面面接触中的固结面面接触（TDSS），此接触可考虑钢管与混凝土之间的约束作用。

8. 失效准则

ANSYS/LS－DYNA 提供了单元失效功能，此功能是为了克服有限元本身的缺陷而提出的。由于有限元本身是基于连续介质力学的，而在连续介质力学中，所研究的物体需要是连续的，即物质域在空间中连续。在这样的理论假设框架下，单元本身是不会消失的。然而在实际情况下，由于损伤断裂的存在，势必会使得一些单元消失或者完全失效，所以为了能够模拟这种情况，ANSYS/LS－DYNA 提供了单元失效功能。

为了模拟钢管混凝土柱中钢管和混凝土在承受爆炸荷载时的断裂情况，在数值模拟时，利用了 ANSYS/LS－DYNA 提供的单元失效功能，即引入了 Erosion 算法（K 文件中加入 *MAT_ADD_EROSION 关键字）。在数值分析过程中，单元的应力或应变达到 Erosion 算法中所定义的标准值时，该单元失效，随即该单元被删除。因此，通过失效准则的定义，可有效模拟钢管和混凝土单元承受爆炸荷载时的破坏情况。在本模拟中对钢管和混凝土材料选用拉伸应变作为破坏依据。

2.5.3 混凝土 HJC 动态本构模型

HJC 动态本构模型考虑了应变率效应、大应变和损伤对材料的影响，能够很好地描述出高应变率下混凝土材料的动态响应情况，此外 HJC 动态本构模型可应用于 Lagrange 和 Euler 网格下的计算模拟，故在有限元模拟中选取 HJC 动态本构模型作为混凝土材料模型。

1. HJC 动态本构模型参数初步分析

HJC 动态本构模型共有 21 个参数，其中包括 19 个计算参数和 2 个软件参数。这 21 个参数又可进行如下分类：

材料参数：RO、FC、T、G；

强度参数：A、B、N、C、SFMAX；

损伤参数：D1、D2、EFMIN；

压力参数：PC、UC、K1、K2、K3、PL、UL；

软件参数：EPSO、FS。

在 K 文件中，*MAT_JOHNSON_HOLMQUIST_CONCRETE HJC 为动态本构模型的关键字，材料编号为 111，Holomquist 等人提出的原始材料参数如表 2.12 所示。

表 2.12　混凝土 HJC 动态本构模型原始材料参数

卡片 1：

MID	RO	G	A	B	C	N	FC
4	2.40×10^{-3}	14 860	0.79	1.6	0.007	0.61	48

卡片 2：

T	EPSO	EFMIN	SFMAX	PC	UC	PL	UL
4	0.001	0.01	7	16	0.001	800	0.1

卡片 3：

D1	D2	K1	K2	K3	FS
0.04	1	8.50×10^{4}	-1.71×10^{5}	2.08×10^{5}	—

在 HJC 动态本构模型中参数数值的确定直接影响到数值模拟的准确性，本节对各参数进行了确定。经试验测得所用混凝土的密度 $\rho=2.38\times10^{-3}$ g/mm³，静态单轴压缩抗压强度 $f_c=47.46$ MPa，混凝土的弹性模量 $E=33\ 200$ MPa，根据参考文献取得泊松比 $\nu=0.2$。

混凝土的剪切模量公式为

$$G=\frac{E}{2(1+V)} \tag{2.63}$$

通过此公式计算得出混凝土的剪切模量 $G=13\ 833$ MPa。

最大抗拉静水压力 T 根据美国混凝土协会(ACI) 给出的公式计算：

$$T=0.62(f)^{1/2} \tag{2.64}$$

计算出混凝土的最大抗拉静水压力 $T=4.27$ MPa。

压溃压力采用参考文献给出的计算公式，即

$$P_c=f_c/3 \tag{2.65}$$

可得压溃压力 $P_c=15.82$ MPa。

压溃体积应变可由以下两公式求得：

$$U_c=\frac{p_e}{k_e} \tag{2.66}$$

$$k_e=\frac{E}{3(1-2V)} \tag{2.67}$$

首先算得 $k_e=18\ 444$ MPa，然后根据公式求得压溃体积应变 U_c 的值为 0.000 858。

压实体积应变的计算公式为

$$U_l=\frac{\rho_{grain}}{\rho_0}-1 \tag{2.68}$$

混凝土的压实密度采用参考文献给出的值，即 $\rho_{grain}=2.68\times10^{-3}$ g/mm³，计算出压实体积应变 U_l 的值为 0.126。

确定混凝土的损伤参数 D_1、D_2 和 EFMIN，D_2 和 EFMIN 可以使用参考文献中给出的值，即 $D_2=1$，EFMIN$=0.01$。而 D_1 可由以下公式确定：

$$D_1 = 0.01\bigg/\left(\frac{1}{6} + T^*\right) \tag{2.69}$$

$$T^* = T/f_c \tag{2.70}$$

计算出 $D_1 = 0.04$。

由参考文献可知，应变率系数C是不依赖于混凝土初始抗压强度的量，因此确定C为不变量，故 C 取原始值，即 $C = 0.007$。

由参考文献可知，参数K_1、K_2和K_3的大小对应力－应变曲线的形状几乎无影响，各参数的取值对数值模拟的影响可基本忽略，故对 K_1、K_2 和 K_3 仍取原始值，即 $K_1 = 8.50 \times 10^4$，$K_2 = -1.71 \times 10^5$，$K_3 = 2.08 \times 10^5$。

软件参数 EPSO 取原始数值。由于本数值模拟中采用 *MAT_ADD_EROSION 来考虑混凝土的失效准则，故 FS 值不进行设置。

随着各参数的确定，初步形成了本数值模拟中应用的混凝土 HJC 动态本构模型，如表 2.13 所示。

表 2.13　混凝土 HJC 动态本构模型初步材料参数

卡片 1：

MID	RO	G	A	B	C	N	FC
4	2.38×10^{-3}	13 833	0.79	1.6	0.007	0.61	47.46

卡片 2：

T	EPSO	EFMIN	SFMAX	PC	UC	PL	UL
4.27	0.001	0.01	7	15.82	0.000 858	800	0.126

卡片 3：

D1	D2	K1	K2	K3	FS
0.04	1	8.50×10^4	-1.71×10^5	2.08×10^5	—

由表 2.13 可看出，初步的 HJC 动态本构模型参数中通过试验数据和对应公式对参数 RO、G、FC、T、PC、UC、UL 进行了调整，C、EPSO、EFMIN、SFMAX、PL、D1、D2、K1、K2、K3、FS 参数均采用原始数值，而对于参数 A、B、N，则先取原始数值，后续将对其进行详细介绍。

在混凝土动态本构模型参数初步确定后，利用 ANSYS/LS－DYNA 对爆炸试验试件 S1、S3、C1 和 C3 进行了数值模拟工作，得出跨中位移时程曲线，且将数值模拟结果和试验结果(爆炸试验内容详见第 3 章）进行了对比，如图 2.19 所示。

爆炸试验的主要观测指标为测点的最大变形，从图 2.19 可看出试件 S1 跨中最大位移的试验结果为 63.2 mm，模拟结果为 59.3 mm，两者相差不大，但是达到峰值之后模拟的试件回弹更加快速，最终达到与试验相吻合的残余变形；试件 S3 的跨中最大位移的试验结果为 36.21 mm，模拟结果为 34.23 mm，两者较为接近，但是达到峰值之后第一次回弹的试验值与模拟值相差较大，究其原因为试验过程中试件在承受爆炸荷载时螺栓的松动导致了试件跨中位移时程曲线达到峰值后出现小幅度的反向变形；试件 C1 的跨中最大位移的试验结果为 62.9 mm，模拟结果为 59.08 mm；试件 C3 的跨中最大位移的试验结果为 27.07 mm，模拟结果为 25.36 mm，两者较为接近，从整体上看模拟曲线与试验曲线较为吻合。

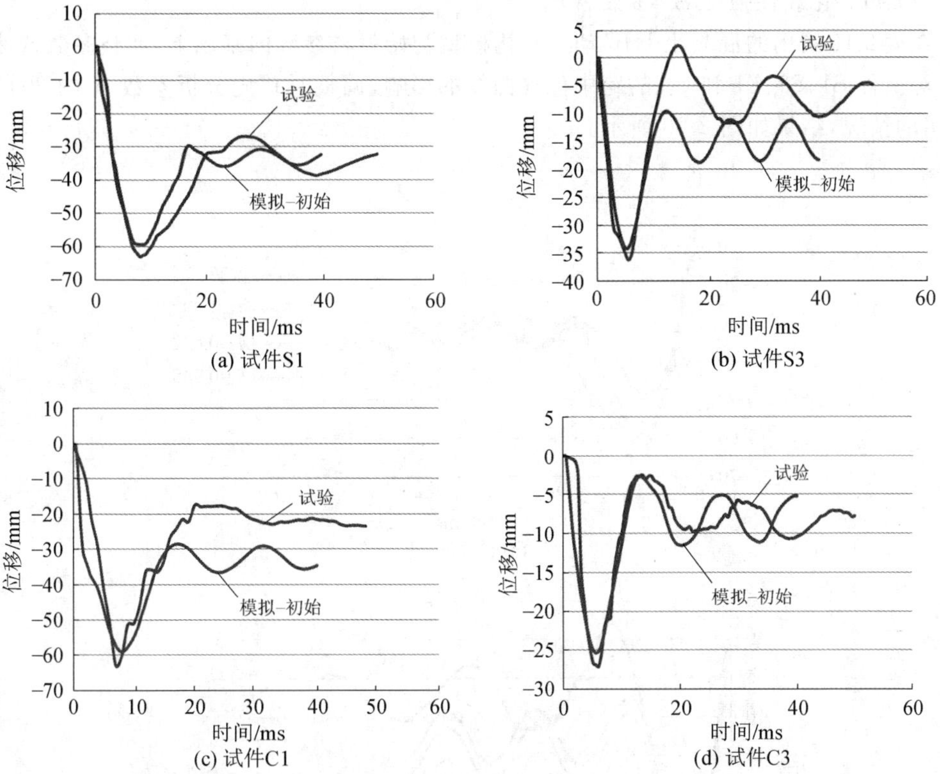

图 2.19　试验跨中位移时程曲线与初始模拟结果对比

2. HJC 动态本构模型参数确定

虽然从图 2.19 中可看出模拟结果与试验结果总体上较为符合，误差在爆炸试验所允许的范围内，但是从文献可知，HJC 的推导是通过冲击试验得到的，而本节中研究的是更高应变率的爆炸荷载作用下的钢管混凝土柱的抗爆性能，为了模拟工作更加准确，本节将针对 HJC 动态本构模型中的参数进行进一步调整。

在 HJC 动态本构模型参数初步分析过程中仅剩余参数 A、B、N 未做调整（$A=0.79$，$B=1.6$，$N=0.61$），其余参数已做调整或者不需调整。参数 A 是材料在真实应变率 $\varepsilon=1.0$ 时的归一化黏性强度，此强度指出了未损伤的材料强度和在给定压力下造成完全损伤的材料强度之间的区别；归一化压力硬化系数 B 和压力硬化系数 N 定义了真实应变率 $\varepsilon=1.0$ 时损伤材料归一化强度，为试验数据提供了较低约束。此外，参数 A、B、N 对 HJC 动态本构模型是有影响的，故本节主要研究参数 A、B、N 对试件 S1、S3、C1 和 C3 的跨中位移曲线的影响，并对参数 A、B、N 进行拟合，得到应用于爆炸荷载作用下的 HJC 动态本构模型。具体步骤如下：

第一步：运用控制变量法，通过分别改变参数 A、B、N 分析其对 ANSYS/LS－DYNA 求解出的跨中位移时程的影响；

第二步：逐步修正参数 A、B、N，使模拟结果与试验所得跨中位移时程逐步接近；

第三步：最终确定应用于爆炸荷载作用下钢管混凝土柱的 HJC 动态本构模型各参数。

(1) 归一化黏性强度 A(参数 A)。

在表 2.13 给出的混凝土 HJC 动态本构模型初始材料参数的基础上,调整参数 A 来分析其对试件 S1、S3、C1 和 C3 的跨中位移曲线的影响,调整时首先分析参数 A 的 80% 和 1.2 倍的情况,结果如图 2.20 所示。

图 2.20(a)

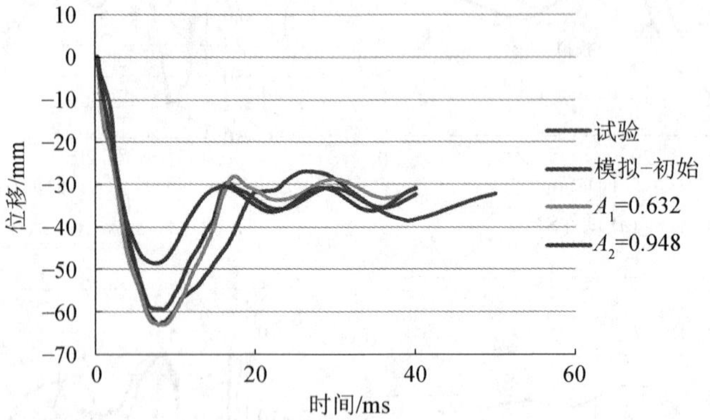

(a) 试件S1

图 2.20(b)

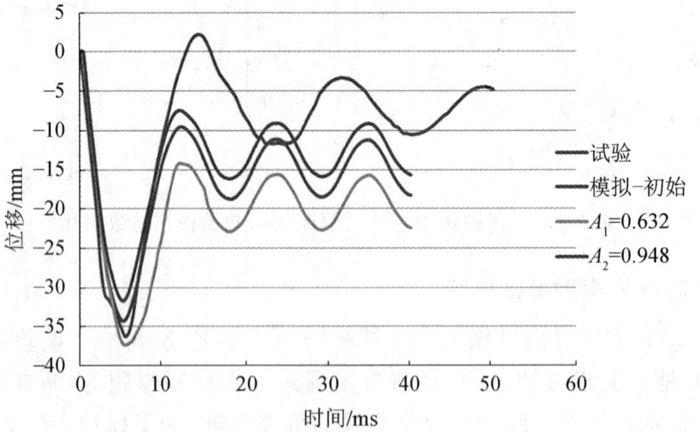

(b) 试件S3

图 2.20(c)

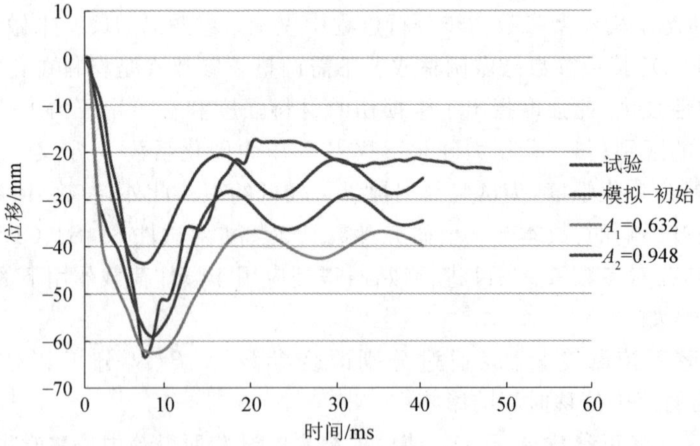

(c) 试件C1

图 2.20 调整参数 A 后的跨中位移时程曲线

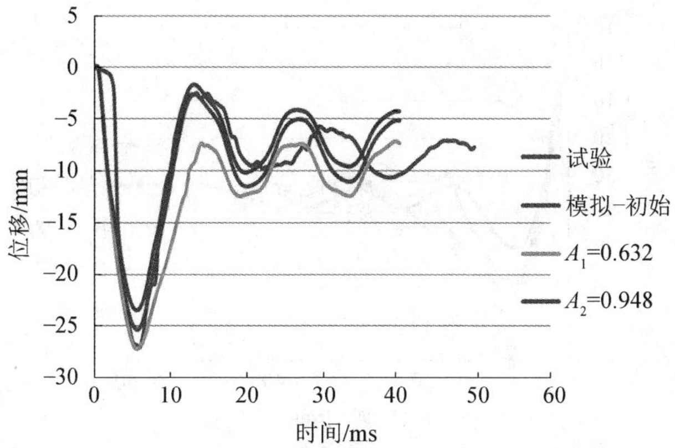

(d) 试件C3

续图 2.20

图 2.20(d)

由图 2.20 可看出当参数 A 由 0.79 调整为 0.632 后，试件 S1 的跨中位移时程曲线的最大变形由 59.3 mm 变为 63.1 mm，残余变形与初始模拟值略有减小；试件 S3 的跨中位移时程曲线的最大变形由 34.23 mm 变为 37.29 mm，但是与调整前相比达到峰值后的位移回弹速度变慢，且残余变形相差较大；试件 C1 跨中位移时程曲线的最大变形由 59.08 mm 变为 62.6 mm，但是从整体来看参数 A 变小使得试件的整体位移变化速度放慢，且残余变形变大；试件 C3 跨中位移时程曲线的最大变形由 25.36 mm 变为 27.24 mm，且同样的跨中位移达到峰值后的位移回弹速度变慢，残余变形变大。总之，随着参数 A 的减小位移的最大变形增大，达到峰值后的回弹速度变慢，且残余变形变大。

当参数 A 由 0.79 调整为 0.948 后，试件 S1 的跨中位移时程曲线的最大变形由 59.3 mm 变为 48.6 mm，回弹速度变快，残余变形与初始模拟结果基本吻合；试件 S3 的跨中位移时程曲线的最大变形由 34.23 mm 变为 31.73 mm，达到峰值后的位移回弹速度与调整前基本保持一致，但残余变形变小；试件 C1 的跨中位移时程曲线的最大变形由 59.08 mm 变为 43.7 mm，从整体来看参数 A 变小使得试件的整体位移变化速度加快，且残余变形变小；试件 C3 的跨中位移时程曲线的最大变形由 25.36 mm 变为 23.48 mm，残余变形变小程度很小。总之，随着参数 A 的增大位移的最大变形减小，达到峰值后的回弹速度稍有加快，残余变形略有减小。

对图 2.20 所示的调整参数 A 后的跨中位移时程曲线进行分析，可知在进行拟合时，减小参数 A 才能使得数值模拟结果更加准确。

(2) 归一化压力硬化系数 B(参数 B)。

在表 2.13 给出的混凝土 HJC 动态本构模型初始材料参数的基础上，调整参数 B 来分析其对试件 S1、S3、C1 和 C3 的跨中位移曲线的影响，调整时首先分析参数 B 的 80% 和 1.2 倍的情况，结果如图 2.21 所示。

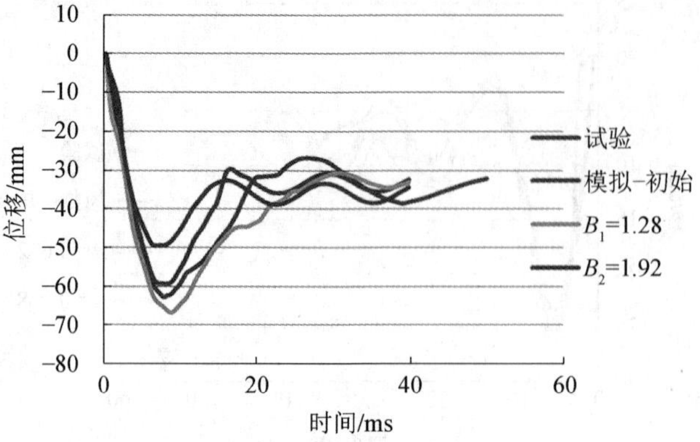

(a) 试件S1

图 2.21(a)

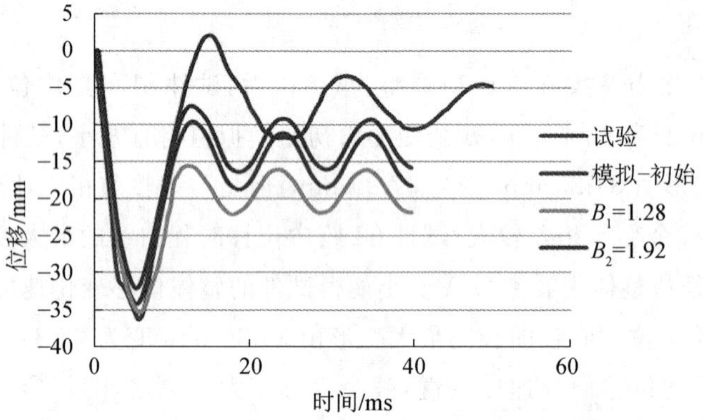

(b) 试件S3

图 2.21(b)

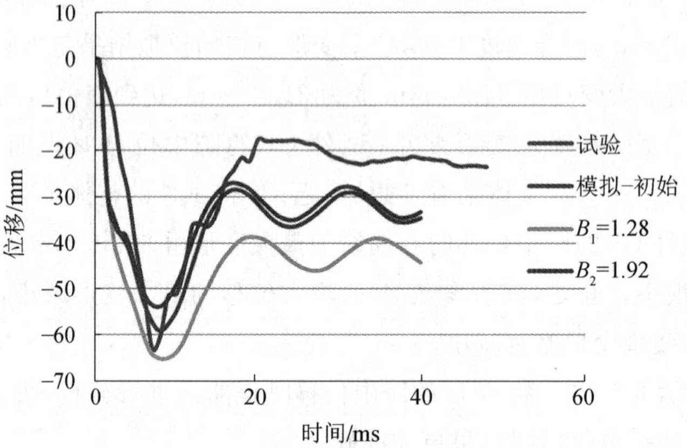

(c) 试件C1

图 2.21(c)

图 2.21　调整参数 B 后的跨中位移时程曲线

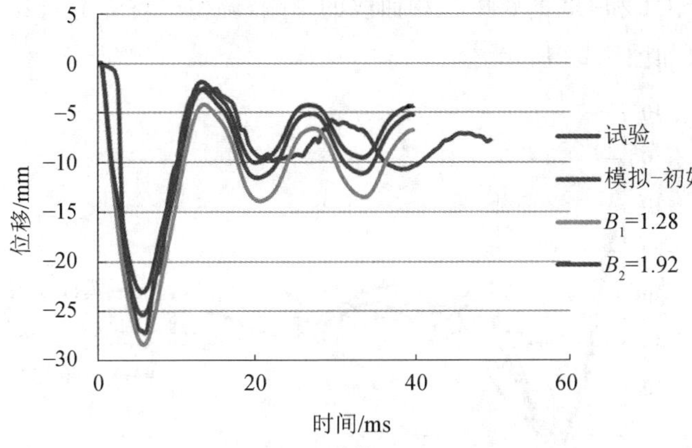

(d) 试件C3

图 2.21(d)

续图 2.21

由图 2.21 可看出当参数 B 由 1.6 调整为 1.28 后，试件 S1 的跨中位移时程曲线的最大变形由 59.3 mm 变为 66.9 mm，达到峰值后的回弹速度放慢，与试验结果更加接近，残余变形与初步模拟结果基本吻合；试件 S3 的跨中位移时程曲线的最大变形由34.23 mm 变为 35.35 mm，但是与调整前相比达到峰值后的位移回弹速度变慢，且残余变形相差较大；试件 C1 的跨中位移时程曲线的最大变形由 59.08 mm 变为 65.2 mm，但是从整体来看参数 B 变小使得试件的整体位移变化速度放慢，且残余变形变大；试件 C3 的跨中位移时程曲线的最大变形由 25.36 mm 变为 28.32 mm，跨中位移达到峰值后的位移回弹速度略微变慢，残余变形变大。通过与参数 A 减小时相比较，参数 B 的减小对位移时程曲线的影响与参数 A 相似。总之，随着参数 B 的减小位移的最大变形一定程度上增大，达到峰值后的回弹速度变慢，且残余变形值变大。

当参数 B 由 1.6 调整为 1.92 后，试件 S1 的跨中位移时程曲线的最大变形由 59.3 mm 变为 49.5 mm，回弹速度变快，残余变形变大程度较小；试件 S3 的跨中位移时程曲线的最大变形由 34.23 mm 变为 32.12 mm，达到峰值后的位移回弹速度与调整前基本保持一致，但残余变形变小；试件C1 的跨中位移时程曲线的最大变形由 59.08 mm变为 54 mm，达到峰值后的回弹速度及残余变形与调整前基本吻合；试件 C3 的跨中位移时程曲线的最大变形由 25.36 mm 变为 22.98 mm，达到峰值后的回弹速度及残余变形与调整前基本吻合。通过与参数 A 增大时相比较，参数 B 的增大对位移时程曲线最大变形和残余变形的影响较小。总之，随着参数 B 的增大位移的最大变形减小，对达到峰值后的回弹速度和残余变形影响不大。

对图 2.21 所示的调整参数 B 后的跨中位移时程曲线进行分析，可知在进行拟合时，减小参数 B 会使得数值模拟结果更加准确。

(3) 压力硬化系数 N(参数 N)。

在表 2.13 给出的混凝土 HJC 动态本构模型初始材料参数的基础上，调整参数 N 来分析其对试件 S1、S3、C1 和 C3 的跨中位移曲线的影响，调整时首先分析参数 N 的 80% 和 1.2 倍的情况，结果如图 2.22 所示。

图 2.22(a)

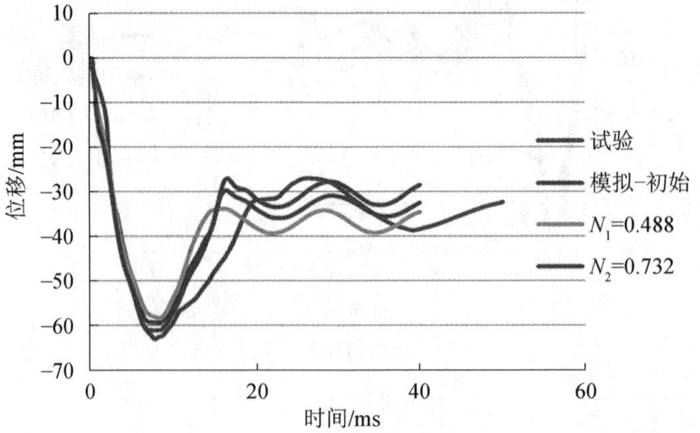

(a) 试件S1

图 2.22(b)

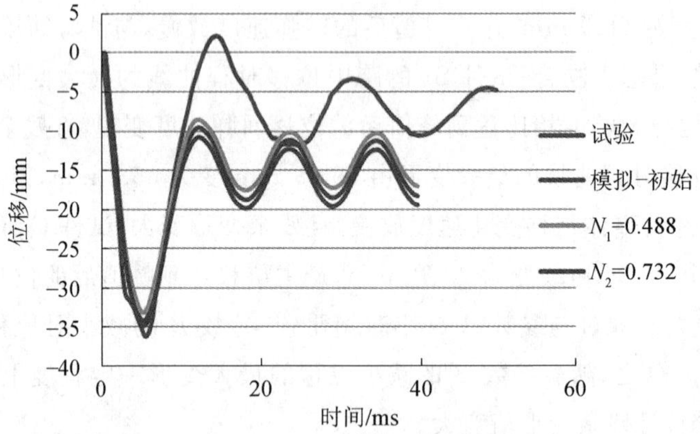

(b) 试件S3

图 2.212(c)

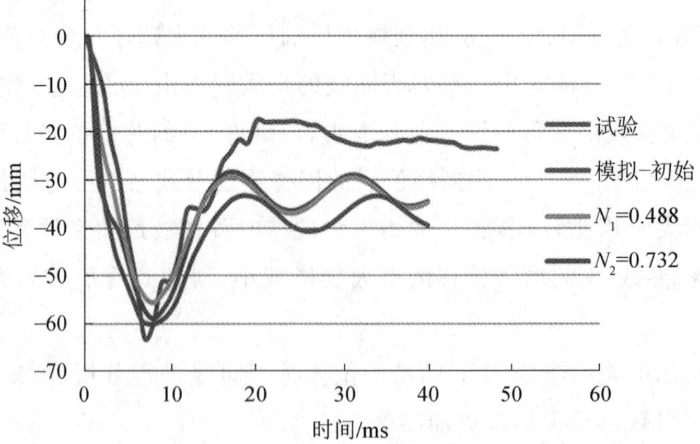

(c) 试件C1

图 2.22　调整参数 N 后的跨中位移时程曲线

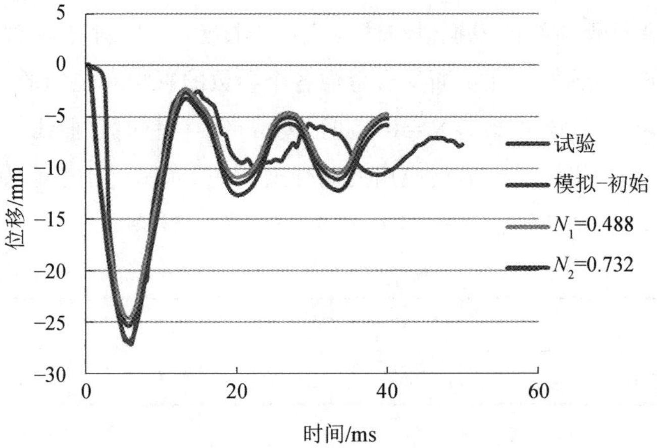

(d) 试件C3

续图 2.22

图 2.22(d)

由图2.22可看出当参数 N 由0.61调整为0.488后，试件S1的跨中位移时程曲线的最大变形由59.3 mm变为58.3 mm，达到峰值后的回弹速度略微加快，残余变形增大；试件S3的跨中位移时程曲线的最大变形由34.23 mm变为33.21 mm，调整后曲线与初始模拟曲线基本吻合，仅残余变形略微减小；试件C1的跨中位移时程曲线的最大变形由59.08 mm变为55.6 mm，达到峰值后的回弹速度和残余变形与初始模拟情况基本吻合；试件C3的跨中位移时程曲线的最大变形由25.36 mm变为24.6 mm，达到峰值后的回弹速度和残余变形与初始模拟情况基本吻合。通过以上分析可知，随着参数 N 的减小位移的最大变形一定程度上也会减小，但是对达到峰值后的回弹速度和残余变形影响很小。

当参数 N 由0.61调整为0.732后，试件S1的跨中位移时程曲线的最大变形由59.3 mm变为61.0 mm，回弹速度与初始模拟情况相吻合，残余变形较小；试件S3的跨中位移时程曲线的最大变形由34.23 mm变为34.8 mm，达到峰值后的位移回弹速度与调整前基本保持一致，但残余变形略微增大；试件C1的跨中位移时程曲线的最大变形由59.08 mm变为60.2 mm，达到峰值后的回弹速度变慢，残余变形增大；试件C3的跨中位移时程曲线的最大变形由25.36 mm变为26.8 mm，达到峰值后的回弹速度及残余变形与调整前基本吻合。通过以上分析可知，随着参数 N 的增大位移的最大变形一定程度上也会增大，但是对达到峰值后的回弹速度和残余变形影响很小。

对图2.22所示的调整参数 N 后的跨中位移时程曲线进行分析，可知参数 N 对位移时程曲线的影响程度要小于参数 A 和 B，故在进行拟合时，参数 N 的增大对数值模拟结果有微调的作用。

通过上述分析可知，在进行拟合时减小参数 A 和 B，增大参数 N，可使位移时程曲线的最大变形、回弹速度和残余应变进一步与试验结果相吻合。由于参数 N 对位移时程曲线的影响较小，故在拟合时优先考虑参数 A 和 B，通过逐步调整参数 A 和 B 使得4根钢管混凝土柱跨中位移时程曲线的模拟值与试验值逐步接近，然后对参数 N 进行调整，对模拟曲线进行进一步优化，最后在不断综合考虑各个参数的影响和控制的基础上，逐步拟合确定出当参数 $A=0.73$，$B=1.42$，$N=0.65$ 时，模拟跨中位移时程曲线与试验所得曲线更加接近，即确定出本数值模拟中最终应用的混凝土 HJC 动态本构模型，如表 2.14 所示。

表 2.14　混凝土 HJC 动态本构模型最终材料参数

卡片 1：

MID	RO	G	A	B	C	N	FC
4	2.38×10^{-3}	13 833	0.73	1.42	0.007	0.65	47.46

卡片 2：

T	EPSO	EFMIN	SFMAX	PC	UC	PL	UL
4.27	0.001	0.01	7	15.82	0.000 858	800	0.126

卡片 3：

D1	D2	K1	K2	K3	FS
0.04	1	8.50×10^{4}	-1.71×10^{5}	2.08×10^{5}	—

在混凝土动态本构模型参数最终确定后，利用 ANSYS/LS－DYNA 对试件 S1、S3、C1 和 C3 进行了数值模拟工作，得出跨中位移时程曲线，且将数值模拟结果和初始模拟结果及试验结果进行了对比，如图 2.23 所示。

图 2.23(a)

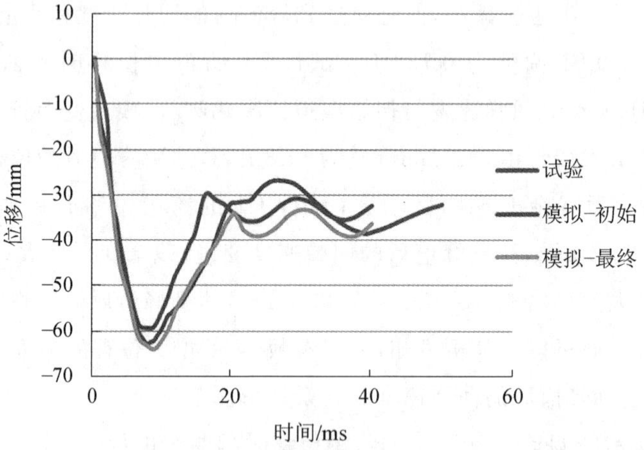

(a) 试件S1

图 2.23　试验跨中位移时程曲线与模拟结果对比

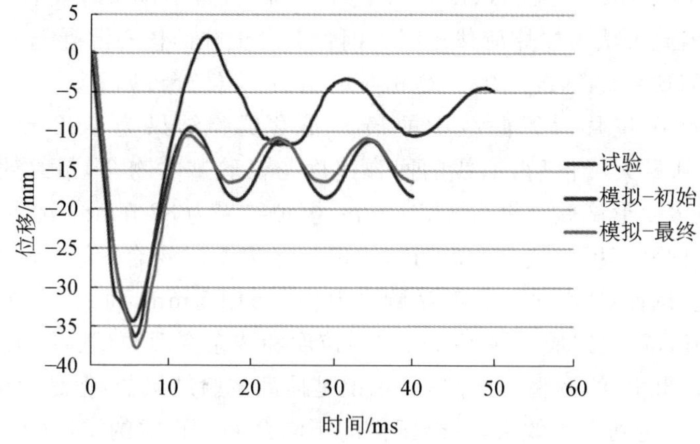

(b) 试件S3

图 2.23(b)

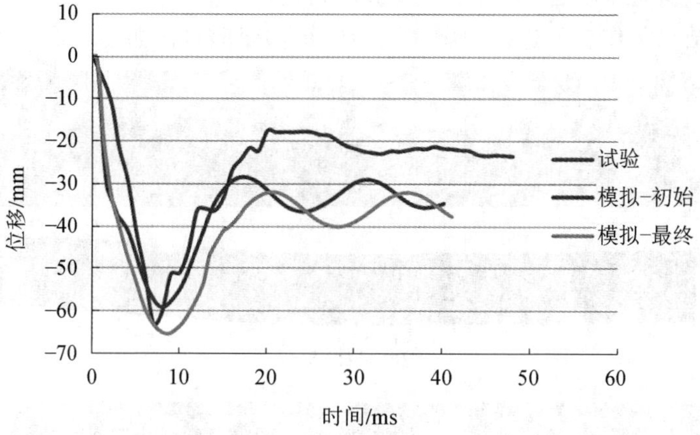

(c) 试件C1

图 2.23(c)

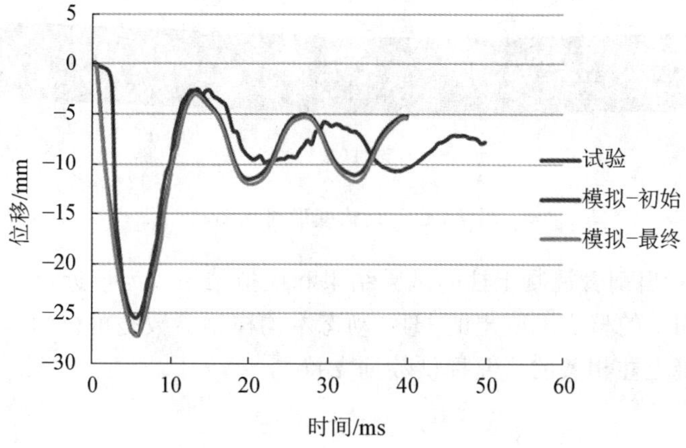

(d) 试件C3

图 2.23(d)

续图 2.23

由图 2.23 可看出随着参数 A、B 和 N 的最终确定，跨中位移时程曲线的模拟和试验结果更加接近，因此可认为爆炸荷载作用下钢管混凝土柱的核心混凝土 HJC 动态本构模型参数 $A=0.73$，$B=1.42$，$N=0.65$ 是相对可用的，具体分析如下。

试件 S1 的跨中位移时程曲线中的最大变形试验结果为 63.2 mm，模拟结果为 63.97 mm，待达到最大峰值后，曲线的回弹速度与试验基本吻合，最终残余变形也相接近；试件 S3 的最大变形试验结果为 36.21 mm，模拟结果为 37.7 mm，两者十分接近，且达到最大峰值后的回弹速度和残余变形与初始模拟结果基本吻合，整体来说比初始模拟结果更加接近试验；试件 C1 在 9.2 ms 时达到最大变形 64.95 mm，而试验是在 7.2 ms 时达到最大变形 62.9 mm，且达到最大峰值后的回弹速度和残余变形与试验结果相差越来越大，可以说参数 A、B 和 N 的调整对试件 C1 来说是偏离试验结果的，但是考虑到爆炸荷载的不确定性和拟合中达到最优效果，一个试件的不吻合亦是正常的；试件 C3 跨中位移时程曲线中的最大变形试验结果为 27.07 mm，模拟结果为 27.22 mm，待达到最大峰值后曲线的回弹速度与试验基本吻合，最终残余变形也相接近。

数值模拟结果与作者所进行的爆炸试验的结构变形对比如图 2.24 所示。

(a) 试件S1

(b) 试件C1

图 2.24 结构变形对比图

由图 2.24 可看出钢管混凝土柱的试验结果和模拟结果较为接近，因此本章确定的应用于爆炸荷载作用下的核心混凝土的 HJC 动态本构模型参数是可行的，可为后续爆炸荷载作用下钢管混凝土柱相关的研究提供数据支持。

第3章　钢管混凝土柱爆炸试验与破坏模式

3.1　钢管混凝土柱爆炸试验研究

3.1.1　概述

1. 引言

目前关于钢管混凝土抗爆性能的研究多集中在数值模拟方面。薛建英进行了公称直径为32 mm,有效长度为1 000 mm的钢管混凝土柱的27组爆炸试验,TNT当量分别为15 g、30 g和50 g,钢管壁厚分别为1.8 mm、2.5 mm和3.0 mm,采用的均为小比例构件,相对应的TNT当量也较小,钢管混凝土柱的试验工况基本处于弹性阶段,且测得的数据有限。瞿海雁、李国强进行了柱长为2 015 mm,钢管外径为76 mm,共计12种工况的试验,分别对轴压比、TNT当量、炸药安置距离、含钢率和混凝土强度5个参数进行了讨论分析,其试件也为缩尺小比例构件。

2. 本试验特色

上述钢管混凝土爆炸试验一般为小尺寸、小药量的动力响应试验,随着药量的加大,材料的本构关系、变形特点和破坏模式等都有明显不同。本章研究了钢管混凝土柱在爆炸荷载作用下的动力性能,通过改变炸药TNT当量和钢管混凝土柱的含钢率分别进行了试验,并通过数值模拟分析了炸药TNT当量、钢管壁厚、钢管强度、混凝土强度和轴压力对方钢管混凝土柱抗爆性能的影响。

3.1.2　试验方案

1. 试验装置

钢管混凝土柱爆炸试验在试验场地浇筑了爆坑,爆坑旁设置压电式压力传感器,爆炸试验时应变和挠度通过爆坑内的数据线和数据采集室动态信号测试分析系统相连,可测量出爆炸试验的压力、挠度和应变数据。

试验时为有效保护量测仪器,将钢管混凝土柱试件水平放置于爆坑中,应变和变形的测量装置均设置于爆坑内,试件仅有一个面暴露于空气中,直接接触爆炸荷载。

2. 试验测点布置

本试验仅在钢管混凝土柱底部布置应变片和位移计,应变片和位移计之间的间隔均为380 mm,由于柱两侧面不容易设置应变片,故试验时未进行粘贴,应变片和位移计编号均为从远端向施加轴力端编号，图 3.1 中 1 ～ 5 的编号为应变片的编号，其中 2 号测点和 4 号测点、1 号测点和 5 号测点均关于跨中的 3 号测点对称，后续试验中有时只采用半跨的测点的试验数据。每个编号的位移计和应变片相距 50 mm。试验时位移计下端固定在承力架上，另一端通过螺栓连接在钢管混凝土柱底部焊接的角钢上。为了防止应变片连接导线在爆炸试验过程中震落，采用铁皮加固(图 3.2、图 3.3)。

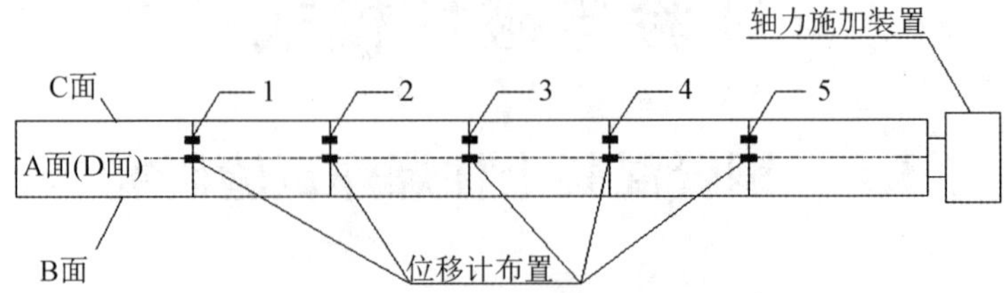

图 3.1　应变片和位移计布置示意图

图 3.2　柱应变片和位移计布置

图 3.3　应变片和位移计连接处理

3. 加载方式

本试验采用野外现场起爆方式，将炸药悬挂在钢管混凝土柱的中心上方，距离构件中心的距离为 1 500 mm(图 3.4)，电子雷管在 150 m 外引爆，TNT 炸药包爆炸后产生巨大能量，形成冲击波作用到试件表面及周边结构上，以达到施加爆炸荷载作用效果。本试验采用较为安全的乳化炸药，试验时换算为 TNT 当量。本试验所用乳化炸药量分别为 24 kg（TNT 当量为 17.5 kg）和 48 kg（TNT 当量为 35 kg）。图 3.5 所示为工作人员在安装导火索。

图 3.4　乳化炸药设置位置

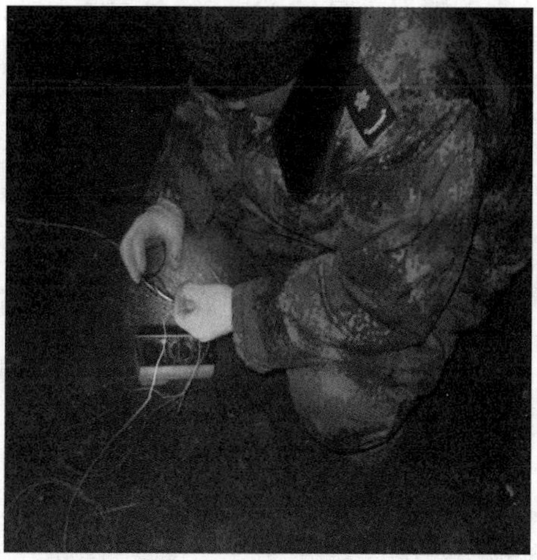

图 3.5　工作人员在安装导火索

3.1.3　试验现象与破坏形态

本试验中两端支座处钢管混凝土柱在爆坑处的长度约为 200 mm，试件长度为 2 500 mm，其他参数与前文相同。钢管为 Q235 钢材，钢管内浇筑混凝土为 C40 素混凝土。

试验时对钢管混凝土柱施加的轴向力均为 500 kN，3 个试件的壁厚及炸药 TNT 当量设置不同，试验工况详见表 3.1。

表 3.1　试件加载工况

试件编号	截面尺寸 /mm	钢管壁厚 /mm	炸药放置距离 /mm	炸药 TNT 当量 /kg
S5	200 × 200	2.8	1 500	35
S6	200 × 200	2.8	1 500	1
	200 × 200		1 500	17.5
S7	200 × 200	3.8	1 500	1
	200 × 200		1 500	35

1. CFST 试件 S5

钢管混凝土柱试件 S5 施加轴向力为 500 kN，乳化炸药量为 48 kg(TNT 当量为 35 kg)，并在钢管混凝土柱底部布置 5 个应变片，沿跨中单侧布置 3 个位移计。试验时为防止冲击波进入爆坑内，在钢管混凝土柱两端用沙子填实，边缘处盖上橡胶条。试验后钢管混凝土柱跨中部位出现明显的鼓曲，跨中钢管已经屈服，剖开钢管后显示两端支座处混凝土开裂很小，约 0.5 mm，跨中混凝土已经开裂较大，裂缝宽 2 ～ 3 mm，两端处混凝土还比较密实，外观观测没有开裂的情况。试件 S5 试验前后情况如图 3.6 ～ 图 3.12 所示。

图 3.6　试件 S5 试验前

图 3.7　试件 S5 试验后(一)

试件 S5 的跨中变形曲线如图 3.13 所示，在爆炸冲击波到达后变形先出现振荡之后达到最大变形量。图 3.14 所示为 1/4 跨度(距离跨中 380 mm) 处和靠近支座(距离跨中 720 mm) 处的变形。

首次试验前采集设备设定的变形区间不够大，跨中和 1/4 跨度处变形均超过了设定的最大量程 60 mm，故在变形曲线图中看到挠度在 60 mm 之外不再变化。试验时只在钢管混凝土柱半跨设置了位移计，底部 5 个应变片有 4 个采集到数据，各个应变片达到屈服的时间如表 3.2 所示，跨中位置首先屈服，近支座处达到屈服值早于 1/4 跨度处。

图 3.8　试件 S5 试验后(二)

图 3.9　试件支座处裂缝(远端)

图 3.10　试件支座处裂缝(轴力施加端)

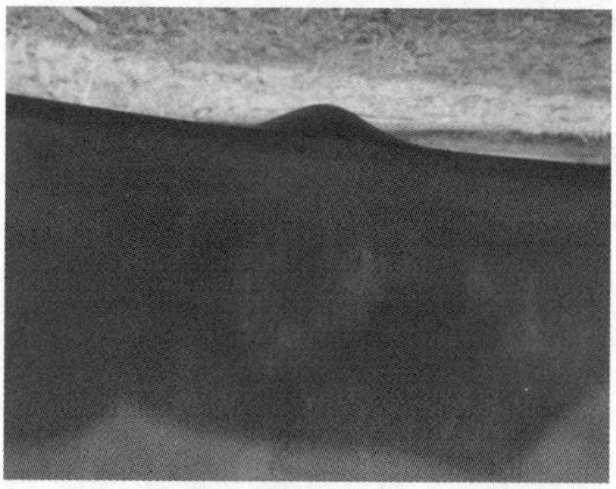

图 3.11　试件 S5 跨中部位出现鼓曲

图 3.12　试件 S5 跨中底部裂缝

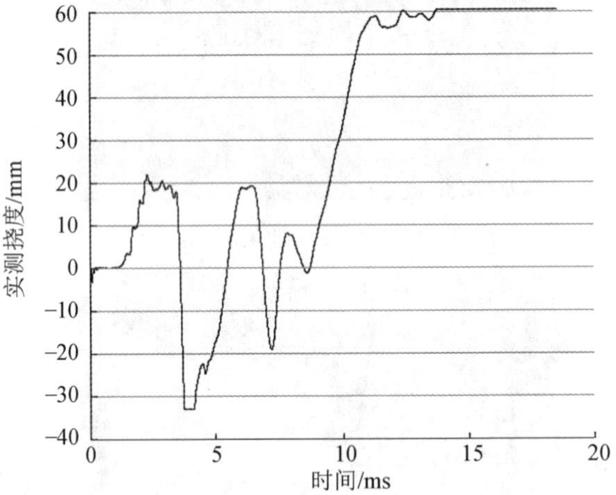

图 3.13　试件 S5 跨中位置变形曲线

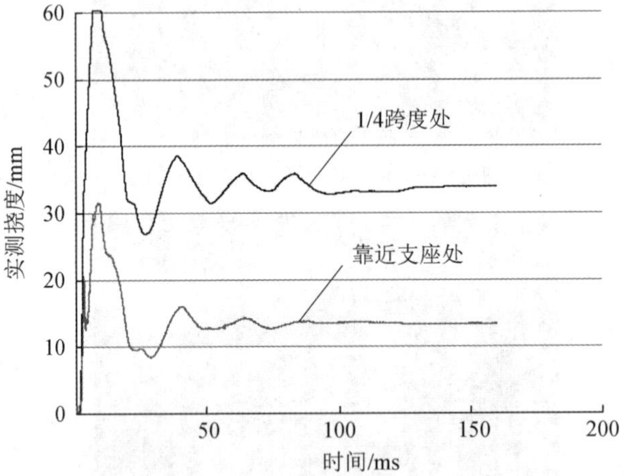

图 3.14　试件 S5 靠近支座处和 1/4 跨度处的变形曲线

表 3.2　试件 S5 试验后测试点的变形

位置	最大变形 /mm	残余变形 /mm
跨中位置 (3 号测点)	60.0＋	60.0＋
1/4 跨度处 (2 号测点)	60.0＋	33.22
靠近支座处 (1 号测点)	31.5	13.62

如图 3.15 所示，试件 S5 的 4 个测点钢材的应变都达到屈服值，除靠近支座处以外其余 3 个测点钢材均为先出现拉应变，并达到屈服值。4 幅图中的横坐标均为相对时间，由试验测得的完整应变曲线可以看出跨中位置(3 号测点）最先出现屈服，接下来靠近支座处(1 号测点）钢材压应变达到屈服值，然后是 1/4 跨度处(2 号测点）钢材达到屈服值，3/4 跨度处(4 号测点）钢材达到屈服值的时间最晚，比 1/4 跨度处晚约 176 ms，分析可能的原因是装药并不是完全位于跨中处，故压力波到达 1/4 跨度处和 3/4 跨度处的时间不同，判断靠近支座处首先出现压应变的原因为施加轴力时所产生。

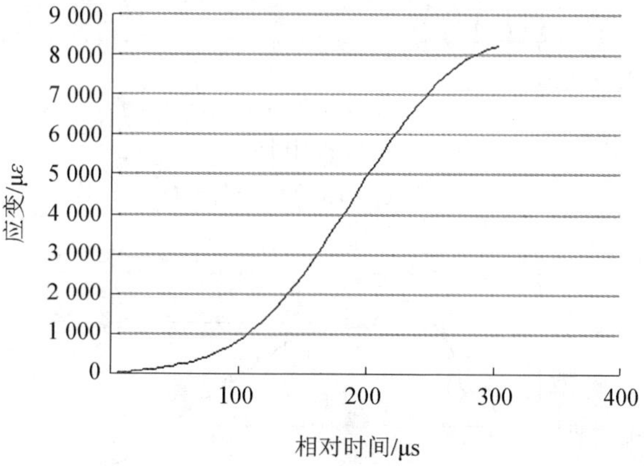

(a) 跨中位置(3号测点)

图 3.15　试件 S5 应变曲线

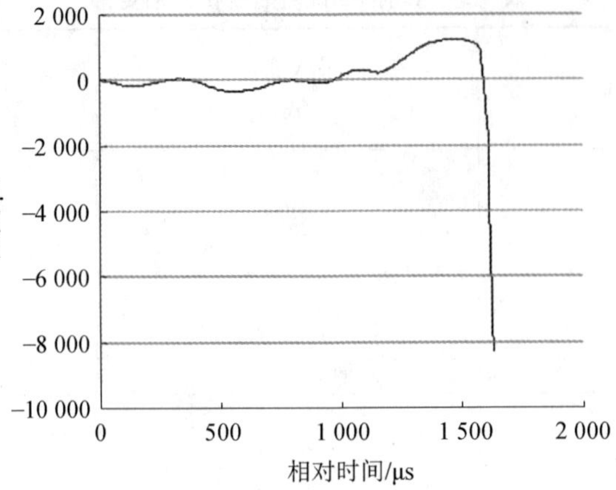

(b) 靠近支座处(1号测点)

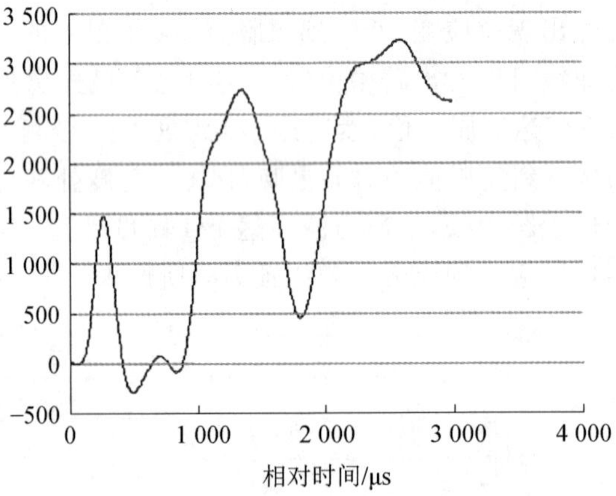

(c) 1/4跨度处(2号测点)

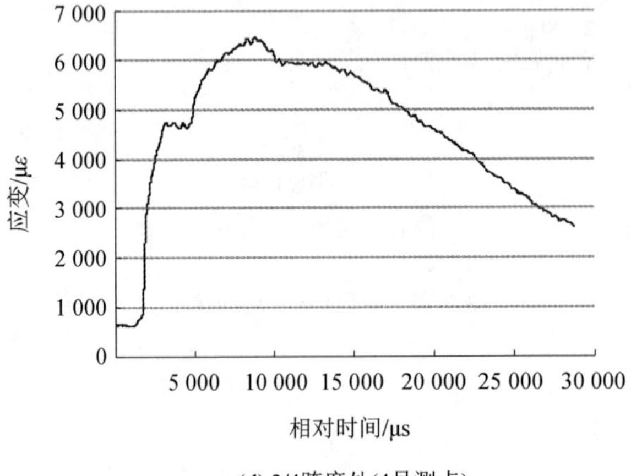

(d) 3/4跨度处(4号测点)

续图 3.15

2. CFST 试件 S6

钢管混凝土柱试件 S6 施加轴向力 500 kN,在之前试验的基础上减少了炸药的用量，乳化炸药量为 24 kg(TNT 当量为 17.5 kg),并在钢管混凝土柱底部布置 5 个应变片,沿跨中单侧布置 3 个位移计,在靠近支座处布置 1 个压力传感器。试验时为防止冲击波进入爆坑内,在钢管混凝土柱两端用沙子填实,边缘处盖上白铁皮。

首先进行 1 kg TNT 当量炸药爆炸试验,随后进行 17.5 kg TNT 当量炸药爆炸试验，由于仪器故障,仅测得 1 kg TNT 当量炸药的试验数据。试验后将钢管混凝土柱起吊,底部钢管出现鼓曲(图 3.16、图 3.17),现场测量变形为 5 mm,由于缺少第二次试验数据,无法判断钢管最终是否屈服。

图 3.16　试件 S6 底部出现鼓曲(白色箭头部位)

图 3.17　试件 S6 底部出现鼓曲(侧面图)

由本试验测得的 1 kg TNT 当量的超压时程曲线的变化趋势与标准超压时程曲线非常相近,首先是压力突增至峰值并呈指数形式下降的正压作用阶段,接着是压力振荡衰减的负压作用阶段,放置在支座处的压力传感器测得的正压力峰值为 967.74 kPa,如图3.18 所示。

试验后将钢管混凝土柱吊起观察,1 号和 5 号应变片完好,2 号应变片连接线扯断,3 号应变片脱落,4 号应变片及导线完全脱落,3 个位移计连接较为完好。

对比试件 S5 和试件 S6,试件 S5 炸药 TNT 当量为 35 kg,残余变形超过 60 mm,试件

S6 炸药 TNT 当量为 17.5 kg，残余变形为 5 mm。炸药 TNT 当量降低，试件跨中的残余变形减小明显。

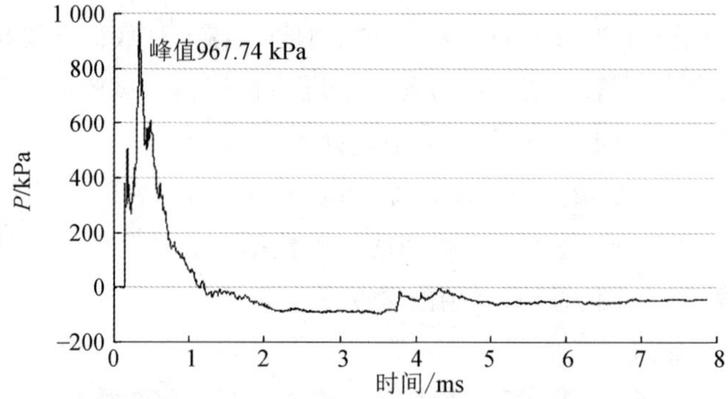

图 3.18　试件 S6 超压时程曲线

如图 3.19 所示，试验测得的最大变形为 −1.36 mm，回弹变形为 1.05 mm，均出现在 2 号测点位置。3 个测点的变化趋势相同，均为先出现负向最大变形，再出现正向最大变形，然后随着变形时程曲线振荡衰减。如图 3.20 所示，最大应变为 993 $\mu\varepsilon$，出现在 1 号应变片位置，表明在 1 kg TNT 当量工况试验中钢管并未屈服。由表 3.3 可见，最大变形和应变均未出现在跨中位置(3 号测点)，分析可能的原因是在试件安装后钢管混凝土柱两端没有固定好，故在冲击波作用下在两端测得较大的变形和应变。

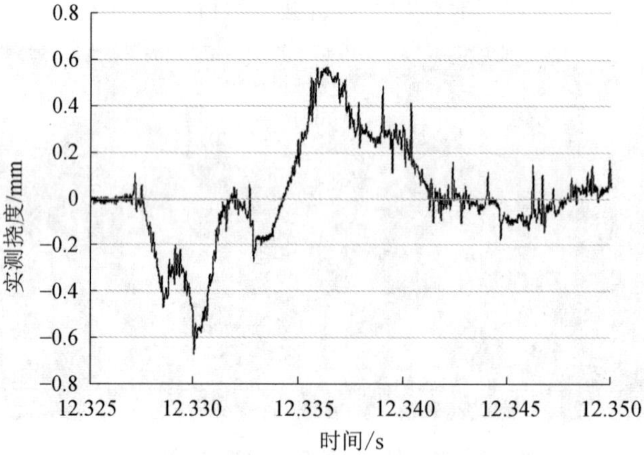

(a) 靠近支座处(1号测点)

图 3.19　试件 S6 在小药量(1 kg TNT 当量)时的变形曲线

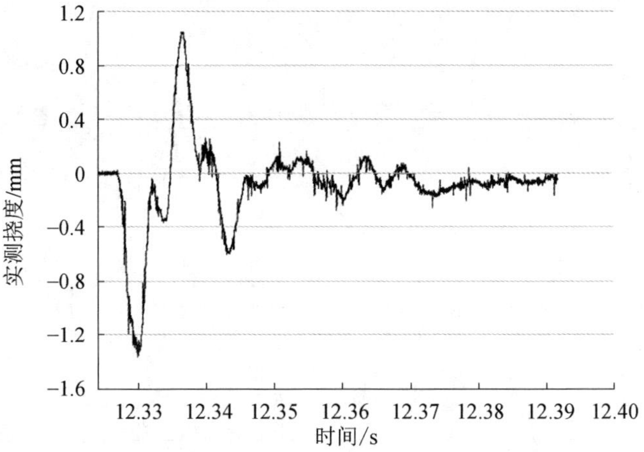

(b) 1/4跨度处(2号测点)

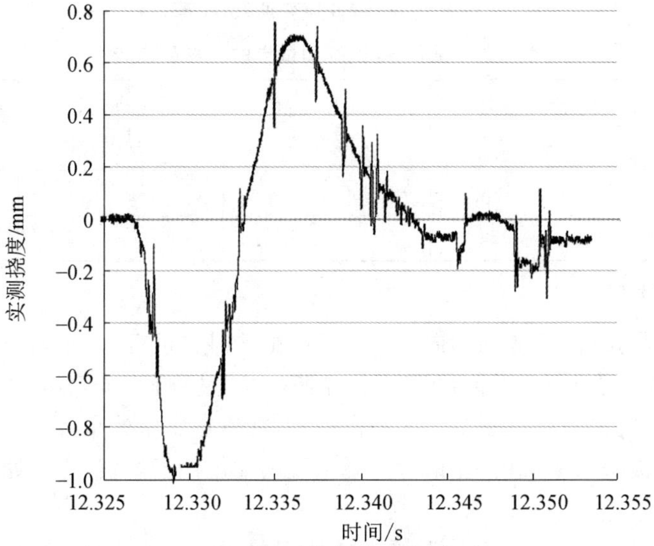

(c) 跨中位置(3号测点)

续图 3.19

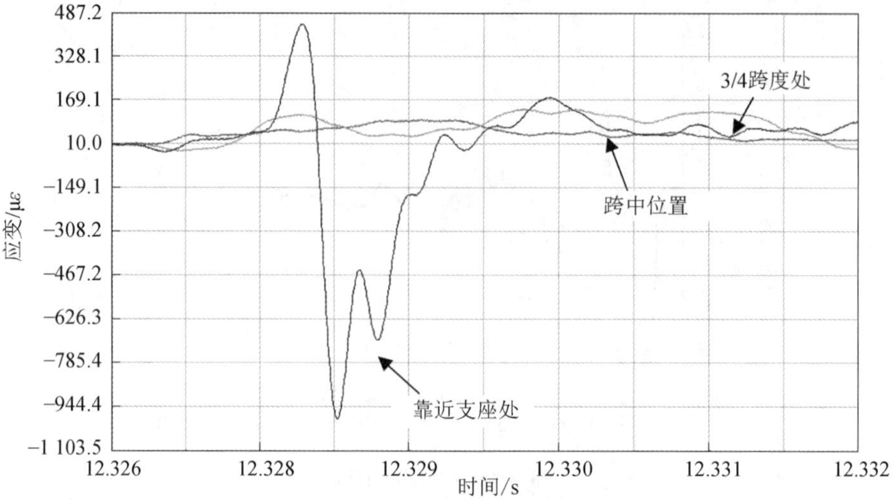

图 3.20　试件 S6 应变曲线(小药量)

表 3.3　试件 S6 试验测试点的变形和应变

物理量	靠近支座处(1 号测点)	1/4 跨度处(2 号测点)	3/4 跨度处(4 号测点)	跨中位置(3 号测点)
变形 /μm	−673.6/568.2	−1 360.8/1 049.2	—	−1 017.3/758.3
应变 /με	438.5/−993.2	—	130.1/−107.7	91.7/−74.4

3. CFST 试件 S7

钢管混凝土柱试件 S7 施加轴向力 500 kN,试验时先进行 1 kg TNT 当量炸药(小药量)爆炸试验,然后再进行 35 kg TNT 当量炸药(大药量)爆炸试验,并在钢管混凝土柱底部布置 5 个应变片,沿跨中单侧布置 3 个位移计,在靠近支座处布置 1 个压力传感器。试验时为防止冲击波进入爆坑内,在钢管混凝土柱两端用沙子填实,边缘处盖上橡胶条和白铁皮。

初次小药量试验后,观察钢管混凝土柱外观并无太大变化,试件边缘处白铁皮被炸飞。试验测得的超压时程曲线和冲击波的典型压力曲线类似,压力曲线突跃至峰值后呈类指数形式下降,并达到负压力区域,且在负压力区域呈振荡衰减,试验在支座处的压力传感器测得的正压力峰值为 0.883 MPa,如图 3.21 所示。

如图 3.22 所示,试验测得跨中位置出现最大变形为 −1.9 mm,回弹变形为 1.4 mm,3 个测点的变化趋势相同,均为先出现负向最大变形,再出现正向最大变形,其后随着变形时程曲线振荡衰减。如图 3.23 所示,试件在小药量的跨中位置和 1/4 跨度处最大应变均小于 200 με,近支座处的 5 号测点可能由于应变片问题呈现不规则曲线,总体表明在 1 kg TNT 当量工况试验中钢管并未屈服。

现场观测小药量和大药量试验前后的照片,迎爆面钢管的锈迹基本消失,并且试件边缘处覆盖的橡胶条和白铁皮基本被炸飞,试验后观测钢管混凝土柱跨中有 5 mm 的变形。将钢管混凝土柱起吊出爆坑,外表观测仅有底部出现 3 ～ 4 mm 的鼓曲,说明钢管混凝土柱试件刚进入弹塑性状态,试件抗爆性能还有较大的富裕度。

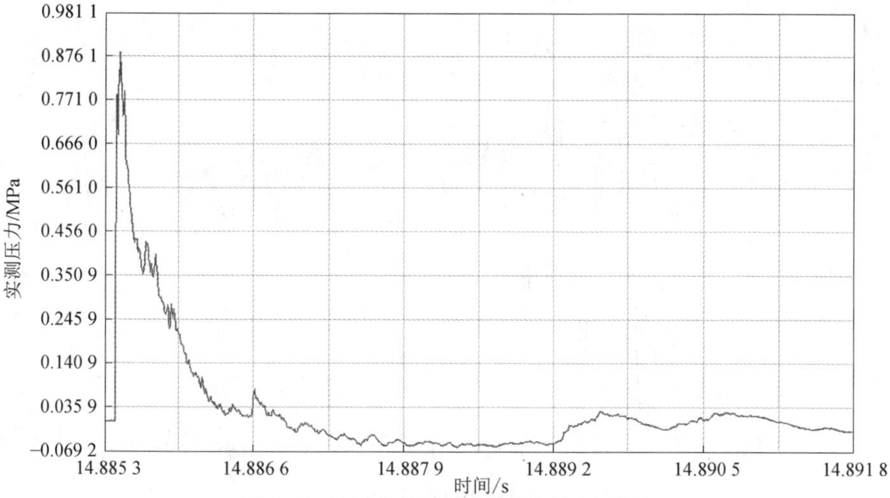

图 3.21　试件 S7 超压时程曲线(小药量)

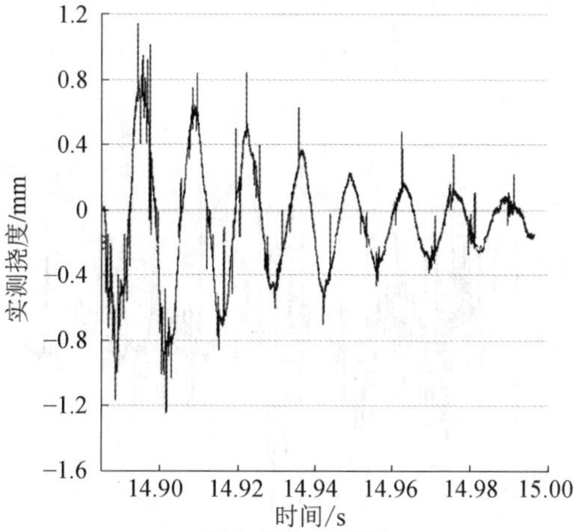

(a) 近支座处(1号测点)

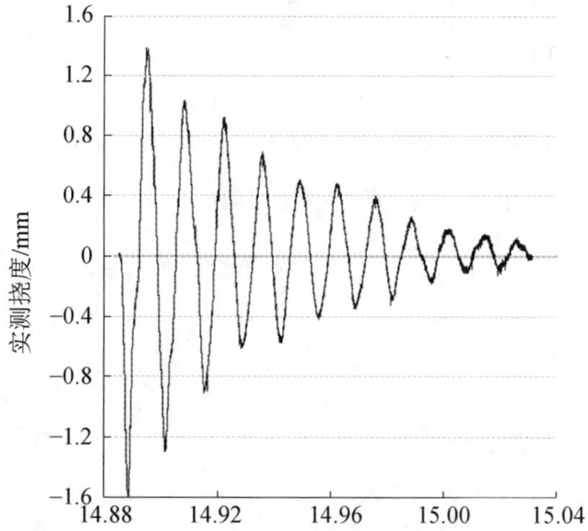

(b) 1/4跨度处(2号测点)

图 3.22　试件 S7 变形曲线(小药量)

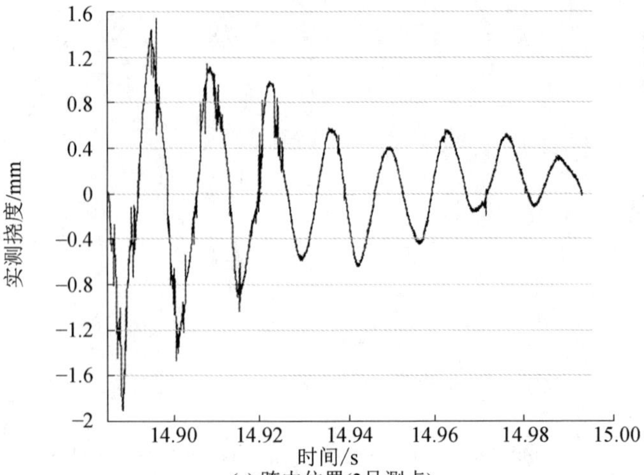

(c) 跨中位置(3号测点)

续图 3.22

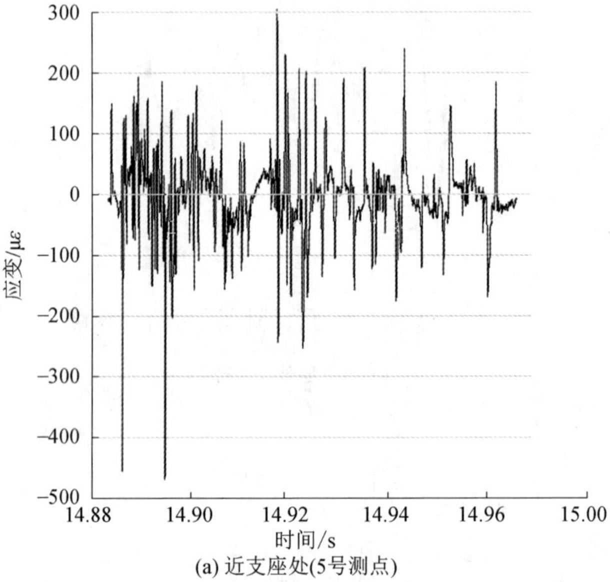

(a) 近支座处(5号测点)

图 3.23　试件 S7 应变曲线(小药量)

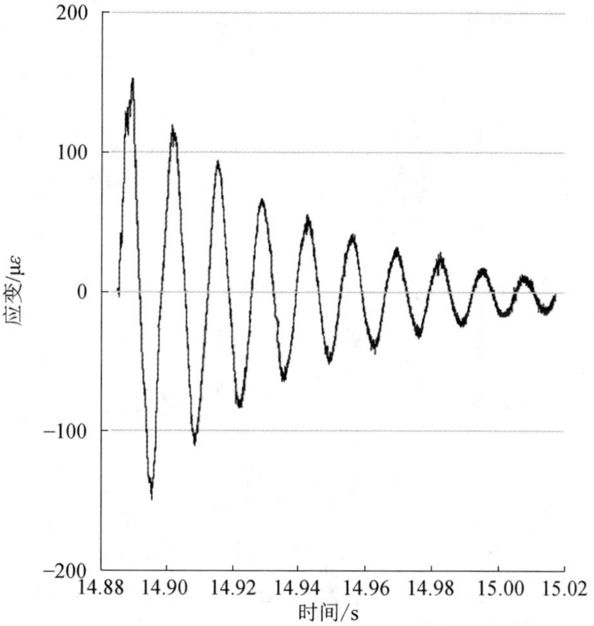

(b) 1/4跨度处(2号测点)

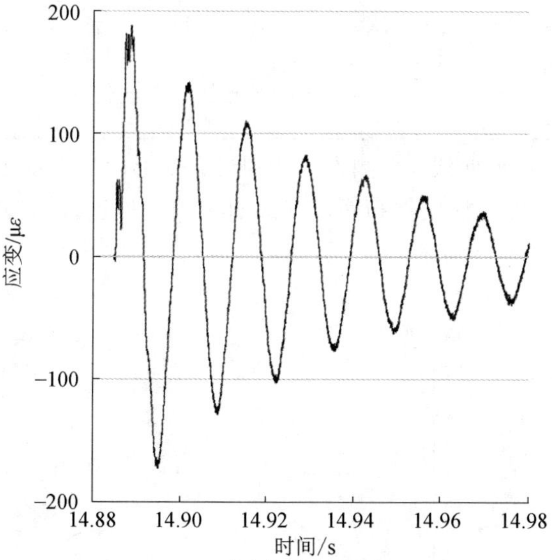

(c) 跨中位置(3号测点)

续图 3.23

大药量试验时在支座处测得的两个正压力峰值为 9.05 MPa 和9.69 MPa，如图 3.24 所示，表明乳化炸药在大药量爆炸时会出现两个相连的压力冲击波峰值。由表 3.4 和图 3.25 可知，试验测得跨中位置最大变形为 36.21 mm，残余变形为 5.18 mm，最大应变为 7 572 $\mu\varepsilon$，跨中位置钢材已达到屈服值。3/4 跨度处钢材的最大应变为4 455 $\mu\varepsilon$，钢材也已经屈服。试件两端的最大应变均低于 3 000 $\mu\varepsilon$，表明两端部位钢管没有屈服。图 3.26 显示测点处钢材均为受拉应力。试验后观测发现 2 号测点因应变片脱落未采集到数据，同时 4 号测点应变片端子脱落。

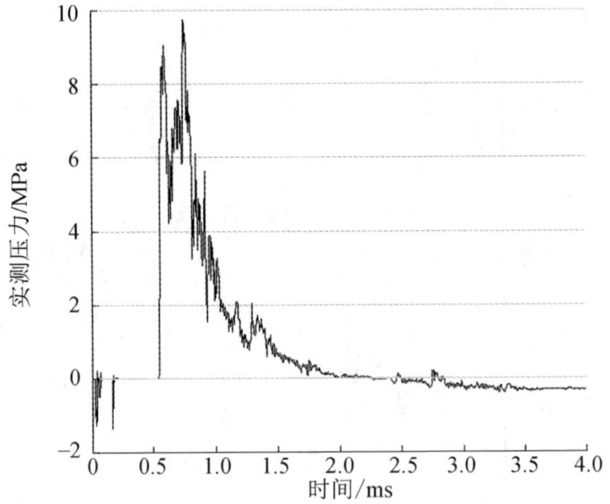

图 3.24　试件 S7 超压时程曲线(大药量)

表 3.4　试件 S7 在大药量试验后测试点的挠曲变形和应变

位置	最大变形 /mm	残余变形 /mm	最大应变 /με
跨中位置(3 号测点)	36.21	5.18	7 572
3/4 跨度处(4 号测点)	30.68	3.80	4 455
靠近支座处(1 号测点)	18.80	1.74	远端 2 494/ 近端 2 433

由图 3.25 试件 S7 变形曲线 3 个测点在达到最大变形后又出现小幅度的反向变形,考虑可能的原因是钢管混凝土柱试件和固定支架间采用螺栓连接,在遭受大当量炸药爆炸冲击后出现松动。

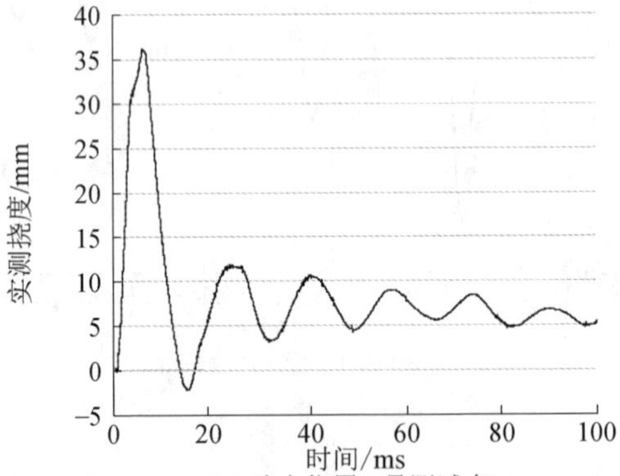

(a) 跨中位置(3号测试点)

图 3.25　试件 S7 变形曲线(大药量)

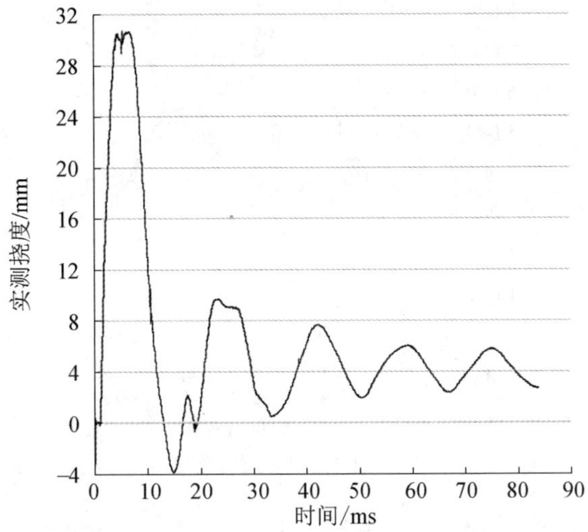

(b) 1/4跨度处(2号测点)

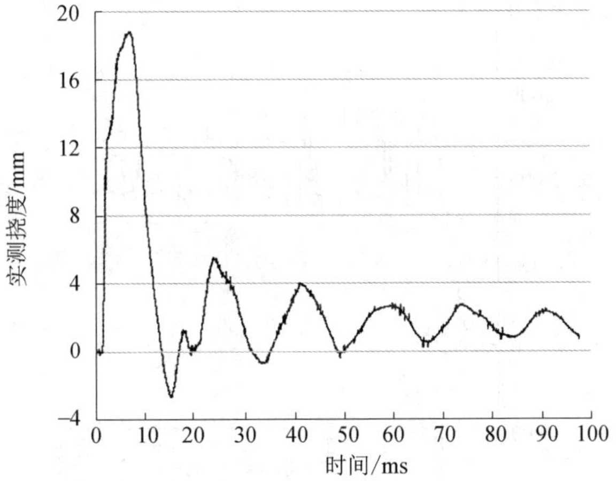

(c) 靠近支座处(1号测点)

续图 3.25

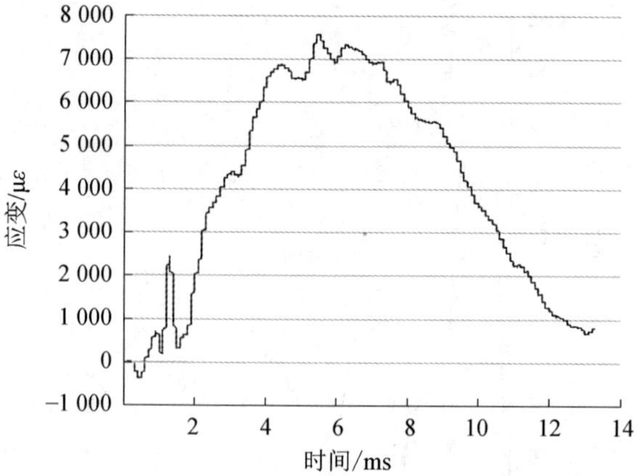

(a) 跨中位置(3号测点)

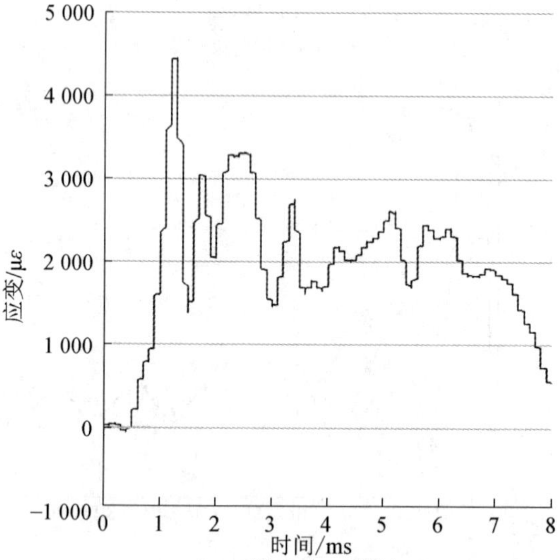

(b) 3/4跨度处(4号测点)

图 3.26　试件 S7 应变曲线(大药量)

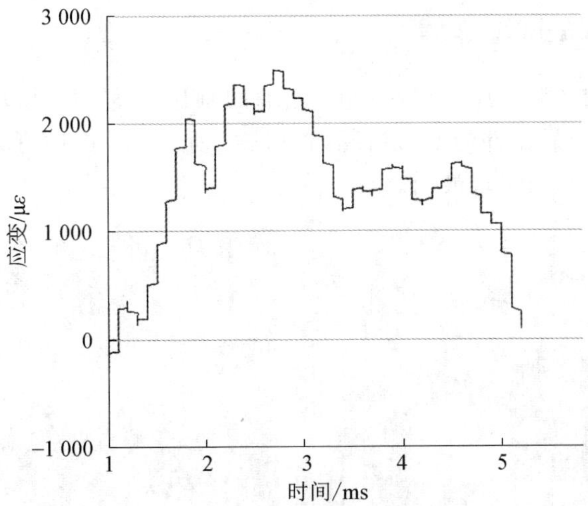

(c) 靠近支座处(1号测点)

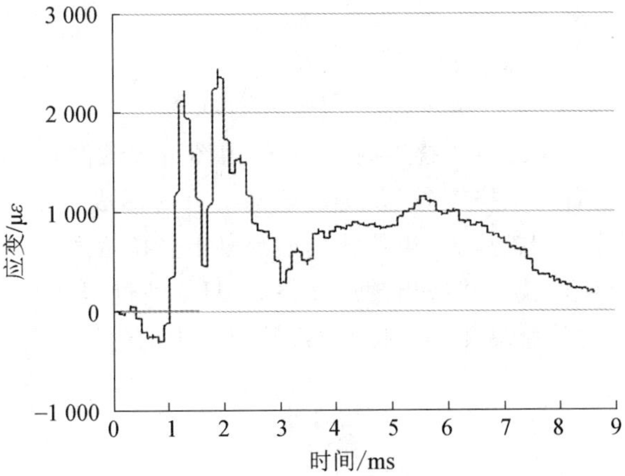

(d) 靠近支座处(5号测点)

续图 3.26

3.1.4　试验存在的问题

本次爆炸试验出现的问题较多，总结如下。

(1) 密封性。

试件 S5 和试件 S6 进行试验后，爆坑内大量数据采集线发生损坏。原因在于爆炸冲击波能通过微小的缝隙，进入爆坑后对传输线造成破坏，导致采集数据的丢失或失真。在应变、挠度时程曲线的测量过程中，试验设备的限制导致测得的试验数据有限。

(2) 数据采集和传输。

冲击波荷载作用于钢管混凝土柱的时间很短，以微秒来计算。对于数据采集系统来说，在如此短暂的时间里采集试验需要的数据十分困难。同时，由于冲击波荷载威力大，爆炸压力传感器经常被破坏，当采集跨中位置的最大压力时，需要承受很大的经济风险，因此本试验的压力传感器均布置在钢管混凝土柱端部。

3.1.5 试件 C1 试验详情

钢管混凝土试件 C1 壁厚为 2.8 mm，施加的轴压力为 500 kN，炸药 TNT 当量为 25 kg。承受爆炸荷载后试件的变形情况如图 3.27 所示。从图中可看出钢管混凝土试件 C1 的残余变形较小，且未出现鼓曲。

(a) (b)

图 3.27 试件 C1 变形情况

图 3.28 为钢管混凝土试件 C1 挠度时程曲线，由图可知试件 C1 跨中经历第一个挠度峰值 62.9 mm 后，逐步回弹至挠度谷值，随后逐渐上升后形成一水平线。究其原因为迎爆面混凝土被压碎不能承担拉应力，虽然背爆面混凝土受拉后产生裂缝，但受压后裂缝仍可承担一定的压应力，所以挠度谷底出现后试件 C1 只能通过塑性变形消耗能量。此外由于仪器故障，未通过压力传感器测得试件 C1 爆炸过程中的超压时程曲线。

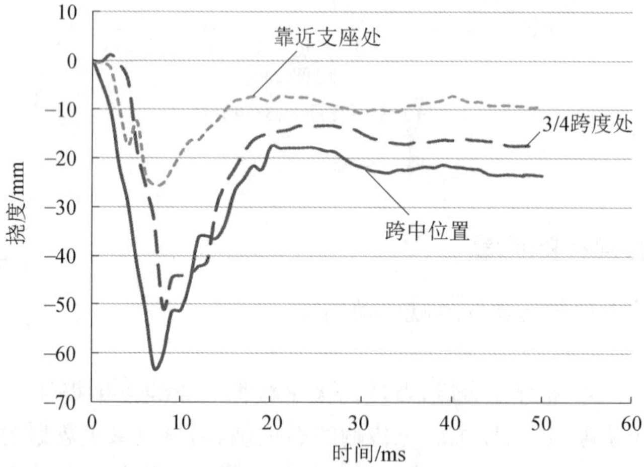

图 3.28 试件 C1 挠度时程曲线

3.1.6 试件 C2 试验详情

钢管混凝土试件 C2 壁厚为 2.8 mm，施加的轴压力为 500 kN，炸药 TNT 当量为 35 kg。承受爆炸荷载后试件的变形情况如图 3.29(a) 和(b) 所示。由图可知试件 C2 在较大的 TNT 当量作用下，发生明显的整体挠曲变形，且在迎爆面跨中区域产生较大面积的鼓曲，鼓曲长度沿着外圆弧延伸接近试件中轴线。

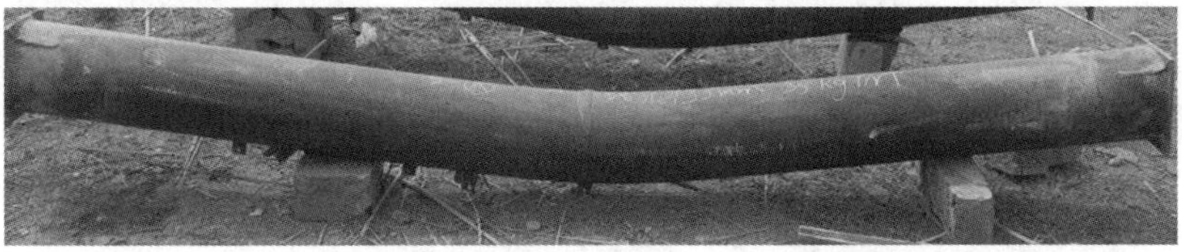

(a) 整体变形

(b) 局部鼓曲

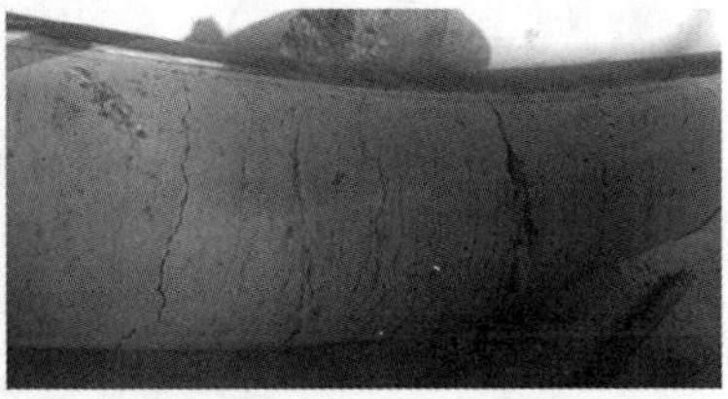

(c) 背爆面裂缝示意图

(d) 断裂示意图

图 3.29　爆炸后试件 C2 变形和裂缝图片

剖开试件 C2 后，可观察到核心混凝土沿背爆面跨中区域出现非常密集近似平行于横截面的裂缝，多数裂缝长度基本贯穿整个圆弧面，且试件几乎被跨中裂缝分成两段。在剖切钢管后完全取出核心混凝土时，跨中混凝土最薄弱面已失去抵抗作用，直接断成三段，试件大范围进入塑性，形成较大的塑性铰，达到试件所能承受的极限荷载，造成弯曲型破坏。

图 3.30 为爆炸试验过程中测得的试件 C2 3 个测点挠度时程曲线，可看出试件跨中所达到的最大变形为 145.23 mm，残余变形为 145.23 mm；3/4 跨度处的最大变形为 102.04 mm，残余变形为 90.78 mm；支座处的最大变形为 54.46 mm，残余变形为 44.21 mm。以跨中挠度曲线作为研究对象，从曲线趋势可看出最大变形和残余变形相差不大，因为本试验炸药 TNT 当量较大，当钢管混凝土试件承受爆炸荷载后，试件快速进入弹塑性甚至塑性阶段，此时，试件刚度已经削减至不足以抵抗爆炸冲击波的作用，处于失效状态，试件主要通过塑性变形以耗散吸收的能量。钢管混凝土试件 C2 通过压力传感器测得了爆炸过程中的超压时程曲线，如图 3.31 所示。从图中可看出超压时程曲线的变化趋势与标准超压时程曲线十分接近，本试验超压时程曲线存在一个明显的值为 57.15 MPa 的峰值。

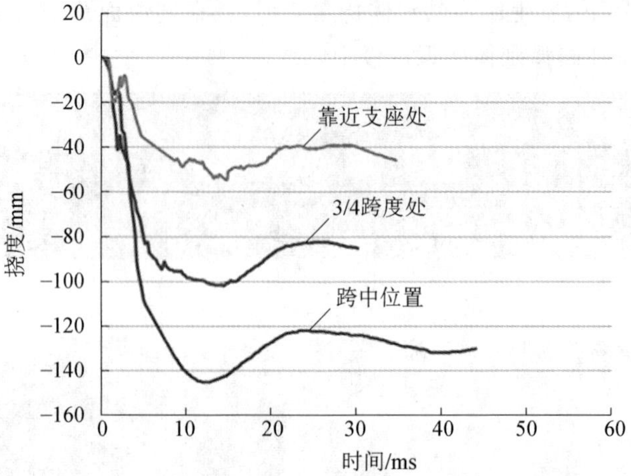

图 3.30　试件 C2 挠度时程曲线

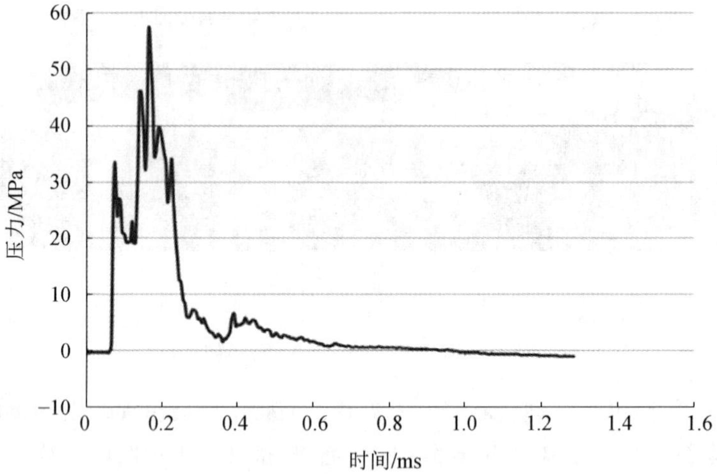

图 3.31　试件 C2 超压时程曲线

3.1.7　试件 C3 试验详情

钢管混凝土试件 C3 壁厚为 3.8 mm，施加的轴压力为 562 kN，炸药 TNT 当量为 25 kg。承受爆炸荷载后试件的变形情况如图 3.32 所示。从图中可看出钢管混凝土试件 C3 跨中的残余变形测量值为 4 mm，且未出现鼓曲。

图 3.33 为爆炸试验过程中测得的试件 C3 两测点挠度时程曲线，3/4 跨度处位移计出现故障，未测出数据。从图中可看出试件跨中所达到的最大变形为 27.07 mm，残余变形为7.12 mm，靠近支座处最大变形为 15.46 mm，残余变形为 4.98 mm。从钢管混凝土试件 C3 的挠度时程曲线可看出，试件在承受爆炸荷载作用下具有一定的回弹往复趋势，这表明钢管混凝土柱在爆炸冲击波作用下跨中挠度具有振荡衰减，随后逐步稳定的趋势。

通过压力传感器测得了钢管混凝土试件 C3 爆炸过程中的超压时程曲线，如图 3.34 所示。从图中可看出超压时程曲线的变化趋势与标准超压时程曲线十分接近，本试验超压时程曲线最高峰值为 26.68 MPa。

图 3.32　爆炸后试件 C3 变形情况

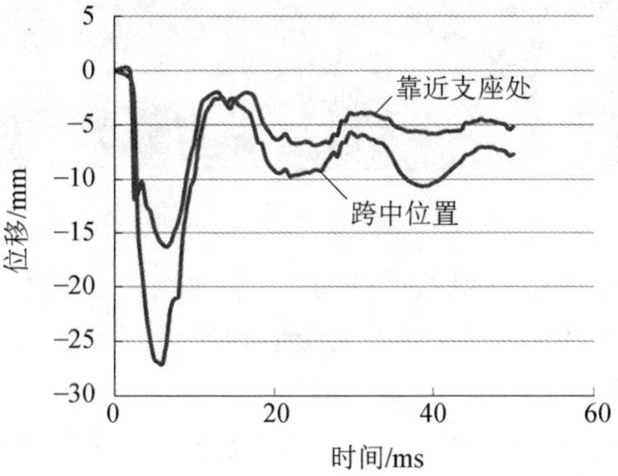

图 3.33　试件 C3 位移时程曲线

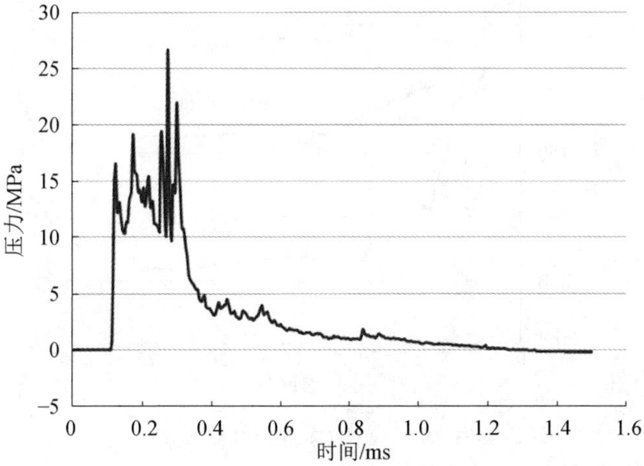

图 3.34　试件 C3 超压时程曲线

3.1.8　试件 C4 试验详情

钢管混凝土试件 C4 壁厚为 3.8 mm，施加的轴压力为 562 kN，炸药 TNT 当量为 50 kg。承受爆炸荷载后试件的变形情况如图 3.35 所示。由图可知试件 C4 在大 TNT 当量作用下，表现为弯曲变形形式，且在迎爆面跨中区域产生较大面积的鼓曲，形成很明显的跨中塑性铰。

图 3.35　爆炸后试件 C4 变形情况

图3.36 为爆炸试验过程中测得的试件 C4 3 个测点挠度时程曲线。从曲线趋势可看出试件承受爆炸荷载后的变形较大，且最大变形和残余变形趋势基本一致，原因为本试验炸药 TNT 当量大，当钢管混凝土试件承受爆炸荷载后，试件很快进入塑性阶段，此时试件刚度已经削减至不足以抵抗爆炸冲击波的作用，处于失效状态，试件主要通过塑性变形以耗散吸收的能量。

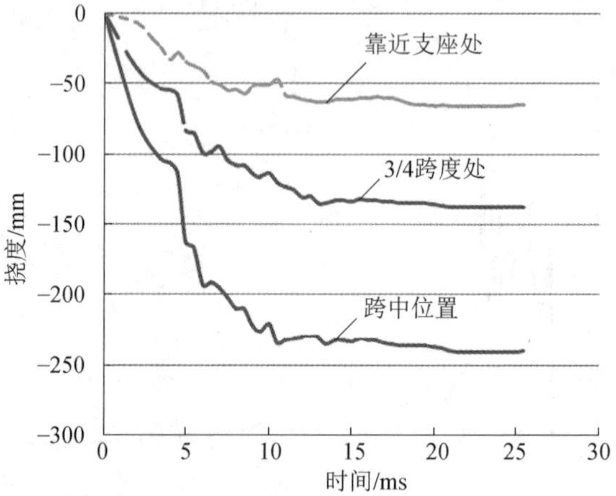

图 3.36　试件 C4 挠度时程曲线

通过压力传感器测得了钢管混凝土试件 C4 爆炸过程中的超压时程曲线，如图 3.37 所示。从图中可看出超压时程曲线的变化趋势与标准超压时程曲线十分接近，本试验超压时程曲线存在一个明显的值为 41.85 MPa 的峰值。

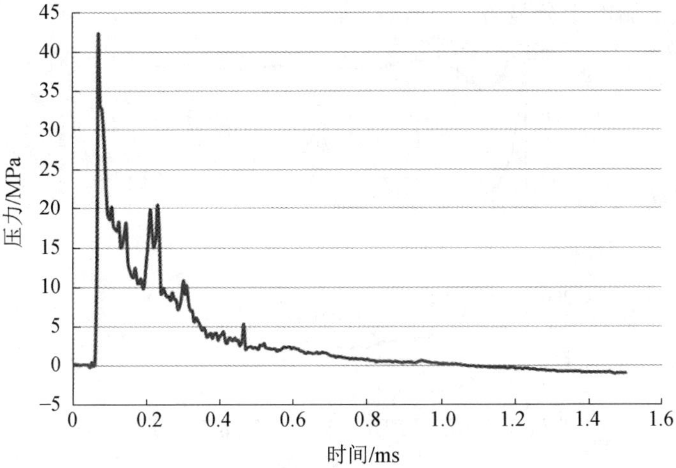

图 3.37　试件 C4 超压时程曲

3.1.9　试验参数分析

为研究不同因素影响下钢管混凝土柱在爆炸荷载作用下的动态响应，本节利用爆炸试验测得的跨中挠度时程曲线，采用参数化分析方法，从炸药 TNT 当量和钢管壁厚角度对钢管混凝土柱抗爆性能的影响进行分析。

1. 炸药 TNT 当量对钢管混凝土柱变形的影响

为研究炸药 TNT 当量对钢管混凝土柱变形的影响，取工况 5、6、7、8 中（即试件 C1、C2、C3、C4）的跨中最大挠度曲线进行对比分析。炸药 TNT 当量对钢管混凝土柱的影响如图 3.38 和图 3.39 所示。

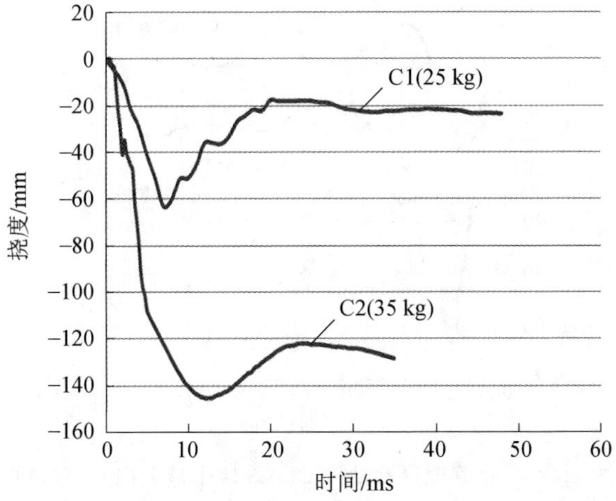

图 3.38　炸药 TNT 当量对试件 C1、C2 跨中最大挠度的影响

从图 3.38 可看出随着炸药 TNT 当量的增加，圆钢管混凝土柱跨中最大变形增加显著，其中当炸药 TNT 当量增加 10 kg 时，跨中最大变形增加了 1.3 倍，而图 3.39 中炸药 TNT 当量增加 25 kg 时，跨中最大变形增加了 7.5 倍，由此可看出炸药 TNT 当量对钢管混

凝土柱跨中挠度的影响十分显著。

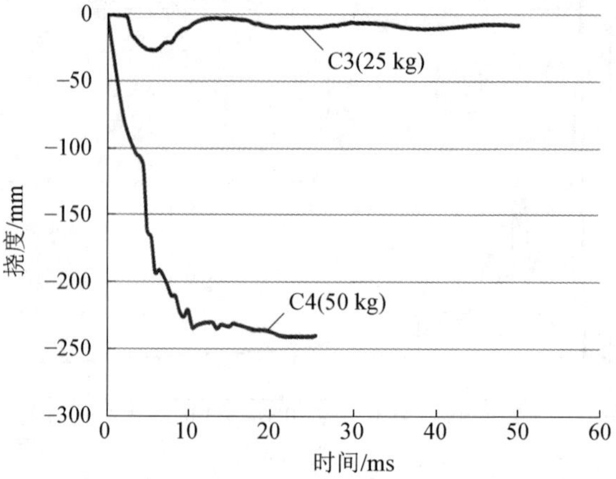

图 3.39　炸药 TNT 当量对试件 C3、C4 跨中最大挠度的影响

2. 钢管壁厚对钢管混凝土柱变形的影响

为研究钢管壁厚对钢管混凝土柱变形的影响，取工况 1、3、5、7（即试件 C1、C3、S1、S3）的跨中最大挠度曲线，保持其他参数不变，仅改变壁厚进行对比研究。从图 3.40、图 3.41 可看出当钢管壁厚由 2.8 mm 增加到 3.8 mm 时，钢管混凝土柱跨中最大变形分别减小了 67% 和 50%。这是因为随着钢管壁厚的增加，外钢管对核心混凝土的约束作用增加，使得混凝土因三向受压而得到强度的提高，因此增大钢管混凝土柱的壁厚可有效提高其抗爆性能，但是与炸药 TNT 当量对钢管凝土柱产生的影响比较，钢管壁厚对钢管混凝土柱抗爆性能影响较小。

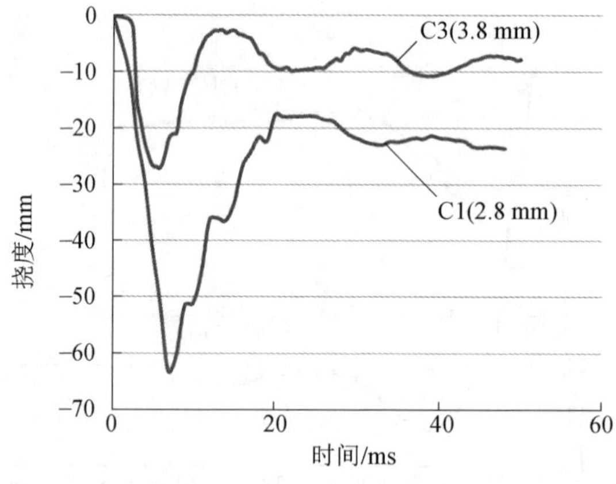

图 3.40　钢管壁厚对试件 C1、C3 跨中最大挠度的影响

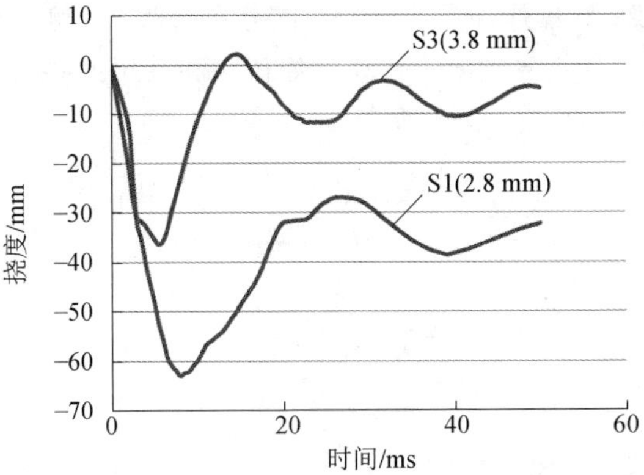

图 3.41　钢管壁厚对试件 S1、S3 跨中最大挠度的影响

3.2　爆炸荷载作用下基于冲量的钢管混凝土柱侧向挠度分析

在构件爆炸试验的基础上，应用有限元软件 ANSYS/LS－DYNA 进行构件爆炸全过程数值模拟，既可以准确获取构件在爆炸荷载作用下的动态响应，又可针对大量工况开展参数分析，但需选择正确的建模方法及确定合理的模型本构参数。理论分析一般应用能量平衡法和单自由度法，可计算结构构件在爆炸荷载作用下的动力响应，但由于涉及较多的动力学概念，同时鉴于爆炸荷载的复杂特性，因此该方法的使用受到一定的限制。

综合上述各方法的特点，本节将针对爆炸荷载作用下的钢管混凝土柱开展数值模拟分析，采用基于冲量的等效单自由度法，并根据单自由度体系在爆炸荷载作用下的最大反应图计算钢管混凝土柱在爆炸荷载作用下的柱中最大侧向挠度，提出在轴压比和套箍系数共同影响下的柱中挠度拟合公式，并基于参数分析结果给出最小安全防护距离计算方法。

3.2.1　单自由度体系

等效单自由度法将结构构件简化为单自由度体系进行分析计算，考虑爆炸荷载的复杂性以及构件在爆炸荷载作用下的动力响应难以精确求解，因此本节首先对荷载和抗力函数进行简化，如图 3.42 所示为理想化的弹簧－质量体系。对于简化体系中单自由度的等效速度、等效加速度和等效位移等参数，可取实际结构中关键点的相应值，如框架柱中迎爆面中点。该简化的单自由度体系求解方法是 Biggers 基于能量守恒原理提出的，在实际应用中已得到验证。

首先将爆炸荷载和结构抗力函数进行简化，得到单自由度体系简化模型，然后根据简化模型和简化荷载计算钢管混凝土柱中最大挠度。因此，本节需解决以下问题：

① 冲量及冲量时程曲线；② 爆炸冲量等效为侧向分布荷载；③ 侧向分布荷载作用下柱中最大挠度理论计算方法；④ 钢管混凝土柱在爆炸荷载和轴压力共同作用下的动力响应。

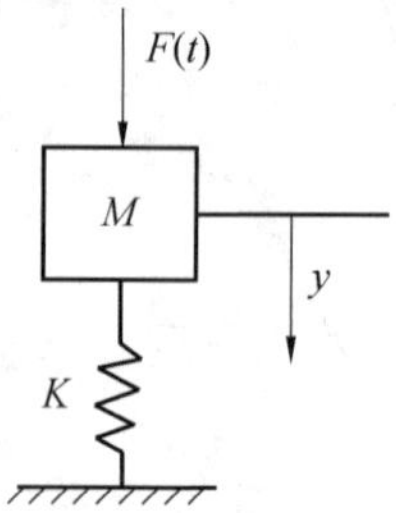

图 3.42　理想化的弹簧－质量体系

3.2.2　爆炸超压及爆炸冲量

1. 冲量时程曲线及作用时间

在进行理论分析时需将爆炸荷载时程曲线简化。由于冲击波超压时程曲线函数相对复杂，在实际的工程计算中，往往把其指数函数形式简化为呈线性下降的三角形形式，简化后的超压时程曲线如图 3.43 所示。上述超压曲线的简化依据是简化后的超压峰值和冲量峰值与原爆炸试验得到的超压时程曲线相同。

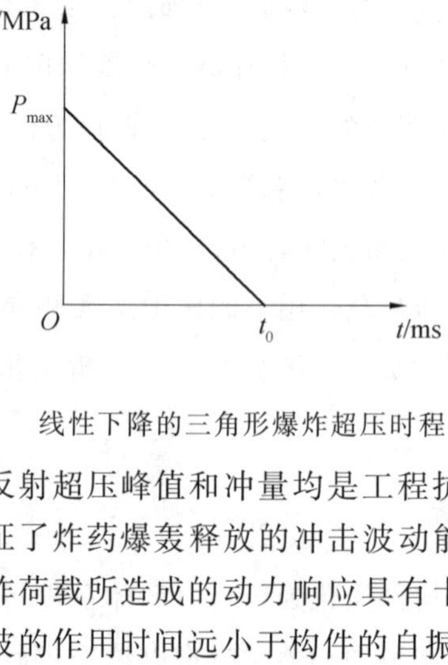

图 3.43　线性下降的三角形爆炸超压时程曲线

在爆炸荷载效应领域中，反射超压峰值和冲量均是工程抗爆研究领域的两大主流爆炸荷载研究指标，二者主要表征了炸药爆轰释放的冲击波动能及其与结构的耦合作用。针对冲量进行深入研究，对爆炸荷载所造成的动力响应具有十分重要的意义。对于本书中开展的爆炸试验，爆炸冲击波的作用时间远小于构件的自振周期，因此以冲量作为研究指标是合理的。

通过对爆炸试验测点的反射超压时程曲线在时间轴上进行积分而得到冲量时程曲线。图 3.44(a) 为根据钢管混凝土柱爆炸试验得到的超压时程曲线，具有明显的多个超压峰值，难以进行准确分析。图 3.44(b) 为将图 3.44(a) 积分得到的冲量时程曲线，当爆炸冲击波作用在钢管混凝土柱后，冲量首先经历随时间线性增长段，在 0.2 ～ 0.3 ms 内，冲量线性增长段逐渐过渡至近似抛物线形状的非线性增长段，缓慢增长直至达到最大冲量值，随着负压区的出现，冲量缓慢减小，并最终稳定不变。不同炸药量的冲量时程曲线的差异在于：冲量线性增长段的增长幅度不同，冲量增长段过渡转折时间点以及达到最大冲量值时间点不同，最大冲量值不同。图 3.44(c) 为简化后的冲量时程曲线，其中 K_I 为曲线上升段斜率，物理意义为平均超压峰值。

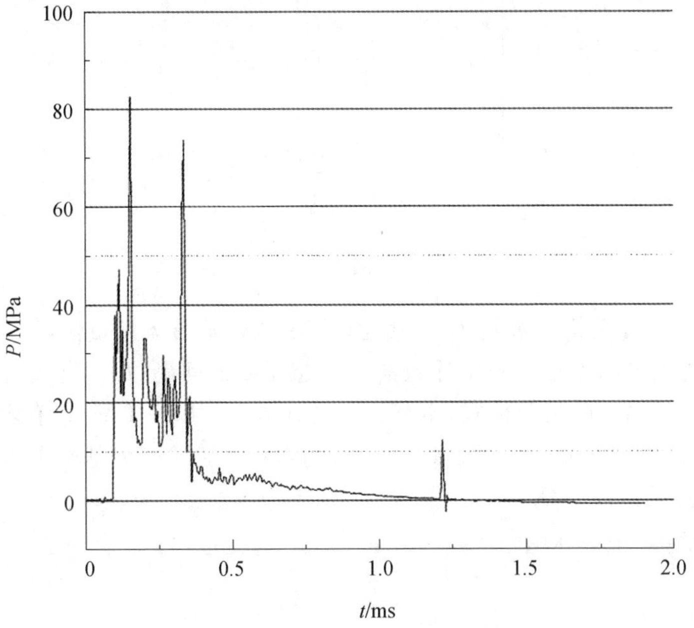

(a)

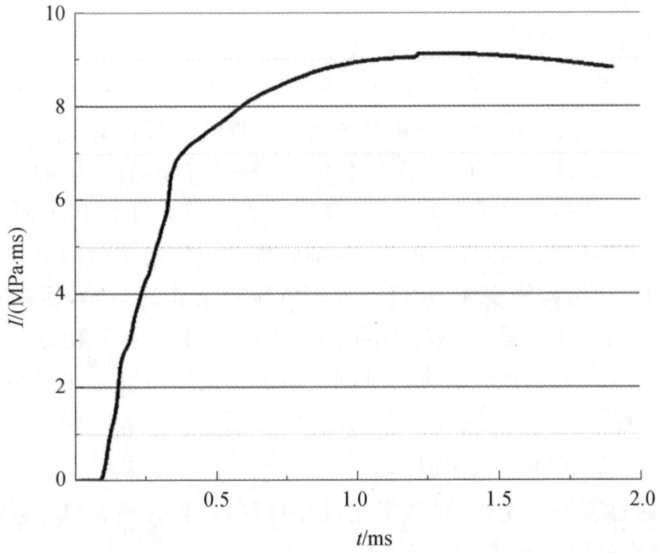

(b)

图 3.44　爆炸作用下超压及冲量时程曲线

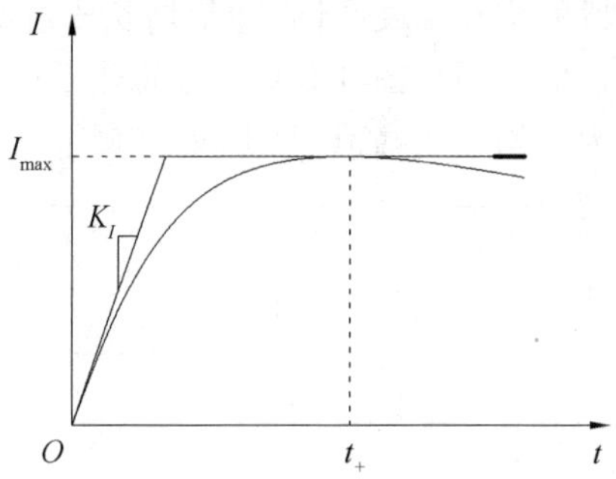

(c)

续图 3.44

图 3.44 中第一个关键参数是 I_{max}，其物理意义为爆炸最大冲量值，使用 K_I 进行理论分析可有效避免因炸药爆炸不稳定导致的多个超压峰值问题，I_{max} 直接决定了作用结构上的荷载效应以及结构的失效模式，本节将通过 ANSYS/LS－DYNA 有限元模拟回归得到 I_{max} 的经验公式。Henrych 在大量 TNT 装药爆炸试验研究的基础上给出了最大冲量值 I_{max} 的经验公式：

$$I_{max}=\sqrt[3]{W}(663-115/z+629/z^2-100.4/z^3)\times 10\quad (0.4\ \mathrm{m\cdot kg^{-1/3}}\leqslant z\leqslant 0.75\ \mathrm{m\cdot kg^{-1/3}}) \tag{3.1}$$

$$I_{max}=\sqrt[3]{W}\left(-33.2+\frac{211}{z}+\frac{216}{z^2}-\frac{80.1}{z^3}\right)\times 10\quad (0.75\ \mathrm{m\cdot kg^{-1/3}}<z\leqslant 3\ \mathrm{m\cdot kg^{-1/3}}) \tag{3.2}$$

式中　W—— 炸药 TNT 当量；

　　　z—— 比例距离。

图 3.44 中第二个关键参数是 t_+，其物理意义为爆炸正压作用时间。爆炸冲击波对结构的作用时间与冲击波的到达时间、正压持时和负压持时有关，直接影响着冲量时程曲线的形状。通过分析典型的爆炸试验，可知爆炸荷载往往在作用于结构的瞬间由零上升到最大值，因此在研究分析中认为该段时间为零，不做考虑。作用在结构上的负压往往远小于正压，由于钢管混凝土结构刚度大，常可不考虑负压对结构的影响，因此正压作用时间是影响爆炸冲击效应的主要因素之一，在结构的动力响应分析中一般将正压作用时间作为分析依据。Henrych 在大量试验研究的基础上给出了正压持续时间的经验公式：

$$t_+=\sqrt[3]{W}(0.107+0.444z+0.264z^2-0.129z^3+0.033\,5z^4) \tag{3.3}$$

式中　t_+ —— 爆炸冲击波正压作用时间。

考虑到炸药运输过程的安全性，试验采用乳化炸药，计算时换算成等效 TNT 当量，换算比例为 1 kg 乳化炸药相当于 0.7 kg TNT。

表 3.5 为公式计算值与作者所进行的爆炸试验实测值对比，由表可知公式计算值与试验实测值较为接近，误差主要是由于爆炸冲击波在空气传播过程中受到爆炸环境的干扰而产生的。爆炸正压作用时间是一个非常短的时间间隔，这个时间间隔在几微秒到几毫秒之间，因此在爆炸试验测试以及理论分析中易导致较大的误差，在进行理论计算时可

将式(3.3) 计算值视为爆炸荷载正压持续时间。

表 3.5　公式计算值与试验实测值对比

项目	试件 S2	试件 S3（小药量）	试件 S3（大药量）	试件 S4
TNT 当量 /kg	17.5	1	35	40
式(3.3) 计算值 /ms	1.240 2	1.253 2	1.268 8	1.281 5
试验实测值 /ms	1.06	1.51	1.19	1.17
相对误差 /%	14.5	20.5	6.2	8.7

2. 爆炸冲量

通过将公式进行对比可知：在同一比例下，各个公式计算的超压峰值和作用时间相差较大，尤其是当比例距离较小时甚至会达到几十倍至上百倍，造成该现象的原因是爆炸试验中的很多不确定性和爆炸过程不稳定且不能重复。因此，进行结构抗爆设计时，采用不同的公式进行计算会得到截然不同的结果。基于上述情况，李忠献等在搜集了大量已有的公式图表的基础上，运用统计学方法求得各比例距离下具有 90% 保证率的超压峰值和持续时间经验公式，采用最小二乘法拟合得到了具有 90% 保证率的超压和作用时间的经验公式，通过与美国的 UFC 规范和我国的《人民防空地下室设计规范》(GB 50038—2005) 对比发现该公式计算结果稍大于规范中的取值，偏于安全，比较合理，可有效用于爆炸荷载的计算。其中，反射超压的最佳拟合曲线方程为

$$\ln P_{\mathrm{r}}=\begin{cases}9.350\ 35-3.195\ 4\ln z-0.051\ 84\ln^2 z+0.057\ 93\ln^3 z+0.022\ 29\ln^4 z \\ (0.1\ \mathrm{m\cdot kg^{-1/3}}<z\leqslant 2\ \mathrm{m\cdot kg^{-1/3}}) \\ 9.847\ 68-4.519\ 25\ln z+0.906\ 61\ln^2 z-0.041\ 02\ln^3 z-0.009\ 28\ln^4 z \\ (2\ \mathrm{m\cdot kg^{-1/3}}<z<39.67\ \mathrm{m\cdot kg^{-1/3}})\end{cases} \tag{3.4}$$

持续时间的拟合曲线方程为

$$\begin{aligned}\ln(t_{\mathrm{rf}}W^{1/3})=&-1.125\ 03+1.355\ 53\ln z+0.065\ 26\ln^2 z-\\&0.162\ 54\ln^3 z+0.118\ 74\ln^4 z \\ &(0.4\ \mathrm{m\cdot kg^{-1/3}}\leqslant z\leqslant 10\ \mathrm{m\cdot kg^{-1/3}})\end{aligned} \tag{3.5}$$

需要指出，式(3.4) 和式(3.5) 描述的为地面爆炸，超压单位为 kPa，持续时间单位为 ms。

而目前关于爆炸冲量的经验公式仅有 Henrych 以及 UFC 规范给出的图表，且 Henrych 公式的取值范围较小，无法直接通过统计大量经验公式来拟合得到冲量公式。而在爆炸荷载的简化中，其简化原则为简化超压时程曲线的超压峰值和冲量与原超压时

程曲线相同，即三角形荷载的反射超压峰值、持续时间和冲量三者满足以下函数关系：

$$I_r = \frac{P_r t_{rf}}{2} \tag{3.6}$$

基于该函数关系式，统计同一文献中的超压峰值和持续公式，采用统计学方法求得各比例距离下具有 90% 保证率的冲量，并进一步拟合得到冲量峰值公式。

分析中采用 UFC 3－340－02 给出的图表和 CSA/S 850－12、GB 50038—2005、Wu 等、Henrych 给出的经验公式。需注意的几个点包括：① 上述部分公式针对的是自由空气爆炸，可采用 Henrych 提出的将自由空气爆炸中的当量 W 替换成 $2W$ 来计算地面爆炸荷载；② 上述公式多为入射超压值，可采用 Mill 提出的公式将其转换成反射超压峰值，即

$$P_r = 2P_{s0}\frac{7P_0 + 4P_{s0}}{7P_0 + P_{s0}} \tag{3.7}$$

式中 P_r—— 反射超压峰值；

P_{s0}—— 入射超压峰值；

P_0—— 标准大气压。

以下给出爆炸荷载超压的图表和经验公式，公式中的比例距离 z 的单位为 $\mathrm{m\cdot kg^{-1/3}}$。

CSA/S 850－12 给出的超压公式为（地面爆炸，单位为 kPa）

$$\ln P_r = \begin{cases} 8.997\,3 - 2.607\,7\ln z - 0.504\,5\ln^2 z - 0.058\,8\ln^3 z \\ (0.06\ \mathrm{m\cdot kg^{-1/3}} < z \leqslant 1.95\ \mathrm{m\cdot kg^{-1/3}}) \\ 9.745\,7 - 4.727\,6\ln z + 1.173\,4\ln^2 z - 0.133\,7\ln^3 z \\ (1.95\ \mathrm{m\cdot kg^{-1/3}} < z < 39.67\ \mathrm{m\cdot kg^{-1/3}}) \end{cases} \tag{3.8}$$

GB 50038—2005 给出的超压公式为（地面爆炸，单位为 MPa）

$$P_{s0} = \frac{1.316}{z^3} + \frac{0.369}{z^{\frac{3}{2}}} \tag{3.9}$$

持续时间公式为（地面爆炸，单位为 ms）

$$\frac{t_0}{w^{\frac{1}{3}}} = 4\times 10^{-4}P_{s0} - 0.5 \tag{3.10}$$

Jeremic 等给出的超压公式为（自由空气爆炸，单位为 MPa）

$$P_{s0} = \frac{0.085}{Z} + \frac{0.3}{Z^2} + \frac{0.8}{Z^3} \tag{3.11}$$

持续时间公式为（自由空气爆炸，单位为 ms）

$$t_0 = 1.2W^{\frac{1}{6}}R^{\frac{1}{2}} \tag{3.12}$$

通过上述各经验公式和图表求得不同比例距离下的超压峰值和持续时间，根据简化原则计算比冲量峰值，再求得其平均值和标准差，进而得到其具有 90% 保证率的值（由概率理论得，正态分布下 90% 保证率的值即为统计参数的平均值加上 1.281 6 倍标准差）。表 3.6 所示为不同比例距离下各公式和图表计算得到的具有 90% 保证率的比冲量值。

表 3.6　不同比例距离下具有 90%保证率的比冲量值

<table>
<tr><th rowspan="3">比例距离
/(m·kg^{-1/3})</th><th colspan="11">比冲量/(MPa·ms·kg^{-1/3})</th></tr>
<tr><th colspan="2">UFC 规范</th><th colspan="2">CSA 规范</th><th colspan="2">GB 50038—2005</th><th colspan="2">Henrych</th><th rowspan="2">平均值</th><th rowspan="2">标准差</th><th rowspan="2">90%保证率值</th></tr>
<tr><th>超压/kPa
持续时间/ms</th><th>冲量</th><th>超压/kPa
持续时间/ms</th><th>冲量</th><th>超压/kPa
持续时间/ms</th><th>冲量</th><th>超压/kPa
持续时间/ms</th><th>冲量</th></tr>
<tr><td>0.4</td><td>59.153 8
0.112 6</td><td>3.330 359</td><td>60.377 6
0.110 5</td><td>3.335 862</td><td>172.098 2
0.085 2</td><td>7.331 383</td><td>62.447
0.027 1</td><td>0.846 157</td><td>4.215 575</td><td>2.310 551</td><td>7.176 8</td></tr>
<tr><td>0.6</td><td>27.078 5
0.132</td><td>1.787 181</td><td>27.052 5
0.134 6</td><td>1.820 633</td><td>51.28
0.154 2</td><td>3.953 688</td><td>21.615
0.036 61</td><td>0.395 663</td><td>2.403 985</td><td>1.407 638</td><td>4.208 0</td></tr>
<tr><td>0.9</td><td>11.336 6
0.191 5</td><td>1.085 479</td><td>10.577 9
0.193 6</td><td>1.023 941</td><td>14.7
0.268 4</td><td>1.972 74</td><td>8.313
0.052 1</td><td>0.216 554</td><td>1.344 187</td><td>0.774 375</td><td>2.336 6</td></tr>
<tr><td>1</td><td>8.073
0.219 5</td><td>0.886 012</td><td>8.081
0.219</td><td>0.884 87</td><td>10.512 7
0.308 1</td><td>1.619 481</td><td>6.625
0.057 5</td><td>0.190 469</td><td>1.131 609</td><td>0.654 084</td><td>1.969 9</td></tr>
<tr><td>2</td><td>1.063 5
0.689 1</td><td>0.366 429</td><td>1.083 8
0.671 6</td><td>0.36 394</td><td>1.114 6
0.736 5</td><td>0.410 451</td><td>1.049 8
0.117 4</td><td>0.061 623</td><td>0.370 161</td><td>0.186 691</td><td>0.609 4</td></tr>
<tr><td>3</td><td>0.333 091
1.358 5</td><td>0.226 252</td><td>0.327 4
1.368 2</td><td>0.223 974</td><td>0.344 5
1.155 9</td><td>0.199 104</td><td>0.352
0.199 6</td><td>0.035 13</td><td>0.201 282</td><td>0.093 07</td><td>0.320 6</td></tr>
<tr><td>4</td><td>0.166 7
2.012 2</td><td>0.167 717</td><td>0.162 6
2.008 8</td><td>0.163 315</td><td>0.168 2
1.549</td><td>0.130 271</td><td>0.178 1
0.345 3</td><td>0.030 749</td><td>0.140 545</td><td>0.060 557</td><td>0.218 2</td></tr>
<tr><td>6</td><td>0.075 2
2.890 4</td><td>0.108 679</td><td>0.071 8
2.876 4</td><td>0.103 263</td><td>0.07
2.264 6</td><td>0.079 261</td><td>0.077
1.150 6</td><td>0.044 298</td><td>0.091 674</td><td>0.027 551</td><td>0.127 0</td></tr>
<tr><td>9</td><td>0.037 4
3.599 1</td><td>0.067 303</td><td>0.036 8
3.610 2</td><td>0.066 428</td><td>0.033
3.215 8</td><td>0.053 061</td><td>0.037 6
5.695 4</td><td>0.107 074</td><td>0.074 059</td><td>0.018 113</td><td>0.097 3</td></tr>
<tr><td>10</td><td>0.031 9
3.758 8</td><td>0.059 953</td><td>0.031 5
3.771 7</td><td>0.059 404</td><td>0.027 4
3.510 3</td><td>0.048 091</td><td>0.031 7
8.870 7</td><td>0.140 601</td><td>0.075 223</td><td>0.033 302</td><td>0.117 9</td></tr>
</table>

$$P_{s0}=\begin{cases}\dfrac{1.407\ 2}{z}+\dfrac{0.554\ 0}{z^2}-\dfrac{0.035\ 7}{z^3}+\dfrac{0.000\ 625}{z^4} & (0.05\ \mathrm{m}\cdot\mathrm{kg}^{-1/3}\leqslant z<0.3\ \mathrm{m}\cdot\mathrm{kg}^{-1/3})\\ \dfrac{0.619\ 4}{z}-\dfrac{0.032\ 6}{z^2}+\dfrac{0.213\ 2}{z^3} & (0.3\ \mathrm{m}\cdot\mathrm{kg}^{-1/3}\leqslant z<1\ \mathrm{m}\cdot\mathrm{kg}^{-1/3})\\ \dfrac{0.062}{z}+\dfrac{0.405}{z^2}+\dfrac{0.328\ 8}{z^3} & (1\ \mathrm{m}\cdot\mathrm{kg}^{-1/3}\leqslant z\leqslant 10\ \mathrm{m}\cdot\mathrm{kg}^{-1/3})\end{cases}\tag{3.13}$$

$$\frac{t_0}{w^{\frac{1}{3}}}=0.107+0.444z+0.264z^2-0.129z^3+0.033\ 5\tag{3.14}$$

根据经验公式计算结果，当比例距离较小时，超压峰值和作用时间随着比例距离的增加迅速变化，如果采用原始计算结果进行曲线拟合会导致拟合曲线的斜率太大，产生较大的误差，不利于后文参数的精确计算，因此这里分别将超压、作用时间和比例距离转换成自然对数的形式，如表 3.7 所示为不同比例距离下各公式和图表计算得到的具有 90% 保证率的比冲量对数值。然后用最小二乘法拟合得到曲线，取所求的具有 90% 保证率的比冲量值和对应比例距离的自然对数，拟合得到相应的拟合曲线。拟合得到的冲量值的曲线方程为

$$\ln\left(\frac{1}{w^{\frac{1}{3}}}\right)=0.681\ 1-1.540\ 1\ln z-0.176\ 9\ln^2 z+0.005\ 7\ln^3 z+0.054\ 1\ln^4 z$$
$$(0.4\ \mathrm{m}\cdot\mathrm{kg}^{-1/3}\leqslant z\leqslant 10\ \mathrm{m}\cdot\mathrm{kg}^{-1/3})\tag{3.15}$$

表 3.7　不同比例距离下具有 90% 保证率的比冲量对数值

$\ln z$	$\ln(I/W^{1/3})$
−0.916 29	1.970 85
−0.510 83	1.436 991
−0.105 36	0.848 708
0	0.677 974
0.693 147	−0.495 24
1.098 612	−1.137 68
1.386 294	−1.522 55
1.791 759	−2.063 7
2.197 225	−2.330 24
2.302 585	−2.137 9

该拟合方程的 $R^2=0.998\ 5$，图 3.45 为拟合曲线与原始数据的对比图，由图可知该拟合曲线与原始数据吻合较好。

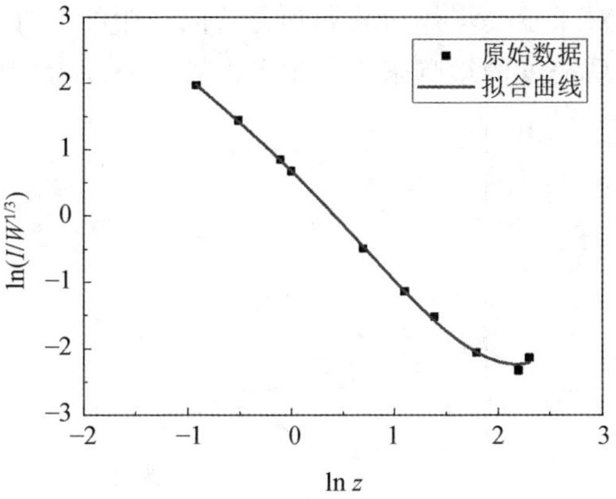

图 3.45　冲量拟合曲线与原始数据的对比

式(3.15)基于统计学方法得到，计算得到的爆炸冲量具有 90% 保证率。由表 3.6 计算结果可知，各个经验公式或图表计算得到的参数离散性极大，使得统计样本的变异系数较大，若采用较大分位点会导致统计参数偏大，造成拟合结果不合理。表 3.7 按照 90% 保证率拟合得到的曲线能够包络大部分经验公式和图表的爆炸荷载值，且没有过分放大爆炸荷载，具有一定的合理性。该拟合公式为多项式形式，便于在工程设计中使用。

式(3.15)适用于地面爆炸情况，若为自由空气爆炸时需将自由空气爆炸中的当量 W 替换成 $2W$ 来计算地面爆炸荷载，同时该式仅适用于比例距离大于 $0.4\ \mathrm{m \cdot kg^{-1/3}}$ 的爆炸工况，这是因为当比例距离过小时，各经验公式的计算结果差异极大，大大增加了计算的误差，且部分经验公式仅在比例距离小于 $0.4\ \mathrm{m \cdot kg^{-1/3}}$ 时适用，对于比例距离小于 $0.4\ \mathrm{m \cdot kg^{-1/3}}$ 的爆炸工况，按照 UFC 规范取值即可。

目前的建筑结构抗爆设计中，爆炸荷载等相关参数的取值主要来自我国的 GB 50038—2005 规范和美国的 UFC 规范中给出的相应公式和经验图表。但 UFC 规范中只给出了爆炸冲量的图表，我国 GB 50038—2005 规范只给出了爆炸超压和爆炸持续时间的经验公式，不便于爆炸冲量的迅速准确计算和工程应用。图 3.46 比较了两种规范和拟合方程确定的比冲量－比例距离的关系曲线。由图可知，当比例距离较小时，我国 GB 50038—2005 规范所得的值比 UFC 规范的值要大，当比例距离较大时，UFC 规范的值比我国 GB 50038—2005 规范所得的值要大。而拟合方程的结果比我国 GB 50038—2005 规范和 UFC 规范的值都大，且与较大值比较接近。拟合方程计算结果与两种规范结果比较接近，且偏于安全，是可应用在工程与设计中的合理取值。

冲量时程曲线具有明确的物理意义，表征了爆炸试验中爆炸荷载效应的特点。对于爆炸试验或者数值模拟得到的冲量时程曲线，根据正压作用时间和最大冲量值这两个特征值简化为双折线形式的冲量时程曲线，一方面冲量时程曲线中的正压作用时间按式(3.3)取值，最大冲量值按拟合公式(3.1)计算取值，另一方面根据冲量时程曲线分析爆炸荷载的特点，这样就可以根据冲量时程曲线进行准确的计算了。

3.2.3　爆炸冲量等效为侧向分布荷载

基于前述爆炸试验结果，本节通过单自由度法分析方、圆钢管混凝土柱在爆炸荷载作用下的柱中最大挠度。对于承受爆炸荷载和轴力共同作用的方、圆钢管混凝土柱，可通过考虑轴力对单自由度体系挠度的影响来进一步考虑轴力对动力响应的作用。

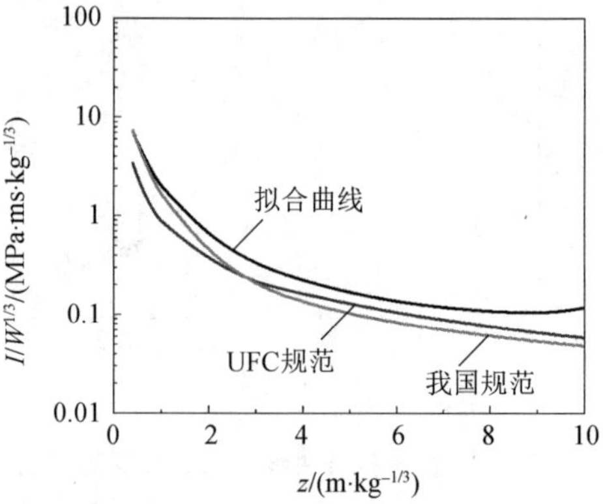

图 3.46　我国 GB 50038—2005 规范、美国 UFC 规范与拟合方程对比图

考虑到爆炸荷载的持续时间短，远低于结构的自振周期，可用理想的倒三角形荷载来表示爆炸荷载，因此可将爆炸荷载视为无升压的三角形荷载。Nassr 通过钢梁的爆炸试验表明单自由度法用于弹性结果的计算较准确，在塑性阶段会产生一定的误差；Burrell 通过钢纤维混凝土柱的抗爆试验验证了单自由度法结果的准确性；Nickerson 通过单自由度法和数值模拟对比，分析了混凝土墙在爆炸荷载作用下的动态响应。依据 Biggs 基于能量守恒原理提出的方法将钢管混凝土柱简化为等效单自由度体系。等效单自由度法将结构理想化为基于假设结构变形形状的等效刚度、质量和动态荷载的系统，该方法难以处理包含轴向荷载以及 $P-\Delta$ 效应的构件响应问题，郝洪等对其局限性进行了具体的讨论分析。

1. 等效单自由度体系的动力响应

可以假设具有分布刚度和分布质量的构件在受到分布式动态荷载时仅具有单个形状位移，因此构件的动态响应与单自由度系统的动态响应相同。通过假设构件的位移形状，构件上的位移最大的点用于表示和描述整个构件的运动。当获得质量、刚度和荷载时，可以采用与单自由度系统相同的方法对构件进行精确分析。

等效单自由度法的原理是：结构体系在外荷载作用下等效为具有质量弹簧荷载的单自由度体系，采用等效质量、抗力和荷载，并将等效值代入单自由度系统的运动方程来进行计算。

图 3.47 中 $F(t)$ 为等效荷载，K 为等效刚度，M 为等效质量。将等效质量、等效抗力和等效荷载代入单自由度系统的运动方程进行计算，通过系统的微分方程计算结构的动态响应，然后分析结构的损伤程度。构件的运动微分方程如下：

$$K_{\mathrm{M}}M\dot{x}(t)+K_{\mathrm{L}}C\ddot{x}(t)+K_{\mathrm{L}}R(x)=K_{\mathrm{L}}F_{\mathrm{C}}(t) \tag{3.16}$$

式中　M—— 构件质量；

C—— 构件阻尼系数；

$R(x)$—— 构件抗力函数；

$F_C(t)$—— 构件荷载；

K_M、K_L—— 等效质量系数和等效荷载系数。

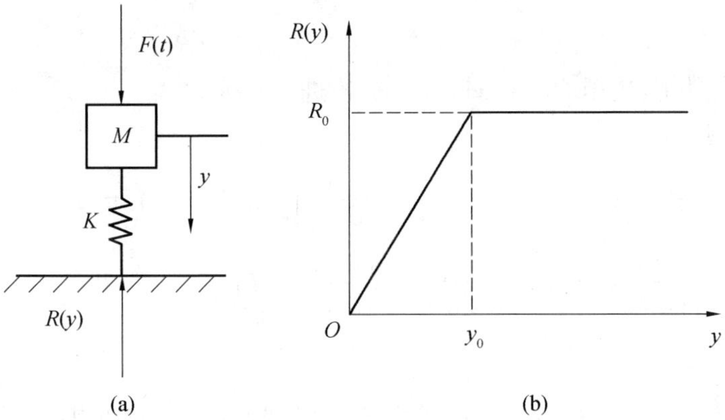

图 3.47　单自由度弹塑性体系

2. 时域求解方法 ——Duhamel 积分

单自由度线性系统的有阻尼自由振动方程为

$$m\ddot{y}(t)+c\dot{y}(t)+ky(t)=0 \tag{3.17}$$

若体系运动的初始条件为

$$y(t=0)=y(0),\dot{y}(t=0)=\dot{y}(0) \tag{3.18}$$

可求得其解为

$$y(t)=\mathrm{e}^{-\zeta\omega_n t}\left[y(0)\cos\omega_D t+\frac{y(0)+\zeta\omega_n y(0)}{\omega_D}\sin\bar{\omega}_D t\right] \tag{3.19}$$

其中，ζ 为阻尼比；ω_n 为自振频率；$\omega_D=\omega_n\sqrt{1-\zeta^2}$。

对于任意荷载，荷载的大小随时间产生无规律的变化。在$[0,t]$时间段内，用非常短的时间间隔 $\mathrm{d}\tau$ 进行分解，该时间段内的荷载为 $F(\tau)$，根据动量定理可得冲击后系统的速度 V。

由于 $\mathrm{d}\tau$ 极短，$F(\tau)\mathrm{d}\tau$ 的作用相当于自由振动系统在初始条件为$(y(0)=0,\dot{y}(0)=v)$的情况。由式(3.19) 可知，系统在 t 时刻的响应为

$$\mathrm{d}(y(t))=\mathrm{e}^{-\zeta\omega_n(t-\tau)}\left[\frac{v}{\omega_D}\sin\omega_D(t-\tau)\right]=\frac{F(\tau)}{m\omega_D}\mathrm{e}^{-\zeta\omega_n(t-\tau)}\sin\omega_D(t-\tau) \tag{3.20}$$

则根据叠加原理，系统的总响应为

$$y(t)=\int_0^t\frac{F(\tau)}{m\omega_D}\mathrm{e}^{-\zeta\omega_n(t-\tau)}\sin\omega_D(t-\tau)\mathrm{d}\tau=\frac{1}{m\omega_D}\int_0^t F(\tau)\mathrm{e}^{-\zeta\omega_n(t-\tau)}\sin\omega_D(t-\tau)\mathrm{d}\tau \tag{3.21}$$

当 $\zeta=0$ 时，式(3.21) 可简化为无阻尼情况，即

$$y(t)=\frac{1}{m\omega_n}\int_0^t F(\tau)\sin\omega_n(t-\tau)\mathrm{d}\tau \tag{3.22}$$

式(3.21) 和式(3.22) 即为有阻尼和无阻尼体系在任意荷载作用下的 Duhamel 积分式，需要注意的是该式均为在零初始条件下的特解。

对于典型的爆炸荷载，其特点是初始值很大，然后迅速衰减为零，其数学表达式为

$$F(t)=\begin{cases}F_0\left(1-\dfrac{t}{t_1}\right) & (t<t_1)\\ 0 & (t>t_1)\end{cases} \tag{3.23}$$

在零初始条件下，应用 Duhamel 积分，分段进行分析。

当 $t<t_1$ 时，有

$$\begin{aligned} y(t)&=\frac{1}{m\omega_n}\int_0^t F(\tau)\sin\omega_n(t-\tau)=\frac{1}{m\omega_n}\int_0^t F_0\left(1-\frac{\tau}{t_1}\right)\sin\omega_n(t-\tau)\mathrm{d}\tau\\ &=\frac{F_0}{m\omega_n^2}\left[(1-\cos\omega_n t)+\frac{1}{t_1}\left(\frac{\sin\omega_n t}{\omega_n}-t\right)\right]\end{aligned} \tag{3.24}$$

当 $t>t_1$ 时，有

$$\begin{aligned} y(t)&=\frac{1}{m\omega_n}\int_0^t F(\tau)\sin\omega_n(t-\tau)=\frac{1}{m\omega_n}\int_0^t F_0\left(1-\frac{\tau}{t_1}\right)\sin\omega_n(t-\tau)\mathrm{d}\tau\\ &=\frac{F_0}{m\omega_n^2}\left\{-\cos\omega_n t+\frac{1}{\omega_n t_1}[\sin\omega_n t-\sin\omega_n(t-t_1)]\right\}\end{aligned} \tag{3.25}$$

3. 爆炸冲量等效

由于爆炸荷载作用时间短，结构的最大响应在很短时间内便发生，阻尼力尚来不及吸收较多的能量，因此不考虑阻尼对结构的影响。单自由度体系在任意荷载下的无阻尼运动方程为

$$m\ddot{y}+R(y)=F(t) \tag{3.26}$$

式中　m—— 单自由度体系的质量；

$R(y)$—— 体系的抗力函数；

y—— 结构体系的位移；

$F(t)$—— 体系所受到的爆炸荷载函数。

假设结构在受到爆炸荷载之前处于静止状态，运用 Duhamel 积分式解得结构的响应为

$$y(t)\ \frac{1}{m\omega}\int_0^t F(\tau)\sin\omega(t-\tau)\mathrm{d}\tau \tag{3.27}$$

式中　ω—— 结构振动频率。

设 $F(t)=Ff(t)$，则式(3.27) 变为

$$y(t)=\frac{1}{m\omega^2}\int_0^t f(\tau)\sin\omega(t-\tau)\mathrm{d}\tau=y_{st}\omega\int_0^t f(\tau)\sin\omega(t-\tau)\mathrm{d}\tau \tag{3.28}$$

式中　y_{st}—— 在静荷载 F 作用下产生的静位移，$y_{st}=F_0/(m\omega^2)$。

在静止结构上施加短时荷载，F 保持常量并持续作用在结构上，由式(3.27) 得体系的位移响应为

$$y(t)=y_{st}\omega\int_0^{t_0} f(\tau)\sin\omega(t-\tau)\mathrm{d}\tau=2y_{st}\omega\sin\frac{\omega t_0}{2}\sin\omega\left(t-\frac{t_0}{2}\right) \tag{3.29}$$

式中　t_0—— 正压作用时间，且 $t_0 \to 0$。

则对于短时荷载，系统的最大反应表示为

$$y(t)_{\max} = \left[2y_{st}\omega \sin\frac{\omega t_0}{2}\sin\omega\left(t-\frac{t_0}{2}\right)\right]_{\max} = 2y_{st}\omega\sin\frac{\omega t_0}{2} = \frac{2F}{K}\sin\frac{\omega t_0}{2} = \frac{q'}{k} \quad (3.30)$$

式中　q'—— 等效荷载，$q' = 2F\sin\dfrac{\omega t_0}{2}$；

　　K—— 体系刚度。

若改用冲量 $I = Ft_0$ 表示，由式(3.30) 得其对应的等效荷载为

$$q' = 2F\sin\frac{\omega t_0}{2} = 2\frac{I}{t_0}\sin\frac{\omega t_0}{2} = \frac{I\omega\sin\dfrac{\omega t_0}{2}}{\dfrac{\omega t_0}{2}} \quad (3.31)$$

爆炸荷载是一种短时突加荷载，爆炸瞬时冲量是短时荷载的一种极限情况，荷载持续时间趋于 0，当在 $t=0$ 时刻作用冲量 I，则由式(3.31) 得到系统的位移响应为

$$y(t) = \frac{I\omega}{m\omega^2}\sin\omega t \quad (3.32)$$

由此，系统的最大反应表示为

$$y(t)_{\max} = \frac{I\omega}{m\omega^2} = \frac{q}{k} \quad (3.33)$$

由式(3.31) 得

$$q = I\omega \quad (3.34)$$

式中　q—— 集中冲量 I 的等效静荷载。

对于任何的 $\dfrac{\omega t_0}{2}$ 值，比值 $\dfrac{\sin\dfrac{\omega t_0}{2}}{\dfrac{\omega t_0}{2}} < 1$，当 $\dfrac{\omega t_0}{2}$ 趋于 0 时，比值趋近于 1。对于任意结构，其在爆炸荷载下的振动频率是固定的，当爆炸荷载作用在构件上的时间很短时，可近似认为冲量的等效静荷载可用式(3.34) 表示。

爆炸超压荷载采用无升压的三角形分布荷载以均布荷载的形式作用在构件上，从而冲量亦以均布荷载的形式作用在构件上，可将冲量等效为作用在构件侧向的分布荷载。对于试验测得的超压时程曲线，将其积分得到冲量时程曲线，将得到的最大冲量值等效为作用在构件侧向的分布荷载。

3.2.4　侧向分布荷载作用下的柱中挠度

1. 一端固接一端定向滑动体系

本书所进行的爆炸试验中，由于炸药 TNT 当量较大，使得钢管混凝土柱进入塑性工作状态，在进行柱中挠度分析时应考虑塑性变形。但是弹塑性体系的分析烦琐，且在设计

中更关注构件的最大挠度，同时柱中挠度能够简单直观地反映钢管混凝土柱的抗爆能力，因此可利用构件的最大反应计算图表来计算挠度。一般认为柱中挠度不能超过柱计算高度的1/60，可建立方钢管混凝土柱损伤失效准则，即柱中挠度超过柱计算高度的1/60时，即判定柱失效，由此可预估钢管混凝土柱在爆炸荷载作用下的损伤程度。

在前文所述的钢管混凝土柱爆炸试验中，钢管混凝土柱的布置及约束设置为一端固支，一端施加一定轴压比的轴向压力，上下表面用支撑固定，因此可将其视为一端固接一端定向滑动体系，其简化体系如图 3.48 所示。对于一端固接一端定向滑动的结构体系，其具有分布质量和分布刚度，由结构力学可知其跨中挠度最大。同时，为了分析动荷载下简化系统的动态响应，假设系统只能根据图 3.48 中所示的形状变形。

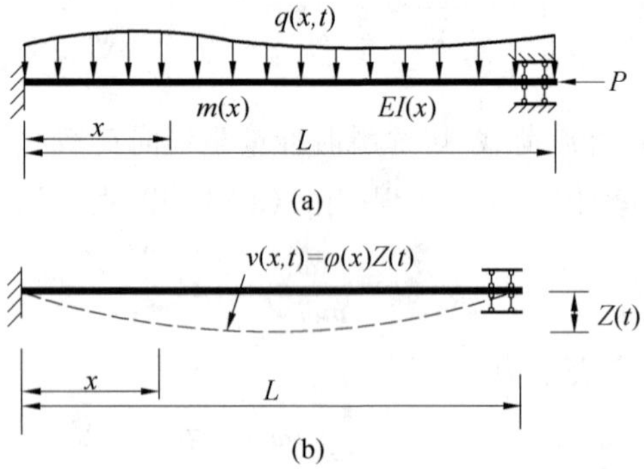

图 3.48　钢管混凝土柱广义单自由度体系特征

2. 计算模型及单自由度体系换算系数

一端固接一端定向滑动承受侧向爆炸荷载的钢管混凝土柱主要承受弯矩作用，构件自重与承受的爆炸荷载相比可忽略不计，故其受力特点与梁结构相似，因此可将爆炸荷载作用下的柱结构视为梁结构进行分析。对于同时承受爆炸荷载和轴力的框架柱，可将其简化为如图 3.49 所示的计算模型。

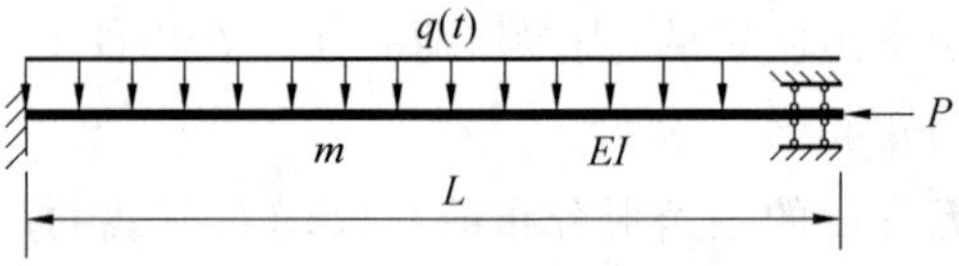

图 3.49　框架柱计算模型

将作用在钢管混凝土柱上的爆炸冲量简化为侧向分布的均布荷载，为了得到框架柱的动力响应，假设模型只能根据图 3.50 中所示的形状进行变形。在均布荷载下，框架柱的最大挠度出现在柱中位置。由于考虑了钢管混凝土柱的弹塑性变形，因此应将钢管混凝土柱的变形分为三个阶段：弹性、弹塑性和塑性阶段。

对应于梁结构的等效单自由度体系，一端固接一端定向滑动梁简化为单自由度体系的换算系数如表 3.8 所示。

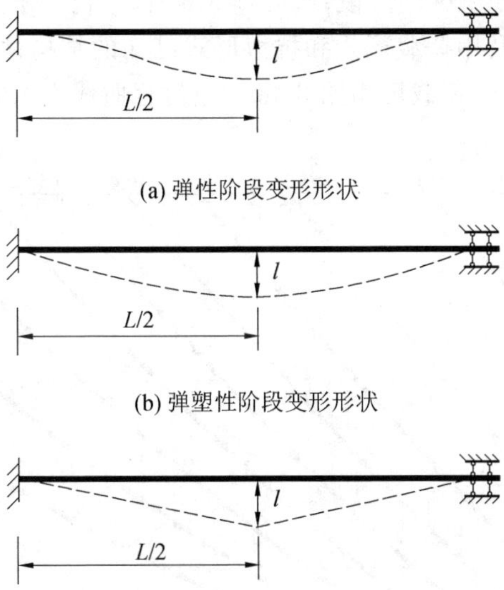

(a) 弹性阶段变形形状

(b) 弹塑性阶段变形形状

(c) 塑性阶段变形形状

图 3.50　框架柱变形形状示意图

表 3.8　一端固接一端定向滑动梁的换算系数

变形阶段	等效荷载系数 K_L	等效质量系数 K_M	荷载质量系数 K_{LM}	最大抗力 R	有效弹簧常数 K_R
弹性	0.5	0.38	0.76	$\frac{8(M_{ps}+M_{pm})}{L}$	$\frac{307EI}{L^3}$
弹塑性	0.64	0.5	0.78		
塑性	0.5	0.33	0.66		

注:表中 M_{ps} 为支座处的塑性极限弯矩;M_{pm} 为跨中塑性极限弯矩。

3. 柱中挠度计算

为了计算的方便,对钢管混凝土柱进行了以下基本假设:① 初始缺陷的影响不考虑;② 失稳破坏不发生;③ 轴向压力不会发生偏心;④ 钢管混凝土柱在爆炸荷载作用下的变形过程中,结构的弹性模量及截面惯性矩不发生变化。

对于理想单自由度体系,在弹性阶段,其最大位挠度 Z_e 来表示,即

$$Z_e = \frac{R}{K_R} \tag{3.35}$$

式中　R—— 结构最大抗力;

K_R—— 单自由度体系有效弹簧常数,根据表 3.8 进行计算。

在弹塑性阶段,用延性系数(延性比)来表示单自由度体系的最大挠度,即

$$\mu = \frac{Z_m}{Z_e} \tag{3.36}$$

式中　Z_m—— 结构构件弹塑性挠度;

Z_e—— 结构构件弹性极限挠度。

当 $\mu \leqslant 1.0$ 时，结构处于弹性阶段；当 $\mu > 1.0$ 时，结构处于弹塑性阶段。

在实际工程中，通常利用荷载形式和抗力形式已知的结构体系的最大反应图表来计算结构的最大挠度。当爆炸荷载可用图 3.48 冲量时程曲线表示时，结构的最大挠度响应如图 3.51 所示。

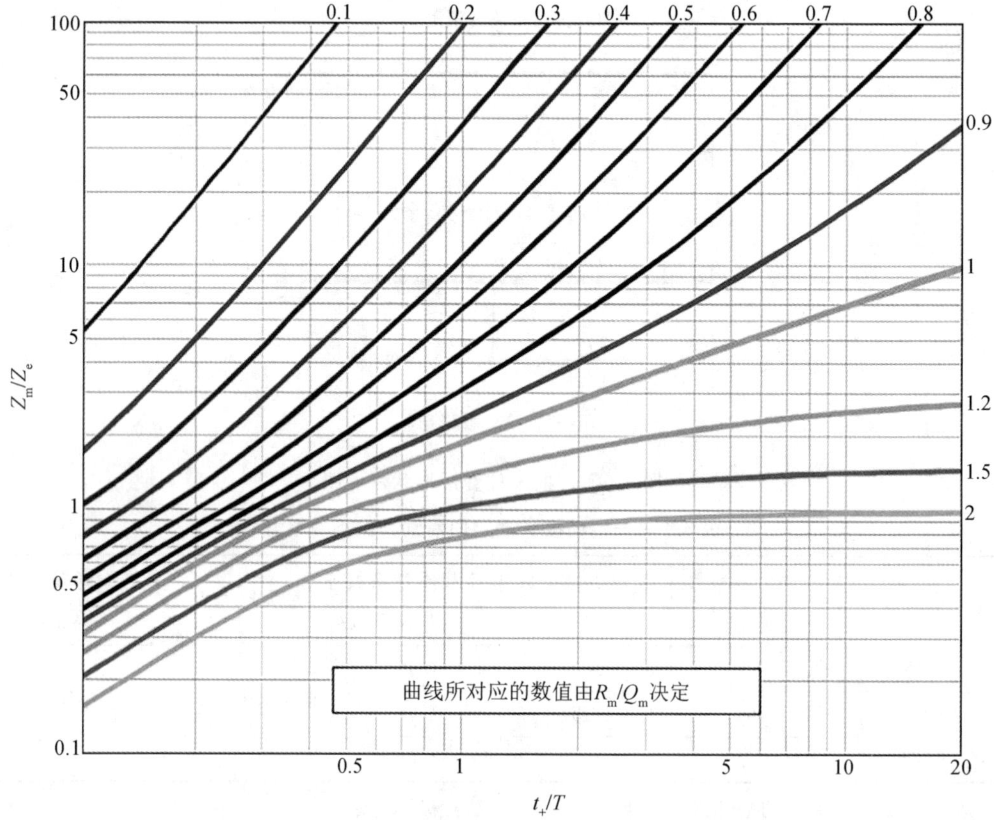

图 3.51　无阻尼单自由度体系在三角形脉冲荷载作用下的最大响应

图 3.51 所示为脉冲荷载作用下构件的延性系数分布图，图中 R_m/Q_m 表示荷载作用强度；t_+/T 表示荷载作用时间。其中，R_m 为等效单自由度体系的等效屈服抗力，Q_m 为等效单自由度的等效外力，按式(3.31)计算；t_+ 为正压作用时间，按式(3.3)计算。由于爆炸荷载作用时间短，结构的最大响应在很短时间内便发生了，阻尼力尚来不及吸收较多的能量，因此不予考虑阻尼影响。

利用最大反应图表来计算不考虑轴压力的结构体系最大挠度的步骤为：根据给定的方钢管混凝土柱参数，按表 3.8 计算单自由度体系的最大抗力 R 和有效弹簧常数 K_R；依据式(3.35)计算钢管混凝土柱的最大弹性挠度 Z_e；按式(3.31)将爆炸荷载等效为侧向分布荷载，计算等效外力，并根据钢管混凝土柱受弯性能的特点，计算柱截面塑性极限弯矩 M_{pe} 和等效屈服抗力 R_m；求出 R_m/Q_m 和 t_+/T 的值，并据此查图 3.51 得到延性系数 μ，按式(3.36)计算柱中最大挠度 Z_m。

上述步骤通过等效单自由度理论解析方法计算得到的柱中最大挠度 Z_m 是没有考虑轴压力作用的，但轴压比对于钢管混凝土柱的抗爆性能具有明显的影响，因此还需进一步考虑轴压比对爆炸荷载作用下柱中最大挠度的影响。下面在计算得到 Z_m 的基础上，通过数值模拟方法考虑不同工况下轴压比的影响，通过 336 组数值模拟结果拟合得到方、圆钢管混凝土柱在轴压比等多参数共同影响下的最大挠度 Z_{max} 和 Z_m 的关系式。

3.2.5　轴压比与套箍系数共同影响下的钢管混凝土柱的挠度分析

在爆炸试验中，将轴向荷载施加到钢管混凝土柱端，以使钢管混凝土柱在试验中的工作状态与实际工程一致。因此，为了准确计算钢管混凝土柱的最大挠度 Z_{max}，应考虑在爆炸荷载和轴力共同作用下的挠度。上节计算得到的 Z_m 为不考虑轴压时的柱中最大挠度，通过 ANSYS/LS－DYNA 有限元软件建立多组爆炸试验模型，回归得到轴压比与套箍系数共同影响下的挠度预测公式，并分析轴压比、套箍系数和比例距离对钢管混凝土柱最大挠度的影响。

相关文献通过钢管混凝土柱的侧向冲击试验和侧向爆炸试验，证明轴力会对钢管混凝土柱的挠度产生较大的影响。由于直接考虑轴力的单自由度体系分析是通过分析轴力对等效刚度的影响来进一步分析轴力对挠度的影响的，该方法相对复杂，因此本章通过有限元模拟方法分析轴压比对挠度的影响，并建立轴压比与挠度的关系曲线。为使相关结论可适用于不同的工况，进一步运用有限元方法分析钢管混凝土柱的套箍系数对挠度的影响，通过多组模拟结果建立轴压比与套箍系数共同影响下的挠度预测公式，这样就可建立最终挠度与 Z_m 和轴力的联系，从而通过理论分析和数值模拟相结合来计算钢管混凝土柱在爆炸荷载和轴力共同作用下的挠度。

1. 方钢管混凝土柱挠度分析

本节将方钢管混凝土柱试件 S3 作为研究对象，分别改变试件 S3 的比例距离、轴压比和套箍系数等参数，分析各参数对方钢管混凝土柱抗爆性能的影响，并根据数值模拟的结果分别拟合得到各参数与柱中最大挠度的经验公式。

(1) 轴压比和套箍系数共同影响下柱中挠度的预测公式。

在试件 S3 工况的基础上，采用控制变量法分别改变轴压比和套箍系数进行了 168 组数值模拟。轴压比取值从 0 至 1，每隔 0.1 取一个值，考虑到轴压比为 0～0.3 时挠度变化相对较复杂，另外选取轴压比为 0.05、0.15、0.25 的方钢管混凝土柱进行分析；套箍系数取值从0.6 至 1.7，每隔 0.1 取一个值，表 3.9 所示为构件数值模拟结果。

表 3.9　方钢管混凝土柱柱中最大挠度模拟结果　　mm

轴压比	不同套箍系数下的柱中最大挠度模拟结果							
	0.6	0.7	0.8	0.9	1	1.3	1.4	1.7
0	70.14	53.01	45.91	43.97	41.87	37.63	36.18	31.43
0.05	58.64	51.89	45.65	43.74	41.69	37.42	35.95	31.12
0.1	50.9	47.34	45.27	43.44	41.44	37.07	35.66	30.93
0.15	53.5	47.96	44.44	42.75	40.74	36.88	35.45	30.87
0.2	50.16	47.87	44.45	42.76	40.76	36.6	35.34	31.04

续表3.9

轴压比	不同套箍系数下的柱中最大挠度模拟结果							
	0.6	0.7	0.8	0.9	1	1.3	1.4	1.7
0.25	50.29	47.65	44.22	42.67	40.72	36.92	35.62	31.18
0.3	50.2	47.65	45.8	42.52	40.69	37.26	35.97	31.5
0.4	50.39	47.72	46.22	43.12	41.34	37.83	36.51	32.08
0.5	50.89	48.11	46.96	43.95	42.11	38.48	37.11	33
0.6	51.22	49.02	47.7	44.66	43.11	39.65	38.53	34.34
0.7	52.25	50.03	48.73	45.91	44.23	41.22	40.23	35.81
0.8	53.39	51.31	49.69	47.26	45.73	42.94	41.75	37.28
0.9	54.68	52.77	50.81	48.94	47.45	44.7	43.33	39
1	56.08	54.12	53.08	50.55	49.1	46.53	45.22	40.92

在上述数值模拟结果的基础上，通过曲线拟合建立爆炸时轴压比和套箍系数共同影响下柱中挠度的预测公式，即

$$\frac{Z_{max}}{Z_m}=1.021+1.812\sin(0.01\pi n\xi)-0.05e^{-(-6.352\xi)^2} \tag{3.37}$$

式中 Z_{max}—— 考虑轴压作用时的柱中挠度；

Z_m—— 无轴压作用时的柱中挠度；

n—— 轴压比；

ξ—— 套箍系数。

通过理论分析计算构件在爆炸荷载作用下无轴压的柱中挠度，利用式(3.37)即可得到构件考虑轴压作用时的柱中挠度。式(3.37)仅适用于炸药作用在钢管混凝土柱柱中正前方的情况，当炸药起爆高度改变时，柱中挠度需进一步分析。

(2) 轴压比的影响。

王蕊研究了在侧向撞击作用下钢管混凝土构件的动力响应，试验结果表明，对于套箍系数小于1的构件，随着轴压比的增加，构件的柱中挠度减小；对于套箍系数大于1的构件，当轴压比小于0.3时，增加轴压比对柱中挠度的影响较弱。王博对在侧向冲击荷载作用下的钢管混凝土柱进行了研究，结果表明构件的挠度随轴压比增加而增加，在轴压比较小时，增加不明显。李国强设计了12根圆钢管混凝土柱的爆炸试验来研究轴压比等参数对钢管混凝土柱抗爆性能的影响，该试验中轴压比取值为0～0.25，结果表明，随着轴压比增加，试件中最大挠曲变形先增加后减小。为了研究方钢管混凝土柱轴压比对抗爆性能的影响，基于试件S3的试验参数，采用数值模拟方法得到了在其他参数相同而轴压比不同情况下的柱中最大挠度，如图3.52所示。

可以看出，当轴压比小于一定值时，增加轴压比将减小柱中的最大挠度；当轴压比大于一定值时，增加轴压比将增大柱中的最大挠度；随着轴压比的增加，柱中的挠度迅速增大。结果表明，当轴压比较小时，随着轴压比的增加，方钢管混凝土柱的抗爆性能逐渐增加；当轴压比大于一定值时，方钢管混凝土柱的抗爆性能随轴压比的增加而减弱，并且随

轴压比的增加而迅速下降。这是因为增加方轴压比会增加方钢管混凝土柱的整体抗弯刚度，当轴压比较小时，方钢管混凝土柱在爆炸荷载作用下受弯变形，轴力产生的 $P-\Delta$ 效应较弱，附加弯矩小，从而使得柱中最大挠度减小，提高了方钢管混凝土柱的抗爆性能；当轴压比较大时，轴力产生的 $P-\Delta$ 效应较强，附加弯矩大，从而使得柱中最大挠度增加，降低了方钢管混凝土柱的抗爆性能。通过爆炸试验可知方钢管混凝土柱抗爆性能弱于圆钢管混凝土柱，但通过适当施加轴压比可以使得方钢管混凝土柱柱中挠度比圆钢管混凝土柱小，表明适当施加轴力能有效增加钢管混凝土柱的抗爆能力，该结论与数值模拟结果相同，进一步验证了结论的准确性和模拟的可靠性。

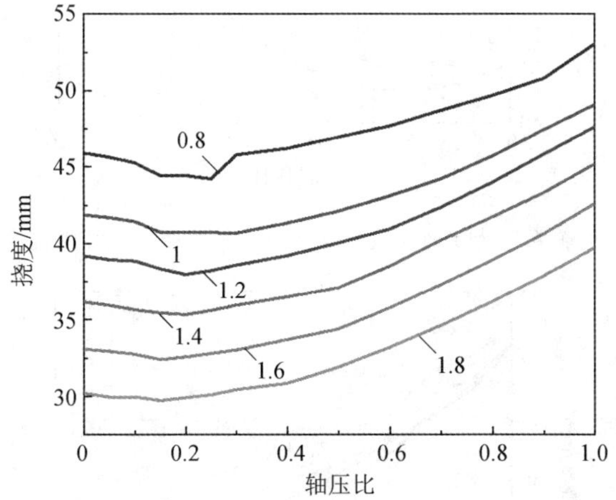

图 3.52　各套箍系数下不同轴压比方钢管混凝土柱柱中挠度影响曲线

图 3.53 所示为当套箍系数为 1 时不同轴压比方钢管混凝土柱柱中挠度拟合曲线。从图中可以看出，其拟合曲线为二次函数形式，其拟合公式为（$R^2=0.993\ 1$）

$$Z=41.73-6.72n+14.4n^2=14.4(n-0.235)^2+40.93 \tag{3.38}$$

由式(3.38) 可知，曲线的对称轴为 0.235，即当轴压比为 0.235 时，方钢管混凝土柱的柱中挠度最小，此时方钢管混凝土柱的抗爆性能最优。图 3.53 中横线为方钢管混凝土柱的损伤临界值，即柱中挠度超过柱计算高度的 1/60 时，即判定柱失效。当曲线在横线上方时，柱在爆炸荷载作用下失效；当曲线在横线下方时，柱在爆炸荷载作用下仍具备一定的承载力。A_1、A_2 点对应的为临界轴压比，即当轴压比小于 0.004 或大于 0.466 时，方钢管混凝土柱失效。

(3) 套箍系数的影响。

通过改变方钢管混凝土柱的壁厚来改变构件的套箍系数，得到了在其他参数相同而套箍系数不同情况下的方钢管混凝土柱柱中最大挠度，如图 3.54 所示。可以看出，随着方钢管混凝土柱套箍系数的增加，方钢管混凝土柱中最大挠度迅速减小，当套箍系数较大时，增加套箍系数仅能较小地增强方钢管混凝土柱的抗爆能力。结果表明，增加方钢管混凝土柱的套箍系数能有效增强构件的抗爆性能，但是当套箍系数较大时，增加套箍系数对构件的抗爆性能影响不大。这是因为增加套箍系数能显著增强钢管混凝土柱的抗弯刚度和延性，从而大幅度提高柱的抗爆性能。在爆炸试验中，当壁厚从 2.8 mm 增加到3.8 mm

时，即套箍系数从 0.44 增加到 0.82 时，方钢管混凝土柱柱中挠度减少了约 50%，表明套箍系数会显著影响方钢管混凝土柱的抗爆性能，说明增加壁厚是增强抗爆性能非常有效的措施。

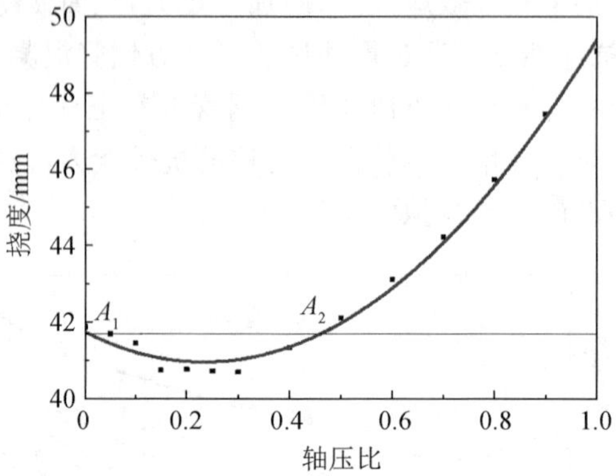

图 3.53　套箍系数为 1 时不同轴压比方钢管混凝土柱柱中挠度拟合曲线

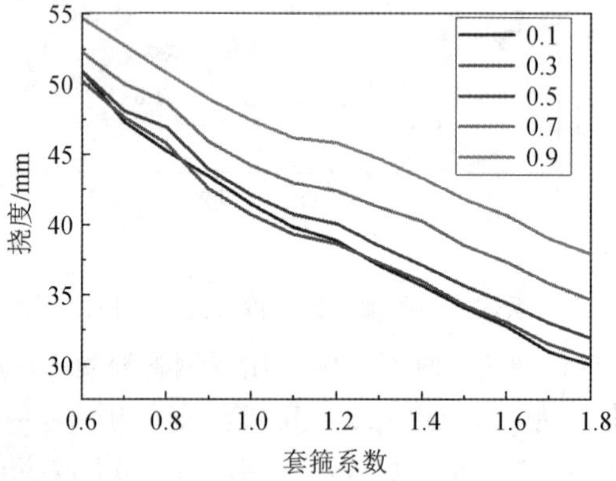

图 3.54

图 3.54　各轴压比下不同套箍系数方钢管混凝土柱柱中挠度影响曲线

图 3.55 所示为轴压比为 0.2 时不同套箍系数方钢管混凝土柱柱中挠度拟合曲线。从图中可以看出，其拟合曲线为指数函数形式，其拟合公式为($R^2=0.988\,3$)

$$Z=40.89\xi^{-0.49} \tag{3.39}$$

由式(3.39)可知，随着套箍系数的增加，方钢管混凝土柱在爆炸荷载作用下的柱中最大挠度迅速减小。图 3.55 中横线含义与轴压比相同，A 点对应的为临界套箍系数，即当套箍系数小于 0.96 时，方钢管混凝土柱在爆炸荷载作用下失效。

(4) 比例距离的影响。

通过改变方钢管混凝土柱的爆炸比例距离，得到了在其他参数相同而比例距离不同情况下的方钢管混凝土柱柱中最大挠度，如图 3.56 所示。可以看出，随着比例距离的增加，方钢管混凝土柱柱中挠度迅速减小，当比例距离增加到较大值时，增加比例距离对方钢管混凝土柱的柱中挠度几乎没有影响。这是因为增加比例距离能显著降低作用在方钢管混凝土柱上的爆炸荷载，当进一步增加比例距离时，作用在柱上的爆炸荷载较小，由于方钢管混凝土柱具有较大的抗弯刚度，该荷载不能使构件产生塑性变形，从而使得增加比例距离对方钢管混凝土柱中挠度影响不大。从试验结果看，当炸药 TNT 当量增加 10% 时，方钢管混凝土柱柱中挠度增加了 200%，出现上述结果一方面是由于比例距离对爆炸荷载效应的影响很大，另一方面是由于方钢管混凝土柱迎爆面面积大，故对爆炸荷载的改变十分敏感。

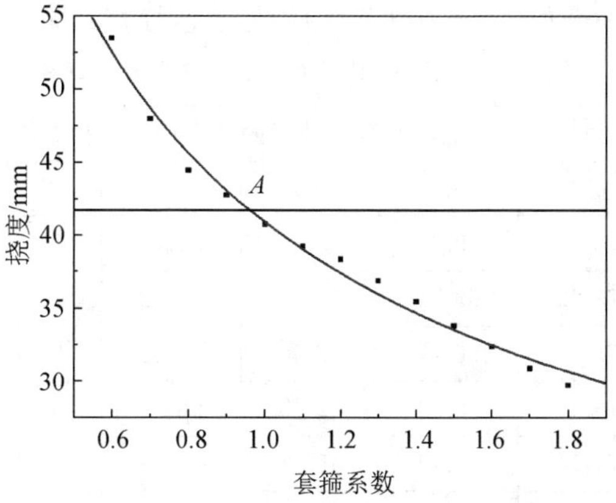

图 3.55　轴压比为 0.2 时不同套箍系数方钢管混凝土柱柱中挠度拟合曲线

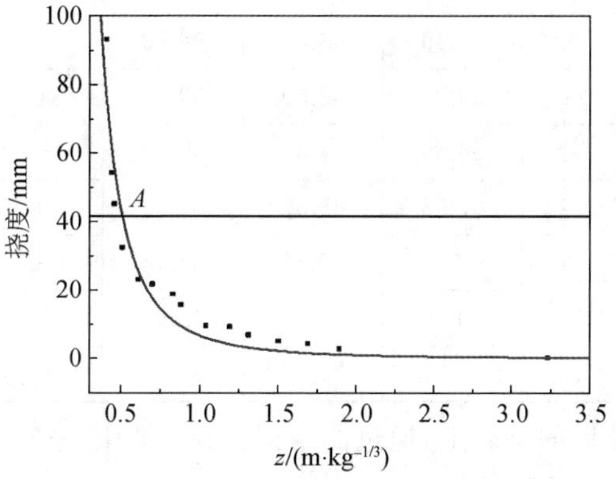

图 3.56　不同比例距离方钢管混凝土柱柱中挠度拟合曲线

从图 3.56 中可以看出，其拟合曲线为指数函数形式，其拟合公式为（$R^2=0.913\ 5$）

$$Z=6.72z^{-2.72} \tag{3.40}$$

由式(3.40)可知，随着钢管混凝土柱比例距离的增加，钢管混凝土柱在爆炸荷载作用下的柱中挠度迅速减小。图 3.56 中横线含义与轴压比相同，A 点对应的为临界比例距离，即当比例距离小于 0.51 时，方钢管混凝土柱在爆炸荷载作用下失效。

2. 圆钢管混凝土柱挠度分析

本节以圆钢管混凝土柱试件 C2 为分析对象，分别改变比例距离、轴压比和套箍系数等，以分析各个参数对圆钢管混凝土柱抗爆性能的影响，并根据数值模拟的结果分别拟合得到各参数与柱中最大挠度的经验公式。

(1) 轴压比和套箍系数共同影响下柱中挠度的预测公式。

在试件C2的基础上，采用控制变量法分别改变轴压比和套箍系数进行了168组数值模拟。轴压比取值从0至1，每隔0.1取一个值，考虑到轴压比为0～0.3时挠度变化相对较复杂，另外选取轴压比为0.05、0.15、0.25的圆钢管混凝土柱进行分析；套箍系数取值从0.6至1.7，每隔0.1取一个值，表3.10所示为构件数值模拟结果。

表3.10　圆钢管混凝土柱柱中挠度模拟结果 mm

轴压比	不同套箍系数下的柱中挠度模拟结果							
	0.6	0.7	0.8	0.9	1	1.3	1.4	1.7
0	82.00	73.37	69.62	62.95	59.18	53.83	51.88	47.89
0.05	78.04	73.52	69.14	62.74	59.12	53.68	51.61	47.57
0.1	76.90	73.38	66.71	62.55	58.85	53.45	51.35	47.49
0.15	75.84	74.57	65.59	62.43	58.48	53.30	51.30	47.63
0.2	75.81	74.14	65.42	62.07	58.16	53.40	51.40	47.71
0.25	75.86	73.57	65.13	62.06	58.01	53.47	51.52	47.88
0.3	76.61	73.87	65.22	62.33	58.28	53.89	51.86	47.98
0.4	76.91	74.19	65.49	63.03	58.83	54.27	52.63	48.01
0.5	77.19	74.21	66.23	63.50	59.31	54.78	53.07	48.97
0.6	79.25	74.33	66.69	64.39	60.29	55.69	53.97	50.03
0.7	82.53	75.28	67.63	65.57	61.13	56.04	54.15	51.48
0.8	83.12	76.79	68.83	66.79	62.44	56.83	55.57	52.85
0.9	85.43	79.17	70.43	68.92	62.90	58.55	56.34	54.70
1	88.04	82.51	74.37	71.53	64.98	60.64	58.62	57.06

在上述数值模拟结果的基础上，通过曲线拟合建立爆炸时轴压比和套箍系数共同影响下柱中挠度的预测公式，即

$$\frac{Z_{\max}}{Z_{\mathrm{m}}}=0.94+2.733\sin(0.02\pi n\xi)-0.05\mathrm{e}^{-(-6.55\xi)^2} \tag{3.41}$$

式中　$Z_{\max}$—— 考虑轴压作用时的柱中挠度；

Z_{m}—— 无轴压作用时的柱中挠度；

n—— 轴压比；

ξ—— 套箍系数。

通过理论分析计算构件在爆炸荷载作用下无轴压的柱中挠度，利用式(3.41)即可得到构件考虑轴压作用时的柱中挠度。式(3.41)仅适用于炸药作用在钢管混凝土柱柱中正前方的情况，当炸药起爆高度改变时，柱中挠度需进一步分析。

(2) 轴压比的影响。

为研究圆钢管混凝土柱轴压比对抗爆性能的影响，基于试件C2的试验参数，采用数值模拟方法得到了在其他参数相同而轴压比不同情况下的柱中最大挠度，如图3.57所

示。可以看出，当轴压比小于一定值时，增加轴压比会减小柱中最大挠度；当轴压比大于一定值时，增加轴压比会增大柱中最大挠度，且随着轴压比的增加，柱中挠度迅速增大。说明在轴压比较小时圆钢管混凝土柱的抗爆性能随着轴压比的增加而缓慢增强，当轴压比大于一定值时圆钢管混凝土柱的抗爆性能随着轴压比的增加而减弱，并随着轴压比的进一步增加而迅速降低。

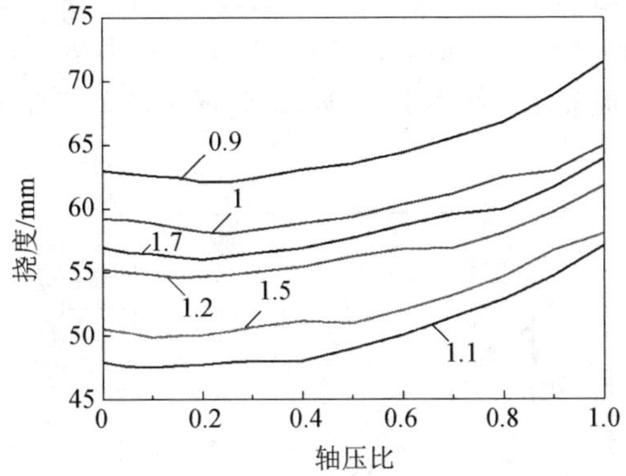

图 3.57　各套箍系数下不同轴压比圆钢管混凝土柱柱中挠度影响曲线

图 3.58 所示为当套箍系数为 1 时不同轴压比圆钢管混凝土柱柱中挠度拟合曲线。从图中可以看出，其拟合曲线为二次函数形式，其拟合公式为($R^2=0.981\,1$)

$$Z=59.07-5.15n+11.09n^2=11.09(n-0.232)^2+59.01 \tag{3.42}$$

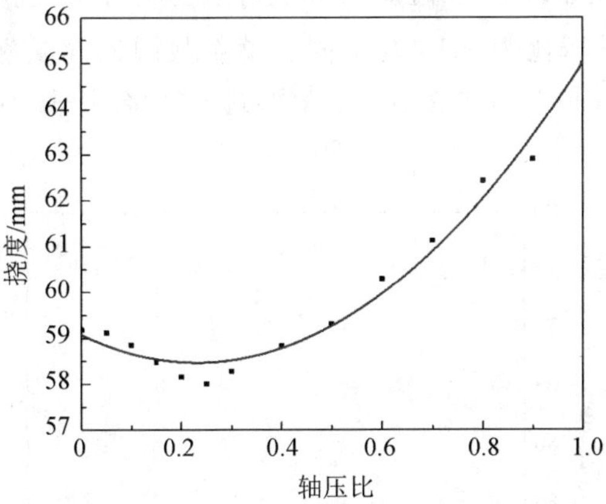

图 3.58　套箍系数为 1 时不同轴压比圆钢管混凝土柱柱中挠度拟合曲线

由式(3.42) 可知，曲线的对称轴为 0.232，即当轴压比为 0.232 时，圆钢管混凝土柱的柱中挠度最小，此时圆钢管混凝土柱的抗爆性能最优。通过与方钢管混凝土对比，两种截面形式下其最优轴压比是相同的。在圆钢管混凝土柱的拟合曲线图中，其最小柱中挠度大于损伤临界值，表明在该工况下，不论轴压比如何变化，圆钢管混凝土柱在爆炸荷载作用下均失效。

(3) 套箍系数的影响。

通过改变圆钢管混凝土柱的壁厚来改变构件的套箍系数，得到了在其他参数相同而套箍系数不同情况下的圆钢管混凝土柱柱中最大挠度，如图 3.59 所示。可以看出，随着套箍系数的增加，圆钢管混凝土柱柱中挠度迅速减小，当套箍系数增加到较大值时，增加套箍系数仅能较小地增强圆钢管混凝土柱的抗爆性能。结果表明，增加圆钢管混凝土柱的套箍系数能有效地增强构件的抗爆性能，但是当套箍系数较大时，增加套箍系数对构件的抗爆性能影响不大。这是因为增加套箍系数能显著增加圆钢管混凝土柱的抗弯刚度和延性，从而大幅度提高柱的抗爆性能。在爆炸试验中，当壁厚从 2.8 mm 增加到 3.8 mm 时，即套箍系数从 0.44 增加到 0.82 时，圆钢管混凝土柱柱中挠度减少了约 50%，表明套箍系数会显著影响圆钢管混凝土柱的抗爆性能，说明增加壁厚是增强抗爆能力非常有效的措施。

图 3.59

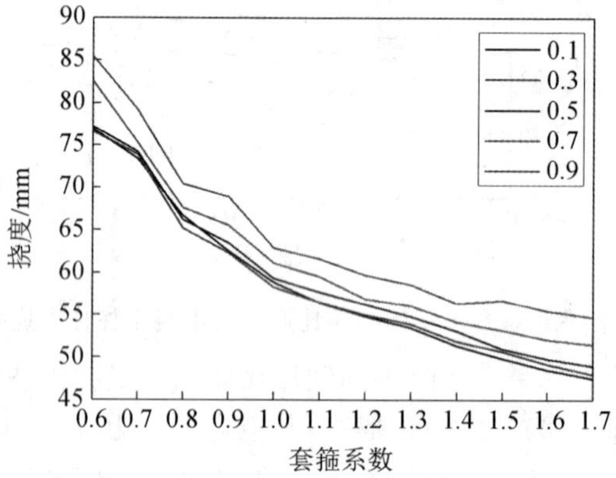

图 3.59　各轴压比下不同套箍系数圆钢管混凝土柱柱中挠度影响曲线

图 3.60 所示为当轴压比为 0.15 时不同套箍系数圆钢管混凝土柱柱中挠度拟合曲线。从图中可以看出，其拟合曲线为指数函数形式，其拟合公式为($R^2=0.980\,0$)

$$Z=60.05\xi^{-0.47} \tag{3.43}$$

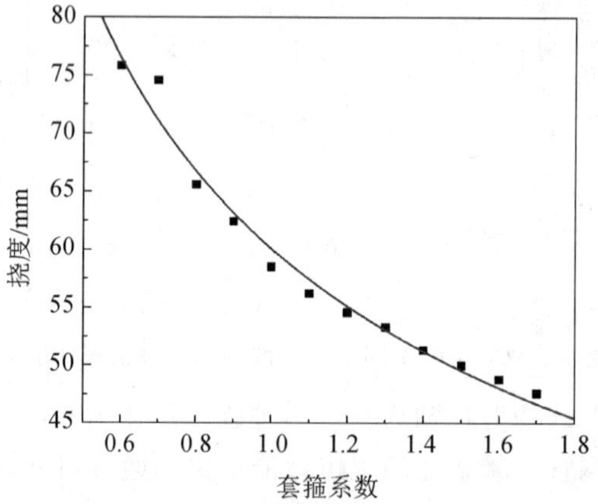

图 3.60　轴压比为 0.15 时不同套箍系数圆钢管混凝土柱柱中挠度拟合曲线

由式(3.43)可知，随着钢管混凝土柱套箍系数的增加，钢管混凝土柱在爆炸荷载作用下的柱中挠度迅速减小。在圆钢管混凝土柱的拟合曲线图中，其最小柱中挠度大于损伤临界值，表明在该工况下，不论套箍系数如何变化，钢管混凝土柱在爆炸荷载作用下均失效。

（4）比例距离的影响。

通过改变圆钢管混凝土柱的爆炸比例距离，得到了在其他参数相同而比例距离不同情况下的圆钢管混凝土柱柱中最大挠度，如图 3.61 所示。可以看出，随着比例距离的增加，圆钢管混凝土柱柱中挠度迅速减小，当比例距离增加到较大值时，增加比例距离对圆钢管混凝土柱的柱中挠度几乎没有影响。

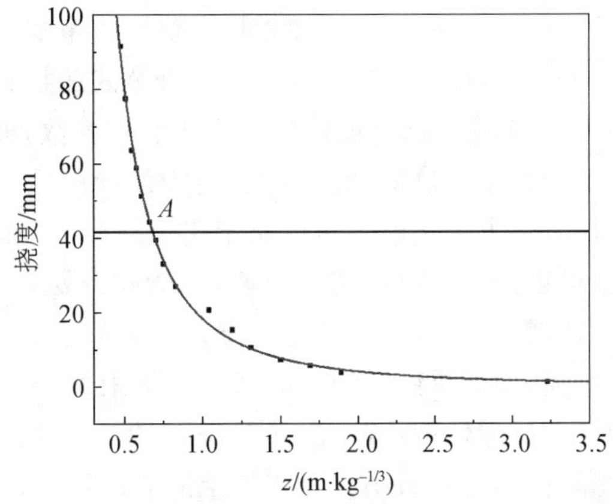

图 3.61　不同比例距离圆钢管混凝土柱柱中挠度拟合曲线

从图 3.61 中可以看出，其拟合曲线为指数函数形式，其拟合公式为（$R^2=0.996\ 3$）

$$Z=18.34z^{-2.15} \tag{3.44}$$

由式(3.44)可知，随着钢管混凝土柱比例距离的增加，钢管混凝土柱在爆炸荷载作用下的柱中挠度迅速减小。图 3.61 中横线含义与方钢管混凝土柱相同，A 点对应的为临界比例距离，即当比例距离小于 0.68 时，圆钢管混凝土柱在爆炸荷载作用下失效。

综上，参数分析表明适当增加轴压比可以增强钢管混凝土柱的抗爆性能，但当轴压比较大时，抗爆性能迅速降低；增加套箍系数能大幅度增强钢管混凝土柱的抗爆性能，但当套箍系数较大时，增加套箍系数对抗爆性能影响不大；随着比例距离的增加，钢管混凝土柱的柱中挠度迅速减小，当比例距离大于 2 $\mathrm{m\cdot kg^{-1/3}}$ 时，爆炸冲击荷载对柱的影响可忽略不计。杜喜凯等通过方钢管混凝土柱的压弯试验给出方钢管混凝土柱的轴压比限值系数为 0.9，而典型的底层框架柱的轴压比为 0.2；《钢管混凝土结构技术规范》（GB 50936—2014）规定实心钢管混凝土柱的套箍系数宜为 0.5 ～ 2。由参数分析结果可知，在柱可取的轴压比范围内增加轴压比会导致柱中挠度值增加 1/3；在构件规定的套箍系数范围内，增加套箍系数会使得柱中挠度值减小 2/3。本书中爆炸试验相关的工况设置与实际工程应用情况接近，参数分析的结论与文献结论相一致，因此在实际工程中，可根据本结论选取合适的轴压比和套箍系数，为钢管混凝土柱抗爆设计提供参考。

3. 参数对不同截面形式钢管混凝土柱抗爆性能影响分析

通过使用 ANSYS/LS－DYNA 有限元软件分别对方形柱试件 S3、圆形柱试件 C2 在不同爆炸工况下进行了数值模拟分析，得到了柱中挠度关于比例距离、轴压比和套箍系数的影响关系，并采用最小二乘法拟合得到计算公式，各拟合公式如表 3.11 所示。

表 3.11　各参数下的柱中挠度拟合公式

参数	试件 S3	试件 C2
轴压比	$Z = 14.4(n-0.235)^2 + 40.93$	$Z = 11.09(n-0.232)^2 + 59.01$
套箍系数	$Z = 40.89\xi^{-0.49}$	$Z = 60.05\xi^{-0.47}$
比例距离	$Z = 6.72z^{-2.72}$	$Z = 18.34z^{-2.15}$

比例距离表征了外部爆炸工况，套箍系数表征了钢管混凝土柱本身的特征，如钢材强度、混凝土强度、钢管厚度等，由表 3.11 可知，对于试件 S3 和试件 C2，其套箍系数拟合公式的指数参数分别是 -0.49 和 -0.47，比例距离拟合公式的指数参数分别是 -2.72 和 -2.15，比例距离对钢管混凝土柱抗爆性能影响远大于套箍系数，即增大比例距离可以更有效地使柱在爆炸荷载下的损伤程度降低。因此，结构设计中适当增加安全防护距离是对建筑结构提供防护的最有效方式之一。目前对于建筑结构抗爆设计的防护距离并无硬性规定，但对于一般建筑难以保证足够的防护距离，尽管拉开距离效益很高，但随着防护距离的增加，其成本也迅速增加，所以应当确定抗爆设计的最小安全防护距离。

所谓最小安全防护距离，即如果建筑结构的实际防护距离小于该指标，那么应采取其他的抗爆措施来提高构件的抗爆性能，减小爆炸损伤，如果大于该指标则可不做其他抗爆措施。根据比例距离计算公式，可得最小安全防护距离的计算公式为

$$R_0 \geqslant z_0 W^{1/3} \tag{3.45}$$

式中　R_0—— 最小安全防护距离；

z_0—— 各个防护层次时的比例距离，如表 3.12 所示；

W—— 炸药 TNT 当量。

表 3.12　比例距离

防护层次	防护目标	比例距离 /($\mathrm{m \cdot kg^{-1/3}}$)	
		经验值	统计模型值
第一层次	重度损坏	> 3.969 7	> 4.640 2
第二层次	中度损坏	> 5.735 0	> 6.847 7
第三层次	轻度损坏	> 9.639 5	—

注：— 表示超出公式取值范围。

对于给定的炸药 TNT 当量，只要确定了建筑结构的防护层次，即可求得该工况下的最小安全防护距离。试件 S3 和试件 C2 的最小安全防护距离如表 3.13 所示。

表 3.13　试件 S3 和试件 C2 的最小安全防护距离

防护层次	试件 S3 最小安全防护距离 /m		试件 C2 最小安全防护距离 /m	
	经验值	统计模型值	经验值	统计模型值
第一层次	12.98	15.18	12.98	15.18
第二层次	18.76	22.40	18.76	22.40
第三层次	31.53	—	31.53	—

通过对比不同截面形式钢管混凝土柱的轴压比拟合公式可知，试件 S3 的最小挠度为

40.93 mm，试件 C2 的最小挠度为 59.01 mm，这是因为试件 S3 的截面惯性矩较大，且钢管壁厚比试件 C2 大 35.71%，才导致试件 S3 的抗爆性能优于试件 C2。但通过公式对比还可以发现，随着轴压比的增加，试件 S3 的柱中挠度增加速度快于试件 C2，表明轴压比对试件 S3 抗爆性能影响更大。同时，随着套箍系数和比例距离的增加，试件 S3 的柱中挠度变化速度均快于试件 C2。上述结果表明，随着各影响参数的变化，方形构件的抗爆性能变化均比圆形构件大，说明圆形构件抗爆性能受参数影响相对较小，具有更好的抗爆能力。

3.2.6　算例验证

以底层钢管混凝土框架柱为研究对象，如图 3.62 所示。乳化炸药布置在结构外部，不考虑填充墙的反射作用，炸药布置在框架柱柱中的正前方一定距离处，起爆点在炸药中心，并在方钢管混凝土柱顶施加轴力。将本节中提出的挠度公式计算结果与试验结果及 ANSYS/LS－DYNA 数值模拟结果进行对比，验证等效单自由度体系分析方法能否达到所需的精度要求。计算过程如下。

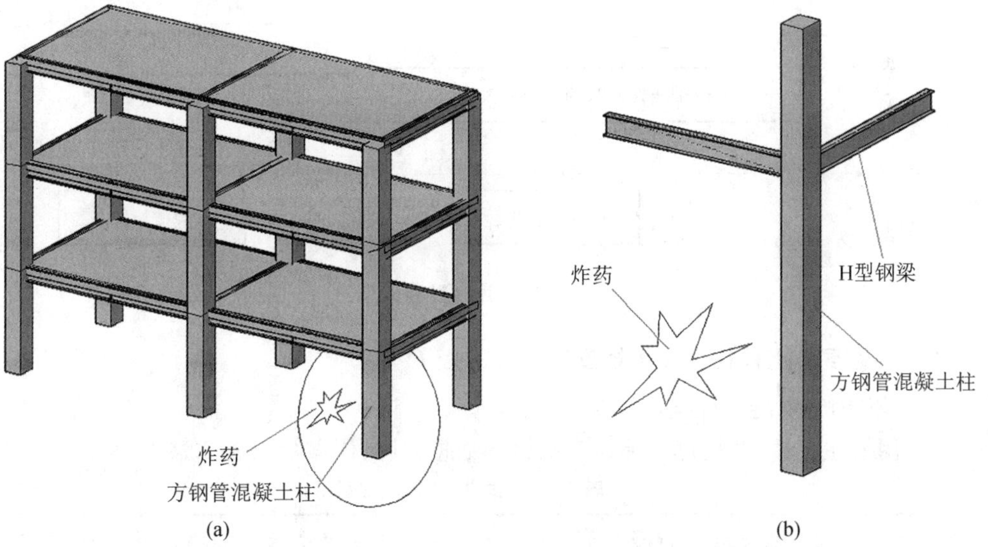

图 3.62　算例计算模型及梁柱节点图

(1) 利用给定的构件几何及物理参数，按《钢管混凝土结构技术规范》(GB 50936—2014) 和表 3.8 计算方钢管混凝土柱的最大抗力 R、有效弹簧常数 K_R，并计算振动周期 T 和频率 ω；

(2) 根据给定的炸药 TNT 当量和爆距按式(3.2)、式(3.15) 计算不同比例距离下的正压作用时间 t_+ 和爆炸冲量 I；

(3) 按式(3.31) 将爆炸冲量等效为作用在构件上的侧向分布荷载 Q_m，并确定塑性极限弯矩 M_{pe} 和等效抗力 R_m；

(4) 根据式(3.35) 计算构件在无轴压作用时的柱中最大挠度 Z_m，查图 3.51，取延性系数 μ 值，按式(3.36) 计算柱中最大挠度；

(5) 根据给定的轴压比和套箍系数按式(3.37)、式(3.41) 分别计算在轴压作用下不同截面形式钢管混凝土柱的柱中最大挠度 Z_{max}。该计算过程流程图如图 3.63 所示。

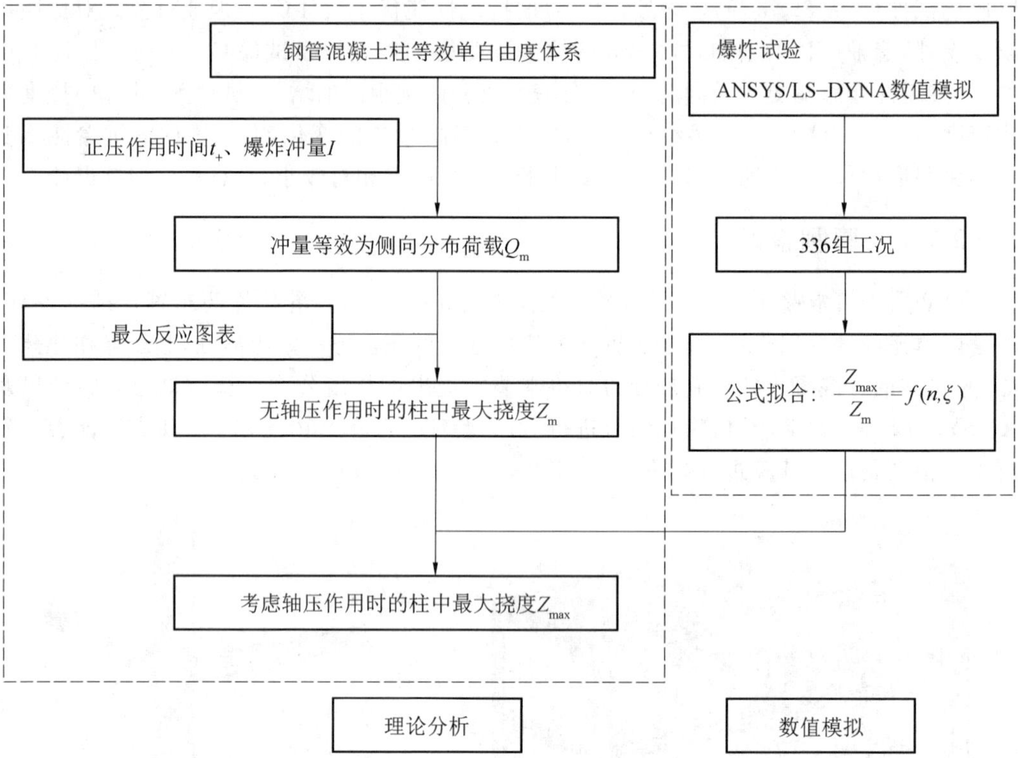

图 3.63　计算过程流程图

1. 钢管混凝土柱柱中最大挠度计算

(1) 方钢管混凝土柱挠度计算。

采用前述试件 S3 抗爆性能研究的试验数据，其具体参数如表 3.14 所示。

表 3.14　试件 S3 试验参数

试件编号	TNT 当量 /kg	爆炸距离 /mm	混凝土抗压强度 /MPa	钢材屈服强度 /MPa	构件尺寸 /mm	钢管壁厚 /mm	柱高 /mm	轴力 /kN
S3	35	1 500	47.46	484.74	200	3.8	2 500	500

详细的计算过程如下。

① 试件 S3 材料参数。

钢材和混凝土材料均为应变率敏感材料，其强度会随着应变率的增大而提高，在爆炸荷载作用下，钢材和混凝土的应变率增大。考虑应变率效应影响时，两种材料的动力强度计算非常复杂，因此为了使计算简化，对钢管混凝土柱的刚度乘以 1.2 的增大系数来考虑材料的应变率效应。采用等效单自由度分析方法求解钢管混凝土柱的最大动力位移，需根据《钢管混凝土结构技术规范》(GB 50936—2014) 计算结构柱受弯时的截面特性，并推导其塑性极限弯矩。

钢管混凝土柱轴压组合强度标准值为

$$f_{sc}=(1.212+B\xi+C\xi^2)f_c=98.20\ (\mathrm{MPa})$$

考虑应变率的钢管混凝土柱弹性受弯刚度为

$$B_{scm}=1.2E_{scm}I_{sc}=9.47\times10^2(\mathrm{N/mm^2})$$

有效弹簧常数为

$$K_R=307B_{scm}/L^3=1.60\times10^5(\mathrm{N/mm})$$

固有周期为

$$T=2\pi(K_R/mK_{LM})^{-1/2}=8.1\ (\mathrm{ms})$$

振动频率为

$$\omega=2\pi/T_0=0.78\ (\mathrm{rad/ms})$$

② 试件 S3 等效抗力的确定。

试件 S3 正压作用时间按式(3.3) 计算，为

$$t_+=1.27\ (\mathrm{ms})$$

冲量按式(3.12) 计算，为

$$I=6.57\ (\mathrm{MPa\cdot ms})$$

等效分布荷载为

$$Q_m=q=I\omega\sin\frac{\omega t_0}{2}\Big/\frac{\omega t_0}{2}=5\ 107.17\ (\mathrm{kN/m})$$

确定重心位置为

$$\frac{B^2/2-Bx}{2(B+x)t}=\frac{f_y}{f_{sc}}$$

解得

$$B=49.1\ (\mathrm{mm})$$

塑性极限弯矩为

$$M_{pe}=A_{sc}f_{sc}x_c+A_sf_yx_s=92.28\ (\mathrm{kN\cdot m})$$

最大弯曲抗力为

$$R=\frac{8(M_c+M_s)}{l}=590.6\ (\mathrm{kN\cdot m})$$

等效抗力为

$$R_m=K_LR=377.98\ (\mathrm{kN\cdot m})$$

③ 试件 S3 柱中最大挠度的确定。

试件 S3 弹性阶段柱中最大挠度为

$$Z_e=R/K_R=3.7\ (\mathrm{mm})$$

$$R_m/Q_m=0.07$$

$$t_+/T=0.16$$

由图 3.51 得 $\mu=11.5$，表明结构已达到弹塑性阶段。

试件 S3 在无轴压作用下的柱中最大挠度为

$$Z_m=Z_e\mu=42.55\ (\mathrm{mm})$$

试件 S3 的套箍系数为 0.82，轴压比为 0.14，代入预测公式得

$$Z_{max}/Z_0 = 1.14$$

试件 S3 在轴压作用下的柱中最大挠度为

$$Z_{max} = 1.14 \times 42.55 = 48.51\ (mm)$$

(2) 圆钢管混凝土柱挠度计算。

① 试件 C2 材料参数。

钢管混凝土柱轴压组合强度标准值为

$$f_{sc} = (1.212 + B\xi + C\xi^2) f_c = 77.76\ (MPa)$$

考虑应变率的钢管混凝土柱弹性受弯刚度为

$$B_{scm} = 1.2 E_{scm} I_{sc} = 5.07 \times 10^2 (N \cdot mm^2)$$

有效弹簧常数为

$$K_R = 307 B_{scm}/L^3 = 9.97 \times 10^4 (N/mm)$$

固有周期为

$$T = 2\pi (K_R / m K_{LM})^{-1/2} = 11.78\ (ms)$$

振动频率为

$$\omega = 2\pi / T_0 = 0.53\ (rad/ms)$$

② 试件 C2 等效抗力的确定。

试件 C2 正压作用时间按式(3.3) 计算，为

$$t_+ = 0.93\ (ms)$$

冲量按式(3.2) 计算，为

$$I = 10.04\ (MPa \cdot ms)$$

等效分布荷载为

$$Q_m = q = I\omega \sin\frac{\omega t_0}{2} \Big/ \frac{\omega t_0}{2} = 5\ 464.21\ (kN/m)$$

确定重心位置为

$$(\theta - \sin\theta\cos\theta) f_{sc}^{y} = \alpha(\pi - \theta) f_y$$

解得

$$\theta = 0.97\ (rad)$$

塑性极限弯矩为

$$M_{pe} = A_{sc} f_{sc} x_c + A_s f_v x_s = 57.51\ (kN \cdot m)$$

最大弯曲抗力为

$$R = \frac{8(M_c + M_s)}{L} = 371.69\ (kN \cdot m)$$

等效抗力为

$$R_m = K_L R = 234.16\ (kN \cdot m)$$

③ 试件 C2 柱中最大挠度的确定。

试件 C2 弹性阶段柱中最大挠度为

$$Z_e = R / K_R = 3.73\ (mm)$$

$$R_m / Q_m = 0.04$$

$$t_{+}/T=0.08$$

由图 3.51 得 $\mu=40.3$，表明结构已达到弹塑性阶段。

试件 C2 在无轴压作用下柱中最大挠度为

$$Z_{m}=Z_{e}\mu=149.18\ (\text{mm})$$

试件 C2 的套箍系数为 0.82，轴压比为 0.14，带入预测公式得

$$Z_{max}/Z_{0}=1.2$$

试件 C2 在轴压作用下的柱中最大挠度为

$$Z_{max}=1.2\times149.18=179.02\ (\text{mm})$$

2. 钢管混凝土柱挠度计算汇总及分析

分别采用基于冲量的单自由度法与方钢管混凝土柱、圆钢管混凝土柱、文献的试验数据进行对比，来验证该方法的正确性。

表 3.15 所示为方钢管混凝土柱挠度理论计算结果、数值模拟结果和试验结果对比。表中，试件 S2 测得的柱中最大挠度为 1.01 mm，在试验结束后测得的残余变形为 5 mm，经试验现场检查知试件 S2 的位移传感器已损坏，故不进行误差分析，但理论计算结果与数值模拟结果吻合，且理论计算结果大于模拟值结果。比较试件 S1、试件 S3 结果可知计算整体上偏于安全，同时试件 S1、试件 S2 结果表明随着炸药 TNT 当量的增加柱中挠度迅速增加，S1、试件 S3 结果表明增加套箍系数能大幅度增强结构的抗爆能力。整体看来，4 根构件的理论计算结果与数值模拟结果有相似的规律，说明基于冲量的理论分析方法可用来计算方钢管混凝土柱在爆炸荷载作用下的柱中挠度。

表 3.15　方钢管混凝土柱挠度计算汇总

试件编号	TNT 当量 /kg	爆炸距离 /mm	比例距离 /($m\cdot kg^{-1/3}$)	套箍系数	轴压比	试验挠度 /mm	理论计算挠度 /mm	相对误差 /%	数值模拟 /mm
S1	35	1 500	0.46	0.44	0.17	63.20	76.43	20.93	53.50
S2	17.5	1 500	0.58	0.44	0.17	1.01	36.74	—	32.65
S3	35	1 500	0.46	0.82	0.14	36.21	48.51	33.97	45.94
S4	40	1 500	0.44	0.99	0.14	130.60	89.12	−31.76	73.72

试件 S1、试件 S3 理论计算结果较试验结果约大 30%，原因在于将体系简化为等效单自由度体系时会带来一定的误差，同时理论计算忽略了构件阻尼的影响，也使得理论计算结果偏大；理论分析时考虑地面为完全刚性反射面，而试验中地面为土质，是非完全刚性反射面，将吸收部分爆炸能量使得试验结果偏小；试验中柱中由于固定了传感器，导致局部遮挡，在布置炸药时，相关构件会对炸药造成遮挡，从而使试验结果小于理论计算结果是合理的。试件 S4 理论计算结果小于试验结果，试件 S4 相比试件 S3 比例距离小，仅 0.02 $m\cdot kg^{-1/3}$，套箍系数大于试件 S3，但试验结果是试件 S3 的 3.6 倍左右，究其原因一方面是爆炸冲量较大可能导致位移传感器损坏，另一方面是构件破坏模式发生了改变，产生了较大的塑性变形，而理论分析和数值模拟过程中构件发生的是整体性弯曲破坏，故出现上述结果是合理的。

表 3.16 为圆钢管混凝土柱挠度理论计算结果、数值模拟结果和试验结果对比。通过

对比可知，理论计算结果均比试验结果偏大，保证了一定的安全冗余度。表 3.16 中，试件 C3 的理论计算挠度比试验挠度大 45.59%，与数值模拟结果较为接近，通过试件 C1 与试件 C3 爆炸工况的对比，在比例距离相同的情况下，试件 C3 套箍系数较大，轴压比略微降低，通过分析可知试件 C3 的试验结果明显偏小，这可能是由于乳化炸药爆炸不充分导致的。其他 3 根试件的理论计算结果与试验结果的误差均在 20% 左右，理论计算结果较为合理。

表 3.16　圆钢管混凝土柱挠度计算汇总

试件编号	TNT 当量 /kg	爆炸距离 /mm	比例距离 /$(m\cdot kg^{-1/3})$	套箍系数	轴压比	试验挠度 /mm	理论计算挠度 /mm	相对误差 /%	数值模拟 /mm
C1	25	1 500	0.46	0.44	0.17	62.90	71.59	13.82	77.05
C2	35	1 500	0.58	0.44	0.17	145.23	179.02	23.27	151.75
C3	25	1 500	0.46	0.82	0.14	27.07	39.41	45.59	46.09
C4	50	1 500	0.44	0.99	0.14	244.71	284.85	16.40	214.34

表 3.17 为文献中关于爆炸试验中圆钢管混凝土柱挠度理论计算结果和试验结果的对比。为了研究钢管混凝土柱的抗爆能力，文献进行了 12 根钢管混凝土柱的爆炸试验，分析炸药 TNT 当量、爆炸距离、轴压比、混凝土强度及含钢率等参数对柱抗爆能力的影响。该试验现场构件布置、荷载施加及受力情况均与本书中所开展的试验一致。由表 3.17 可知，试件 C4 的误差较大，这是由于在实际爆炸试验中，炸药布置、环境情况均导致试验具有较大的不确定性，且爆炸荷载很大，易使位移计损坏，导致数据不准确，产生一定的离散。且通过对比试件 C3、试件 C4 的试验结果可知，试件 C4 的比例距离小于试件 C3，根据爆炸相似率规律，试件 C4 工况下炸药爆炸不完全，导致爆炸荷载较小，从而使得爆炸侧向跨中挠度较小。对于其他构件，理论计算结果与试验结果相比误差在 30% 以内(除试件 C1 外)，在允许的误差范围以内，从而验证了基于冲量的计算方法的可用性。

表 3.17　文献中关于爆炸试验中圆钢管混凝土柱挠度计算汇总

试件编号	TNT 当量 /kg	爆炸距离 /mm	比例距离 /$(m\cdot kg^{-1/3})$	套箍系数	轴压比	试验挠度 /mm	理论计算挠度 /mm	相对误差 /%
C1	32.8	5 000	1.56	0.438	0.077	23.20	31.54	35.95
C2	32.8	5 000	1.56	0.438	0.170	25.30	28.91	14.27
C3	32.8	5 000	1.56	0.438	0.230	17.60	20.53	16.64
C4	25	4 000	1.37	0.438	0.230	13.70	30.27	120.95
C5	40	4 000	1.17	0.438	0.230	53.15	65.70	23.61
C6	50	4 000	1.09	0.438	0.230	101.80	119.48	17.37
C7	40	4 500	1.32	0.438	0.230	—	79.66	—
C8	40	3 500	1.02	0.438	0.230	—	99.57	—
C9	50	4 000	1.09	0.544	0.230	—	102.43	—
C10	50	4 000	1.09	0.339	0.230	119.30	143.66	20.42

续表3.17

试件编号	TNT 当量 /kg	爆炸距离 /mm	比例距离 /(m·kg$^{-1/3}$)	套箍系数	轴压比	试验挠度 /mm	理论计算挠度 /mm	相对误差 /%
C11	40	4 000	1.17	0.321	0.230	—	86.96	—
C12	40	4 000	1.17	0.589	0.230	—	93.48	—

注：— 表示由于位移计损坏而未测得试验数据。

3.3　爆炸荷载作用下圆钢管混凝土柱的损伤分析

炸药爆炸时产生的巨大冲击波作用在建筑结构上时会导致结构的损坏，鉴于结构损伤分析的复杂性，目前主流的研究方法是采用超压－冲量($P-I$)曲线来进行分析。本节将结合《石油化工建筑物抗爆设计标准》(GB/T 50779—2022)及美国军方 TM5－1300 手册中针对柱结构安全评估的要求来确定构件的损伤评估准则，综合运用数值模拟分析法和等效单自由度法推导爆炸荷载作用下钢管混凝土柱的 $P-I$ 曲线，并进一步分析柱高、轴压比、钢管壁厚、钢材强度和混凝土强度等对曲线渐近线的影响。

考虑到弹塑性转角不易获取，故将其转化为对应的柱中最大挠度建立损伤评估准则。在求解 $P-I$ 曲线的过程中，分别利用CONWEP算法的数值模拟方法和等效单自由度方法计算柱在不同爆炸工况下的柱中最大挠度，得到构件的 $P-I$ 曲线，进一步根据 $P-I$ 曲线进行结构的损伤分析，建立基于 $P-I$ 曲线的圆钢管混凝土柱损伤评估方法，并分析柱高、轴压比、钢管壁厚、混凝土强度和钢材强度等对 $P-I$ 曲线及其渐近线的影响。

3.3.1　$P-I$ 曲线

1. $P-I$ 曲线介绍

图 3.64 为结构的典型 $P-I$ 曲线。如图所示，对应于每条 $P-I$ 曲线，$P-I$ 空间中有两条渐近线，即超压渐近线和冲量渐近线，这两条渐近线定义了超压和冲量两个参数的临界值。根据爆炸荷载的分类，$P-I$ 空间中的爆炸荷载可分为冲击荷载(脉冲)、准静态荷载(超压)和动力荷载(超压－冲击)。

从图 3.64 中还可以看出，$P-I$ 曲线本身将 $P-I$ 空间分为两部分。当爆炸荷载(超压、冲量)在曲线的右上方时，结构的损伤程度高于该 $P-I$ 曲线所对应的损伤程度；反之，结构的损伤程度低于该 $P-I$ 曲线所对应的损伤程度。当爆炸荷载正好处于 $P-I$ 曲线分界线上时，从安全角度考度应认为结构的损伤程度高于该 $P-I$ 曲线所对应的损伤程度。这是 $P-I$ 曲线的基本原理，用于评估爆炸荷载作用下结构的损伤程度。

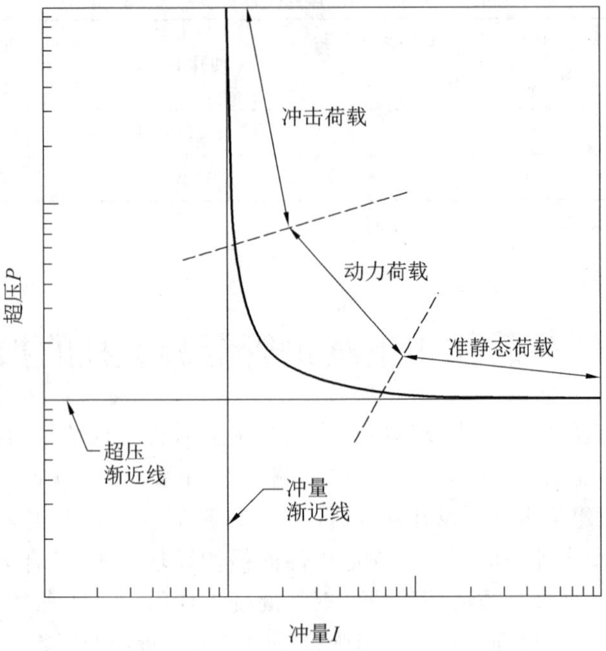

图 3.64 结构的典型 $P-I$ 曲线

2. 确定 $P-I$ 曲线的现有方法

目前确定结构 $P-I$ 曲线的方法可以分为三类，分别为试验方法、数值模拟方法和解析方法。

(1) 试验方法。

试验方法通过一系列构件爆炸试验来获得爆炸荷载作用下结构的损伤程度，并将试验得到的爆炸荷载点绘制到 $P-I$ 空间中，对同一损伤程度下的爆炸荷载点进行拟合，得到不同损伤程度下的对应结构的 $P-I$ 曲线。一般来讲，通过试验法得到的 $P-I$ 曲线是最为准确的。

Wesevich 和 Oswal 总结了 236 次不同爆炸载荷作用下的砖墙爆炸试验数据，这些试验数据涵盖了跨度、边界条件、钢筋类型和厚度等参数，然后通过归一化方法得到砖墙的 $P-I$ 曲线。

通过试验方法获得 $P-I$ 曲线需要大量的测试数据，且由于爆炸测试费用昂贵，因此采用此方法计算 $P-I$ 曲线较难实现。

(2) 数值模拟方法。

数值模拟方法采用 ANSYS/LS－DYNA 等有限元软件建立有限元模型模拟爆炸工况，通过改变工况的爆炸距离、炸药 TNT 当量、构件本身的性质等来得到大量数值模拟结果，从结果中选取相应损伤程度下的爆炸荷载，绘制到 $P-I$ 曲线中，然后通过曲线拟合的方法得到构件的 $P-I$ 曲线。

Chen 等采用数值模拟分能量法得到了框架式聚乙烯醇缩丁醛(PVB) 夹层玻璃板在

爆炸作用下的 $P-I$ 曲线。Colombo 等基于简化有限元模型的地下隧道内部爆炸数值分析方法，生成了地下隧道内部爆炸时的 $P-I$ 曲线。Eskew 等使用振动测量和有限元(FE) 模型确定了事后等效刚度矩阵，基于等效刚度建立了损伤结构的结构模型，进一步得到了 $P-I$ 曲线。Li 等采用两步数值方法，估计了爆炸加载阶段可能发生的脆性剪切损伤的影响，并将其纳入第二步自由振动分析中，为直接评估爆炸加载阶段结束时的初始损伤和初始损伤区宽度生成了普通钢筋混凝土梁的 $P-I$ 曲线。

(3) 解析方法。

解析方法通过将结构简化为单自由度体系或采用能量法来计算结构在不同爆炸荷载作用下的动力响应和损伤程度，依据确定的损伤准则将相应爆炸荷载点绘制在 $P-I$ 曲线中，从而确定构件的 $P-I$ 曲线。

El-Dakhakhni 等基于 UFC 3 － 340 － 02 的指导方针，使用 SDOF 模型制定一个 FORTRAN 代码来预测 SDOF 系统在爆炸下的响应，得到一系列具有不同尺寸、纵横比、配筋率及支撑条件的双向钢筋混凝土(RC) 面板，从而生成 $P-I$ 曲线。Fallah 等研究了弹塑性硬化和弹塑性软化 SDOF 模型的 $P-I$ 曲线，阐述了建立此类系统 $P-I$ 曲线的形式化分析方法。Huang 等采用压力脉冲模态近似法($P-I$) 对钢筋混凝土板在爆炸荷载作用下的响应和损伤进行了分析。Omran 等基于欧拉－伯努利梁连续公式和 SDOF 法分析了不同模型对钢筋混凝土柱在爆炸荷载作用下的 $P-I$ 曲线，并对影响因素进行了评价。Tsai 等提出了一种能定义整个 $P-I$ 域的综合能量流方法，并举例说明了基于能量的 $P-I$ 曲线的应用。

综上，本节将分别采用数值模拟方法和解析方法分析构件的 $P-I$ 曲线，运用曲线拟合方法得到 $P-I$ 曲线的拟合公式，并对钢管混凝土柱 $P-I$ 曲线可能的影响因素进行参数分析。在参数分析的基础上，通过非线性拟合得到构件的超压渐近线及冲量渐近线的回归公式。

3.3.2　损伤评估准则

1. 爆炸冲击波破坏准则

对结构进行损伤评估之前应先定义合理的损伤评估准则。通常主要用超压峰值、正压作用时间和冲量这 3 个参数来描述爆炸冲击波强度。超压峰值表示爆炸冲击波作用在结构上的压力值，正压作用时间表示爆炸冲击波作用在结构上的时间，而冲量表示超压在正压作用时间范围内的累计值。因此，针对上述 3 个参数，采用超压峰值准则、冲量准则和超压－冲量准则来定义爆炸冲击波损伤破坏准则。

(1) 超压峰值准则。

爆炸冲击波对结构的破坏作用与固有振动周期和冲击波正压密切相关。当固有振动周期与正压时间的比值不小于 10 时，认为爆炸冲击波超压会对结构或人员造成损伤。超压峰值准则认为爆炸冲击波的超压是对目标造成损伤的唯一因素，即只有当超压大于某一临界值时，才会对目标造成一定的破坏。但在很多情况下，虽然爆炸超压相同，但作用时间不同，冲击波对结构的破坏效应也是不同的。该准则适用于易碎结构(如玻璃) 的损伤评估。

(2) 冲量准则。

与超压峰值准则相反,冲量准则认为爆炸冲击波的冲量是对目标造成损伤的唯一因素,即只有当冲量大于某一临界值时,才会对目标造成一定的破坏。但对于钢管混凝土等刚度较大的结构,当超压很小时,即使爆炸冲击波的持续时间足够长,冲量足够大,也无法导致结构的破坏,因此该方法亦存在一定的局限性。该准则主要适用于在近距离小药量炸药爆炸荷载作用下的损伤评估。

(3) 超压 - 冲量准则。

超压 - 冲量准则考虑爆炸超压峰值和冲量共同对结构损伤的影响,只有当两个条件共同满足时,目标才会产生损伤。超压 - 冲量准则可表示为

$$(P-P_0)(I-I_0)=\left(\frac{P_0}{2}+\frac{I_0}{2}\right)^{\beta} \tag{3.46}$$

式中　P_0—— 造成结构某一程度损伤的超压临界值;

I_0—— 造成结构某一程度损伤的冲量临界值;

β—— 常数,与结构的性质和损伤程度等级有关。

对钢管混凝土柱在爆炸荷载作用下进行损伤评估时,既要考虑超压峰值对结构的作用,也要考虑冲量的作用,只考虑超压峰值会忽略了时间的积累效应,因此本章采取超压 - 冲量准则来评估钢管混凝土柱在爆炸荷载作用下的损伤程度。

2. 损伤评估准则

对结构进行损伤程度评估时,应定义合理的破坏准则。合理的破坏准则应满足以下条件:

(1) 破坏准则适用于爆炸荷载作用下钢管混凝土柱破坏模式的破坏程度评估。

(2) 破坏准则应考虑钢管混凝土柱的整体特性,而不只是局部响应。

(3) 破坏准则的参数应较容易获得,如挠度、应力、应变等。

目前常用的钢管混凝土柱的破坏准则有柱中最大挠度、最大应力、最大应变和残余承载力等。

结构损伤程度等级常常与结构的最大动态响应相关联,可用无量纲评估参数弹塑性转角来作为损伤程度评估的准则。弹塑性转角是基于构件峰值的变形,本节将其转化为更易得到的柱中挠度来进行损伤评估。

根据《石油化工建筑物抗爆设计标准》(GB/T 50779—2022),在爆炸荷载作用下,结构的弹塑性转角可由下列公式确定:

$$\theta=\arctan\left(\frac{2Z}{L_0}\right)\frac{180}{\pi} \tag{3.47}$$

$$\theta\leqslant[\theta] \tag{3.48}$$

式中　θ—— 结构的弹塑性转角;

Z—— 跨中变形(挠度);

L_0—— 构件跨度;

$[\theta]$—— 结构的弹塑性转角允许值,板的转角允许值为 4°,梁、柱、墙(受弯) 的转角允许值为 2°。

基于上述规定，对于钢管混凝土柱，当在爆炸荷载作用下支座最大转角为 2° 时，认为结构产生一定程度的损伤。

本书中所建立的钢管混凝土柱的损伤等级参照 TM5－1300 手册的标准，即 $0° < \theta \leqslant 2°$ 为轻度损伤；$2° < \theta \leqslant 5°$ 为中度损伤；$5° < \theta \leqslant 12°$ 为重度损伤。

对于试验中高度为 2 500 mm 的钢管混凝土柱，基于柱中侧向最大挠度的损伤准则可表述如下：$Z < 41.9$ mm 为轻度损伤；41.9 mm $\leqslant Z \leqslant$ 109.3 mm 为中度损伤；$Z >$ 109.3 mm 为重度损伤。

3.3.3　基于有限元 ANSYS/LS－DYNA 数值模拟方法的圆钢管混凝土柱损伤评估

1. 建立 *P*－*I* 曲线的数值模拟方法

确定结构 $P-I$ 曲线的数值模拟方法为在确定损伤准则之后，通过大量的有限元数值模拟改变爆炸工况（炸药 TNT 当量和爆炸距离），钢管混凝土柱的柱中最大挠度恰好是对应的损伤程度的值，然后将爆炸超压和冲量与柱的损伤程度水平一起绘制到 $P-I$ 空间中。在爆炸荷载作用下，将相同损伤程度等级的爆炸荷载点用相同的符号表示，由这些点连成的曲线即为 $P-I$ 曲线。

当本书工况下的钢管混凝土柱损伤程度为轻度时，弹塑性转角为 2°，换算成等效的柱中挠度为 41.9 mm，建立轻度损伤 $P-I$ 曲线的数值模拟方法包括以下步骤：首先采用 ANSYS/LS－DYNA 有限元软件建立爆炸模型，计算构件在爆炸作用下的柱中挠度，在数值模拟时保持炸药 TNT 当量不变，修改爆炸距离，或者保持爆炸距离不变，修改炸药 TNT 当量来完成爆炸工况的调整。提取柱中挠度，如果得到的挠度小于 41.9 mm，则减小爆炸距离或者增加炸药 TNT 当量，如果得到的挠度大于 41.9 mm，则增加爆炸距离或者减小炸药 TNT 当量，从而使柱中挠度恰好为 41.9 mm，通过多次试算找到临界值。经过多次试算后，可以得到一系列不同工况下柱中挠度为 41.9 mm 的爆炸荷载点，将这些点绘制在 $P-I$ 空间中即得到了轻度损伤时钢管混凝土柱的 $P-I$ 曲线。

2. 爆炸荷载的施加

前述爆炸荷载的施加是通过爆炸全过程模拟实现的，该方法通过建立空气和炸药的模型，考虑其流固耦合的特点，使得计算得到的钢管混凝土柱的动力响应和破坏模式准确性较高。全过程模拟方法的缺点在于需要建立数量巨大的空气单元，导致计算效率低下，而若要得到结构的 $P-I$ 曲线需要大量的试算，采用全过程模拟法将会导致计算时间过长，对计算机性能要求较高。因此，从计算效率及准确度方面考虑，本节采用其他方法施加爆炸荷载。

（1）通过曲线加载 —— 三角形冲击荷载法。

在 ANSYS/LS－DYNA 有限元软件中，可通过 EDCURVE 命令定义荷载曲线来施加荷载。在结构抗爆分析中，一般将爆炸超压时程曲线施加到结构上，但由于超压时程曲线的复杂性，往往简化为理想的三角形荷载施加到结构迎爆面上，如图 3.65 所示。爆炸荷载持续时间极短，远小于结构自振周期，故实际荷载曲线的形式对于结构响应影响较小，可以忽略，所以可用理想的三角形荷载来模拟爆炸荷载。该方法的优点是计算效率高、建模简单；缺点是没有考虑冲击波与结构的耦合作用，因此不能分析其相互作用。

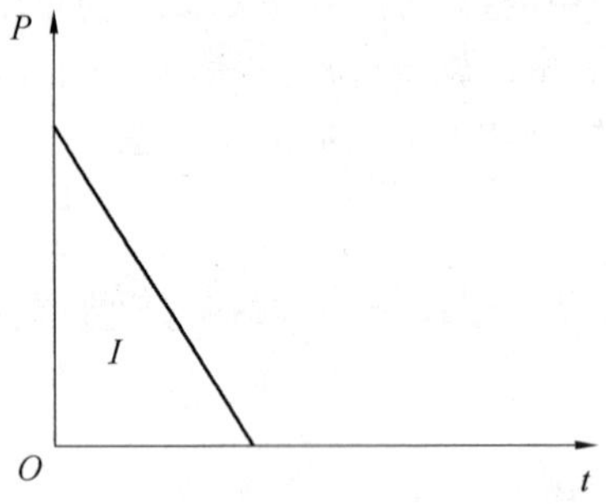

图 3.65　三角形荷载爆炸时程曲线

(2) 通过 LOAD_BLAST 关键字定义爆炸荷载——CONWEP 算法。

LOAD_BLAST 关键字计算方法是基于 CONWEP 的方法，用于计算爆炸载荷作用下结构的动态响应。该方法通过在 K 文件中定义 LOAD_BLAST 关键字即可确定炸药的质量、坐标、爆炸类型及起爆时间等，此法无须建立大量的空气及炸药模型，不需要采用流固耦合算法来计算结构在爆炸荷载作用下的动力响应。其最显著的优点就是减少了建模和计算过程中所需要的大量时间。K 文件关键字手册给出的关键字卡片如表 3.18 所示。

表 3.18　LOAD_BLAST 关键字卡片

卡片 1

变量	WGT	XBO	YBO	ZBO	TBO	IUNIT	ISURF
数值	100×10^3	1.60×10^4	-1.25×10^3	0	0	0	0

卡片 2

变量	CFM	CFL	CFT	CFP
数值	0.002 205	0.003 281	1	145.037 7

注：WGT—TNT 当量；XBO—炸药 *X* 坐标；YBO—炸药 *Y* 坐标；ZBO—炸药 *Z* 坐标；TBO—起爆时间；IUNT—单位制；ISURF—爆炸类型；CFM—质量换算系数；CFT—长度换算系数；CFP—压力换算系数。

本节在计算结构的 $P-I$ 曲线时采用CONWEP算法，该方法虽然牺牲了部分模拟结果的准确性，但节省了大量的时间。

选择试件 C2 进行数值模拟分析，钢管混凝土柱及迎爆面的有限元模型如图 3.66 所示。

图 3.67 所示为试件 C2 模拟结果及与试验结果的对比，由图可知，均在柱中点产生鼓曲变形，均产生整体性弯曲变形。

(a) 钢管混凝土柱　　　　(b) 迎爆面设置

图 3.66　CONWEP 算法有限元模型

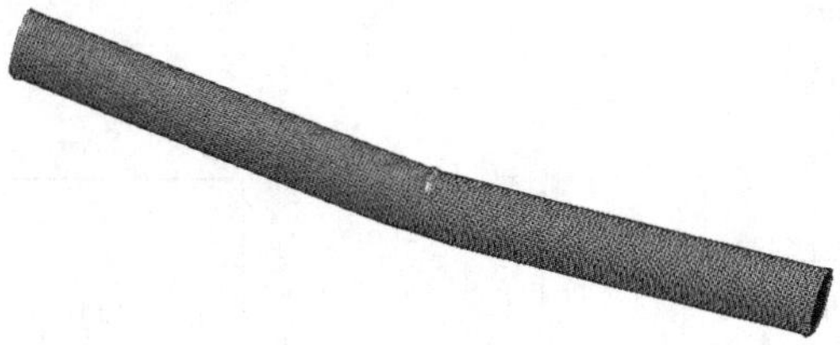

(a) 模拟结果

(b) 试验结果

图 3.67　试件 C2 模拟结果与试验结果对比

图 3.68 为 4 根圆形试件的柱中挠度时程曲线对比图。由图可知，试件 C1 试验结果最大挠度为 64.02 mm，模拟结果最大挠度为 77.05 mm，误差为 20.35%。试件 C2 的最大挠度的误差仅为 3.16%，模拟得到的试件 C2 柱中挠度时程曲线的挠度大小和曲线形状均吻合良好。试件 C3 试验结果最大挠度为 27.07 mm，模拟结果最大挠度为 52.87 mm，根据前文分析结果，试件 C3 的试验结果明显偏小，可能由于爆炸不充分等原因导致。试件 C4 的柱中挠度曲线在 15 ms 左右结束，表明该点的位移计由于爆炸冲击波过大而损坏，但模拟结果的最大值与试验结果相当。通过对比发现，试件 C1、试件 C2、试件 C4 3 根构件的挠度最大值模拟误差较小，且挠度时程曲线的变化与试验结果比较接近，表明数值模拟 CONWEP 算法的准确性较高，因此该方法可用于分析钢管混凝土柱的 $P-I$ 曲线。

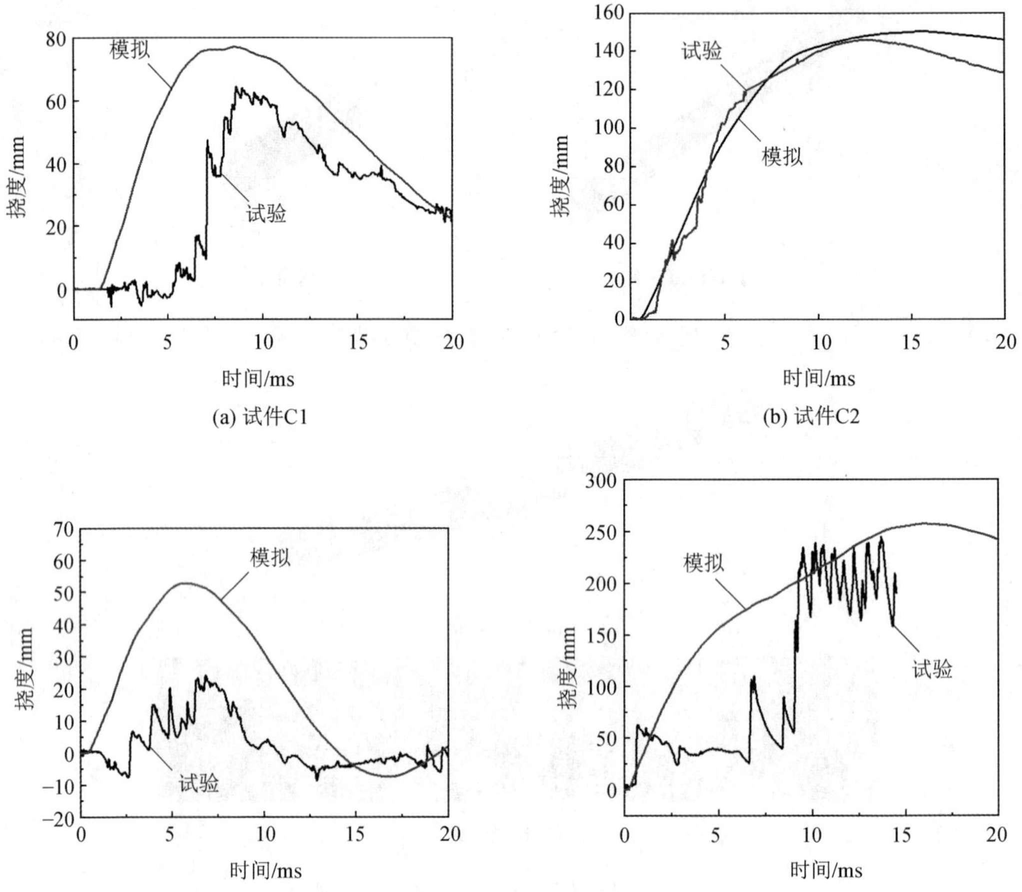

(a) 试件C1 (b) 试件C2

(c) 试件C3 (d) 试件C4

图 3.68 圆形试件柱中挠度时程曲线对比图

3. 钢管混凝土柱 *P* － *I* 曲线的建立

采用 LOAD_BLAST 关键字法建立试件 C2 的有限元模型，进行大量的数值模拟试算，将柱中挠度分别为 41.9 mm 和 109.3 mm 的爆炸荷载点绘制到 $P-I$ 曲线上，将同一损伤的数据点连起来即为试件 C2 的两条损伤曲线。

将数据点绘制在 $P-I$ 空间中，即得到试件 C2 的 $P-I$ 曲线，如图 3.69 所示。通过大量数值模拟后得到 $P-I$ 曲线的含义是：曲线将 $P-I$ 空间划分为 3 个部分，依据前文所述的破坏准则，图中 Ⅰ 区域为轻度损伤，Ⅱ 区域为中度损伤，Ⅲ 区域为重度损伤。对任意一组爆炸荷载（超压、冲量）点，当爆炸荷载点处于 Ⅰ 区域时，表示柱中挠度小于 41.9 mm，试件属于轻度损伤；当爆炸荷载点处于 Ⅱ 区域时，表示柱中挠度处于41.9 mm 和109.3 mm 之间，试件属于中度损伤；当爆炸荷载点处于 Ⅲ 区域时，表示柱中挠度大于 109.3 mm，试件属于重度损伤；当爆炸荷载点恰巧在临界线上时，基于结构安全考虑，试件分别属于中度损伤和重度损伤。图 3.69 中，C 点为试件 C2，超压峰值为 57.15 MPa，冲量为7.2 MPa · ms，柱中最大挠度为 145.23 mm，属于重度损伤。

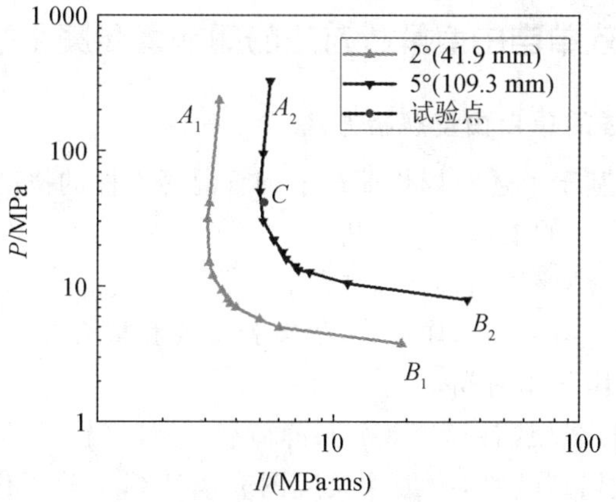

图 3.69　试件 C2 的 $P-I$ 曲线

图 3.69 中 A_1、A_2 点为炸药 TNT 当量为 4 kg 的情况，爆炸距离分别为 0.172 m 和 0.115 m，比例距离分别为 0.12 $m \cdot kg^{-1/3}$ 和 0.08 $m \cdot kg^{-1/3}$，可知靠近冲量渐近线的爆炸工况属于小 TNT 当量、近距离的情况。B_1、B_2 点为炸药 TNT 当量为 350 kg 的情况，爆炸距离分别为 9.2 m 和 7.2 m，比例距离分别为 1.01 $m \cdot kg^{-1/3}$ 和 1.33 $m \cdot kg^{-1/3}$，可知靠近超压渐近线的爆炸工况属于大 TNT 当量、远距离的情况。其柱中挠度时程曲线如图 3.70 所示。

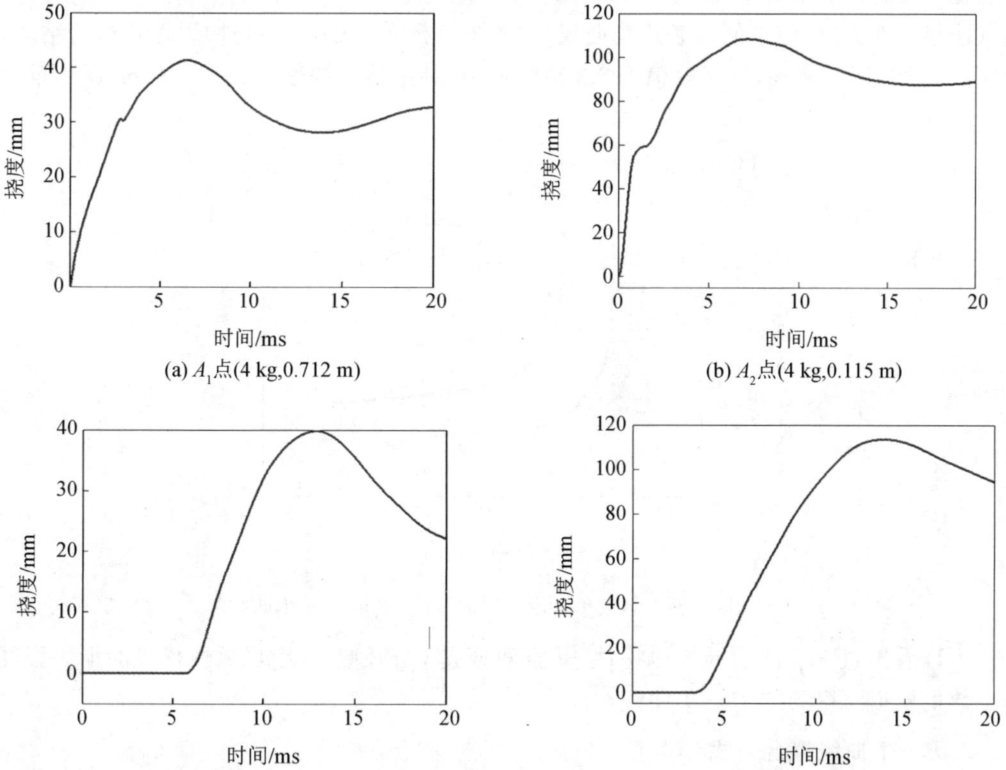

(a) A_1点(4 kg,0.712 m)

(b) A_2点(4 kg,0.115 m)

(c) B_1点(350 kg,9.2 m)

(d) B_2点(350 kg,7.2 m)

图 3.70　柱中挠度时程曲线

3.3.4 基于等效单自由度解析方法的圆钢管混凝土柱损伤评估

1. 建立 *P*－*I* 曲线的单自由度解析方法

考虑到分析效率，基于上述对爆炸荷载下钢管混凝土柱的挠度分析，本节采用等效单自由度法对钢管混凝土柱的损伤进行分析。

利用等效单自由度法评估结构在爆炸荷载下损伤程度的具体过程如下：

(1) 给定炸药 TNT 当量和爆炸距离，由经验公式和拟合公式计算爆炸荷载，包括超压峰值、最大冲量和正压作用时间；

(2) 根据等效单自由度法计算等效分布静荷载，并计算构件的最大抗力；

(3) 计算构件弹性阶段挠度，由最大反应图表法计算无轴压作用下的构件最大塑性挠度，进一步根据挠度拟合公式计算在轴压和爆炸荷载共同作用下的柱中挠度；

(4) 比较计算的柱中挠度与损伤评估等级的临界挠度值，如果计算响应小于允许值，则构件是安全的；否则，构件达到相应的损伤等级。

2. 钢管混凝土柱 *P*－*I* 曲线的建立

根据建立的破坏评估准则，采用拟合公式计算爆炸荷载、作用时间，运用等效单自由度法计算试件 C2 在爆炸荷载作用下的柱中最大挠度，进行了大量的理论分析试算，将柱中挠度分别为 41.9 mm 和 109.3 mm 的爆炸荷载点绘制到 *P*－*I* 曲线中，将同一损伤的数据点连起来即为试件 C2 的两条损伤曲线，如图 3.71 所示。*C* 点为试件 C2 爆炸试验结果，超压峰值为 57.15 MPa，冲量峰值为 7.2 MPa·ms，柱中最大挠度为 145.23 mm，属于重度损伤。

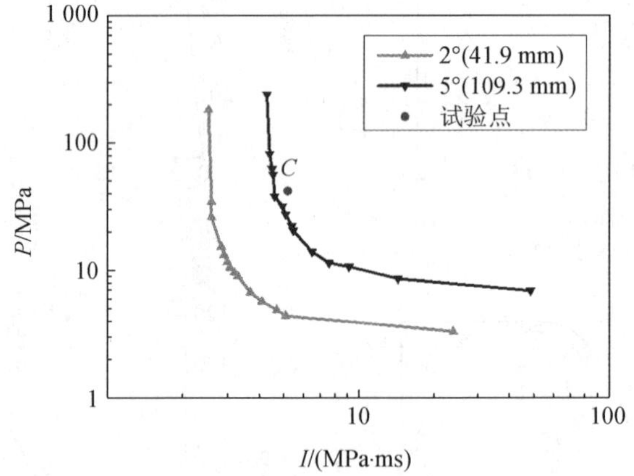

图 3.71　基于等效单自由度法的试件 C2 的 *P*－*I* 曲线

可以看出，*P*－*I* 曲线同样地将 *P*－*I* 空间分成 3 个区域，各个区域所代表的损伤程度与由数值模拟法得到的 *P*－*I* 曲线相同。

3. *P*－*I* 曲线拟合公式

爆炸超压及爆炸冲量采用具有 90% 保证率的拟合公式计算得到。通过大量试算得到的 *P*－*I* 曲线均具有明确的数学含义，可对 *P*－*I* 曲线进行数学表达式拟合。图 3.71 给出了试件 C2 对应于临界损伤程度的 $P-I$ 曲线，由于很难通过改变爆炸工况使得柱的破坏程度恰好在两个破坏程度等级的分界线上，因此进行曲线拟合采用的是位于临界线附近的一系列数据点。

由图 3.71 中 $P-I$ 曲线可知，P 与 I 的关系符合超压－冲量准则给出的公式原型。经过非线性拟合，试件 C2 的 $P-I$ 曲线拟合公式如下：

$$(P-3.25)(I-2.51)=(3.25/2+2.51/2)^{1.56}=5.21,\quad \theta=2^{\circ} \tag{3.49}$$

$$(P-6.5)(I-4.22)=(6.5/2+4.22/2)^{1.62}=15.2,\quad \theta=5^{\circ} \tag{3.50}$$

公式拟合效果如图 3.72 所示，可以看出拟合曲线与采用等效单自由度法计算得到的数据点吻合良好。

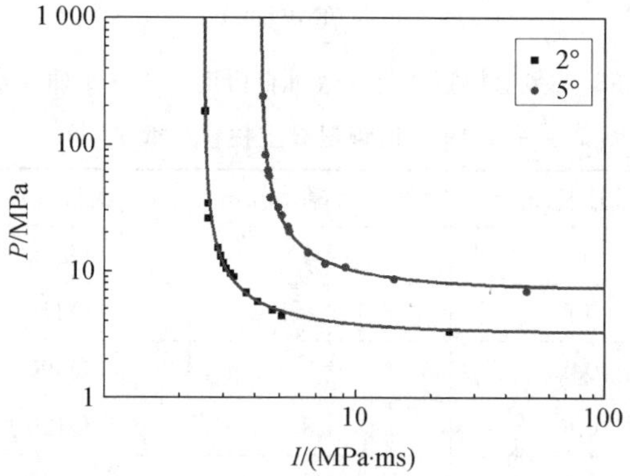

图 3.72　公式拟合 $P-I$ 曲线与等效单自由度法计算值对比

4. ANSYS/LS－DYNA 模拟法与等效单自由度法 $P-I$ 曲线的比较

将采用数值模拟法和等效单自由度法得到的试件 C2 的 $P-I$ 曲线绘制在同一坐标系中，如图 3.73 所示。由图可知采用两种方法得到的 $P-I$ 曲线比较接近，验证了两种方法的可行性。对比采用两种方法得到的 $P-I$ 曲线，可发现采用数值模拟法得到的 $P-I$ 曲线在冲量区域有一定的向右上方上扬的趋势，这是因为爆炸距离越小，爆炸荷载越接近冲量区，荷载的加载速率就越大，使得钢材和混凝土的应变率效应较为明显，从而导致材料的动态强度增加较多。通过采用两种方法得到的 $P-I$ 曲线相对位置可知，采用等效单自由度法得到的 $P-I$ 曲线位于采用数值模拟法得到的 $P-I$ 曲线左下方，这是由采用等效单自由度法计算得到的结果偏大导致的，使得产生同样的动力响应需要的爆炸荷载较小，因此等效单自由度法具备更高的安全冗余度。

3.3.5　基于 $P-I$ 曲线的圆钢管混凝土柱损伤评估

运用等效单自由度法绘制钢管混凝土柱的 $P-I$ 曲线，分析钢管混凝土柱的各个参数对其 $P-I$ 曲线及其超压渐近线、冲量渐近线的影响规律。本节考虑的钢管混凝土柱的参数分别为柱高、轴压比、钢管壁厚、钢材强度和混凝土强度，各参数的取值如表 3.19 所示。同时，本节以前文所定义的损伤评估准则的 $P-I$ 曲线作为研究对象，研究各参数对 CFST 柱 $P-I$ 曲线及其超压渐近线、冲量渐近线的影响规律，并通过拟合给出计算经验公式。

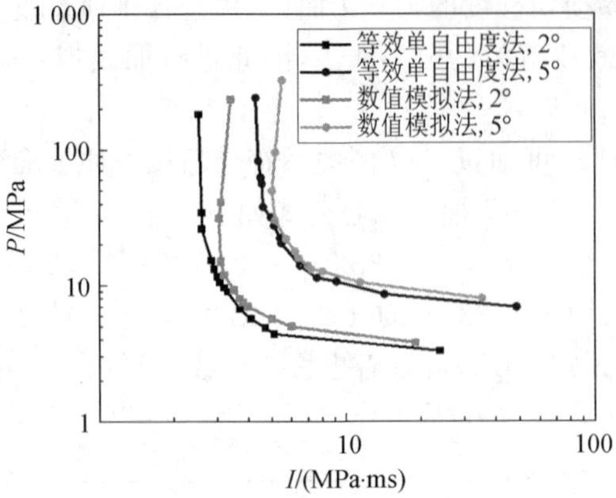

图 3.73　数值模拟法与等效单自由度法 $P-I$ 曲线对比

表 3.19　钢管混凝土柱参数取值

柱高 H/m	轴压比 n	钢管壁厚 t/mm	钢材强度	混凝土强度
2	0	2.8	Q235	C30
2.5	0.2	3.8	Q345	C40
3	0.4	4.8	Q390	C50
3	0.6	4.8	Q420	C60
3	0.8	4.8	Q420	C60

1. 柱高对损伤的影响

《钢管混凝土结构技术规范》(GB 50936—2014) 中规定房屋框架柱的容许长细比为 80。为了研究钢管混凝土柱高(H)对 $P-I$ 曲线及其超压渐近线、冲量渐近线的影响，仅改变柱高参数，取值分别为 2 m、2.5 m 和 3 m，其他参数与试件 C2 一致。

(1) 柱高对 $P-I$ 曲线的影响。

钢管混凝土柱在 2 m、2.5 m 和 3 m 柱高下的 $P-I$ 曲线如图 3.74 所示。

图 3.74

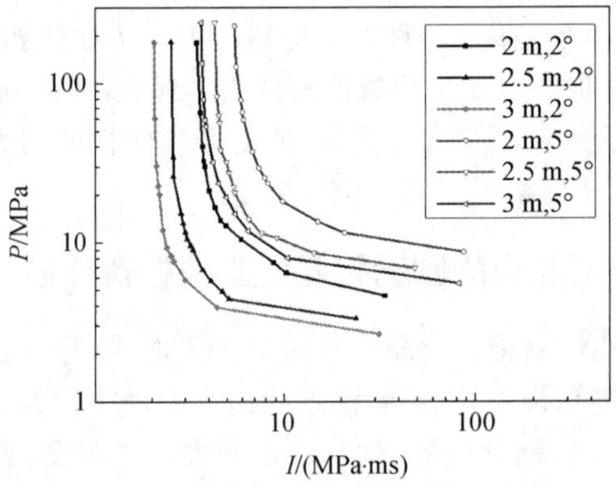

图 3.74　不同损伤程度下不同柱高的 $P-I$ 曲线对比

由图 3.74 可知，当钢管混凝土柱柱高从 2 m 增加到 3 m 时，其 $P-I$ 曲线发生了明显的变化,即随着柱高的增加,整个 $P-I$ 曲线均向左下方产生了一定的偏移。这是因为随着柱高的增加,钢管混凝土柱的抗爆能力显著降低,使得产生相同的动力响应的爆炸荷载减小,从而使得 $P-I$ 曲线的超压临界值和冲量临界值迅速降低。可以发现,当柱高从 2 m 增加至 2.5 m 时,$P-I$ 曲线向左下方偏移较多,而当柱高从 2.5 m 增加至 3 m 时,$P-I$ 曲线向左下方的偏移量迅速减小,表明柱高对钢管混凝土柱的抗爆性能的影响是非线性变化的。对于不同的损伤程度,柱高的改变对钢管混凝土柱抗爆性能的影响具有相似的规律。

对图 3.74 的结果进行 $P-I$ 曲线公式拟合。通过参考相关文献及对图中 $P-I$ 曲线的观察,其对应的公式符合 $(P-P_0)(I-I_0)=(P_0/2+I_0/2)^{\beta}$,其中 β 是与柱高等参数相关的常数。

通过非线性拟合,得到 2 m 和 3 m 柱高下钢管混凝土柱的 $P-I$ 曲线公式拟合曲线,如图 3.75、图 3.76 所示。其中,柱高 2 m 时的 $P-I$ 曲线拟合公式为

$$(P-4.6)(I-3.32)=(4.6/2+3.32/2)^{1.87}=13.11,\quad \theta=2^\circ \tag{3.51}$$

$$(P-8.6)(I-5.34)=(8.6/2+5.34/2)^{1.92}=41.59,\quad \theta=5^\circ \tag{3.52}$$

柱高 3 m 时的 $P-I$ 曲线拟合公式为

$$(P-2.5)(I-2.03)=(2.5/2+2.03/2)^{1.32}=2.94,\quad \theta=2^\circ \tag{3.53}$$

$$(P-5.4)(I-3.57)=(5.4/2+3.57/2)^{1.36}=7.7,\quad \theta=5^\circ \tag{3.54}$$

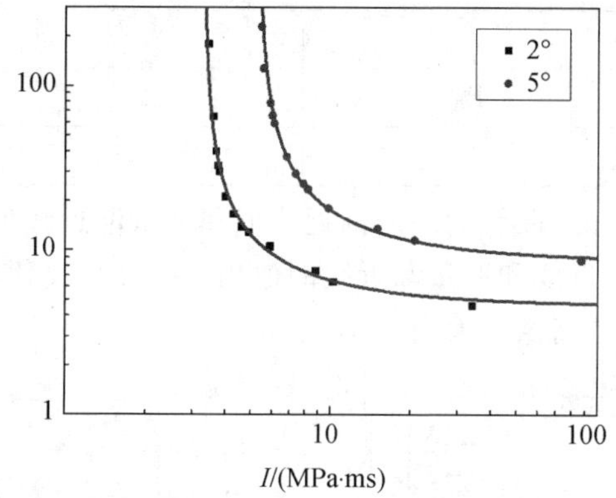

图 3.75　不同损伤程度下柱高为 2 m 时的 $P-I$ 曲线公式拟合曲线

通过对比 $P-I$ 曲线的拟合公式,可知随着柱高的改变,曲线的形状系数 β 发生了改变,即随着柱高的增加,β 减小,且损伤程度的改变对 β 影响较小。考虑到钢管混凝土柱在爆炸荷载作用下的动力响应计算过程中难以使得挠度恰好等于临界值,由此产生的误差导致了不同损伤程度下 β 的改变,故认为损伤程度不影响 $P-I$ 曲线的形状系数。

(2) 柱高对渐近线的影响。

表 3.20 给出了不同柱高的 $P-I$ 曲线渐近线所对应的值,其中,超压渐近线和冲量渐近线的值分别对应准静态荷载和脉冲荷载的两种爆炸荷载作用下达到特定损伤程度所需要的超压和冲量。可以看出,$P-I$ 曲线的超压渐近线和冲量渐近线的值均随着柱高的增加而逐渐减小。这与实际结果一致,即当柱高越大时,钢管混凝土柱在相同爆炸荷载作用下越容易达到相应的损伤程度或破坏。由表 3.20 求得的超压渐近线值和冲量渐近线值,

分别可以得到 $P-I$ 曲线的超压渐近线和冲量渐近线与柱高的关系。

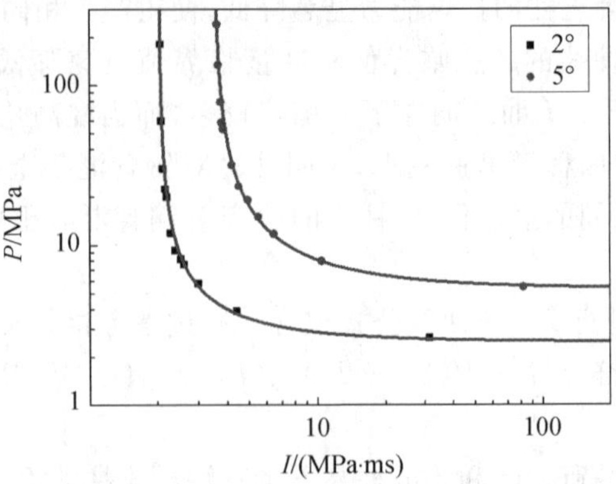

图 3.76　不同损伤程度下柱高为 3 m 时的 $P-I$ 曲线公式拟合曲线

表 3.20　不同损伤程度下不同柱高的 $P-I$ 曲线渐近线值

柱高 /m	临界值	2°	5°
2	P_0	4.60	8.60
	I_0	3.32	5.34
2.5	P_0	3.25	6.50
	I_0	2.51	4.22
3	P_0	2.50	5.40
	I_0	2.03	3.57

不同损伤程度下 $P-I$ 曲线的超压渐近线值和冲量渐近线值与柱高的关系如图 3.77 所示。由图可知，超压渐近线和冲量渐近线的值均与柱高呈反比例关系，即超压渐近线值和冲量渐近线值均随着柱高的增大而减小。

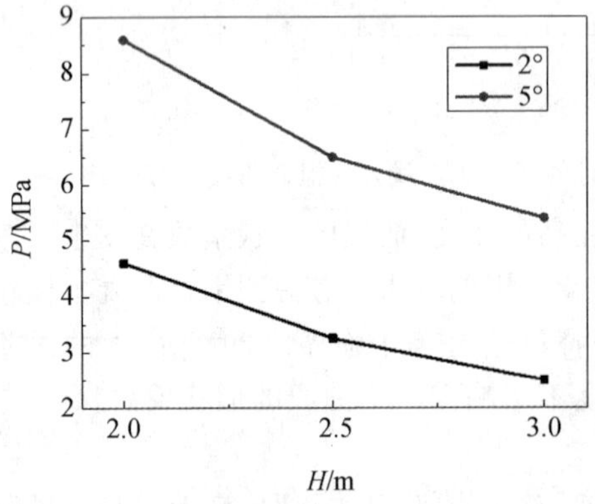

(a) 超压渐近线值与柱高的关系

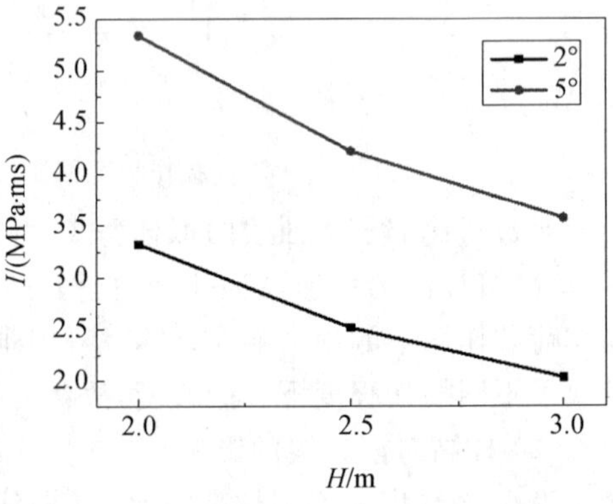

(b) 冲量渐近线值与柱高的关系

图 3.77　不同损伤程度下 $P-I$ 曲线的超压渐近线值和冲量渐近线值与柱高的关系

由图 3.77 可知，柱高对超压渐近线值的影响与对冲量渐近线值的影响基本相似，且在不同损伤程度下柱高对渐近线值的影响也具有相同规律。对于 2° 损伤程度下的超压渐近线，柱高从 2 m 增加至 2.5 m 时，超压临界值降低 29.35%，柱高从 2.5 m 增加至 3 m 时，超压临界值降低 19.12%，表明随着柱高的增加，超压临界值降低的速度变慢，这是因为随着柱高的增加，钢管混凝土柱在爆炸荷载作用下的破坏形态产生了明显的变化，使得相同荷载下柱的破坏程度不同。

2. 轴压比对损伤的影响

为了研究轴压比对 $P-I$ 曲线及其超压渐近线和冲量渐近线的影响，仅改变柱的轴压比，取值分别为 0、0.2、0.4、0.6、0.8，其他参数与试件 C2 一致。

(1) 轴压比对 $P-I$ 曲线的影响。

钢管混凝土柱轴压比为 0 ～ 0.8 时的 $P-I$ 曲线如图 3.78 所示。

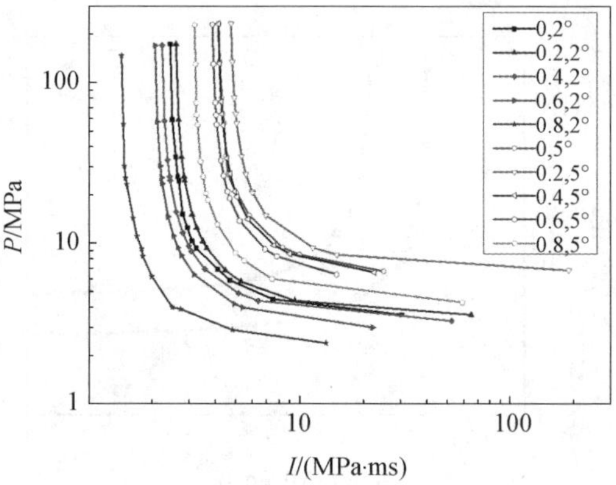

图 3.78　不同损伤程度下不同轴压比的 $P-I$ 曲线对比

图 3.78

由图 3.78 可知，当钢管混凝土柱的轴压比从 0 增加到 0.8 时，其 $P-I$ 曲线发生了明显的变化，即随着轴压比的增加，整个 $P-I$ 曲线先向右上方产生了一定的偏移，然后再向左下方产生了一定的偏移。说明随着轴压比的增加，钢管混凝土柱的抗爆性能先增强后减弱。这是因为当轴压比较小时，随着轴压比的增加，钢管混凝土柱得到了一定的强化，即柱的抗弯刚度等参数增加了，使得产生相同的动力响应的爆炸荷载增加，从而使得 $P-I$ 曲线的超压临界值和冲量临界值变大。当轴压比较大时，随着轴压比的增加，$P-I$ 曲线迅速向下偏移，钢管混凝土柱的抗爆性能大大减弱。

对图 3.78 所示的结果进行 $P-I$ 曲线公式拟合。通过参考相关文献及对 $P-I$ 曲线的观察，其对应的公式符合 $(P-P_0)(I-I_0)=(P_0/2+I_0/2)^{\beta}$，其中 β 是与轴压比等参数相关的常数。

通过非线性拟合，得到不同轴压比时的钢管混凝土柱 $P-I$ 曲线公式拟合曲线，其中轴压比为 0 和 0.8 时的 $P-I$ 曲线公式拟合曲线如图 3.79 和图 3.80 所示。轴压比为 0 时的曲线拟合公式为

$$(P-3.3)(I-2.46)=(3.3/2+2.46/2)^{1.6}=5.43,\quad \theta=2^{\circ} \tag{3.55}$$

$$(P-6.03)(I-4.13)=(6.03/2+4.13/2)^{1.62}=13.92,\quad \theta=5^{\circ} \tag{3.56}$$

轴压比为 0.2 时的曲线拟合公式为

$$(P-3.5)(I-2.57)=(3.5/2+2.57/2)^{1.65}=6.25,\quad \theta=2^{\circ} \tag{3.57}$$

$$(P-3.5)(I-2.57)=(3.5/2+2.57/2)^{1.65}=6.25,\quad \theta=5^{\circ} \tag{3.58}$$

轴压比为 0.4 时的曲线拟合公式为

$$(P-3.2)(I-2.21)=(3.2/2+2.21/2)^{1.62}=4.02,\quad \theta=2^{\circ} \tag{3.59}$$

$$(P-5.87)(I-4.08)=(5.87/2+4.08/2)^{1.63}=13.67,\quad \theta=5^{\circ} \tag{3.60}$$

轴压比为 0.6 时的曲线拟合公式为

$$(P-2.8)(I-2.05)=(2.8/2+2.05/2)^{1.57}=4.02,\quad \theta=2^{\circ} \tag{3.61}$$

$$(P-5.34)(I-3.83)=(5.34/2+3.83/2)^{1.62}=11.79,\quad \theta=5^{\circ} \tag{3.62}$$

轴压比为 0.8 时的曲线拟合公式为

$$(P-2.1)(I-1.42)=(2.1/2+1.42/2)^{1.53}=2.37,\quad \theta=2^{\circ} \tag{3.63}$$

$$(P-4.26)(I-3.16)=(4.26/2+3.16/2)^{1.57}=7.83,\quad \theta=5^{\circ} \tag{3.64}$$

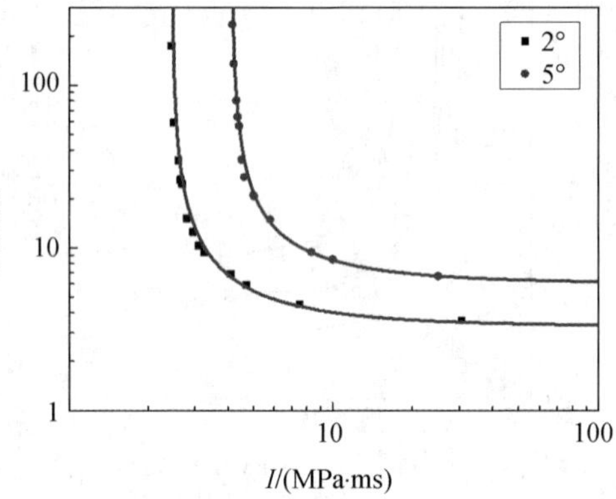

图 3.79　不同损伤程度下轴压比为 0 时的 $P-I$ 曲线公式拟合曲线

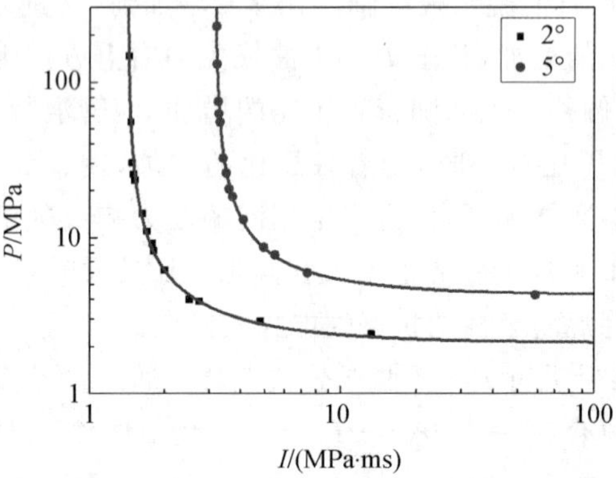

图 3.80　不同损伤程度下轴压比为 0.8 时的 $P-I$ 曲线公式拟合曲线

通过对比 $P-I$ 曲线的拟合公式，可知随着轴压比的改变，曲线的形状系数 β 发生了改变，即随着轴压比的增加，β 先增加后减小，且损伤程度的改变对 β 影响较小。

(2) 轴压比对渐近线的影响。

表 3.21 给出了不同轴压比时的 $P-I$ 曲线渐近线所对应的值。可以看出，$P-I$ 曲线的超压渐近线值和冲量渐近线值均随着轴压比的增加而增加，当达到最优轴压比后，随着

轴压比的增加渐近线值逐渐减小。由表 3.21 可得到超压渐近线值和冲量渐近线值与轴压比的关系，以及 $P-I$ 曲线的超压渐近线值和冲量渐近线值与轴压比的关系。

表 3.21　不同损伤程度下不同轴压比时的 $P-I$ 曲线渐近线值

轴压比	临界值	2°	5°
0	P_0	3.30	6.03
	I_0	2.46	4.13
0.2	P_0	3.50	6.70
	I_0	2.57	4.68
0.4	P_0	3.20	5.87
	I_0	2.21	4.08
0.6	P_0	2.80	5.34
	I_0	2.05	3.83
0.8	P_0	2.10	4.26
	I_0	1.42	3.16

不同损伤程度下 $P-I$ 曲线的超压渐近线值和冲量渐近线值与轴压比的关系如图 3.81 所示。

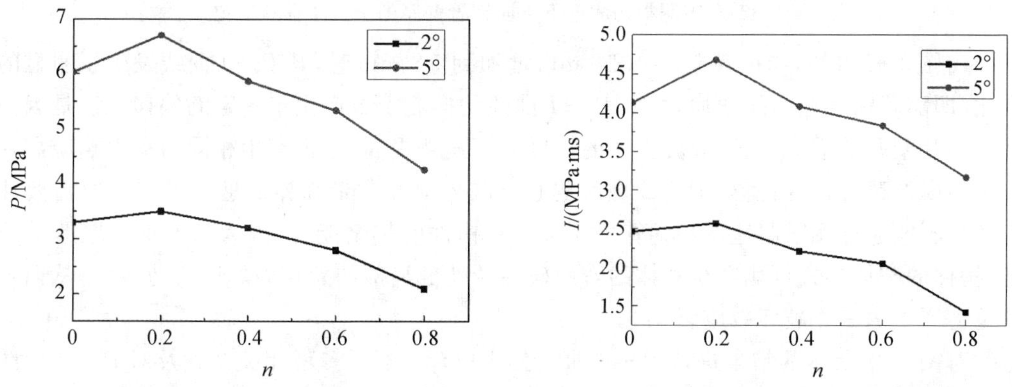

(a) 超压渐近线值与轴压比的关系　　(b) 冲量渐近线值与轴压比的关系

图 3.81　不同损伤程度下 $P-I$ 曲线的超压渐近线值和冲量渐近线值与轴压比的关系

由图 3.81 可知，轴压比对超压渐近线值的影响与对冲量渐近线值的影响基本相似，且在不同损伤程度下的轴压比对渐近线值的影响也具有相同规律。对于 2° 损伤程度下的超压渐近线，当轴压比从 0 增加至 0.2 时，其超压临界值增加了 6.06%，当轴压比依次从 0.2 增加至 0.8 时，超压值分别减小了 8.57%、12.5%、25%，表明当轴压比较小时，随着轴压比的增加，钢管混凝土柱的抗爆性能有一定的提升，这是因为施加轴压使柱得到了强化，而当轴压比进一步增加时，随着轴压比的增加，钢管混凝土柱的抗爆性能迅速减弱，且轴压比越大，钢管混凝土柱的抗爆性能减弱得越快。因此，当轴压比较小时，适当地增加轴压比可提高钢管混凝土柱的抗爆能力，而当轴压比增大到一定程度时，增加轴压比会大幅降低柱的抗爆能力。

3. 钢管壁厚对损伤的影响

为研究钢管混凝土柱钢管壁厚对 $P-I$ 曲线及其超压渐近线、冲量渐近线的影响，仅改变钢管壁厚，取值分别为 2.8 mm、3.8 mm 和 4.8 mm，其他参数与试件 C2 一致。

(1) 钢管壁厚对 $P-I$ 曲线的影响。

钢管混凝土柱在钢管壁厚为 2.8 mm、3.8 mm 和 4.8 mm 时的 $P-I$ 曲线如图 3.82 所示。

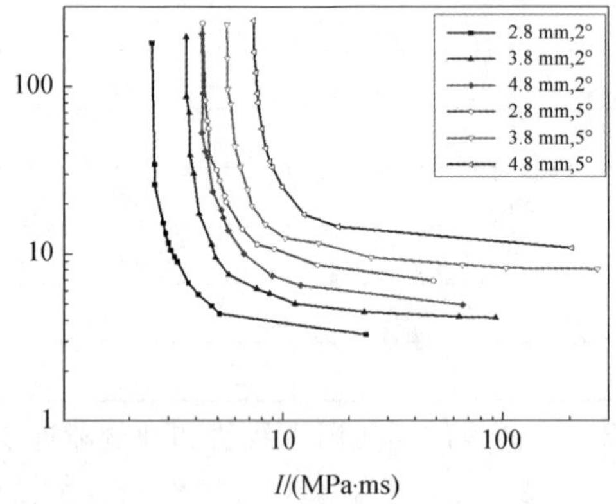

图 3.82

图 3.82　不同损伤程度下不同钢管壁厚的 $P-I$ 曲线对比

由图 3.82 可知，当钢管壁厚从 2.8 mm 增加到 4.8 mm 时，其 $P-I$ 曲线发生了明显的变化，即随着钢管壁厚的增加，整个 $P-I$ 曲线均向右上方产生了一定的偏移。这是因为随着钢管壁厚的增加，钢管混凝土柱的抗爆能力显著提高，使得产生相同的动力响应需要更大的爆炸荷载，从而使得 $P-I$ 曲线的超压临界值和冲量临界值迅速增加。但需要注意的是不能通过无限制地增加钢管壁厚来提升构件的抗爆能力，因为随着钢管壁厚的增加，构件的破坏形式可能会从整体的弯曲破坏转变成局部的剪切破坏或弯剪破坏，从而导致更为严重的爆炸破坏效应。

对图 3.82 所示的结果进行 $P-I$ 曲线公式拟合。通过参考相关文献及对 $P-I$ 曲线的观察，其对应的公式符合 $(P-P_0)(I-I_0)=(P_0/2+I_0/2)^{\beta}$，其中 β 是与钢管壁厚等参数相关的常数。

通过非线性拟合，得到钢管壁厚为 3.8 mm 和 4.8 mm 时的钢管混凝土柱 $P-I$ 曲线公式拟合曲线，如图 3.83 和图 3.84 所示。其中，钢管壁厚为 3.8 mm 时的曲线拟合公式为

$$(P-3.73)(I-3.57)=(3.73/2+3.57/2)^{1.65}=8.47,\quad \theta=2^\circ \tag{3.65}$$

$$(P-8.01)(I-5.41)=(8.01/2+5.41/2)^{1.7}=25.43,\quad \theta=5^\circ \tag{3.66}$$

钢管壁厚为 4.8 mm 时的曲线拟合公式为

$$(P-4.7)(I-4.21)=(4.7/2+4.21/2)^{1.68}=12.3,\quad \theta=2^\circ \tag{3.67}$$

$$(P-10.6)(I-7.17)=(10.6/2+7.17/2)^{1.71}=41.9,\quad \theta=5^\circ \tag{3.68}$$

(2) 钢管壁厚对渐近线的影响。

3.22 表给出了不同钢管壁厚时的 $P-I$ 曲线渐近线所对应的值。可以看出，$P-I$ 曲

线的超压渐近线值和冲量渐近线值均随着钢管壁厚的增加而增加。由表 3.22 可以得到超压渐近线值和冲量渐近线值与钢管壁厚的关系。

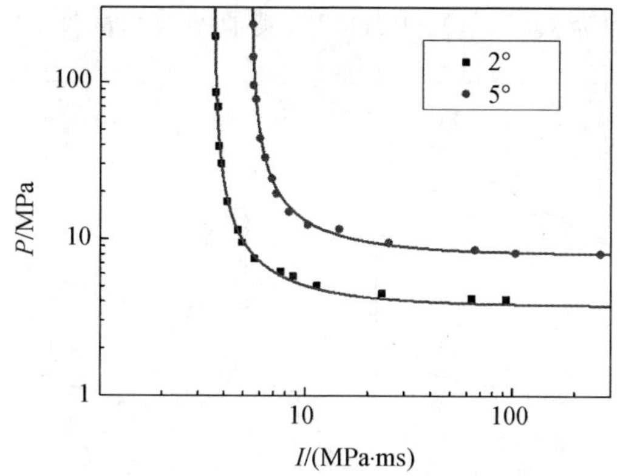

图 3.83　不同损伤程度下钢管壁厚为 3.8 mm 时的 $P-I$ 曲线公式拟合曲线

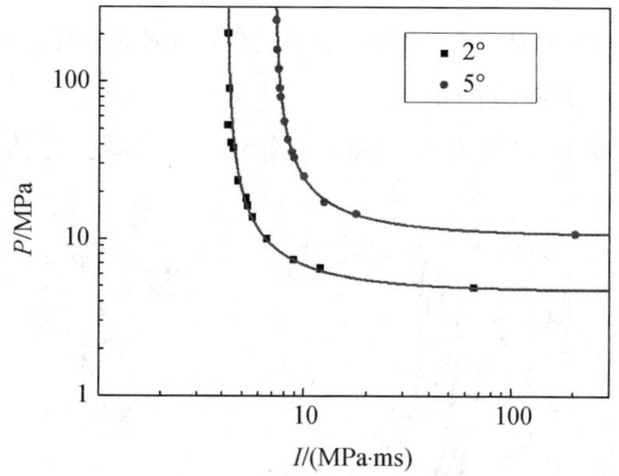

图 3.84　不同损伤程度下钢管壁厚为 4.8 mm 时的 $P-I$ 曲线公式拟合曲线

表 3.22　不同损伤程度下不同钢管壁厚时的 $P-I$ 曲线渐近线值

钢管壁厚 /mm	临界值	2°	5°
2.8	P_0	3.25	6.50
	I_0	2.51	4.22
3.8	P_0	3.73	8.01
	I_0	3.57	5.41
4.8	P_0	4.70	10.60
	I_0	4.21	7.17

不同损伤程度下 $P-I$ 曲线的超压渐近线值和冲量渐近线值与钢管壁厚的关系如图 3.85 所示。由图可知，超压渐近线值和冲量渐近线值均与钢管壁厚呈正比例关系，即超压渐近线值和冲量渐近线值均随着钢管壁厚的增大而逐渐增大。

4. 钢材强度对损伤的影响

为了研究钢材强度对 $P-I$ 曲线及其超压渐近线和冲量渐近线的影响，仅改变钢材强度这个参数，取值分别为 Q235、Q390、Q420，其他参数与试件 C2 一致。

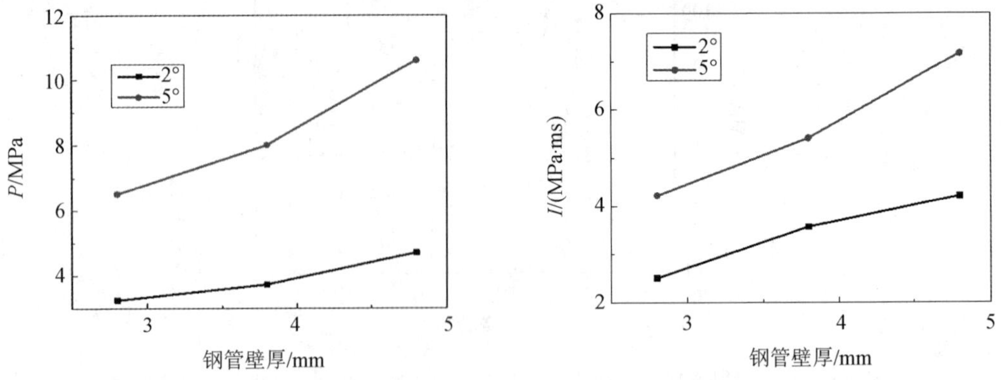

(a) 超压渐近线值与钢管壁厚的关系

(b) 冲量渐近线值与钢管壁厚的关系

图 3.85　不同损伤程度下 $P-I$ 曲线的超压渐近线值和冲量渐近线值与钢管壁厚的关系

(1) 钢材强度对 $P-I$ 曲线的影响。

钢管混凝土柱在钢材强度为 Q235、Q345、Q390 和 Q420 时的 $P-I$ 曲线如图 3.86 所示。

图 3.86

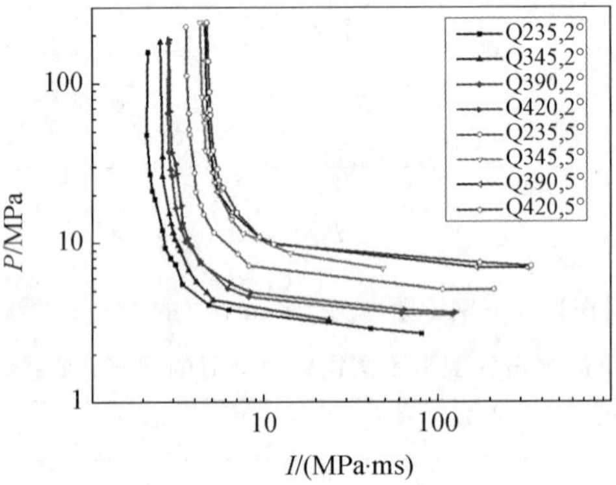

图 3.86　不同损伤程度下不同钢材强度时的 $P-I$ 曲线对比

由图 3.86 可知，当钢材强度从 Q235 增加到 Q420 时，其 $P-I$ 曲线发生了明显的变化，即随着钢材强度的增加，整个 $P-I$ 曲线均向右上方产生了一定的偏移。这是因为随着钢材强度的增加，钢管混凝土柱的抗爆能力显著提高，使得产生相同的动力响应需要更大的爆炸荷载（即更大的 P 和 I），从而使得 $P-I$ 曲线的超压临界值和冲量临界值迅速增加。但当钢材强度从 Q390 增加至 Q420 时，$P-I$ 曲线偏移很小，表明此时随着钢材强度的增加钢管混凝土柱的抗爆能力提高较少。

对图 3.86 所示的结果进行 $P-I$ 曲线公式拟合。通过参考相关文献及对 $P-I$ 曲线的观察，其对应的公式符合 $(P-P_0)(I-I_0)=(P_0/2+I_0/2)^{\beta}$，其中 β 是与钢材强度等参数相关的常数。

通过非线性拟合，得到钢材强度分别为 Q235、Q390、Q420 时的钢管混凝土柱 $P-I$ 曲线公式拟合曲线，如图 3.87、图 3.88 和图 3.89 所示。其中，钢材强度为 Q235 时的曲线拟合公式为

$$(P-2.7)(I-2.11)=(2.7/2+2.11/2)^{1.56}=3.93,\quad \theta=2^\circ \tag{3.69}$$

$$(P-5.1)(I-3.52)=(5.1/2+3.52/2)^{1.61}=10.51,\quad \theta=5^\circ \tag{3.70}$$

钢材强度为 Q390 时的曲线拟合公式为

$$(P-3.5)(I-2.76)=(3.5/2+2.76/2)^{1.56}=5.93,\quad \theta=2^\circ \tag{3.71}$$

$$(P-6.9)(I-4.52)=(6.9/2+4.52/2)^{1.61}=16.53,\quad \theta=5^\circ \tag{3.72}$$

钢材强度为 Q420 时的曲线拟合公式为

$$(P-3.6)(I-2.84)=(3.5/2+3.76/2)^{1.56}=7.47,\quad \theta=2^\circ \tag{3.73}$$

$$(P-7.1)(I-4.66)=(7.1/2+4.66/2)^{1.61}=17.33,\quad \theta=5^\circ \tag{3.74}$$

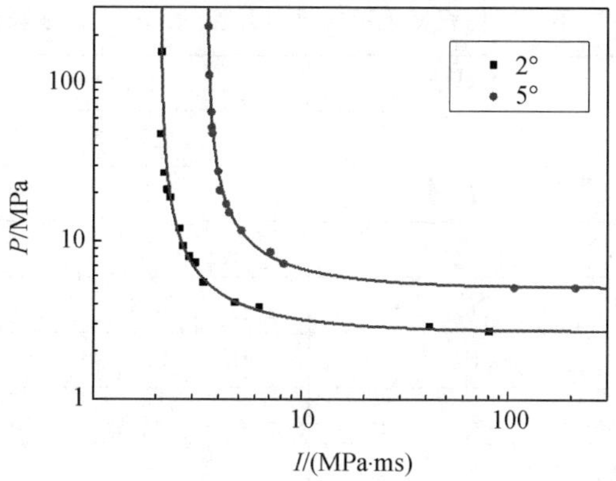

图 3.87　不同损伤程度下钢材强度为 Q235 时的 $P-I$ 曲线公式拟合曲线

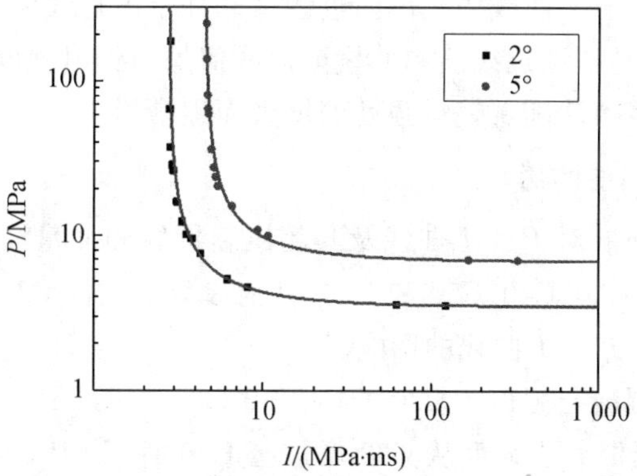

图 3.88　不同损伤程度下钢材强度为 Q390 时的 $P-I$ 曲线公式拟合曲线

(2) 钢材强度对渐近线的影响。

表 3.23 给出了不同钢材强度时的 $P-I$ 曲线渐近线所对应的值。可以看出，$P-I$ 曲线的超压渐近线值和冲量渐近线值均随着钢材强度的增加而增加。由表 3.23 可以得到超压渐近线值和冲量渐近线值与钢材强度的关系。

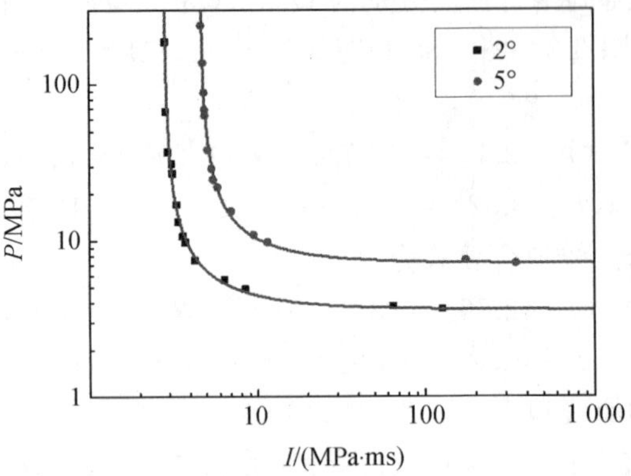

图 3.89　不同损伤程度下钢材强度为 Q420 时的 $P-I$ 曲线公式拟合曲线

表 3.23　不同损伤程度下不同钢材强度的 $P-I$ 曲线渐近线值

钢材强度	临界值	2°	5°
Q235	P_0	2.70	5.10
	I_0	2.11	3.52
Q345	P_0	3.25	6.50
	I_0	2.51	4.22
Q390	P_0	3.50	6.90
	I_0	2.76	4.52
Q420	P_0	3.60	7.10
	I_0	2.84	4.66

不同损伤程度下 $P-I$ 曲线的超压渐近线值和冲量渐近线值与钢材强度的关系如图 3.90 所示。由图可知，超压渐近线值和冲量渐近线值均与钢材强度呈正比例关系，即超压渐近线值和冲量渐近线值均随着钢材强度的增大而逐渐增大。

5. 混凝土强度对损伤的影响

为了研究混凝土强度对 $P-I$ 曲线及其超压渐近线和冲量渐近线的影响，仅改变混凝土强度，取值分别为 C30、C40、C50 和 C60，其他参数与试件 C2 一致。

(1) 混凝土强度对 $P-I$ 曲线的影响。

钢管混凝土柱在混凝土强度为 C30、C40、C50 和 C60 时的 $P-I$ 曲线如图 3.91 所示。

由图 3.91 可知，当混凝土强度从 C30 增加至 C60 时，其 $P-I$ 曲线发生了明显的变化，即随着混凝土强度的增加，整个 $P-I$ 曲线均向右上方产生了一定的偏移。这是因为随着混凝土强度的增加，钢管混凝土柱的抗爆能力显著提高，使得产生相同的动力响应需要更大的爆炸荷载(即更大的 P 和 I)，从而使得 $P-I$ 曲线的超压临界值和冲量临界值增加。但对于不同的损伤程度，混凝土强度对于 $P-I$ 曲线渐近线的影响是不完全相同的。当损伤程度为 5° 时，混凝土强度从 C30 增加至 C40，$P-I$ 曲线向上偏移较多；但当混凝土强度从 C40 逐渐增加至 C60 时，$P-I$ 曲线的偏移程度迅速减小，甚至超压渐近线值基本不改变。以上表明，对于大损伤变形，在混凝土强度提高的同时，其脆性也相应增加，使得动态响应更剧烈，因此所需要的爆炸荷载几乎相同。

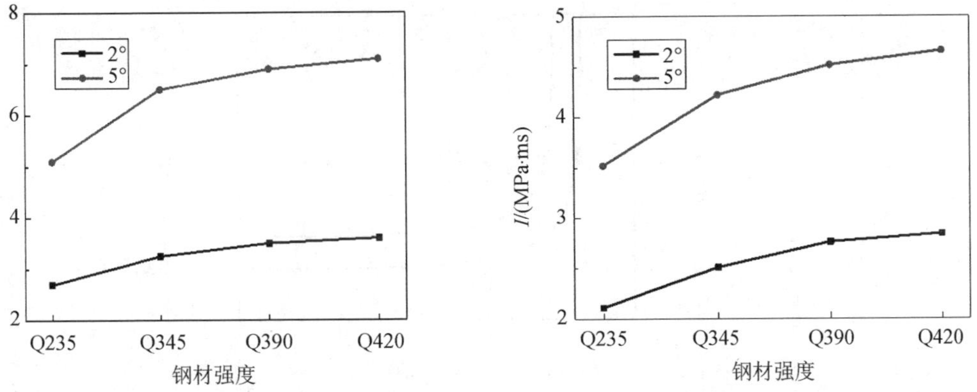

(a) 超压渐近线值与钢材强度的关系　　(b) 冲量渐近线值与钢材强度的关系

图 3.90　不同损伤程度下 $P-I$ 曲线的超压渐近线值和冲量渐近线值与钢材强度的关系

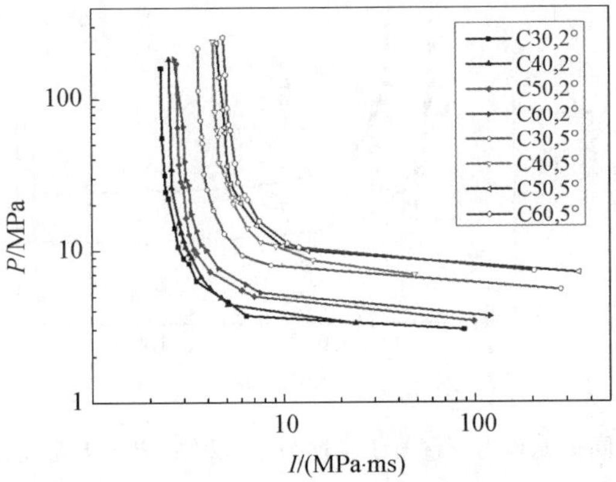

图 3.91

图 3.91　不同损伤程度下不同混凝土强度时的 $P-I$ 曲线对比

对图 3.91 所示的结果进行 $P-I$ 曲线公式拟合。通过参考相关文献及对 $P-I$ 曲线的观察，其对应的公式符合 $(P-P_0)(I-I_0)=(P_0/2+I_0/2)^{\beta}$，其中 β 是与混凝土强度等参数相关的常数。

通过非线性拟合，得到混凝土强度分别为 C30、C50 和 C60 时钢管混凝土柱的 $P-I$ 曲线公式拟合曲线，如图 3.92、图 3.93 和图 3.94 所示。其中，混凝土强度为 C30 时的曲线拟合公式为

$$(P-2.85)(I-2.28)=(2.85/2+2.28/2)^{1.55}=4.31,\quad \theta=2^{\circ} \tag{3.75}$$

$$(P-5.46)(I-3.54)=(5.46/2+3.54/2)^{1.6}=11.1,\quad \theta=5^{\circ} \tag{3.76}$$

混凝土强度为 C50 时的曲线拟合公式为

$$(P-3.44)(I-2.76)=(3.44/2+2.76/2)^{1.55}=5.78,\quad \theta=2^{\circ} \tag{3.77}$$

$$(P-7.15)(I-4.64)=(7.15/2+4.64/2)^{1.6}=17.1,\quad \theta=5^{\circ} \tag{3.78}$$

混凝土强度为 C60 时的曲线拟合公式为

$$(P-3.71)(I-2.94)=(3.71/2+2.94/2)^{1.55}=6.44,\quad \theta=2^\circ \tag{3.79}$$

$$(P-7.32)(I-5.11)=(7.32/2+5.11/2)^{1.6}=18.6,\quad \theta=5^\circ \tag{3.80}$$

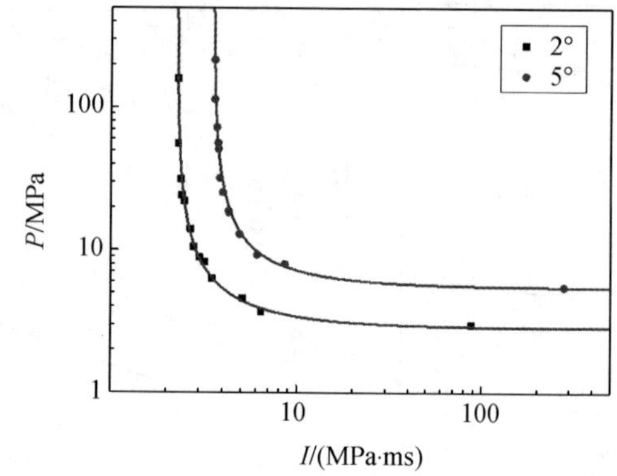

图 3.92　不同损伤程度下混凝土强度为 C30 时的 $P-I$ 曲线公式拟合曲线

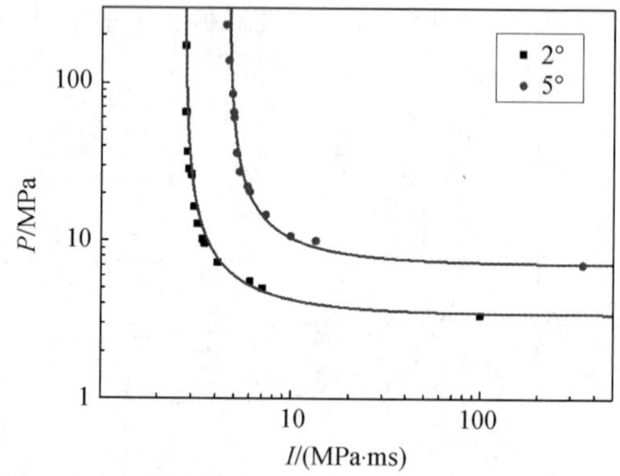

图 3.93　不同损伤程度下混凝土强度为 C50 时的 $P-I$ 曲线公式拟合曲线

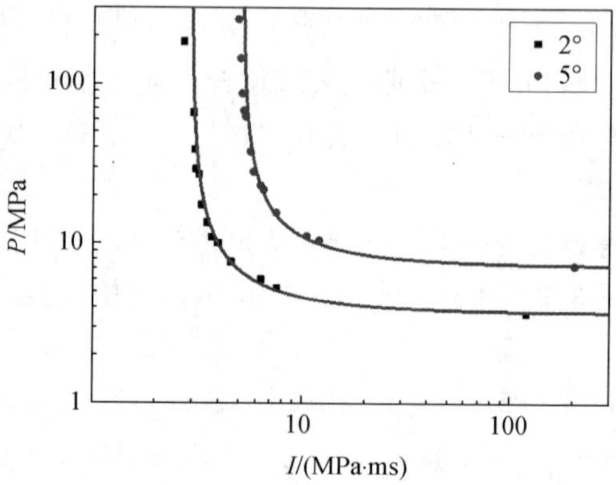

图 3.94　不同损伤程度下混凝土强度为 C60 时的 $P-I$ 曲线公式拟合曲线

(2) 混凝土强度对渐近线的影响。

表 3.24 给出了不同混凝土强度时的 $P-I$ 曲线渐近线所对应的值。可以看出，$P-I$ 曲线的超压渐近线值和冲量渐近线值均随着混凝土强度的增加而增加。由表 3.24 可以得到超压渐近线值和冲量渐近线值与混凝土强度的关系。

表 3.24　不同损伤程度下不同混凝土强度的 $P-I$ 曲线渐近线值

混凝土强度	临界值	2°	5°
C30	P_0	2.85	5.46
	I_0	2.28	3.54
C40	P_0	3.25	6.50
	I_0	2.51	4.22
C50	P_0	3.44	7.15
	I_0	2.76	4.64
C60	P_0	3.71	7.32
	I_0	2.94	5.11

不同损伤程度下 $P-I$ 曲线的超压渐近线值和冲量渐近线值与混凝土强度的关系如图3.95 所示。由图可知，超压渐近线值和冲量渐近线值均与混凝土强度呈正比例关系，即超压渐近线值和冲量渐近线值均随着混凝土强度的增大而逐渐增大。

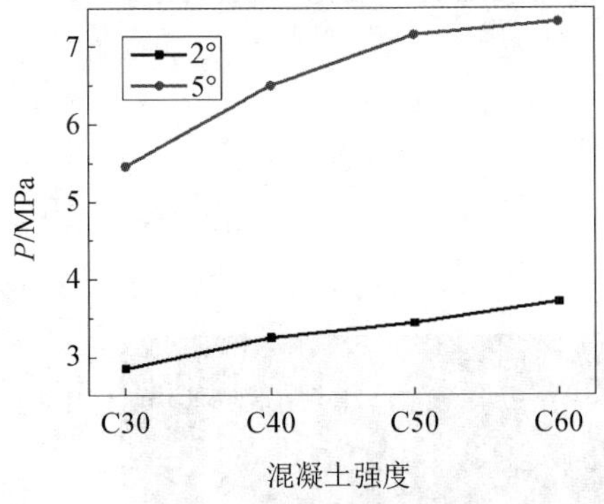

(a) 超压渐近线值与混凝土强度的关系

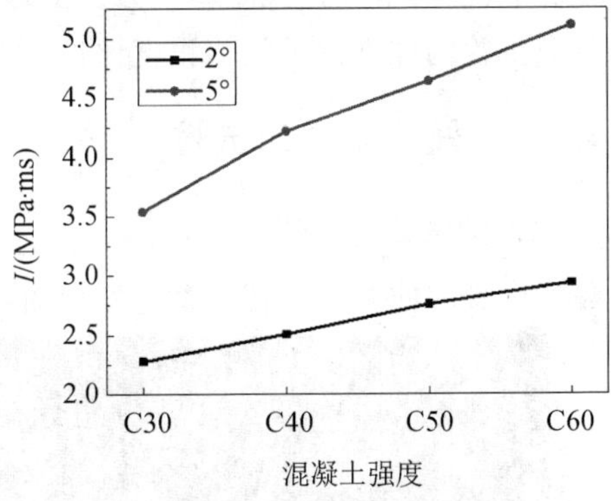

(b) 冲量渐近线值与混凝土强度的关系

图 3.95　不同损伤程度下 $P-I$ 曲线的超压渐近线值和冲量渐近线值与混凝土强度的关系

第 4 章　爆炸后钢管混凝土柱残余承载性能

4.1　爆炸后钢管混凝土柱残余承载力试验研究

4.1.1　概述

本节以第 3 章中的爆炸试验为基础，对 2 个大尺寸圆形截面和 2 个大尺寸方形截面钢管混凝土柱爆炸荷载作用后的残余承载力进行了试验研究。通过对爆炸后挠跨比(爆炸导致的跨中挠度和构件长度之比)小于 1/100 的 4 根钢管混凝土柱施加竖向压力，得到钢管混凝土柱在承受爆炸荷载后的残余承载力，并分析了钢管混凝土柱在爆炸荷载作用后的力学性能变化情况。试验后剖开 6 根钢管混凝土柱(4 根为进行残余承载力试验的构件，2 根为爆炸后的构件)，分析了圆、方钢管混凝土柱在残余承载力试验前后的破坏情况，发现试验前后破坏模式基本一致。最后应用钢管混凝土统一理论修正公式，对 4 根残余承载力试验构件进行了损伤程度评估。

4.1.2　残余承载力试验

1. 试件的设计与制作

爆炸试验前的 8 根钢管混凝土柱如图 4.1 所示。

图 4.1　8 根钢管混凝土柱(爆炸前)

2. 爆炸试验后的试件选取

爆炸试验时在试验场地浇筑了爆坑，爆坑旁设置压电式压力传感器，爆炸试验时应变和挠度的测量通过爆坑里面的数据线与数据采集室的动态信号测试分析系统相连，详细过程描述见本书第 3 章。

8 根钢管混凝土柱(编号 Y1 ～ Y4 为圆形截面，F5 ～ F8 为方形截面)在相同起爆距离和不同炸药 TNT 当量下进行了爆炸试验，试件参数如表 4.1 所示。其中试件 Y2、Y4 由于变形过大，残余变形已经远远超过试件长度的 1/50(达到破坏条件)。试件 F5、F8 在爆炸试验后已经剖开，观察了其爆炸后钢管混凝土柱的破坏情况。其余 4 根试件 Y1、Y3、F6、F7 均存在一定的侧向残余变形，承载性能受到一定损耗，但挠跨比均小于 1/100。

表 4.1　爆炸试验后的钢管混凝土柱参数

CFST 柱编号	截面尺寸 /mm	长度 /mm	爆炸距离 /mm	炸药 TNT 当量 /kg	残余变形 /mm	挠跨比
Y1	**圆 200 × 2.8**	**2 500**	**1 500**	**24**	**25**	**1/100**
Y2	圆 200 × 2.8	2 500	1 500	35	135	5.4/100
Y3	**圆 200 × 3.8**	**2 500**	**1 500**	**25**	**8**	**0.32/100**
Y4	圆 200 × 3.8	2 500	1 500	50	215	8.3/100
F5	方 200 × 200 × 2.8	2 500	1 500	35	60	2.4/100
F6	**方 200 × 200 × 2.8**	**2 500**	**1 500**	**17.5**	**8**	**0.32/100**
F7	**方 200 × 200 × 3.8**	**2 500**	**1 500**	**35**	**5**	**0.2/100**
F8	方 200 × 200 × 3.8	2 500	1 500	40	124	5/100

注：加粗的柱编号为本次残余承载力的试验构件；截面尺寸中的“2.8”“3.8”表示钢管壁厚。

通过爆炸试验可知，随着钢管壁厚增加，试件的跨中残余变形明显减小，钢管壁厚的增大能明显提高钢管混凝土柱的抗爆性能。为进一步研究钢管混凝土柱在爆炸荷载作用下的力学性能，本次试验通过对 4 根爆炸后挠跨比小于 1/100 的钢管混凝土柱施加竖向压力，研究爆炸后钢管混凝土柱的残余承载力。

爆炸后 8 根钢管混凝土柱的详细参数如表 4.1 所示。

3. 试验装置

爆炸后钢管混凝土柱残余承载力试验采用的压力机为四立柱 1 000 t 压力机，试验应变和挠度的测量通过构件表面的数据线和数据采集箱静态信号测试分析系统相连，可测量出残余承载力试验中钢管混凝土柱的压力、挠度和应变数据。

4. 试验设计

选取表 4.1 中 4 根试件 Y1、Y3、F6、F7 进行残余承载力试验，4 根试件挠跨比均小于或等于 1/100。试验加载和量测装置如图 4.2 所示。考虑到试件有较大的初始弯曲变形，本次试验在试件两端使用单向刀口铰支座。先在试件两端焊接加载板，再通过螺栓将加载板和槽口板连接，如图 4.3 所示。为保证试验安全，在试验机上端用螺栓连接一四方形钢框架，防止钢管混凝土柱受到竖向压力发生侧向弯曲脱离。

图 4.2　实物图

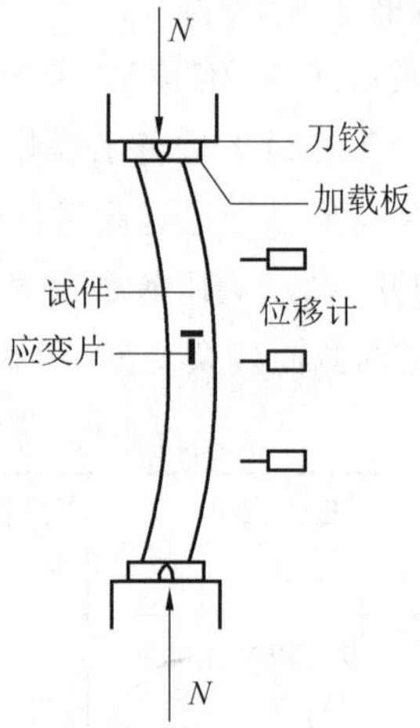

图 4.3　加载装置图

5. 试验加载及量测

为准确量测试件变形，在每个试件截面处钢板的中部贴环向和纵向电阻应变片(共 8 个)，在每个试件弯曲平面内沿高度方向 1/4 跨度处和跨中处分别设置 1 个电测位移计(共 3 个)，柱纵向变形和荷载由压力试验机计算机自动采集。

将试件端板剩余的部分切除，并将端板外部磨平，使试件和加载板对中，焊接加载板。对试件(Y1、Y3、F6、F7)测点位置进行除锈打磨处理，使测点平整。在试件跨中位置粘贴应变片，画上白色方格，并在 4 个面标以 A、B、C、D，A 面为爆炸试验的迎爆面，D 面则是背爆面，其他两个为侧面，以观察试件的屈曲模态和变形特征。

试验采用分级加载，共分为 3 个阶段，开始加载阶段属于弹性范围内(预计荷载至 1 000 kN)，每级荷载增量为 100 kN，加载速度为 0.33 kN/s，每级荷载的持荷时间为 1 min；第 2 阶段，预计钢管钢材开始屈服(约 1 500 kN 荷载)，每级荷载增量为 100 kN，加载速度为 0.1 kN/s，每级荷载的持荷时间仍为 1 min；第 3 阶段为破坏阶段(直到破坏)，每级荷载增量为 50 kN，加载速度为 0.05 kN/s，每级荷载的持荷时间为 2 min。

4.1.3　试验现象及其破坏形态

本次试验两端使用单向刀口铰支座，钢管混凝土柱试验时施加的竖向力均由压力试验机计算机控制，4 个试件的壁厚及残余变形不同，试件工况详见表 4.2。对试件 1/4、跨中、3/4 处的挠度进行观察，详细记录跨中挠度的变化情况，对钢管的横向、纵向应变进行观测。

表 4.2　试件工况

CFST 柱编号	截面尺寸 /mm	残余变形 /mm	挠跨比
Y1	圆 200×2.8	25	1/100
Y3	圆 200×3.8	8	0.32/100
F6	方 200×200×2.8	8	0.32/100
F7	方 200×200×3.8	5	0.2/100

1. 试件 Y1

试验前试件 Y1 表面无鼓曲，残余变形为 25 mm，是 4 根构件中残余变形较大的一根（图 4.4）。残余变形的测量如图 4.5 所示，试验加载后，试件 Y1 并未出现侧向弯曲，试件由于丧失整体稳定性而被破坏，试件在到达破坏状态时，在钢管混凝土柱的 A 面 9 号白色方格处出现一条不明显的鼓曲（图 4.6），其他面则未出现。试验后剖开钢管，核心混凝土已经断裂，并出现许多裂缝（图 4.7、图 4.8）。

(a) 试件Y1试验前

(b) 试件Y1试验后

图 4.4　试件 Y1 试验前后对比

图 4.5　残余变形测量

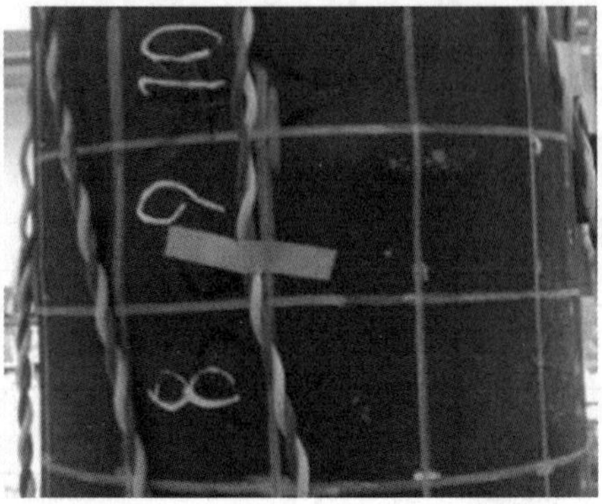

图 4.6　试件 Y1 9 号方格处鼓曲

图 4.7　剖开钢管后试件 Y1 断裂情况

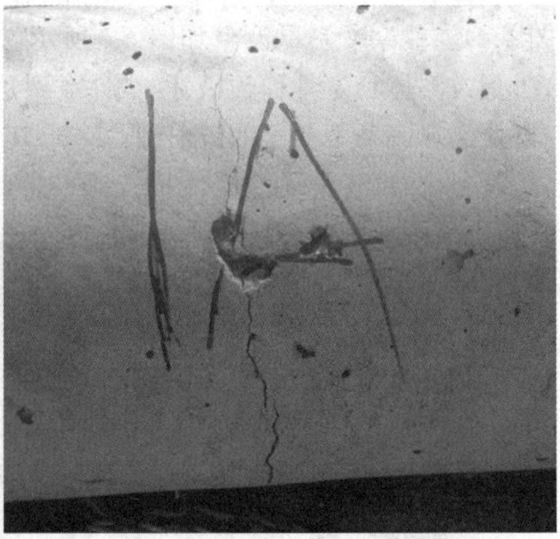

图 4.8　试件 Y1 的裂缝

根据试验结果得出了试件 Y1 的荷载－截面挠度($N-u$)关系曲线,如图 4.9 所示。

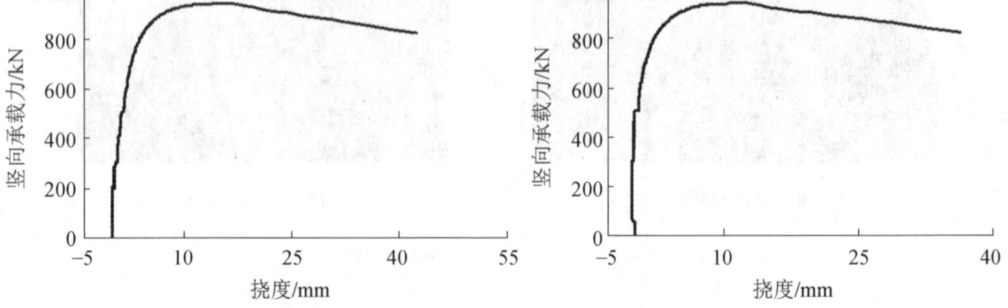

(a) 试件1/4处　　(b) 试件3/4处

图 4.9　试件 Y1 的荷载－截面挠度关系曲线

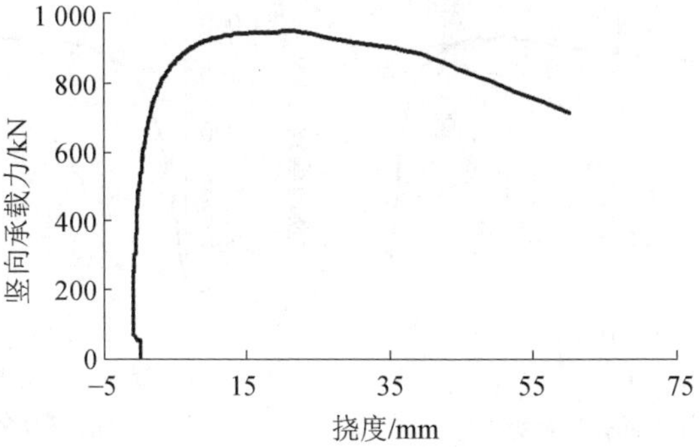

(c) 试件跨中处

续图 4.9

表 4.3　试件 Y1 破坏时的最小和最大挠度

位置	最小挠度 /mm	最大挠度 /mm	最大竖向承载力 /kN
1/4 处	−0.4	42.4	946
跨中处	−0.9	60.2	
3/4 处	−0.2	36.4	

由图 4.9 及表 4.3 可知，刚开始加载时试件出现较小的负方向挠度，这是由于本次试验所用的钢管混凝土柱经过爆炸试验，受压开始前已经有初弯曲，柱跨中经过爆炸后炸碎的混凝土受到竖向压力时，压力使弯曲的试件有轻微回缩，混凝土被压实，故试件出现少许负方向的挠度。因此开始加竖向荷载时，试件跨中处挠度开始为负值，在 −0.1 ～ −0.9 mm 变化，1/4 处挠度在 −0.1 ～ −0.4 mm 变化，3/4 处挠度在 −0.1 ～ −0.2 mm 变化，当竖向荷载达到 500 kN（极限荷载的 50%）左右时开始由负值转为正值。当荷载较小时，竖向荷载 − 挠度关系基本呈线性，跨中处挠度无明显变化，同时试件外表也无明显变化。当竖向荷载达到极限荷载的 90% 左右时，跨中变形急速加剧，并且肉眼能观察到跨中的变形。由于二阶效应的影响，初始变形增加了原荷载的偏心程度，产生附加的偏心弯矩，当跨中变形达到某一临界值时，截面抵抗弯矩增长的速度开始小于二阶弯矩的增长速度，这时表现为跨中处挠度迅速发展，而竖向荷载则开始下降。

试验还得到了试件 Y1 的荷载 − 应变（$N-\varepsilon$）关系曲线，如图 4.10 所示给出了试件 Y1 的应力 − 应变变化情况。

从图 4.10 中可以看出，当荷载较小时，竖向荷载 − 应变关系基本呈线性，当试件所受竖向力达到最大时，由于挠度快速变化，应变开始急剧增大，曲线开始出现下降段。且可以看出试件 A 面的横向、纵向最大应变均比 C 面的应变大，A 面和 C 面的横向、纵向应变均大于 3 000 $\mu\varepsilon$，表明试件 Y1 受到最大荷载破坏时钢管外壁已屈服。

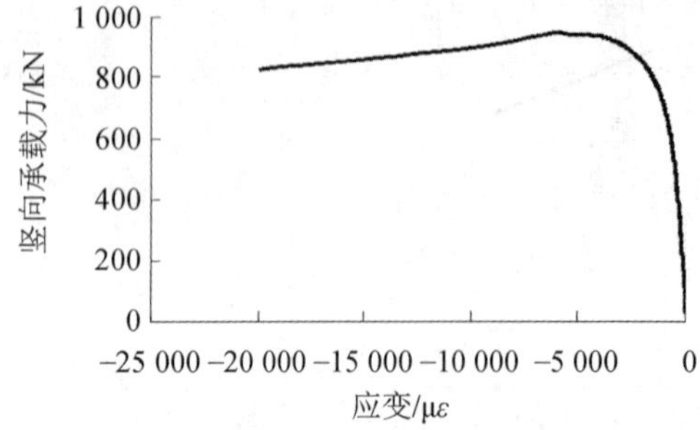

(a) 试件Y1 A面横向应变

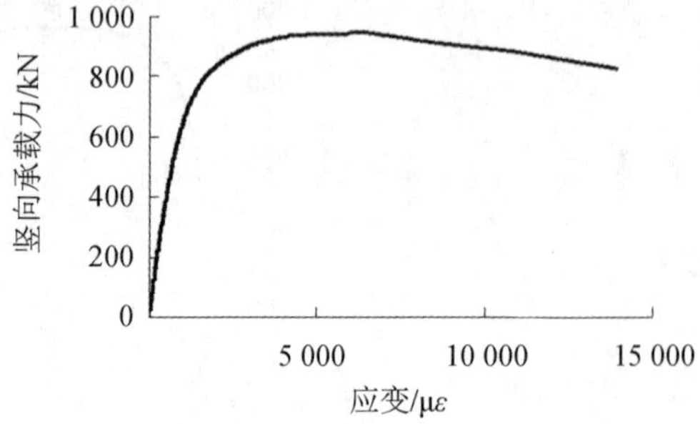

(b) 试件Y1 A面纵向应变

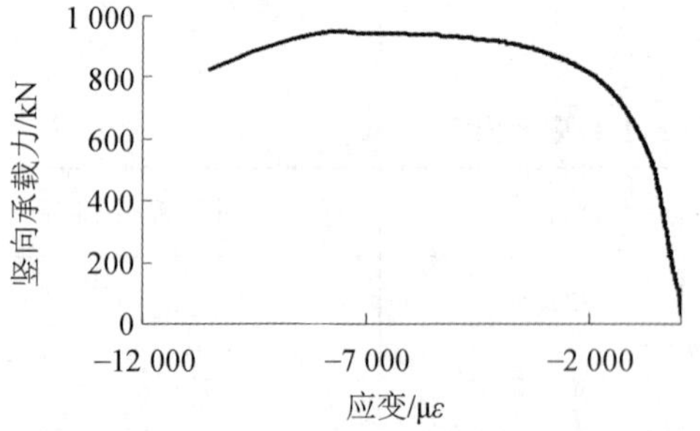

(c) 试件Y1 C面横向应变

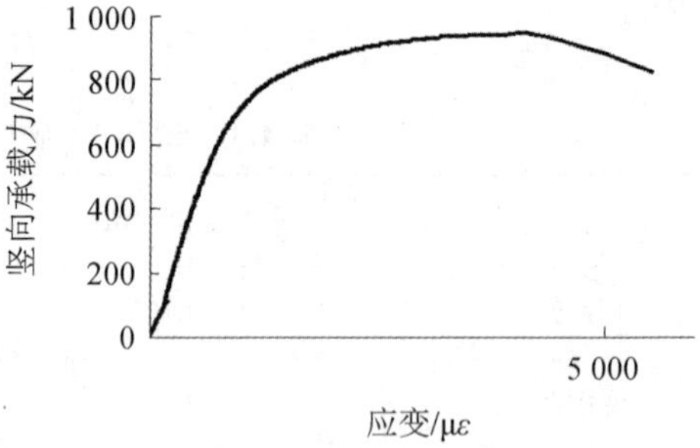

(d) 试件Y1 C面纵向应变

图 4.10 试件 Y1 的荷载－应变关系曲线

2. 试件 Y3

试验前试件 Y3 表面无鼓曲，残余变形为 8 mm，测量方法同试件 Y1，肉眼观察不到明显变形，是 4 根试件中残余变形较小的一根。试验加载后，试件 Y3 也未出现侧向弯曲，但由于丧失整体稳定性而被破坏(图 4.11)，试件 Y3 在到达破坏状态时，类似试件 Y1，在钢管混凝土柱的 A 面 9 号白色方格处出现一条不明显的鼓曲(图 4.12)，其他面则未出现。试验后剖开钢管，核心混凝土已经断裂，并出现许多裂缝(图 4.13、图 4.14)。

图 4.11 试件 Y3 试验后

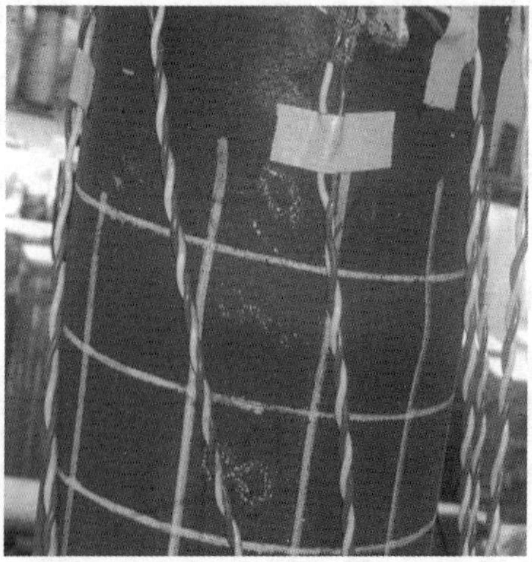

图 4.12 试件 Y3 9 号方格处鼓曲

图 4.13　剖开钢管后试件 Y3 断裂情况

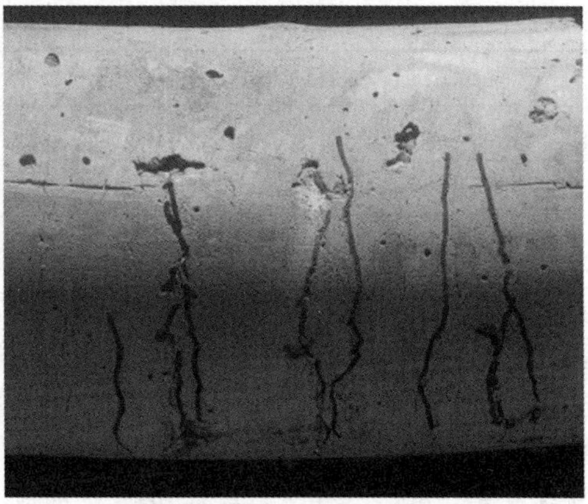

图 4.14　试件 Y3 的裂缝

根据试验结果得出了试件 Y3 的荷载－截面挠度关系曲线，如图 4.15 所示。

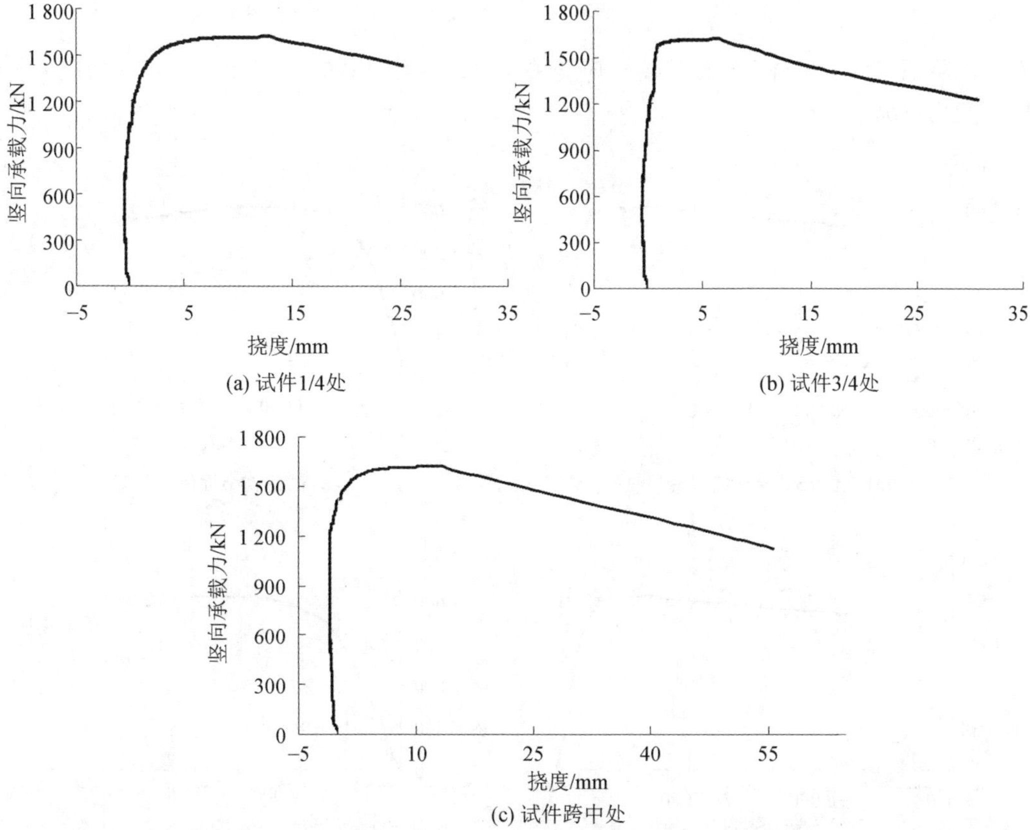

图 4.15　试件 Y3 的荷载－截面挠度关系曲线

表 4.4　试件 Y3 破坏时的最小和最大挠度

位置	最小挠度 /mm	最大挠度 /mm	最大竖向承载力 /kN
1/4 处	－0.7	25.3	
跨中处	－1.0	55.6	1 623
3/4 处	－0.6	30.8	

由图 4.15 可知，试件 Y3 与试件 Y1 出现类似规律，当荷载较小时，竖向荷载－挠度关系基本呈线性变化，跨中处挠度无明显变化，同时试件外表也无明显变化。当竖向荷载达到极限荷载的 90% 左右时，跨中变形急速加剧，并且肉眼能观察到跨中的变形。刚开始加载时试件出现较小的负方向挠度，试件跨中处挠度开始为负值，为－0.1 ～－1.0 mm，1/4处挠度在－0.1 ～－0.8 mm 变化，3/4 处挠度在－0.1.0 ～－0.6 mm 变化，较试件 Y1 稍微有所增大。当竖向荷载达到 1 400 kN(极限荷载的 80%) 左右时跨中处挠度开始由负值转为正值，当竖向荷载达到 1 100 kN(极限荷载的 68%) 左右时 1/4 处和 3/4 处挠度开始由负值转为正值，与试件 Y1 在荷载达到极限荷载的 50% 时由负值转为正值相比要大得多。

试验还得到了试件 Y3 的荷载－应变关系曲线，如图 4.16 所示，给出了试件的应力－应变变化情况。

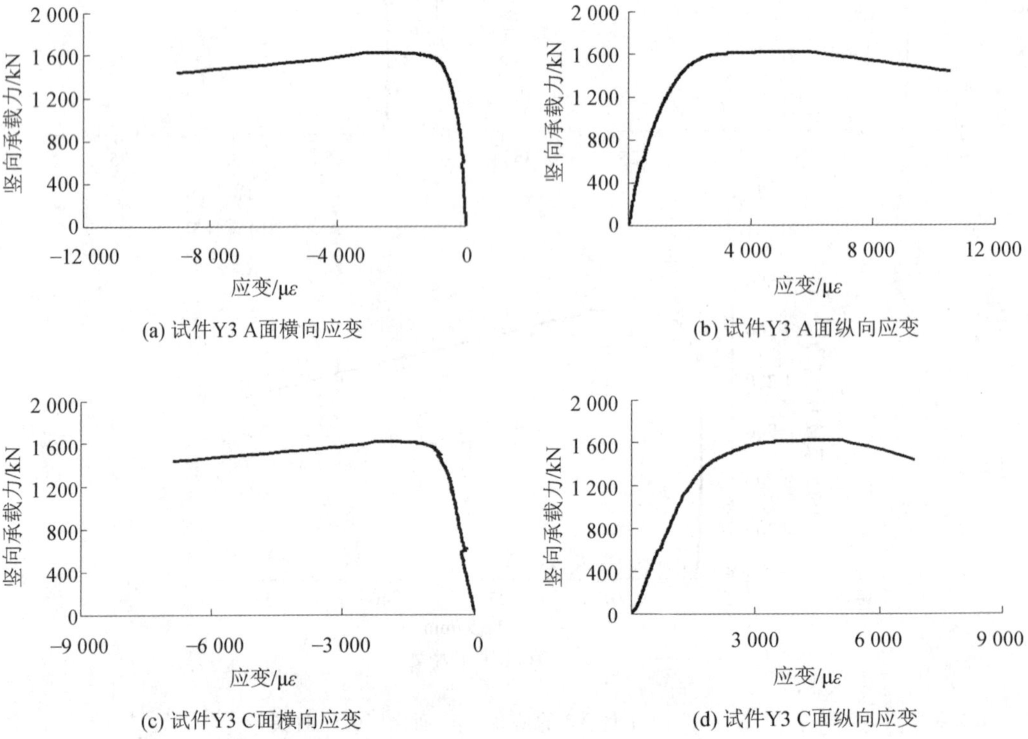

(a) 试件Y3 A面横向应变　(b) 试件Y3 A面纵向应变

(c) 试件Y3 C面横向应变　(d) 试件Y3 C面纵向应变

图 4.16　试件 Y3 的荷载－应变关系曲线

从图 4.16 中可以看出，类似于试件 Y1，当荷载较小时，试件 Y3 的竖向荷载－应变关系基本呈线性，当试件所受竖向载荷达到最大时，由于挠度快速变化，应变开始急剧增大，曲线开始出现下降段。且可以看出试件 A 面的横向、纵向最大应变均比 C 面的应变大，A 面和 C 面的横向、纵向应变均大于 3 000 $\mu\varepsilon$，表明试件 Y3 受到最大荷载破坏时钢管外壁同样已屈服。

3. 试件 F6

与试件 Y1、Y3 不同，试验前试件 F6 跨中有鼓曲，A 面跨中鼓曲为 5 mm，D 面跨中鼓曲为 7 mm(图 4.17)，跨中残余变形为 8 mm，测量方法同试件 Y1，肉眼观察不到明显变形。试验加载后，试件 F6 也未出现侧向弯曲，试件同样丧失整体稳定性而被破坏，试件在到达破坏状态时，与圆钢管混凝土柱明显的区别是，试件 F6 的 D 面处的鼓曲消失不见，在 B、C 面出现新的鼓曲，且基本呈一条直线(图 4.19、图 4.20)，而 A 面的鼓曲仍然存在。

图 4.17　试验前试件 F6 跨中鼓曲

图 4.18　试验后的试件 F6

图 4.19　试验后试件 F6 A 面鼓曲

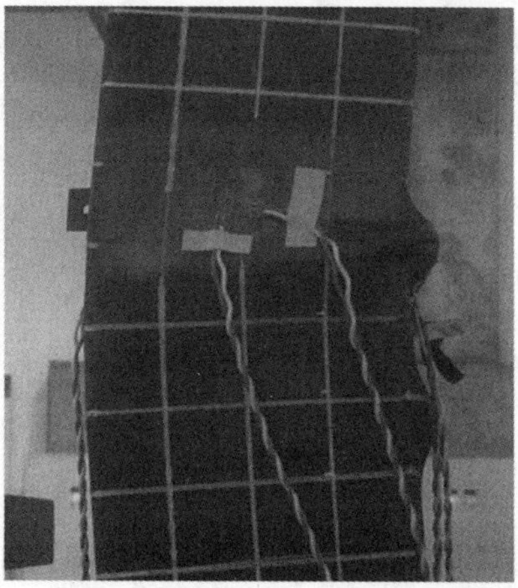

图 4.20　试验后试件 F6 B 面鼓曲

根据试验结果得出了试件 F6 的荷载－截面挠度关系曲线,如图 4.21 所示,试件 F6 破坏时最大挠度见表 4.5。

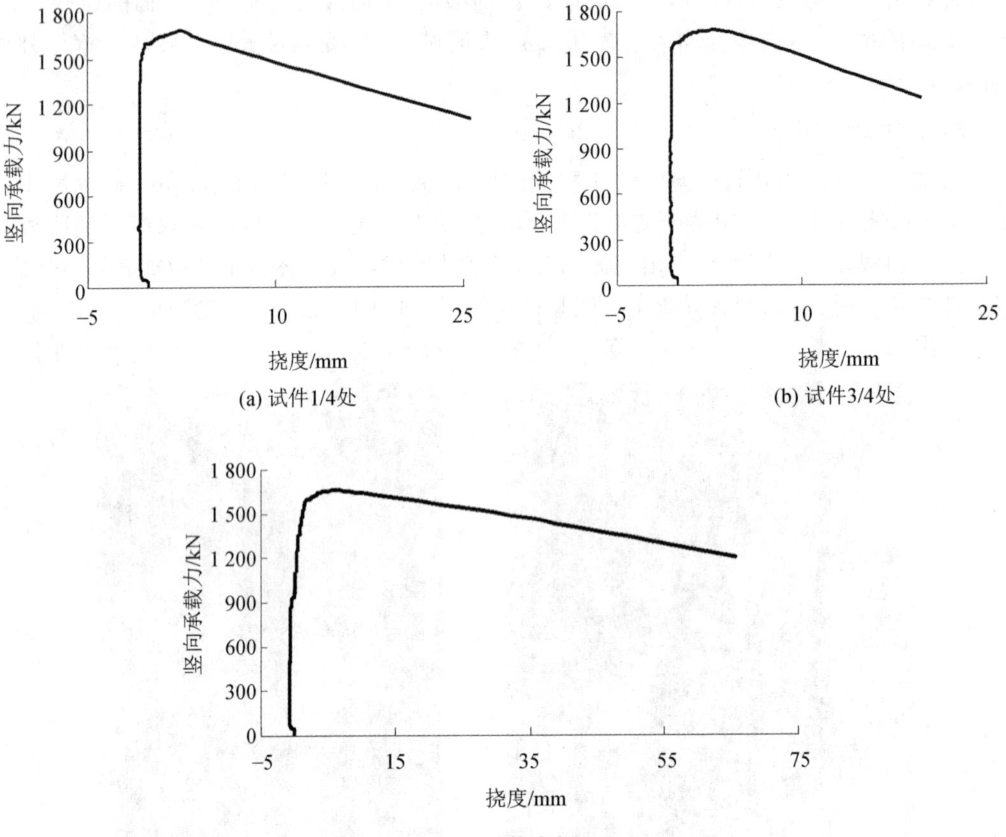

(a) 试件1/4处

(b) 试件3/4处

(c) 试件跨中处

图 4.21　试件 F6 的荷载－截面挠度关系曲线

表 4.5　试件 F6 破坏时的最小和最大挠度

位置	最小挠度 /mm	最大挠度 /mm	最大竖向承载力 /kN
1/4 处	－1.0	25.5	
跨中处	－0.9	65.7	1 671
3/4 处	－0.7	20.0	

由图 4.21 可知,试件 F6 与试件 Y1、Y3 出现类似规律,当荷载较小时,竖向荷载－挠度关系基本呈线性,跨中处挠度无明显变化,同时试件外表也无明显变化。当竖向荷载达到极限荷载的 90% 左右时,跨中变形急速加剧,并且肉眼能观察到跨中的变形。刚开始加载时试件出现较小的负方向挠度,试件跨中处挠度开始为负值,为－0.1 ～－0.9 mm,1/4 处挠度在－0.1 ～－1.0 mm 变化,3/4 处挠度在－0.1.0 ～－0.7 mm 变化。当竖向荷载

达到 1 400 kN(极限荷载的 80%) 左右时跨中处挠度开始由负值转为正值，当竖向荷载达到 1 100 kN(极限荷载 68%) 左右时 1/4 处和 3/4 处挠度开始由负值转为正值。

试验还得到了试件 F6 的荷载—应变关系曲线，如图 4.22 所示，给出了试件的应力—应变变化情况。

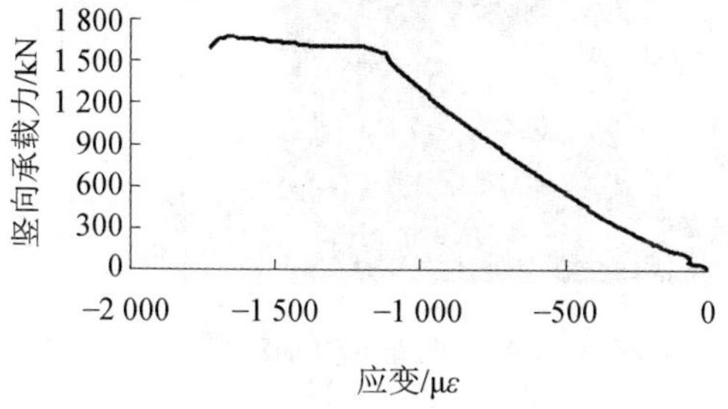

(a) 试件F6 A面横向应变

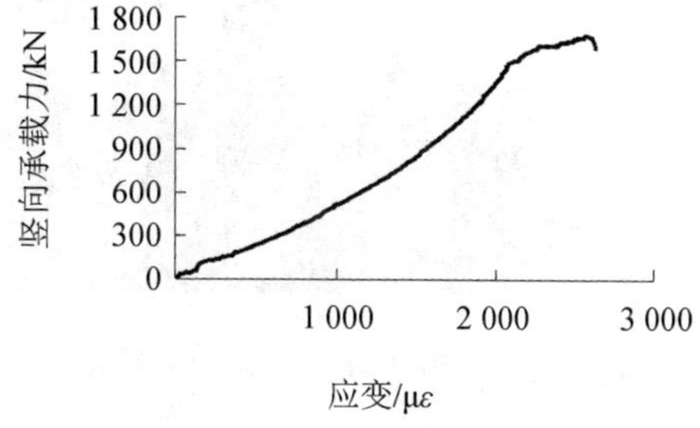

(b) 试件F6 A面纵向应变

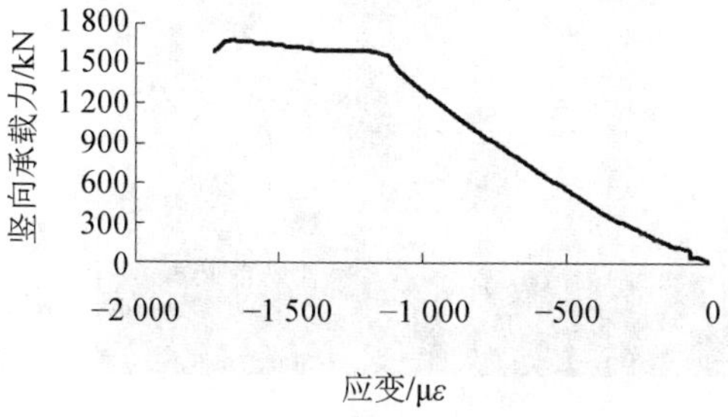

(c) 试件F6 C面横向应变

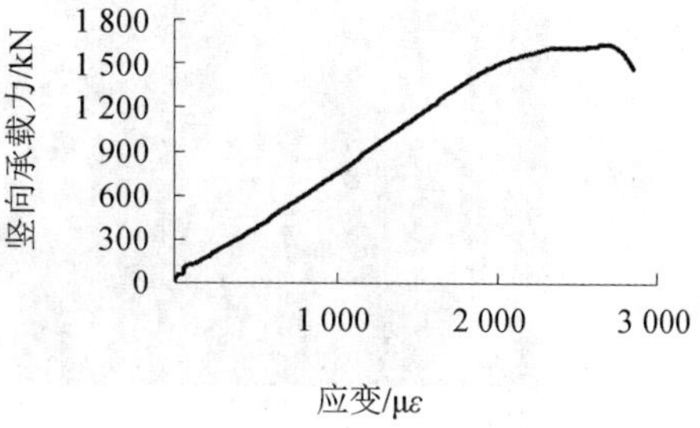

(d) 试件F6 C面纵向应变

图 4.22　试件 F6 荷载—应变关系曲线

从图 4.22 中可以看出，试件 F6 在线性阶段呈现类似试件 Y1、Y3 的变化规律，当试件所受竖向荷载达到一定时，由于挠度快速变化，应变开始急剧增大，曲线开始出现下降段。但是，与试件 Y1、Y3 显著不同的是，试件 F6 的 A 面和 C 面的横向、纵向最大应变均小于3 000 $\mu\varepsilon$，表明试件 F6 受到最大荷载破坏时钢管外壁并未屈服，且试件 F6 受压试验的荷载和应变关系曲线没有出现明显的屈服阶段，各曲线之间的变化规律没有明显的一致性。

4. 试件 F7

试件 F7 试验后如图 4.23 所示，试验后各面鼓曲如图 4.24、图 4.25 所示，试验后试件表面如图 4.26 所示。

图 4.23　试件 F7 试验后

图 4.24　试验后试件 F7B 面鼓曲

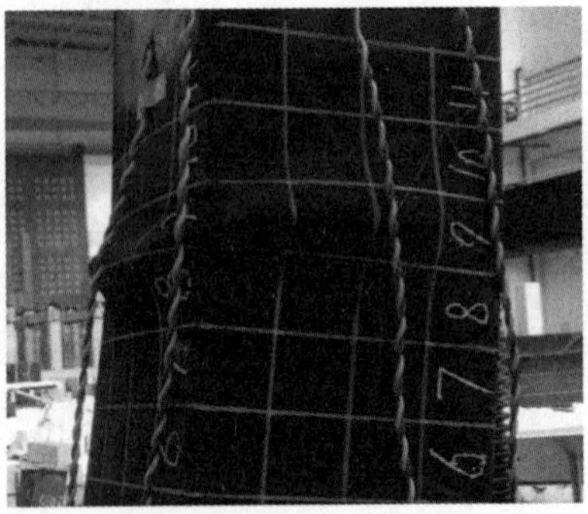

图 4.25　试验后试件 F7A、C 面鼓曲

图 4.26　试验后试件 F7 表面

根据试验结果得出了试件 F7 的荷载－截面挠度关系曲线，如图 4.27 所示，试件 F7 破坏时最大挠度见表 4.6。

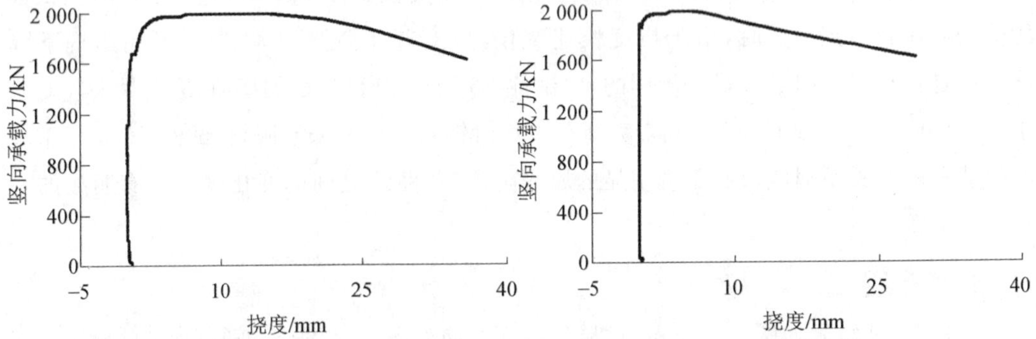

(a) 试件1/4处　(b) 试件3/4处

图 4.27　试件 F7 的荷载－截面挠度关系曲线

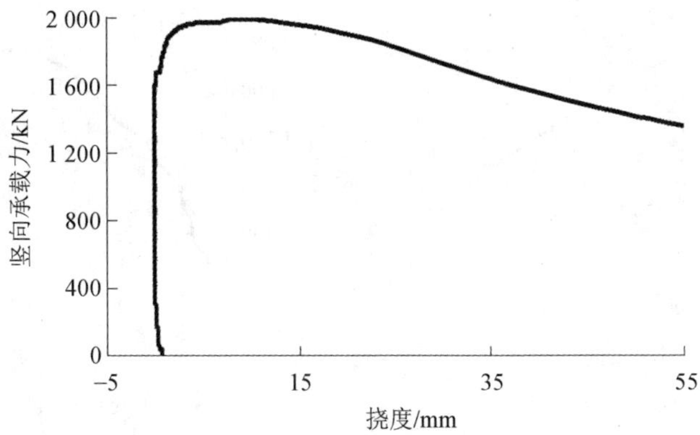

(c) 试件跨中处

续图 4.27

表 4.6　试件 F7 破坏时的最小和最大挠度

位置	最小挠度 /mm	最大挠度 /mm	最大竖向承载力 /kN
1/4 处	−0.1	35.9	
跨中处	−0.1	57.5	1 990
3/4 处	−0.1	28.8	

由图 4.27 可知，当荷载较小时，试件 F7 的竖向荷载－挠度关系基本呈线性，跨中处挠度无明显变化，同时试件外表也无明显变化。当竖向荷载达到极限荷载的 90% 左右时，跨中变形急速加剧，并且肉眼能观察到跨中的变形。刚开始加载时试件 F7 出现较小的负方向挠度，试件跨中处挠度开始为负值，为 −0.1 ～ 0 mm，1/4 处挠度在 −0.1 ～ 0 mm 变化，3/4 处挠度在 −0.1 ～ 0 mm 变化。可以明显看出与上文 3 根试件不同的是，试件 F7 的最大负挠度均为 −0.1 mm，几乎可以忽略不计，这是因为试件 F7 在爆炸试验后受损伤程度较小，未出现鼓曲，只有非常小的跨中弯曲变形。

试验还得到了试件 F7 的荷载－应变的关系曲线，如图 4.28 所示，给出了试件的应力－应变变化情况。

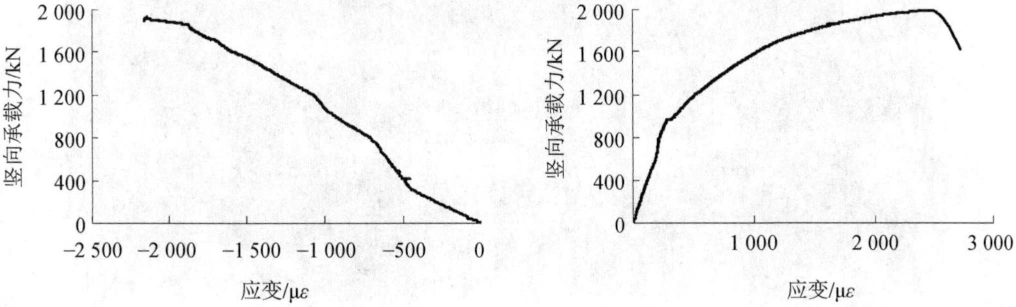

(a) 试件F7 A面横向应变　　(b) 试件F7 A面纵向应变

图 4.28　试件 F7 荷载－应变关系曲线

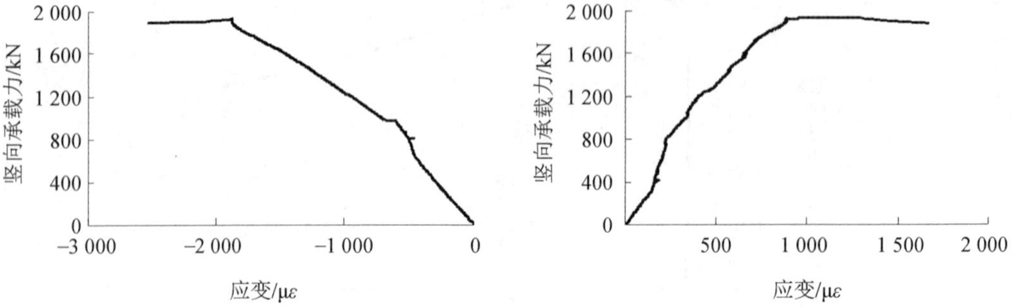

(c) 试件F7 C面横向应变　　(d) 试件F7 C面纵向应变

续图 4.28

从图4.28中可以看出，与其他3根试件有明显的区别，当荷载较小时，试件F7的竖向荷载－应变关系并没有出现明显的线性，但当试件所受竖向力达到一定时，应变开始急剧增大，曲线开始出现下降段。且与试件F6类似，试件A面和C面的横向、纵向最大应变均小于3 000 $\mu\varepsilon$，表明试件F7受到最大荷载破坏时钢管外壁并未屈服，且试件F7受压试验的荷载和应变关系曲线同样没有出现明显的屈服阶段。

4.1.4　试验结果对比及分析

1. 爆炸前后试件破坏形态对比

在试验过程中，4根钢管混凝土柱的弯曲变形上下对称，与爆炸后弯曲变形模式一致，如图4.29所示，铁锈造成图中试件颜色不同。本次试验的4根钢管混凝土柱均未发生侧向弯曲，试件丧失整体稳定性而被破坏。试件在到达破坏状态时，2根圆试件几乎未出现鼓曲，2根方试件迎爆面和侧面局部出现新鼓曲且基本呈一条直线，而之前背爆面的鼓曲基本消失。

图 4.29　残余承载力试验后试件整体破坏形态

2. 试件跨中挠度分析

图 4.30 为 4 根钢管混凝土柱残余承载力受压试验的荷载－跨中挠度关系曲线，由图可见圆钢管混凝土柱的最大承载力均在方钢管混凝土柱的下方，均比方钢管混凝土柱小。从试件开始出现明显弯曲到破坏阶段的关系曲线可以看出，圆钢管混凝土柱的关系曲线上升段比较缓和(斜率小)，而方钢管混凝土柱的关系曲线上升段比较陡峭(斜率大)，说明圆钢管混凝土柱在试验中抵抗破坏荷载持续的时间要比方钢管混凝土柱长。在下降段则圆钢管混凝土柱的斜率大，而方钢管混凝土柱的斜率较小，且后者挠度增加的幅度比前者大，表明钢管混凝土柱受爆炸荷载作用后圆钢管混凝土柱的延性要优于方钢管混凝土柱。

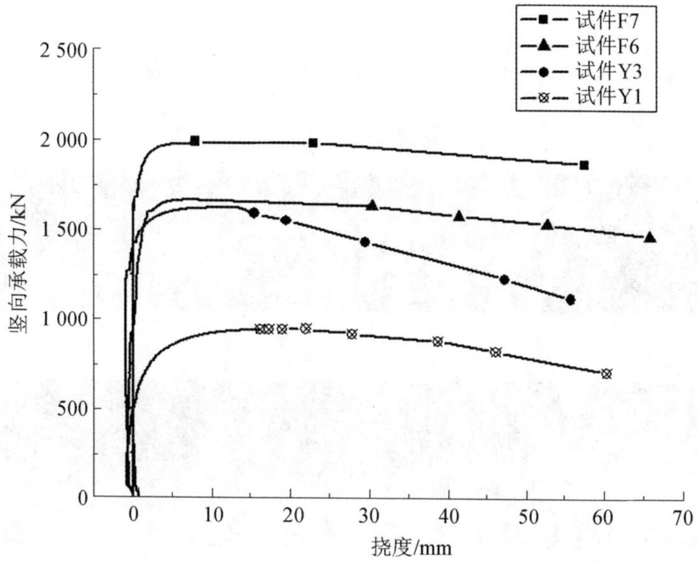

图 4.30　荷载－跨中截面挠度关系曲线

从试验结果中选取 4 根试件的荷载－应变关系曲线，如图 4.30 所示，对曲线进行应力－应变结果的对比分析。

由图 4.31 可见，由于方钢管混凝土柱发生局部屈曲(屈曲位置不在测点处)，因此，此次试验应变测点处，方钢管混凝土柱最大拉、压应变均未大于 3 000 $\mu\varepsilon$，钢管外壁未达到屈服，而圆钢管混凝土柱测点处的最大拉、压应变均已大于 3 000 $\mu\varepsilon$，甚至最大应变达到 10 000 $\mu\varepsilon$，钢管外壁已明显屈服。就同一位置测点应变曲线(均在跨中处)可以看出，圆钢管混凝土柱的拉、压应变曲线在荷载峰值位置附近有明显的屈服平台，试件表现出较好的变形能力和较大的延性；方钢管混凝土柱应变曲线无明显屈服平台，试件表现出较大的脆性，容易出现局部屈曲，再次表明受爆炸作用后圆钢管混凝土柱的延性要优于方钢管混凝土柱。

3. 残余承载力前后试件剖开对比分析

试验完毕后，将钢管混凝土柱剖开，图 4.32 所示为其内部混凝土破坏形态的情况。

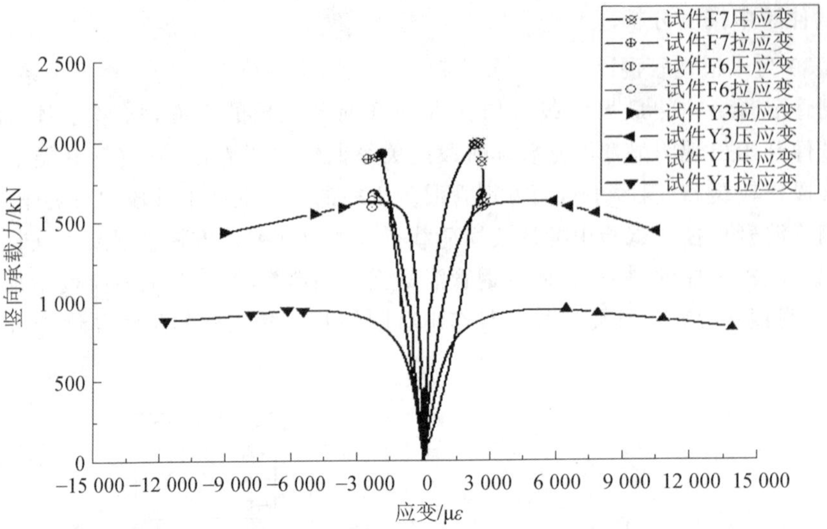

图 4.31　荷载－应变关系曲线

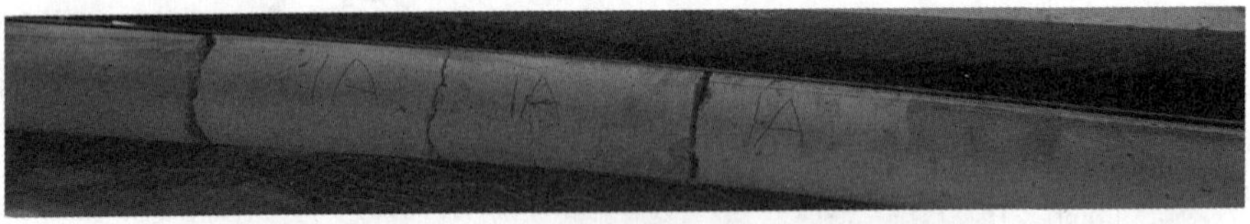

(a) 试件Y1

(b) 试件Y3

(c) 试件F6

(d) 试件F7

图 4.32　试验后剖开试件观察破坏形态

由图 4.32 可知方钢管混凝土柱表面未出现明显裂缝，在鼓曲处表面混凝土碎裂，圆钢管混凝土柱在背爆面和侧面出现了大量裂缝，在试件断裂处裂缝最大。试件在未做残余承载力试验前和试验后破坏模式基本一致，均在背爆面出现大量裂缝。方钢管混凝土柱未出现裂缝而圆钢管混凝土柱出现大量裂缝，这是因为方钢管混凝土柱的延性较差，发生脆性破坏，所以未出现裂缝。由于圆钢管混凝土柱套箍力大，钢管对核心混凝土的约束比方钢管混凝土柱大，当钢管剖开时，该约束突然消失，造成了圆钢管混凝土柱的变形要比方钢管混凝土柱大，结果混凝土分段断裂。钢管混凝土柱在爆炸荷载作用下，柱中压缩应力波传至柱的背面形成强拉伸波。同时，在钢管混凝土柱上下回弹的挠度趋势影响下，钢管混凝土柱内核心混凝土产生若干个薄弱区域。在残余承载力试验时，由于侧向变形的增大，这些薄弱区域处的核心混凝土发生断裂。

4.1.5　试件残余承载力分析和损伤程度评估

1. 试件残余承载力分析

为了便于分析爆炸后试件竖向承载力的变化规律，将试件实测承载力和统一理论承载力公式(2.41)的计算结果进行比较，以分析竖向承载力在爆炸前后的变化规律。计算得到圆、方钢管混凝土柱爆炸前竖向承载力的结果，并与爆炸后残余承载力的试验结果进行对比，见表 4.7，其中 N_{ea} 为爆炸残余承载力，N_{eb} 为爆炸前承载力。

表 4.7　爆炸后与爆炸前承载力比较

CFST 柱编号	截面尺寸 /mm	长度 /mm	爆炸后残余变形 /mm	轴压后变形 /mm	N_{ea}	N_{eb}	$\frac{N_{ea}}{N_{eb}}$
Y1	圆 200×2.8	2 500	25	60.7	947	2 320	0.41
Y3	圆 200×3.8	2 500	8	60.3	1 623	2 531	0.64
F6	方 200×200×2.8	2 500	8	58.2	1 672	3 018	0.55
F7	方 200×200×3.8	2 500	5	57.6	1 981	3 264	0.61

由表 4.7 可见，试件 Y1 承载力损失最为严重，残值仅剩 $0.41N_{eb}$，这是由于试件 Y1 的初弯曲较大(25 mm)，钢管壁厚度小(2.8 mm)；试件 F6 残余承载力为 $0.55N_{eb}$，是由于钢管厚度较小(2.8 mm)；试件 Y3、F7 承载力损失较小，分别剩下 $0.64N_{eb}$ 和 $0.61N_{eb}$，是由于其钢管壁厚较大(3.8 mm)。爆炸后试件 Y3、F7 承载力损失要小于试件 Y1、F6，通过比较得知，钢管壁厚越大，钢管混凝土柱的残余承载力越大。对 4 根柱爆炸前后的承载力进行比较，发现其竖向承载力损失不大。

2. 试件损伤程度评估

已经由试验得到 4 根钢管混凝土柱试件的残余承载力，用 2.5.3 节提出的一种基于柱结构竖向残余承载力的破坏准则来评估柱结构在爆炸荷载作用下的损伤程度，可以得到此次试验的 4 根试件的损伤程度，即定义破坏参数 D 为

$$D = 1 - \frac{N_{ea}}{N_{eb}} \tag{4.1}$$

其中，N_{eb} 可由公式(2.41)与柱横截面积乘积求得，N_{ea} 由残余承载力试验获取，损伤程度

计算结果见表 4.8。

表 4.8 试件损伤程度

CFST 柱编号	截面尺寸 /mm	D
Y1	圆 200 × 2.8	0.59
Y3	圆 200 × 3.8	0.36
F6	方 200 × 200 × 2.8	0.45
F7	方 200 × 200 × 3.8	0.39

由表 4.8 可知爆炸后挠跨比小于或等于 1/100 的 4 根钢管混凝土柱的损伤程度评估结果均在 0.39 ~ 0.59 内，其中试件 Y1 为 0.59，属于重度损伤，试件 Y3、F6、F7 的结果分别为 0.36、0.45、0.39，均在 0.2 ~ 0.5 内，属于中度损伤。4 根试件中有 3 根损伤程度为中度损伤，1 根为重度损伤，没有倒塌破坏情况。因此，由试验计算结果可知，钢管混凝土柱在爆炸荷载作用后整体结构还是比较安全的，并不会出现倒塌现象。

4.1.6 小结

本节通过对爆炸后挠跨比小于或等于 1/100 的 2 个大尺寸圆形截面和 2 个大尺寸方形截面钢管混凝土柱残余承载力的试验结果进行分析，得到如下结论：

(1) 由荷载－截面挠度关系曲线和应变结果可知，圆钢管混凝土柱在试验中抵抗破坏荷载持续的时间要比方钢管混凝土柱长；在同一测点处，圆钢管混凝土柱的拉、压应变均超过 3 000 $\mu\varepsilon$ 甚至达到 10 000 $\mu\varepsilon$，有明显的屈服平台，而方钢管混凝土柱的最大拉、压应变均未超过 3 000 $\mu\varepsilon$，无明显的屈服平台。试验现象表明圆钢管混凝土柱的延性优于方钢管混凝土柱。

(2) 圆钢管混凝土柱试验前和试验后破坏模式基本一致，均在背爆面出现大量裂缝，类似于塑性破坏；方钢管混凝土柱则未出现裂缝，类似于脆性破坏。由于圆钢管混凝土柱套箍力大，圆钢管对核心混凝土的约束比方钢管混凝土柱大，当钢管剖开时，该约束突然消失，造成圆钢管混凝土柱的变形要比方钢管混凝土柱大，在核心混凝土薄弱区分段断裂。

(3) 试验所得的 4 根钢管混凝土柱残余承载力损失范围均为 41% ~ 64%，竖向承载力损失不是太大；对 4 根试件进行损伤程度评估，结果均为 0.39 ~ 0.59，1 根出现重度损伤，3 根中度损伤，表明钢管混凝土柱具有较强的残余承载性能。

4.2 爆炸后钢管混凝土柱损伤分析

4.2.1 概述

国内外对钢管混凝土柱的残余承载力和损伤程度进行分析的研究较少。本节首先对现有残余承载力公式进行修正，然后通过修正后的残余承载力计算结果与钢管混凝土柱的试验结果进行对比，详细分析了爆炸后钢管混凝土柱的残余承载力；通过有限元

ANSYS/LS－DYNA 模拟不同工况对钢管混凝土柱残余承载力的影响，对钢管混凝土柱残余承载力进行了参数分析。

4.2.2 残余承载力计算公式

基于广义单自由度理论，通过定义质量、荷载和抗力系数，得到了在爆炸荷载作用下考虑轴压比的等效单自由度模型并进行计算；一旦假定了结构的变形模式，即可用结构上挠度最大的点来代表并描述整个结构的变形趋势，推导此等效单自由度模型的特征参数，从而获取钢管混凝土柱在爆炸作用后残余承载力的计算公式如下：

$$P=\lambda N \tag{4.2}$$

$$Z_{m}=\frac{R_{m}LK_{L}}{4\lambda N} \tag{4.3}$$

$$P_{s}=\frac{R_{m}LK_{L}}{4Z_{m}} \tag{4.4}$$

式中 P_{s}—— 钢管混凝土柱残余承载力；

P—— 轴向压力；

λ—— 轴压比；

N—— 构件轴压承载力；

Z_{m}—— 在爆炸荷载作用下钢管混凝土柱产生的最大挠度；

L—— 构件的长度。

其他特征参数见表 4.9。

表 4.9 特征参数表

约束形式	变形阶段	荷载系数 K_{L}	最大弯曲抗力 R_{m}
两端铰接	弹性	0.64	$\frac{8M_{p}}{L}$
	塑性	0.5	
一端固接 一端定向滑动	弹性	0.5	$\frac{8(M_{ps}+M_{pm})}{L}$
	弹塑性	0.64	
	塑性	0.5	

4.2.3 塑性极限弯矩

钢管混凝土试件受弯时，中和轴不在形心位置。受压区钢管与混凝土皆承压，而且在发展塑性后会产生相互作用的紧箍力；受拉区混凝土开裂，只有钢管抗拉，内部混凝土对钢管提供横向约束。在分析钢管混凝土柱受弯工作性能时，应认识到这些特点，以分析钢管混凝土柱塑性极限弯矩 M_{p}。

根据上述特点，计算钢管混凝土柱截面塑性极限弯矩时采用如下假定：① 平截面假定，即纵向纤维间不发生挤压，且能完全传递剪力，变形前的平面在变形后仍为一平面；② 受压区考虑钢管和混凝土的共同作用，采用轴压组合强度 f_{sc}^{y}；③ 受拉区只考虑钢管的强度，不考虑混凝土的影响。

以截面形成塑性铰为极限，圆钢管混凝土柱的截面计算简图如图 4.33 所示，其中 O_c、O_s 分别为截面受压区和受拉区的重心；x 为截面形心与中和轴的相对距离；x_c、x_s 分别为受压区重心 O_c 和受拉区重心 O_s 到中和轴的距离。

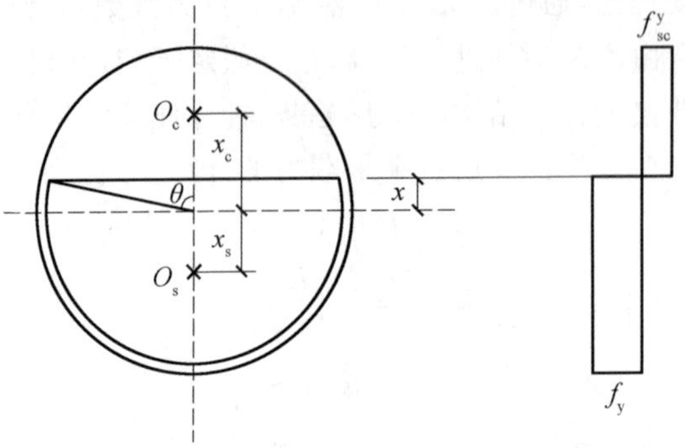

图 4.33　塑性极限铰应力分布

受压区：

$$A_{sc}=r_0{}^2(\theta-\sin\theta\cos\theta) \tag{4.5}$$

受拉区：

$$A_s=r_0^2\alpha(\pi-\theta) \tag{4.6}$$

形心位置：

$$x_c=\frac{2r_0\sin^3\theta}{3(\theta-\sin\theta\cos\theta)} \tag{4.7}$$

$$x_s=\frac{r_0\sin\theta}{\theta} \tag{4.8}$$

根据压力和拉力平衡可得

$$A_{sc}f_{sc}^y=A_sf_y \tag{4.9}$$

$$(\theta-\sin\theta\cos\theta)f_{sc}^y=\alpha(\pi-\theta)f_y \tag{4.10}$$

由式(4.11) 可确定 θ 角，即

$$\frac{\theta-\sin\theta\cos\theta}{\alpha(\pi-\theta)}=\frac{f_y}{f_{sc}^y} \tag{4.11}$$

塑性极限弯矩 M_p 为

$$M_c=A_{sc}f_{sc}^yx_c=\frac{2}{3}r_0^3\sin^3\theta f_{sc}^y \tag{4.12}$$

$$M_s=A_sf_yx_s=\frac{\pi-\theta}{\theta}\alpha r_0^3\sin\theta f_y \tag{4.13}$$

$$M_p=M_c+M_s \tag{4.14}$$

式中　r_0—— 钢管的外半径；

　　f_y—— 钢材的屈服强度；

α—— 含钢率，$\alpha=\dfrac{A_s}{A_c}$；

A_s、A_c—— 钢管和混凝土的面积。

轴压组合强度采用公式(2.41)计算。

4.2.4　最大弯曲抗力

最大弯曲抗力 R_m 与外荷载大小无关，只与结构本身的截面性质和材料性质有关。其物理意义是：当结构形成塑性铰时，塑性铰处的弯矩为塑性极限弯矩，它不随外荷载变化，也就是由于塑性极限弯矩的作用，在体系上施加了与外荷载反向的抵抗力。

假设试件上作用有与最大弯曲抗力 R_m 方向相反的均布荷载 q_r，则 $R_m=q_rL$，在均布荷载 q_r 作用下试件产生了塑性铰。可用材料力学中求塑性极限荷载的方法确定出均布荷载 q_r 的值，即可得到试件的最大弯曲抗力 R_m：

$$R_m=\frac{8}{L}(2M_{ps}+M_{pm}) \tag{4.15}$$

式中　M_{ps}—— 支座处的塑性极限弯矩；

M_{pm}—— 跨中塑性极限弯矩。

4.2.5　残余承载力计算公式修正

从表 4.9 中可以看出存在以下问题：特征参数研究没有两端固接时的各变形阶段的情况，而根据钢管混凝土结构可知，屋架、梁与钢管混凝土柱的连接有两种方式，分别为铰接和刚接，而铰接在排架体系应用较多，并不适用于框架体系。因此，高层或超高层钢管混凝土结构通常采用刚接形式。上述的残余承载力公式并没有讨论两端固接时钢管混凝土柱各变形阶段的情况，因此对于实际情况是有缺陷的。其后将对钢管混凝土柱爆炸后残余承载力进行修正，补充两端为固接时的特征参数表。

对于具有分部质量和分布刚度的两端固接梁体系，如图 4.34(a) 所示，其跨中挠度最大。为方便地了解该体系在任意动荷载下的反应，可假设该体系只能按照图 4.34(b) 所示的形状函数 $\phi(x)$ 变形，则其挠度可以用跨中位置的广义坐标 $Z(t)$ 表达为

$$u(x,t)=\phi(x)Z(t) \tag{4.16}$$

图 4.34 中，$m(x)$、$EI(x)$ 和 $q(x,t)$ 分别为分布质量、分布弯曲刚度和分布荷载；L 为构件的长度；$u(x,t)$ 为该梁任意一点的挠度函数。

由虚功原理可得该体系的运动方程为

$$m^*\ddot{Z}(t)+k^*Z(t)+k_G^*Z(t)=Q^*(t) \tag{4.17}$$

式中　m^*—— 广义质量，$m^*=\int_0^L m(x)\phi(x)^2\mathrm{d}x$；

k^*—— 广义弯曲刚度，$k^*=\int_0^L EI(x)\ddot{\phi}(x)^2\mathrm{d}x$；

k_G^*—— 广义几何刚度，$k_G^*=\int_0^L p(x)\dot{\phi}(x)^2\mathrm{d}x$；

$Q^*(t)$—— 广义荷载，$Q^*(t)=\int_0^L q(x,t)\phi(x)\mathrm{d}x$。

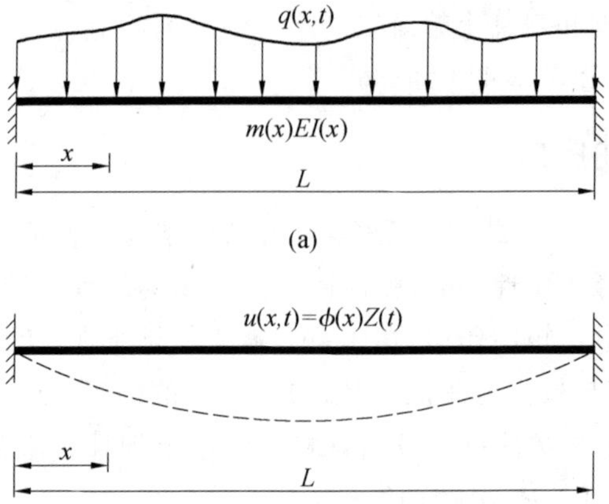

(a)

(b)

图 4.34 广义单自由度体系特征

由式(4.17)可知，在给定分布质量 $m(x)$、分布弯曲刚度 $EI(x)$ 和分布荷载 $q(x,t)$ 的情况下，只要给出假设的形状函数 $\phi(x)$ 的表达式，就可以解出该广义单自由度体系的挠度 $Z(t)$，且其精确程度完全依赖于所假设的形状函数。一般来说，为了得到具有合理精确度的解，应使假设的形状函数 $\phi(x)$ 满足该体系的几何边界条件。

4.2.6 计算模型及形状函数

对于同时承受爆炸荷载和轴向压力的框架柱，可将其简化为如图 4.35 所示的计算模型。图中 m、EI 和 $q(t)$ 分别为柱的均布质量、均布弯曲刚度和均布爆炸冲击荷载；P 为柱顶轴向压力；L 为柱的长度。

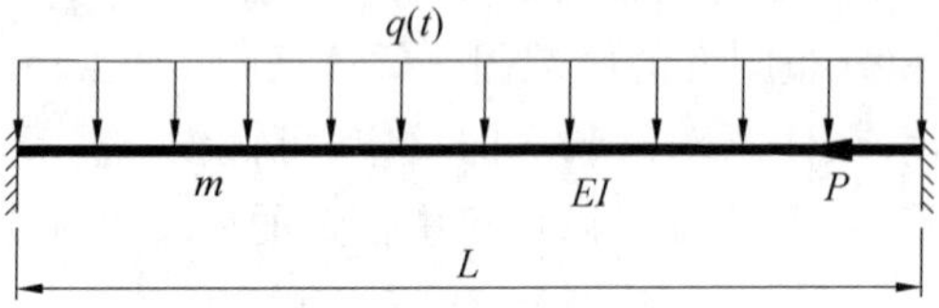

图 4.35 框架柱的计算模型

由上面的分析可知，为得到该框架柱计算模型的动力反应，需假设该模型只能按形状函数 $\phi(x)$ 变形，且 $\phi(x)$ 要满足该模型的几何边界条件。在均布荷载作用下，框架柱的最大挠度将出现在柱中位置，对于形状函数 $\phi(x)$ 的分析过程如下。

当爆炸荷载较小时，框架柱处于弹性阶段，随着爆炸荷载的增加，首先在两端支座处形成塑性铰，当荷载继续增加时，最后在柱中位置形成塑性铰，据此可分为弹性、弹塑性和塑性三个阶段对其形状函数进行分析。假设两端固接模型的变形形状如图 4.36 所示。

(1) 对于弹性阶段，需满足边界条件：

$$\phi(0)=0,\phi(L)=0 \tag{4.18}$$

$$\dot{\phi}(0)=0,\dot{\phi}(L)=0 \tag{4.19}$$

据此可假设其形状函数为

$$\phi(x)=\sin ax-\sinh ax+\widetilde{B}(\cosh ax-\cos ax) \tag{4.20}$$

其中，$a=\pi/L$，为频率参数，$\widetilde{B}=\dfrac{\sin aL+\sinh aL}{\cos aL+\cosh aL}$。

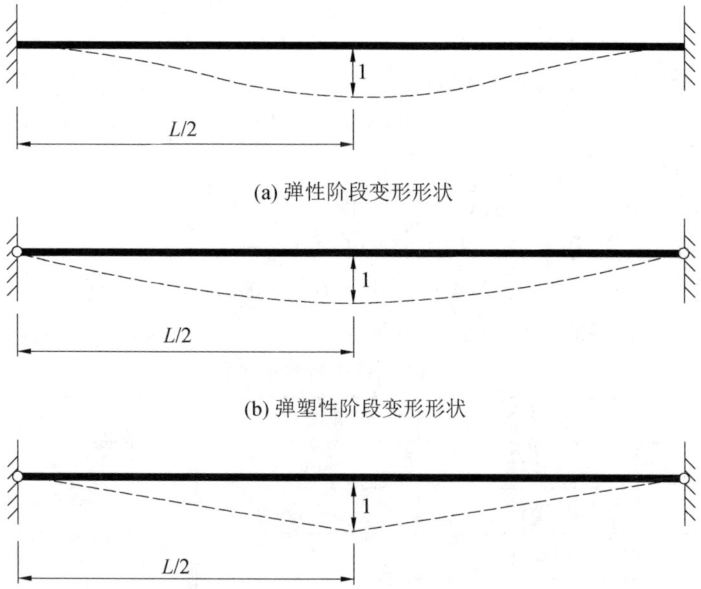

图 4.36　三个变形阶段

由结构动力学原理可知梁的动力反应，不难验证式(4.20)满足上述边界条件。

(2) 对于弹塑性阶段，由于只在支座处形成了塑性铰，柱中未形成塑性铰，可以认为此时体系转为两端铰接形式，需满足边界条件：

$$\phi(0)=0,\phi(L)=0,\phi\left(\frac{L}{2}\right)=1 \tag{4.21}$$

$$\dot{\phi}\left(\frac{L}{2}\right)=0,\ddot{\phi}(0)=0,\ddot{\phi}(L)=0 \tag{4.22}$$

据此可假设其形状函数为

$$\phi(x)=\sin\frac{\pi}{L}x \tag{4.23}$$

不难验证式(4.23)满足上述边界条件。

(3) 对于塑性阶段，由于在支座和柱中处形成了塑性铰，将该模型分成对称的左右两段，可只取左半段为对象进行研究，由于该段的刚度相对于塑性铰可视为无限大，故将该段当作刚性体来研究，此时需满足边界条件：

$$\phi(0)=0,\phi\left(\frac{L}{2}\right)=1 \tag{4.24}$$

$$\ddot{\phi}(0)=0, \ddot{\phi}(L)=0 \tag{4.25}$$

故可假设形状函数为三角形，即

$$\phi(x)=\frac{2x}{L}, \quad 0 \leqslant x \leqslant L/2 \tag{4.26}$$

假设框架柱上作用的真实荷载为 $Q(t)$，可定义等效单自由度体系的荷载系数 K_L 为

$$K_L=\frac{Q^*(t)}{Q(t)} \tag{4.27}$$

由该模型的体系可知真实荷载为

$$Q(t)=q(t)L \tag{4.28}$$

由此可得各阶段荷载系数：

① 弹性阶段：由式(4.17)、式(4.20) 可得 $K_L=0.83$。

② 弹塑性阶段：由式(4.17)、式(4.22) 可得 $K_L=0.64$。

③ 塑性阶段：由式(4.17)、式(4.25) 可得 $K_L=0.5$。

此时经过修正后特征参数如表 4.10 所示。

表 4.10　修正后特征参数

约束形式	变形阶段	荷载系数 K_L	最大弯曲抗力 R_m
两端铰接	弹性	0.64	$\frac{8M_p}{L}$
	塑性	0.5	
一端固接 一端定向滑动	弹性	0.5	$\frac{8(M_{ps}+M_{pm})}{L}$
	弹塑性	0.64	
	塑性	0.5	
两端固接	弹性	0.83	$\frac{8(2M_{ps}+M_{pm})}{L}$
	弹塑性	0.64	
	塑性	0.5	

4.2.7　算例对比及误差分析

由于本书研究的钢管混凝土柱有圆构件和方构件两种，所以需要对方钢管混凝土柱的外半径 r_0 和钢管的厚度 t_0 参考统一理论等效圆面积进行计算：

$$r=a/(2\tan 45^\circ), A_{sc}=nr^2\tan(\alpha/2)$$

$$A_c=h(r-t)^2\tan(\alpha/2), A_s=A_{sc}-A_c$$

$$r_0=(A_{sc}/\pi)^{1/2}, t_0=r_0-(r_0^2-A_s/\pi)^{1/2}$$

以试件 F6 为例等效：

$$r=a/(2\tan 45^\circ)=200/2=100\ (\text{mm})$$

$$A_{sc}=nr^2\tan(\alpha/2)=4\times 100^2\tan 45^\circ=40\ 000\ (\text{mm}^2)$$

$$A_c=n(r-t)^2\tan(\alpha/2)=4(100-2.8)^2\tan 45^\circ=37\ 791.36\ (\text{mm}^2)$$

$$A_s=A_{sc}-A_c=40\ 000-37\ 791.36=2\ 208.64\ (\text{mm}^2)$$

等效圆面积：

$$r_0 = (A_{sc}/\pi)^{1/2} = (40\ 000/3.14)^{1/2} = 112.86\ (\text{mm})$$

$$t_0 = r_0 - (r_0^2 - A_s/\pi)^{1/2} = 112.86 - (112.86^2 - 2\ 208.64/3.14)^{1/2} = 3.16\ (\text{mm})$$

如图 4.37 所示为第 3 章试验部分柱端约束形式。由图可知，柱端水平方向和竖向挠度均被约束，而构件的两端使用螺母和钢板约束钢管混凝土柱的转动，这样的约束形式应该视为固接，因此采用修正后的公式对试验的 4 根钢管混凝土柱进行计算，将得到的理论残余承载力与试验实测结果进行对比。以试件 Y1 为例，展示爆炸后钢管混凝土柱残余承载力的计算过程，其余试件的残余承载力结果与试验实测值见表 4.11。

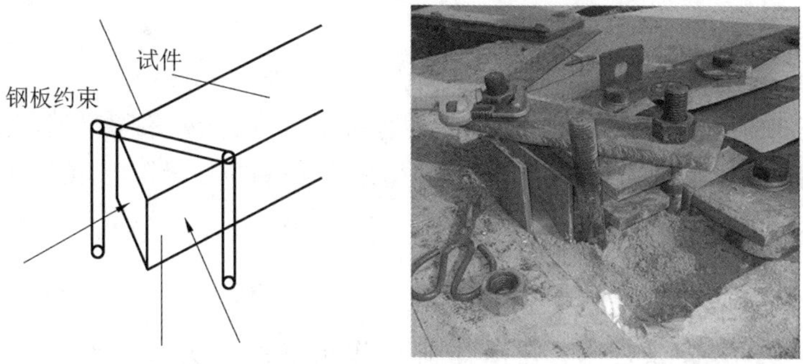

(a) 约束形式示意图　(b) 约束形式实物图

图 4.37　两端支座约束形式

表 4.11　残余承载力结果

CFST 柱编号	截面尺寸 /mm	长度 /mm	炸药安置距离 /m	爆炸前承载力 /kN	理论残余承载力 /kN	实测残余承载力 /kN	相对误差
Y1	圆 200×2.8	2 500	1.5	2 320	1 036	947	9%
Y3	圆 200×3.8	2 500	1.5	2 531	2 185	1 623	26%
F6	方 200×200×2.8	2 500	1.5	3 018	1 946	1 672	14%
F7	方 200×200×3.8	2 500	1.5	3 264	2 207	1 981	10%

试件 Y1 的残余承载力计算过程如下：

由几何条件可知：

钢管内半径

$$d_1 = (d_0 - 2t) = 97.2\ (\text{mm})$$

钢管外半径

$$r_0 = 100\ (\text{mm})$$

混凝土面积

$$A_c = \frac{\pi d_1^2}{4} = 29\ 666.2\ (\text{mm}^2)$$

钢管面积

$$A_s=\frac{\pi(d_0^2-d_1^2)}{4}=1\ 733.8\ (\text{mm}^2)$$

含钢率

$$\alpha=\frac{A_s}{A_c}=0.058$$

轴压组合强度

$$f_{sc}=(1.212+B\xi_m+C\xi_m^2)kf_c=31.3\ (\text{N/mm})$$

可求得

$$\theta=1.28\ (\text{rad})$$

则

$$M=22.12\ (\text{kN/m}),M_p=3M=66.36\ (\text{kN/m})$$

高应变率状态下的钢管和混凝土强度会有所增大，在此处不提高混凝土和钢材的动力强度，将钢管和混凝土材料的动力强度代入上式，得到塑性极限弯矩为 66.36 kN/m。

因此最大弯曲抗力为

$$R_m=\frac{8M_p}{L}=212.35\ (\text{kN})$$

由前面试验可知，试件 Y1 在爆炸荷载作用下的最大挠度为 64 mm，即 $Z_m=$ 64 mm。则试件 Y1 在爆炸荷载作用后的残余承载力为

$$P_{Y1}=\frac{R_mLK_L}{4Z_m}=1\ 036\ (\text{kN})$$

其余试件的残余承载力计算结果见表 4.11。

从表 4.11 可以看出，理论计算结果较接近爆炸前的承载力计算结果，试件 Y1、F7 的相对误差较小，均在 10% 左右，而试件 Y3、F6 的相对误差则较大，分别为 26%、14%。但圆、方钢管混凝土柱理论计算的残余承载力结果和试验实测的结果有一定的差距。这是因为在实际爆炸试验中，计算理论残余承载力时是按两端完全固接进行的，然而试验时不可能做到两端完全固接，由表 4.11 可知完全固接时荷载系数比较大，因此理论计算的结果会偏大；此外试验实测结果受到很多因素的影响，如炸药的捆绑、天气、空气湿度、风向等，使试验本身具有非常大的不确定性，导致试验实测结果有差异是正常的；在试验完成后，长途运输过程中的人为措施难免对试件造成一定的损伤，会使钢管混凝土柱的残余承载力受到影响(降低)。因此，表 4.11 中实测残余承载力小于理论残余承载力是合理的。

4.2.8 有限元模拟及残余承载力影响因素分析

本节主要研究圆、方钢管混凝土柱在爆炸荷载作用下的残余承载力变化情况，分析的思路为用有限元软件 ANSYS/LS－DYNA 模拟圆、方钢管混凝土柱在爆炸荷载作用下的变形情况，用上文的残余承载力公式计算爆炸后结构的残余承载力，对其他影响因素进行研究，分析不同钢材强度、不同混凝土强度、不同钢管壁厚(含钢率) 对钢管混凝土柱在爆炸荷载作用后残余承载力的影响。有限元模拟流程如图 4.38 所示。

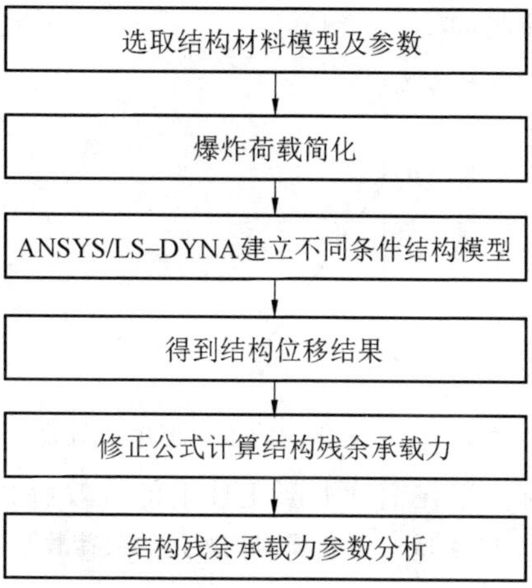

图 4.38　有限元模拟流程

1. 有限元模拟

(1) 钢管混凝土柱的材料模型及参数。

钢管的材料模型采用 ANSYS/LS－DYNA 中的 *MAT_PLASTIC_KINEMATIC 关键字进行定义。该材料模型考虑了快速加载状态下的应变率效应，可以模拟随动强化、等向强化和二者的混合模型。钢管的应变率效应采用Cowper－Symonds模型来计算，在计算钢管的屈服应力时乘系数 $1+\left(\frac{\varepsilon}{C}\right)^{1/p}$，其中，$\varepsilon$ 为应变率，C 和 p 是 Cowper－Symonds 模型的应变率参数。钢管的材料参数如表 4.12 所示。

表 4.12　钢管的材料参数(g－mm－ms)

参数	MID	RO	E	PR	SIGY	ETAN
数值	2	7.85×10^{-3}	2.1×10^{5}	0.3	235	1 180
参数	BETA	SRC	SRP	FS	VP	
数值	0	40.4	5	0.3	0	

注:RO— 材料密度；E— 弹性模量；PR— 泊松比；SIGY— 屈服强度；ETAN— 切线模量；BETA— 硬化参数；SRC、SRP— 应变率参数;FS— 失效应变。

混凝土 HJC(JOHNSON_HOLMQUIST_CONCRETE) 模型材料参数如表 2.14 所示，不再赘述。

(2) 爆炸荷载简化。

对钢管混凝土柱进行抗爆设计时，为了确定结构的合理参数，需要了解钢材屈服强度、混凝土抗压强度、钢管壁厚等因素对残余承载性能的影响，结合前述爆炸试验和残余承载力试验，选取 15 kg TNT 当量炸药按下式将爆炸荷载简化成三角形荷载，即

$$P(t)=P_{s0}\left(1-\frac{t}{t_a}\right) \tag{4.29}$$

式中　P_{s0}—— 冲击波等效超压幅值；

t_a—— 冲击波等效作用时间。

简化后的三角形爆炸荷载如图 4.39 所示。

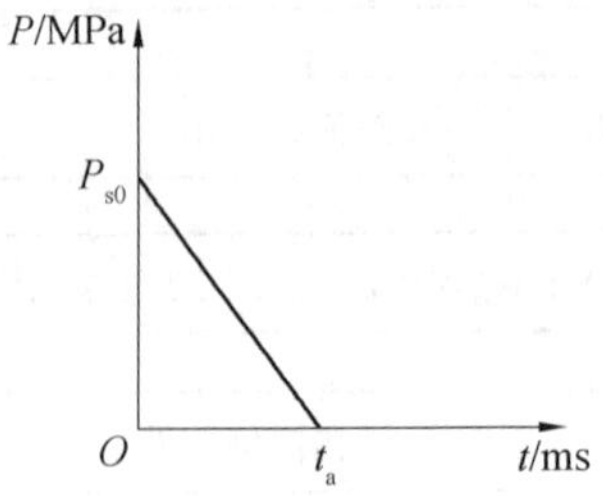

图 4.39　简化后的三角形爆炸荷载

由此可得到数值模拟时作用在钢管混凝土柱上的等效荷载，如表 4.14 所示。

表 4.14　数值模拟施加的等效荷载

时间 /ms	压力 /MPa
0	0
0.01	28
0.2	0

(3) 有限元模型的建立。

分析模型采用钢管混凝土柱模型，截面尺寸为 200 mm × 200 mm，柱高为 2 500 mm。钢管采用 Q235 材料，混凝土强度为 C40，假定柱两端固支。在有限元模型建立过程中，钢管与混凝土之间定义了固接面面接触。统一采用 g－mm－ms 单位制建模，求解终止时间为 50 ms。混凝土和钢管均采用三维实体 SOLID164 单元，采用映射法划分网格，模型共划分为 8 640 个单元，分别定义了钢管和混凝土两个 Part。网格划分如图 4.40 所示。

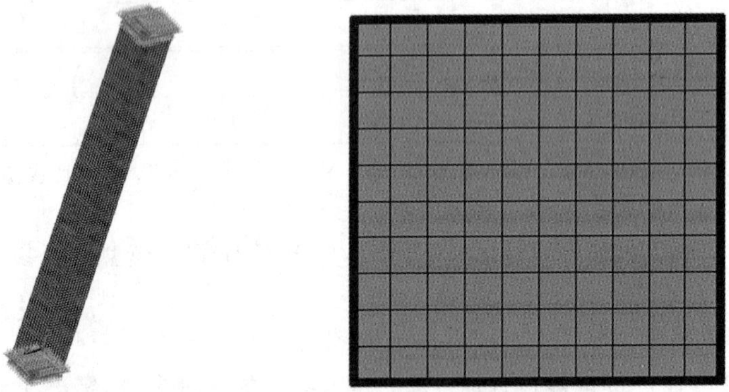

(a) 整体网格　　(b) 截面网格

图 4.40　钢管混凝土柱有限元模型

2. 残余承载力影响因素分析

(1) 钢材强度对钢管混凝土柱爆炸后残余承载力的影响。

在钢管混凝土柱中，由于钢管对核心混凝土起到约束作用，能够提高钢管混凝土柱的塑性和延性，因此在抗爆设计中，需要分析钢材强度对结构抗爆能力的影响。在数值分析模型中，首先用 ANSYS/LS－DYNA 建立 4 种圆、方钢管混凝土柱不同钢材强度的工况，方钢管混凝土柱的截面尺寸为 200 mm×200 mm×2.8 mm(壁厚)，圆钢管混凝土柱的截面尺寸为 225.72 mm × 3.2 mm(壁厚)，柱高为 2 500 mm，混凝土强度为 C40。详细参数和有限元模拟位移结果如表 4.15 所示。

表 4.15　不同钢材强度模拟位移结果

截面形状	截面尺寸 /mm	结构长度	钢材强度	达到最大位移时间 /ms	位移 /mm
圆形	225.72 × 3.2	2 500 mm	Q235	4.3	34.3
			Q345	3.8	30.3
			Q390	3.6	29.0
			Q420	3.4	28.3
方形	200 × 200 × 2.8	2 500 mm	Q235	4.5	45.9
			Q345	4.0	40.1
			Q390	3.6	39.0
			Q420	3.4	38.1

爆炸荷载作用下，不同钢材强度的位移－时间曲线如图 4.41、图 4.42 所示。从图中可以看出，在爆炸冲击荷载作用下，结构沿着冲击波传播方向的位移迅速增大，该方向的位移达到最大值后由结构自身的固有频率开始回弹，回弹过程中进行有规律的振荡，但是由于结构在爆炸冲击荷载作用下产生了不可恢复的塑性变形，因此取结构出现的最大位移作为计算位移。以下位移－时间曲线图均取前 30 ms 的曲线。

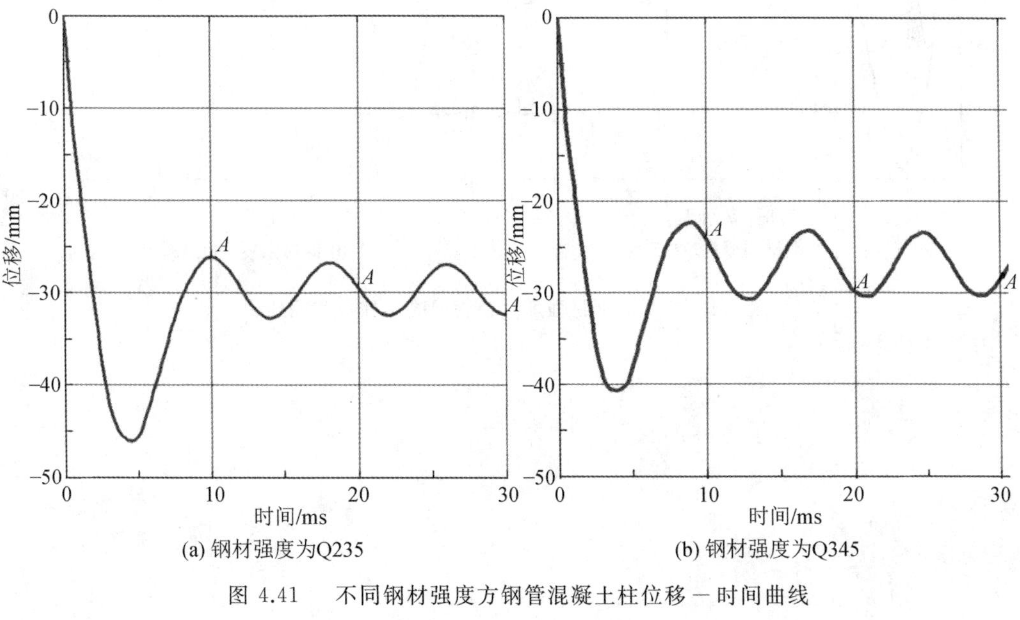

(a) 钢材强度为Q235　　(b) 钢材强度为Q345

图 4.41　不同钢材强度方钢管混凝土柱位移－时间曲线

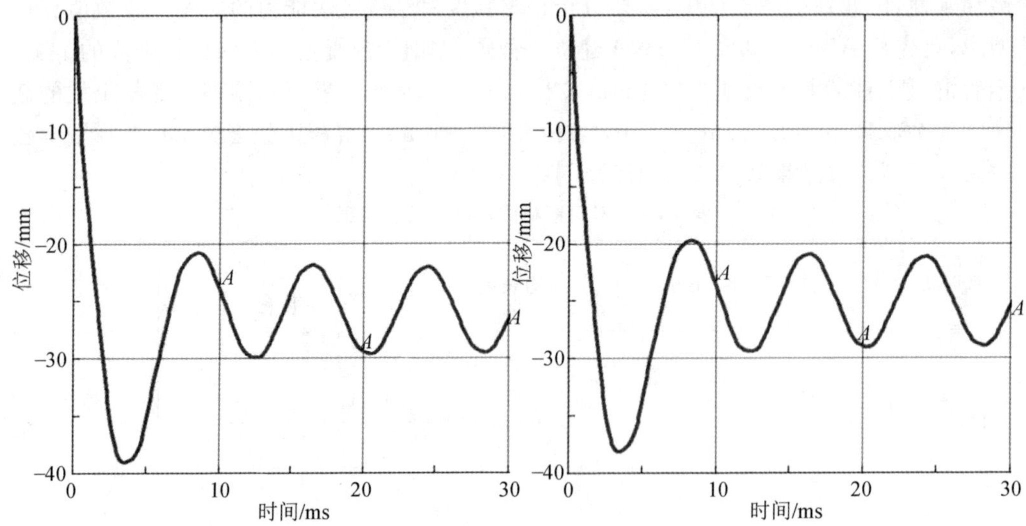

(c) 钢材强度为Q390　　(d) 钢材强度为Q420

续图 4.41

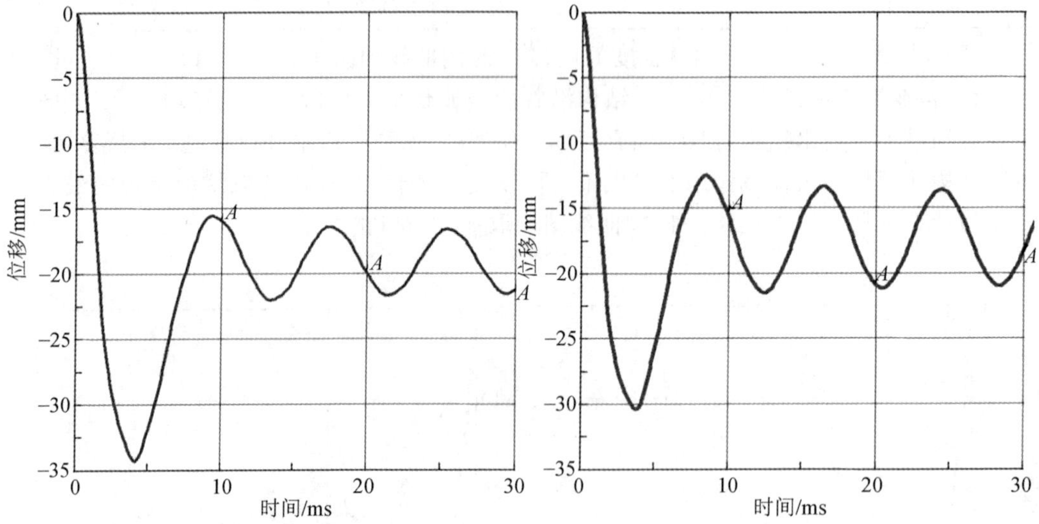

(a) 钢材屈服为Q235　　(b) 钢材强度为Q345

图 4.42　不同钢材强度圆钢管混凝土柱位移曲线

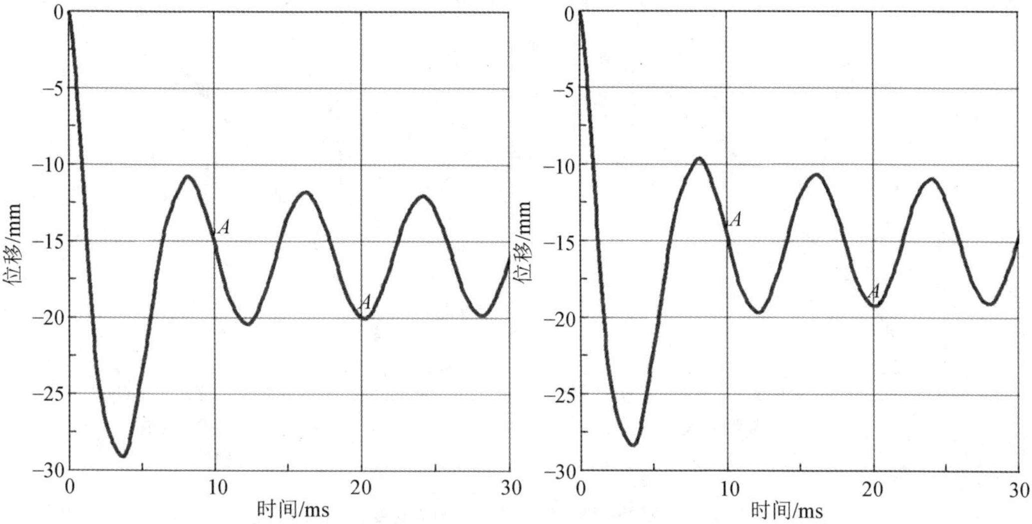

(c) 钢材强度为Q390　　(d) 钢材强度为Q420

续图 4.42

对于每个模型，随着钢材强度的增加，观测点横向位移逐渐减小，且到达最大值时所用的时间也依次减小，残余位移同上述规律。这是因为钢材强度的提高使外部钢管较晚出现塑性应变，且出现塑性应变的区域减小，阻止整体柱的变形，提高了抗爆冲击的性能。

用修正后公式计算得到方、圆钢管混凝土柱在不同钢材强度下的残余承载力，具体结果如表 4.17 所示。

表 4.17　构件在不同钢材强度下的残余承载力　　kN

钢管形状	Q235	Q345	Q390	Q420
方钢管混凝土柱	1 135.2	1 734.4	1 915.3	2 081.8
圆钢管混凝土柱	1 520.5	2 287.6	2 398.5	2 457.5

由图 4.43 可以看出，随着钢材屈服强度的增大，结构的残余承载力逐渐增大，且二者为非线性关系。即钢管混凝土结构的残余承载能力随钢材屈服强度的增大而增强。但当屈服强度大于 420 MPa 时，继续提高钢材屈服强度，残余承载能力的提高已非常微弱。因此，当钢材屈服强度较低时，可以通过提高其屈服强度来改变钢管混凝土柱爆炸后的残余承载能力；但当钢材屈服强度较高时，则无须采用这种措施来提高钢管混凝土柱的残余承载能力。由结构承载力随钢材屈服强度变化规律曲线可以看出，圆构件曲线在上升阶段比方构件有较明显的屈服平台，由表 4.17 可以得出在相同参数条件下，在爆炸荷载作用后圆钢管混凝土柱的残余承载力比方钢管混凝土柱大，说明圆钢管混凝土柱比方钢管混凝土柱有较强的抗爆炸能力。

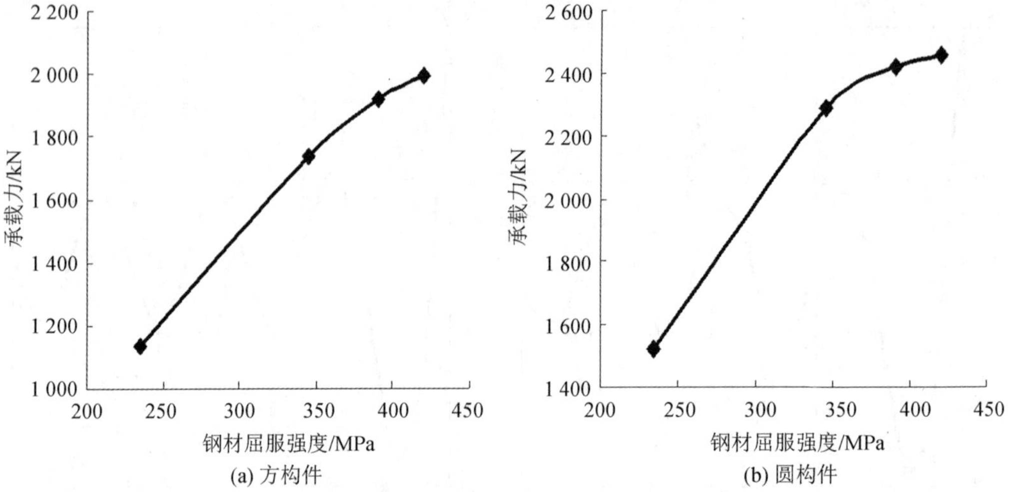

图 4.43　结构承载力随钢材屈服强度变化规律曲线

(2) 混凝土强度对钢管混凝土柱爆炸后残余承载力的影响。

混凝土强度的高低直接影响钢管混凝土柱的承载能力，因此在钢管混凝土柱抗爆设计中，需要分析混凝土强度对结构抗爆性能的影响。用 ANSYS/LS－DYNA 建立圆、方钢管混凝土柱 6 种不同混凝土强度的工况，分别为 C20、C30、C40、C50、C60、C70。方钢管混凝土柱的截面尺寸为 200 mm × 200 mm × 2.8 mm，圆钢管混凝土柱的截面尺寸为 225.72 × 3.16 mm，柱高为 2 500 mm，钢材强度为 Q235。详细参数和有限元模拟位移结果如表 4.18 所示。

表 4.18　不同混凝土强度模拟位移结果

截面形状	截面尺寸 /mm	结构长度 /mm	混凝土强度	达到最大位移时间 /ms	位移 /mm
圆形	225.72 × 3.16	2 500	C20	5.2	44.3
			C30	4.5	37.8
			C40	4.0	34.2
			C50	3.8	32.1
			C60	3.7	30.9
			C70	3.6	30.2

续表4.18

截面形状	截面尺寸 /mm	结构长度 /mm	混凝土强度	达到最大位移时间 /ms	位移 /mm
方形	200×200×2.8	2 500	C20	5.9	59.1
			C30	5.1	50.4
			C40	4.5	45.9
			C50	4.0	43.4
			C60	3.6	42.0
			C70	3.3	40.9

用本节公式计算，得到方、圆钢管混凝土柱在不同混凝土强度下的残余承载力，具体结果如表 4.19 所示。

表 4.19　不同混凝土强度下的残余承载力　kN

钢管形状	C20	C30	C40	C50	C60	C70
方钢管混凝土柱	598.6	904.7	1 135.2	1 326.4	1 430.9	1 503.1
圆钢管混凝土柱	800.3	1 206.3	1 520.5	1 766.3	1 943.9	1 992.6

由图 4.44 可以看出，随着混凝土强度的提高，结构的残余承载力不断增大，即结构的抗爆性能得到一定的提高，但提高幅值较小。由表 4.19 可知，混凝土强度从 C20 到 C40 时钢管混凝土柱的残余承载力有较大幅度提高，但从 C40 提高到 C70 时结构的残余承载力仅增加了约 400 kN。因此，采用提高混凝土强度的措施来提高钢管混凝土柱的抗爆能力不能达到理想效果，同时混凝土强度的提高也意味着工程造价的提高。从图 4.44 中还可看出，当其他条件一定时，圆钢管混凝土柱的残余承载力比方钢管混凝土柱大，有较好的抗爆炸能力，结构在抗爆设计时混凝土强度不低于 C40 较为安全。

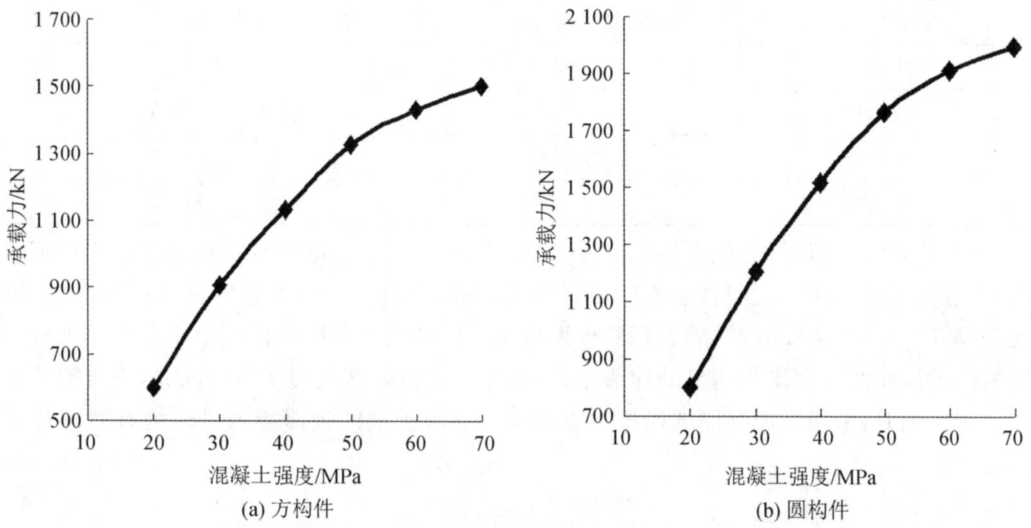

图 4.44　结构承载力随混凝土强度变化规律曲线

(3) 钢管壁厚对钢管混凝土柱抗爆性能的影响。

钢管是钢管混凝土柱的核心材料之一，壁厚的大小直接影响其对混凝土的约束效应。因此在抗爆设计中，需要分析钢管壁厚对结构抗爆性能的影响。在数值分析模型中，柱高为 2 500 mm，钢材强度为 Q235，混凝土强度为 C40，方钢管壁厚分别为1.8 mm、2.8 mm、3.8 mm、4.8 mm，等效圆钢管的壁厚分别为 2.06 mm、3.16 mm、4.29 mm、5.21 mm。详细参数和有限元模拟位移结果如表 4.20 所示。

表 4.20　不同钢管壁厚模拟位移结果

截面形状	混凝土强度	结构长度 /mm	钢管壁厚 /mm	最大位移时间 /ms	位移 /mm
圆形	C40	2 500	2.06	4.5	41.1
			3.16	4.0	34.2
			4.29	3.7	28.8
			5.21	3.5	26.3
方形	C40	2 500	1.8	5.2	55.1
			2.8	4.5	45.9
			3.8	4.3	41.9
			4.8	4.1	38.6

对于任意模型，由于钢管壁厚的改变，观测点的横向位移同样不断减小，且达到最大位移时反应的时间也不断减小，残余位移有相同规律。这是因为类似钢材强度和混凝土强度对钢管混凝土柱的影响，钢管壁厚的增大提高了钢管混凝土柱的整体强度，因此阻止了柱的整体变形，增强了结构抵抗爆炸冲击的性能。

用本节公式计算得到方、圆钢管混凝土柱在不同钢管壁厚下的残余承载力，具体结果如表 4.21 所示。

表 4.21　结构在不同钢管壁厚下的残余承载力

方 / 圆钢管壁厚 /mm	方钢管混凝土柱残余承载力 /kN	圆钢管混凝土柱残余承载力 /kN
1.8/2.06	760.4	1 019.5
2.8/3.16	1 135.2	1 520.5
3.8/4.29	1 508.3	1 996.3
4.8/5.21	1 878.2	2 356.6

由图 4.45 可以看出，随着钢管壁厚的增加，方、圆钢管混凝土柱的残余承载力都不断增大，也就是说结构的抗爆性能不断得到提高，不同于混凝土强度和钢材强度的影响，钢管壁厚在 1.8 ～ 4.8 mm 时，随着钢管壁厚增加，方、圆钢管混凝土柱残余承载力随钢材壁厚变化规律曲线没有出现明显的屈服平台，残余承载力仍然大幅增高。因此，当钢管壁厚在一定范围时，采用增加壁厚的措施以提高钢管混凝土柱的抗爆能力是较为有效的技术途径。

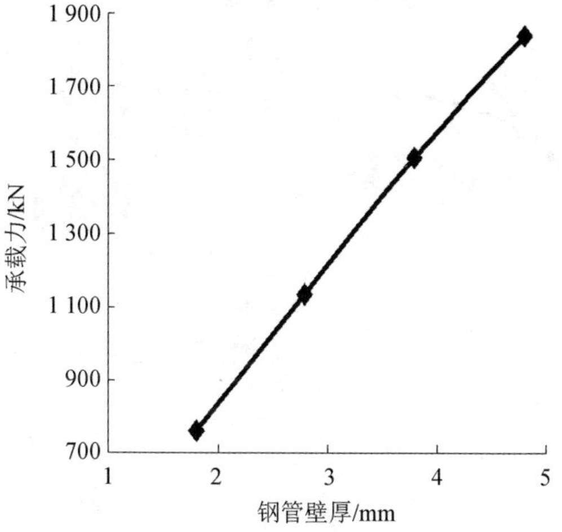

(a) 方构件

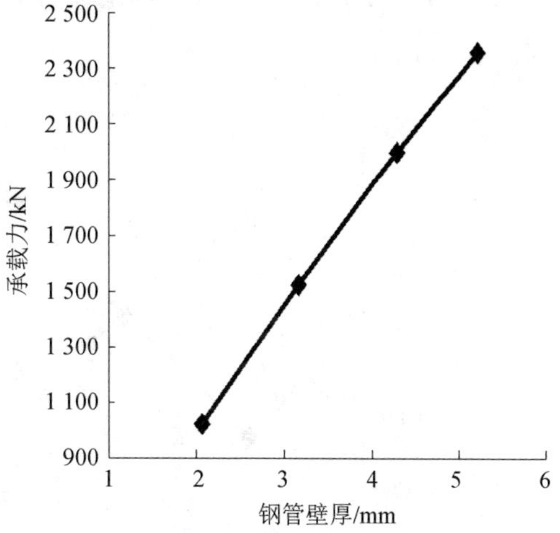

(b) 圆构件

图 4.45　结构承载力随钢管壁厚变化规律曲线

(4)3 种因素对结构残余承载力的影响水平比较。

由于上文 3 种因素不是统一变量，无法对 3 种不同因素对结构残余承载力的影响进行比较，因此以套箍系数作为统一变量，其计算公式为

$$\xi=\frac{A_s f_y}{A_c f_c} \tag{4.30}$$

式中　A_s、A_c—— 钢材和混凝土的横截面面积；

f_y、f_c—— 钢材的屈服强度和混凝土的轴心抗压强度。

通过式(4.30) 可求得上文 3 种影响因素不同工况下的约束效应系数，混凝土强度取 C30、C40、C50、C60 进行计算，详细结果如表 4.22 所示。

表 4.22　3 种影响因素下约束效应系数

Q235,2.8 mm/3.16 mm		C40,2.8 mm/3.16 mm		C40,Q235	
混凝土强度	约束效应系数	钢材强度	约束效应系数	钢管壁厚 /mm	约束效应系数
C30	0.678	Q235	0.508	1.8/2.06	0.350
C40	0.508	Q345	0.746	2.8/3.16	0.508
C50	0.421	Q390	0.845	3.8/4.29	0.651
C60	0.354	Q420	0.908	4.8/5.21	0.789

图 4.46、图 4.47 分别为不同影响因素下约束效应系数与圆、方构件残余承载力的关系图。从 3 条曲线的变化趋势可知，结构残余承载力随着混凝土强度对应的约束效应的提高而不断减小。而在约束效应系数为 0.65 左右以下时，随着钢管壁厚和钢材强度对应的约束效应的增大，残余承载力变化基本一致，但约束效应系数大于 0.65 时，改变钢管壁厚对结构残余承载力的影响开始大于钢材强度对结构残余承载力的影响。因此，在钢管混凝土柱抗爆设计中，改变混凝土强度对结构残余承载力影响最小，提高钢材强度次之，而增大钢管壁厚(即改变结构的含钢率) 可以显著提高结构的残余承载性能。综上可知，

在其他条件不变时，改变钢管壁厚是提高结构残余承载力最为有效的方式。

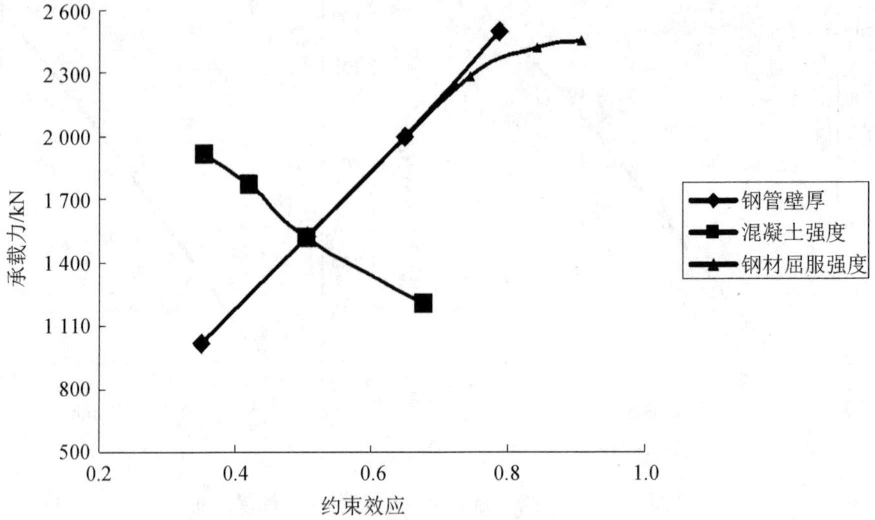

图 4.46　不同影响因素下约束效应系数与圆构件残余承载力的关系图

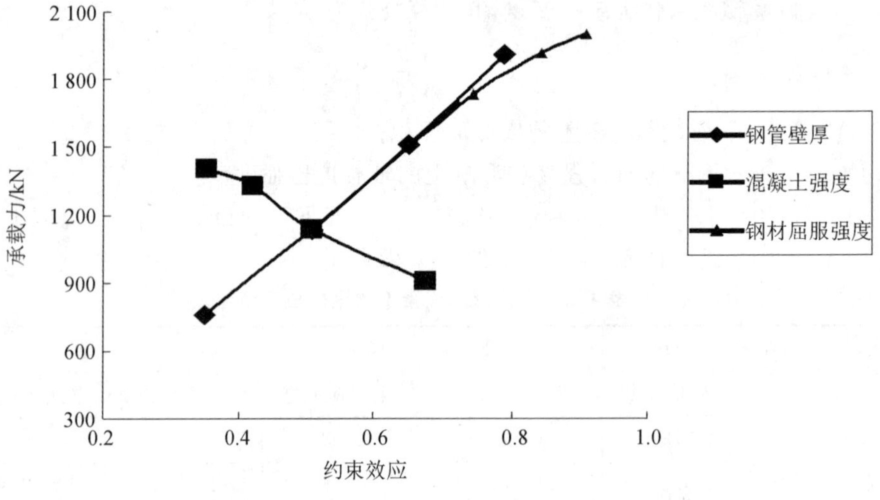

图 4.47　不同影响因素下约束效应系数与方构件残余承载力的关系图

第 5 章　钢管混凝土组合框架节点抗爆性能

5.1　钢管混凝土框架外加强环节点的爆炸数值模拟

外加强环节点作为典型钢管混凝土梁柱节点被普遍运用于建筑结构中，目前针对钢管混凝土框架梁柱节点性能的研究主要集中在节点的抗震性能、破坏形态和承载机制等方面，而对钢管混凝土框架外加强环节点的抗爆性能研究则较为欠缺。研究该类型节点的抗爆性能不仅能为使用该类型节点的大型公共建筑等重要建筑提供设计参考，同时亦可作为建筑结构的防连续倒塌设计的重要依据。

根据本书第 2 章中 2 号岩石型乳化炸药爆炸效应的模拟方法，首先，通过数值模拟计算出一定量的炸药爆轰所产生的超压大小，得到超压荷载时程曲线；然后采用定义荷载曲线法把该荷载施加于钢管混凝土框架外加强环节点上，分析节点的变形情况和破坏形态等，对钢管混凝土框架外加强环节点的抗爆性能进行分析；最后，通过大量数值模拟对影响钢管混凝土框架外加强环节点抗爆性能的参数进行分析。

5.1.1　钢管混凝土框架外加强环节点模型的建立

1. 模拟工况

本节拟模拟某圆钢管混凝土框架外加强环节点在爆炸荷载作用下的动力响应。爆炸物在建筑结构外部发生爆炸时，最先破坏的是结构外围的柱，因此本次模拟主要对圆钢管混凝土框架外加强环边柱节点以及圆钢管混凝土框架外加强环角柱节点进行分析研究，如图 5.1 所示（图 5.1 仅为对结构的边柱节点和角柱节点的位置进行示意，不代表实际中钢管混凝土结构的结构布置和结构规模）。

(1) 模型几何尺寸及材料参数。

有限元模型中，圆钢管混凝土框架节点模型的具体尺寸及材料参数如下：钢管混凝土柱单层高度为 2 500 mm，外直径为 200 mm，壁厚为 3.8 mm，材料为 Q345 钢材，其抗拉、抗压和抗弯强度设计值 $f=310$ MPa，抗剪强度设计值 $f_v=180$ MPa；混凝土采用 C30 混凝土，其轴心抗压强度设计值 $f_c=14.3$ MPa，轴心抗拉强度设计值 $f_t=1.43$ MPa；框架梁使用 H 型钢梁，其规格为 HT200 mm×100 mm×4 mm×6 mm，使用的材料为 Q345 钢材，其抗拉、抗压和抗弯强度设计值 $f=310$ MPa，抗剪强度设计值 $f_v=180$ MPa。

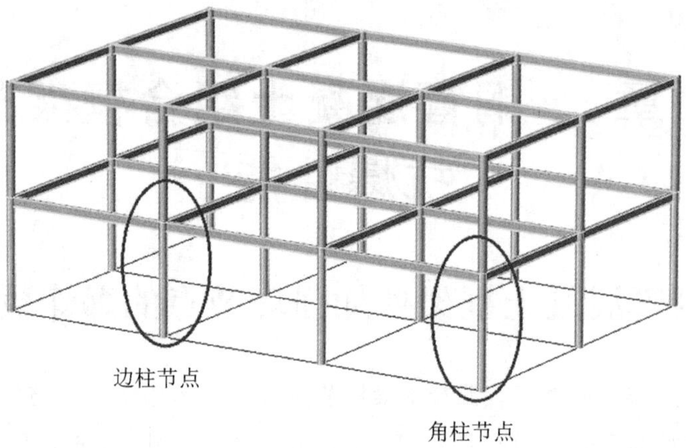

图 5.1　钢管混凝土框架中的边柱节点和角柱节点

框架梁柱节点为外加强环节点，根据《钢管混凝土结构技术规范》(GB 50936—2014)对其节点进行设计，设计过程如下。

外加强环宜采用图 5.2 所示的两种类型。

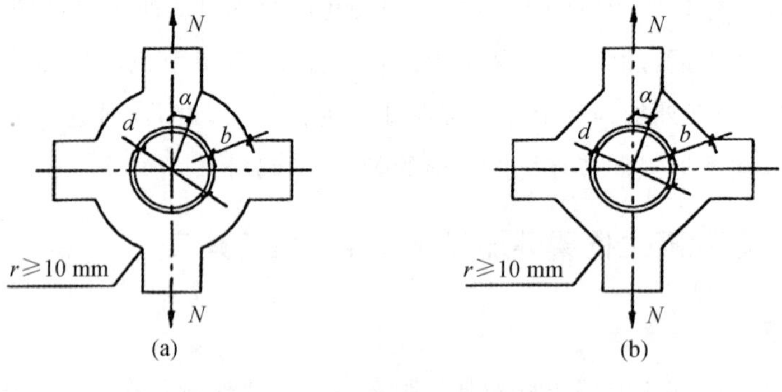

图 5.2　外加强环常用的类型

连接钢梁的加强环板的厚度，根据梁翼缘板所承受的轴心拉力 N 按下式计算确定：

$$t_1 \geqslant \frac{N}{b_s f} \tag{5.1}$$

式中　t_1—— 加强环板的厚度，mm；

b_s—— 加强环板的宽度(工字钢翼缘宽度)，mm。

加强环板的控制界面宽度 b 应按下列公式计算：

$$b \geqslant \frac{F_1(\alpha)N}{t_1 f_t} - \frac{F_2(\alpha)b_e t f}{t_1 f_t} \tag{5.2}$$

$$F_1(\alpha) = \frac{0.93}{\sqrt{2\sin^2\alpha + 1}} \tag{5.3}$$

$$F_2(\alpha)=\frac{1.74\sin\alpha}{\sqrt{2\sin^2\alpha+1}} \tag{5.4}$$

$$b_e=\left(0.63+\frac{0.88b_s}{d}\right)\sqrt{dt}+t_1 \tag{5.5}$$

式中　α—— 拉力 N 作用方向与计算截面的夹角；

t—— 主柱钢管的壁厚，mm；

d—— 主柱钢管的外直径，mm；

f—— 主柱钢管的抗拉强度设计值，MPa；

f_t—— 加强环板的抗拉强度设计值，MPa；

b_e—— 主柱钢管壁参与受力的有效宽度，mm。

主柱钢管壁有效宽度如图 5.3 所示。

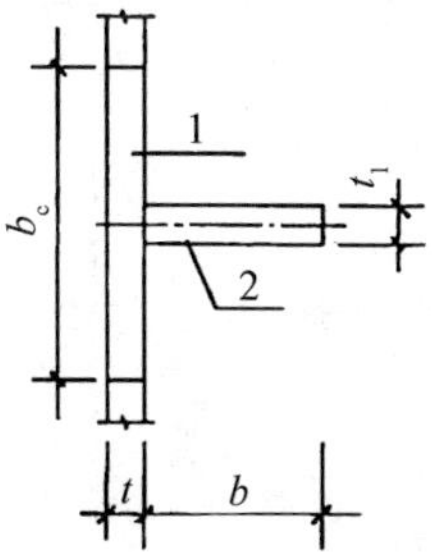

1— 主柱钢管壁；2— 加强环板。

图 5.3　主柱钢管壁有效宽度示意图

根据式(5.1) 对加强环板进行设计，计算过程如下。

加强环板厚度为

$$t_1\geqslant\frac{N}{b_sf}=\frac{129\ 000}{100\times215}=6\ (\text{mm})$$

取加强环板厚度与钢梁翼缘板厚度相同，均为 6 mm。

主柱钢管壁参与加强环受力的有效宽度为

$$b_e=\left(0.63+\frac{0.88b_s}{d}\right)\sqrt{dt}+t_1=\left(0.63+\frac{0.88\times100}{200}\right)\times\sqrt{200\times3.8}+6=35.50\ (\text{mm})$$

假定加强环板的控制宽度为 100 mm，则拉力 N 作用方向与计算截面的夹角为

$$\sin^{-1}\alpha=\frac{50}{100+100}$$

解得 $\alpha=14.48°$，则

$$F_1(\alpha)=\frac{0.93}{\sqrt{2\sin^2\alpha+1}}=\frac{0.93}{\sqrt{2\times\sin^2 14.48°+1}}=0.876\ 796$$

$$F_2(\alpha)=\frac{1.74\sin\alpha}{\sqrt{2\sin^2\alpha+1}}=\frac{1.74\times\sin 14.48°}{\sqrt{2\times\sin^2 14.48°+1}}=0.386\ 27$$

$$b \geqslant \frac{F_1(\alpha)N}{t_1 f_1} - \frac{F_2(\alpha)b_e t f}{t_1 f_1} = \frac{0.876\ 796 \times 129\ 000}{6 \times 215} - \frac{0.386\ 72 \times 35.50 \times 3.8 \times 215}{6 \times 215}$$

$= 78.98$ (mm)

符合规范规定。

故加强环板的厚度 $t_1 = 6$ mm，加强环板的控制界面宽度 $b = 100$ mm，加强环板的材料采用 Q345 钢材，其抗拉、抗压和抗弯强度设计值为 $f = 310$ MPa，抗剪强度设计值为 $f_v = 180$ MPa。

节点的构造示意图如图 5.4 所示。

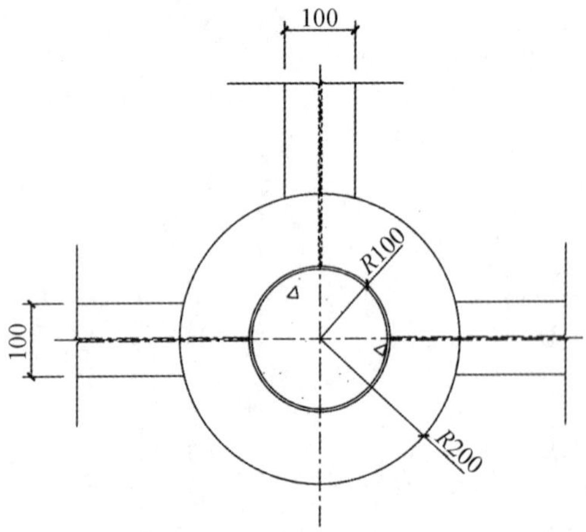

(a) 边柱节点

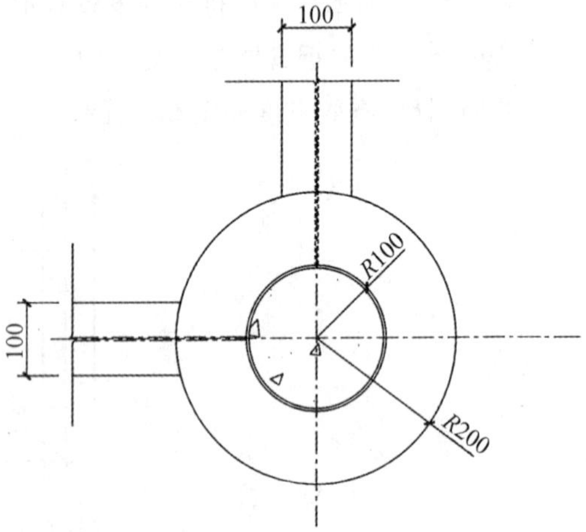

(b) 角柱节点

图 5.4　节点构造示意图(单位：mm)

(2) 炸药质量和起爆位置。

为分析节点在爆炸荷载作用下的破坏形态和破坏机理，本次模拟使用的炸药为 100 kg 的 2 号岩石型乳化炸药，其 TNT 当量为 70 kg。

炸药起爆位置的设定如下：

针对现实中对于炸药在建筑结构外发生爆炸的情况，包括汽车炸弹袭击等情况，炸药通常被放置于距离地面 1～1.5 m 的高度进行引爆，因此本次模拟的炸药起爆点均设置在距离首层柱中点 1 500 mm，离地高度为 1 250 mm 的空气中。对于边柱节点模型，炸药起爆点设置在垂直首层框架梁外 1 500 mm 处；对于角柱节点模型，炸药起爆点则设置在与首层两个方向框架梁均成 135°，距离为 1 500 mm 处，炸药起爆位置和节点的位置关系如图 5.5 所示。

2. 直接模拟法

直接模拟法的优点是爆轰过程模拟准确，能得到有更多细节的爆炸冲击波超压荷载曲线，且能得到爆炸冲击波传播的完整过程，这是其最大的优势；而定义荷载曲线法和经验爆炸模型法的优势则是建模过程相对简单，且由于不涉及炸药、空气和构件之间的流固耦合算法等复杂算法，其计算效率高，但该方法的缺点是其爆炸荷载曲线均经过简化，将爆炸冲击波产生的荷载简化为倒三角形的形式，降低了模拟结果的精确性。此时若通过直接模拟法计算得到所需炸药当量的爆炸超压时程曲线，后用该荷载曲线取代定义荷载曲线法里的倒三角形荷载曲线施加到试件上，则作用到试件上的荷载曲线依然具有直接模拟法计算得到的荷载曲线的精确性，同时因为使用的是定义荷载曲线法，其运算效率又比直接模拟法高，同时兼顾了直接模拟法和定义荷载曲线法的优点，对模拟的精确性和实效性均有莫大的帮助，本书将该方法命名为“改良定义荷载曲线法”。

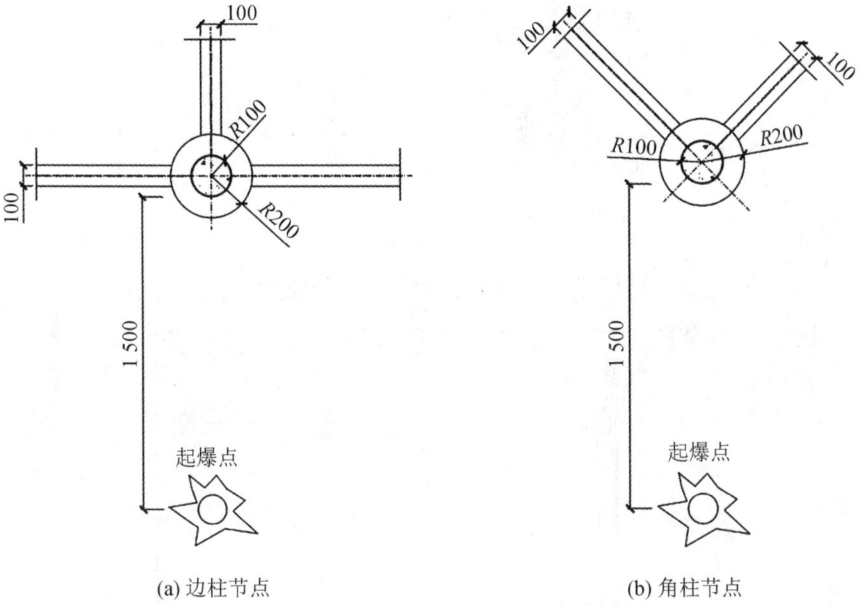

图 5.5　炸药起爆位置与节点的位置关系示意图(单位：mm)

图 5.6 展示了实际中炸药爆炸后在试件迎爆面产生的荷载效应、定义荷载曲线法对爆炸荷载进行简化后的荷载效应以及本章采用的“改良定义荷载曲线法”的荷载效应三者的对比。实际中，试件迎爆面上的爆炸荷载的大小随着迎爆面离起爆点距离的增大而减小，呈现线性变化的趋势，定义为 $Q(h)$；在定义荷载曲线法中，爆炸荷载在整个迎爆面上是均匀分布的，荷载大小不随迎爆面的高度变化而变化，定义为 Q，其荷载时程曲线呈倒三角形；本节所采用的“改良定义荷载曲线法”把迎爆面沿高度方向等分成一定数量的荷载段 Q_1、Q_2、Q_3 等，定义为 Q_i，每个荷载段中的荷载定义为均布荷载的形式，均布荷载的大小为直接模拟法中算出的超压时程曲线里对应时间点的超压值。实际爆炸荷载时程曲线(曲线 1)、定义荷载曲线法采用的爆炸荷载时程曲线(曲线 2)和本节所采用的“改良定义荷载曲线法”的爆炸荷载时程曲线(曲线 3)的对比如图 5.7 所示。

图 5.6

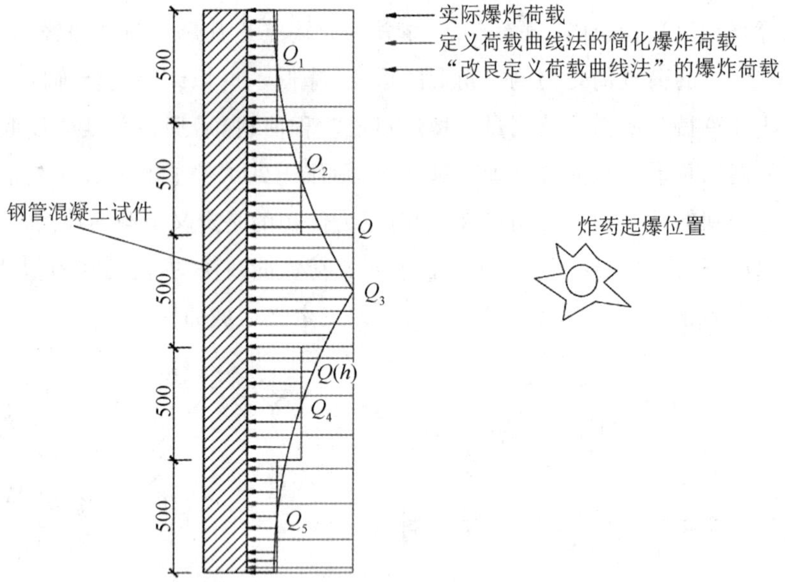

图 5.6　爆炸荷载分布规律(单位:mm)

图 5.7

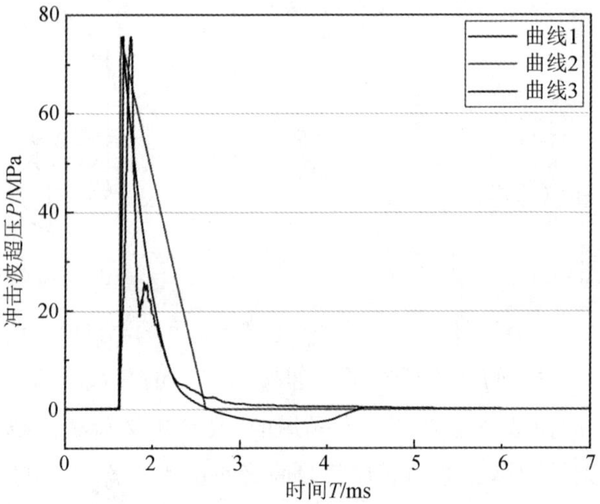

图 5.7　爆炸荷载时程曲线对比

3."改良定义荷载曲线法"的算例验证

为验证此方法的正确性,使用此方法对爆炸试验中试件 S3 进行模拟。将爆炸荷载作用下的试件 S3 沿高度(长度)方向分为 5 个荷载段,分别为 $Q_1 \sim Q_5$,其所承受的爆炸荷载和简化后的荷载示意图如图 5.8 所示,图中上部为未简化前的钢管混凝土试件在爆炸荷载作用下迎爆面的荷载分布,下部为简化后的钢管混凝土试件在爆炸荷载作用下迎爆面的荷载分布。

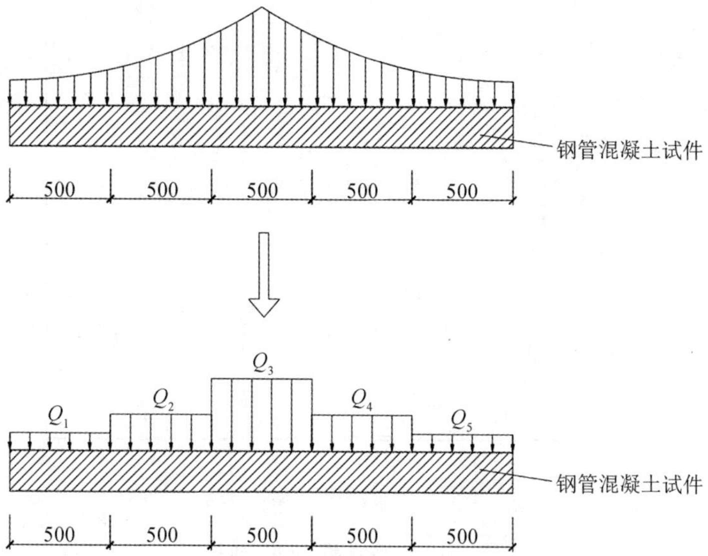

图 5.8　钢管混凝土试件爆炸荷载的简化(单位:mm)

图 5.8 中 $Q_1 \sim Q_5$ 的荷载大小从直接模拟法有限元模型中提取,同时认为冲击波关于试件中点对称,因此 $Q_1 = Q_5$,$Q_2 = Q_4$,则输出荷载时程曲线的测点位置如图 5.9 中黑色标注的位置所示。测点的超压时程曲线如图 5.10 所示。

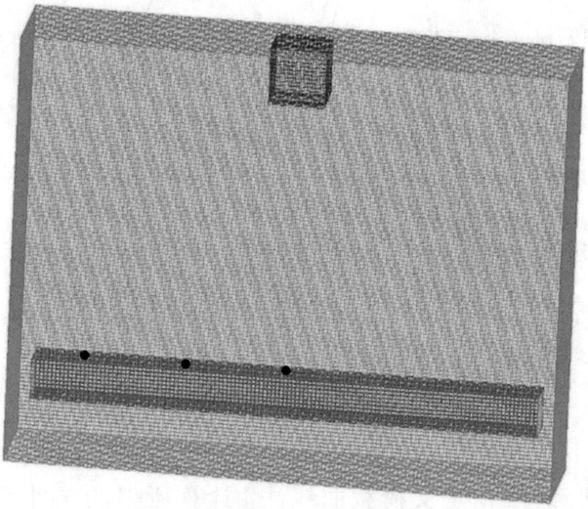

图 5.9　有限元模型荷载输出点的位置示意图

通过 *DEFINE_CURVE 关键字将图 5.10 中的荷载时程曲线施加到试件迎爆面相应的区段上,使试件迎爆面上作用有大小随时间变化的均布荷载,随后通过有限元程序计算试件的动态响应,把试件的位移时程曲线与直接模拟法的结果进行对比,验证模型的准确性。采用“改良定义荷载曲线法”计算所得的试件 S3 的跨中位移时程曲线和使用直接模拟法计算所得的结果进行对比,如图 5.11 所示。

图 5.10

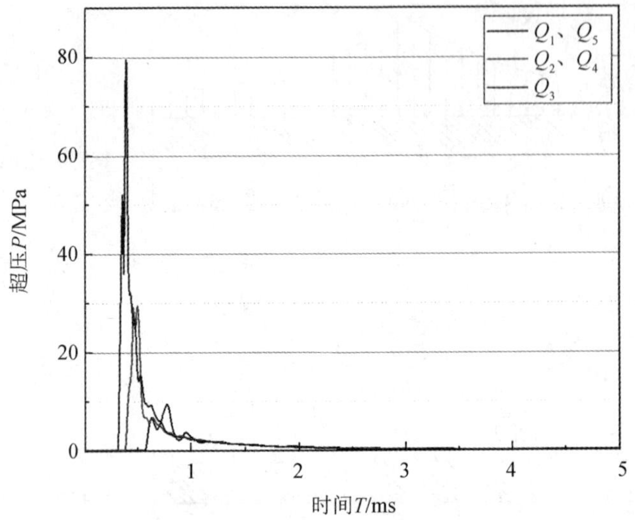

图 5.10　测点超压时程曲线

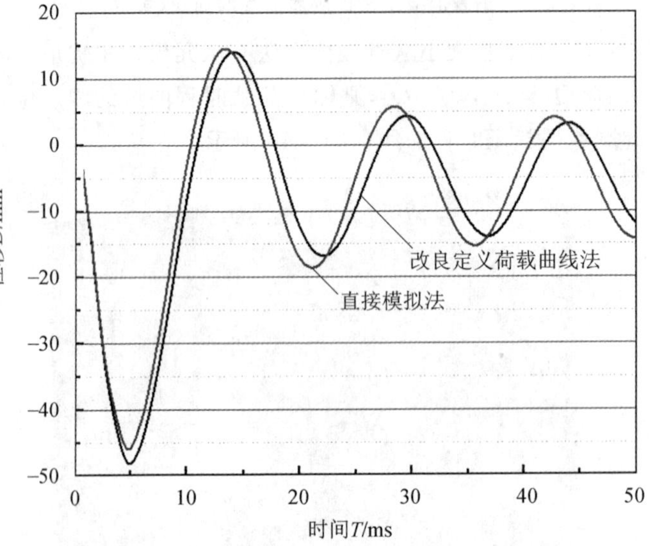

图 5.11　试件 S3 的跨中位移时程曲线对比

对比直接模拟法和“改良定义荷载曲线法”计算所得的试件 S3 的跨中位移时程曲线，两种方法的跨中最大位移的误差仅为 4.81%，使用“改良定义荷载曲线法”计算所得的结果略大；两种方法计算所得的试件 S3 的跨中位移时程曲线的位移值大小和曲线形状均吻合良好，采用“改良定义荷载曲线法”计算所得的试件 S3 在爆炸荷载作用下的响应结果较为准确，可用于钢管混凝土框架外加强环节点的爆炸试验模拟中。

因此，本章中关于圆钢管混凝土框架外加强环节点的爆炸模拟均采用此思路，先使用直接模拟法将所需炸药当量爆炸的超压时程曲线计算出来，随后使用定义荷载曲线法将此曲线施加于试件迎爆面，然后对试件的动力响应进行计算并得到计算结果。

4. 有限元模型的建立

使用和第 3 章中相同的自上向下建模的方式，分别建立钢管、混凝土、加强环和 H 型钢梁的三半跨单柱型边柱节点有限元模型以及双半跨单柱型脚柱节点有限元模型。模型同样使用 g－mm－ms 单位制，如图 5.12 所示。

(a) 边柱节点

(b) 角柱节点

图 5.12　边柱节点和角柱节点有限元模型

有限元模型中单元类型均为 SOLID164 三维实体单元，模型被分成 4 个 Part，分别为钢管、混凝土、外加强环和 H 型钢梁。4 个 Part 的材料模型分别为：钢管、外加强环和 H 型钢梁均采用 ＊MAT_PLASTIC_KINEMATIC 材料，其 K 文件中关键字具体参数参照表 4.12；混凝土采用 ＊MAT_JOHNSON_HOLMQUIST_CONCRETE 材料，其 K 文件中关键字具体参数参照表 2.14。

5. 网格划分

由于模型中钢管混凝土框架外加强环的构造形状复杂，不能直接使用映射划分或扫掠划分的方式进行有限元网格的划分，因此通过把模型切分为多个形状规则的体，使其达到扫掠划分的条件。由于模拟所用方法为定义荷载曲线法，不需要建立数量巨大的空气单元，因此可以适度减小试件模型的网格尺寸，使其计算结果更精确。本次模拟中有限元网格的尺寸设定为 10 mm，边柱节点有限元模型共划分为 261 501 个单元，角柱节点有限元模型共划分为 253 542 个单元。有限元模型网格划分情况如图 5.13 所示。

6. 爆炸荷载的施加

在对试件进行动力响应分析前，先使用直接模拟法建立 100 kg 的 2 号岩石型乳化炸药在空气中爆轰产生的冲击波超压时程曲线，把此模型称为炸药起爆模型。

由于本模拟中模型为三半跨单柱型边柱节点有限元模型和双半跨单柱型角柱节点有限元模型，试件的迎爆面总高度为 3 750 mm，若整个迎爆面均采用同一荷载数据，显然不符合爆炸冲击波对试件产生作用的特点。因此，把试件迎爆面按照高度平均分成 5 段，每段高度为 750 mm，每个区段的荷载大小为该区段中点的荷载大小。荷载分布的示意图如图 5.14 所示。

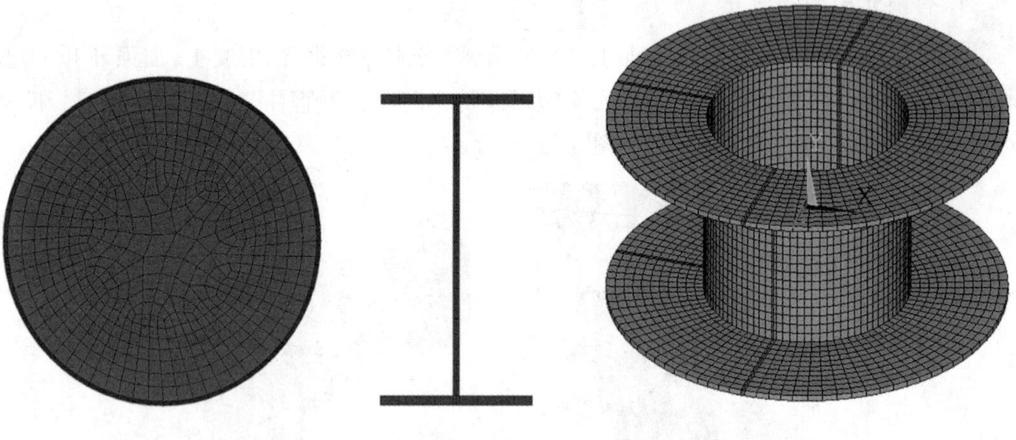

(a) 钢管混凝土柱截面　　(b) H型钢梁截面　　(c) 加强环模型

图 5.13　有限元模型网格划分情况

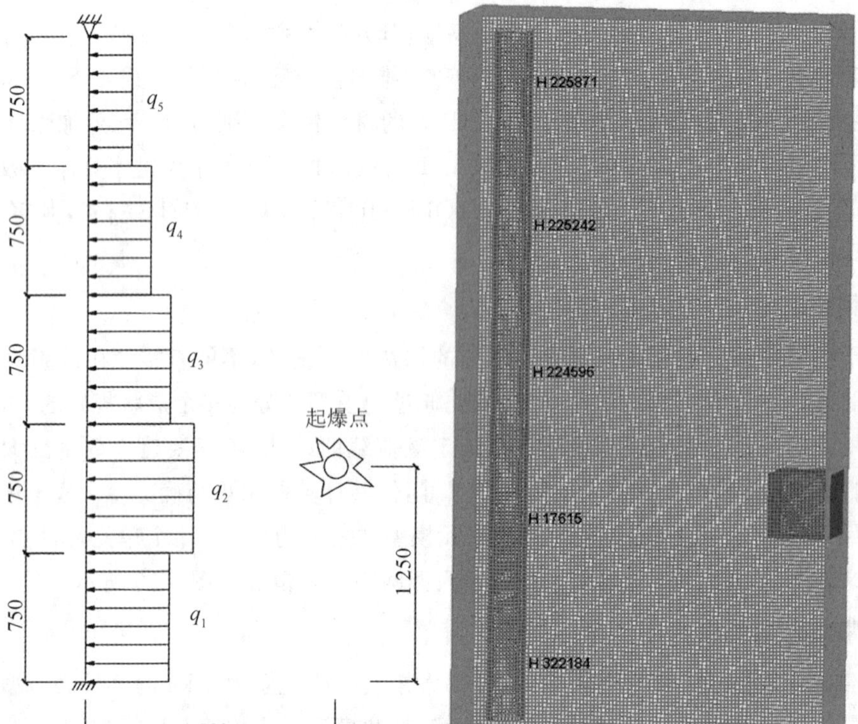

图 5.14　节点模型中荷载随高度分布示意图(单位:mm)

如图 5.14 所示,节点模型中迎爆面高度为 0 ～ 750 mm 范围内定义的荷载曲线 q_1 为通过炸药起爆模型计算的编号为 H322184 的单元所承受的冲击波超压时程曲线;迎爆面高度为 750 ～ 1 500 mm 范围内定义的荷载曲线 q_2 为通过炸药起爆模型计算的编号为 H17615 的单元所承受的冲击波超压时程曲线;迎爆面高度为 1 500 ～ 2 250 mm 范围内

定义的荷载曲线 q_3 为通过炸药起爆模型计算的编号为 H224596 的单元所承受的冲击波超压时程曲线；以此类推。

通过炸药起爆模型计算得到的 5 个高度范围内的迎爆面各分段荷载特征值如表 5.1 所示，爆炸冲击波超压时程曲线如图 5.15 所示，分别对应图 5.14 中的 $q_1 \sim q_5$，将 5 个超压荷载时程曲线分别对应施加于试件响应有限元模型迎爆面的 5 个高度范围上。

表 5.1　迎爆面各分段荷载特征值

荷载曲线编号	冲击波到达时间 /ms	超压峰值 /MPa	前 5 ms 冲量 /(MPa · ms)
q_1	0.484 6	21.72	5.86
q_2	0.309 7	189.33	24.21
q_3	0.389 9	54.87	8.75
q_4	0.674 8	7.84	4.24
q_5	1.024 8	3.72	3.57

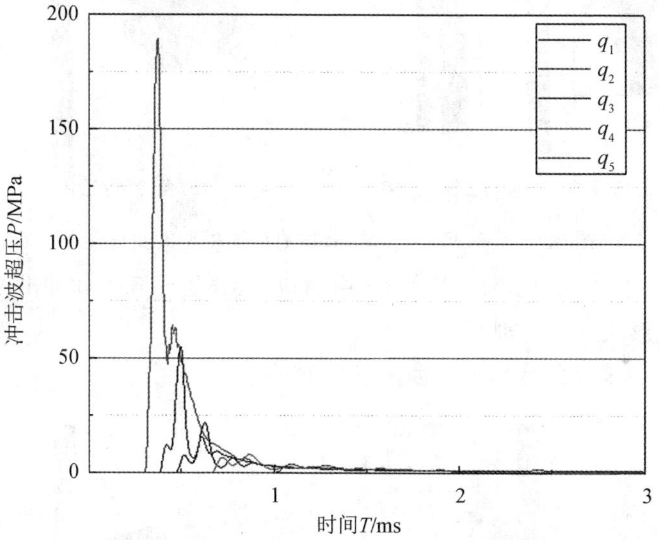

图 5.15　试件迎爆面各分段超压时程曲线

图 5.15

从图 5.15 中可看出，由于与炸药的距离不同，不同段之间荷载的大小有很大区别，冲击波到达试件迎爆面的时间也有所不同，其中荷载最大的 q_2 段的超压峰值是荷载最小的 q_5 段的 50.9 倍，而这一现象也印证了冲击波在空气中传播时会快速衰减的规律。

5.1.2　钢管混凝土框架外加强环节点爆炸作用下的动力响应

上一节中已通过炸药起爆模型计算得到 100 kg 的 2 号岩石型乳化炸药在与节点相距 1 500 mm，离地 1 250 mm 情况下的爆炸冲击波超压时程曲线，本节将荷载曲线以均布可变荷载的形式施加于节点模型中迎爆面对应的节段中，以研究节点的动力响应以及破坏形态。

1. 模型变形情况

本小节以位移云图的形式，从几个关键时间节点分析边柱节点和角柱节点在爆炸荷载作用下的变形情况及破坏形态。图 5.16 为边柱节点和角柱节点有限元模型的位移云图，为了方便观察，每个位移云图中又加入同一时间节点时的核心区变形形态和首层柱中点的变形形态示意图。下文中不再特别说明。图 5.16 所示为时间 $t=0.3$ ms 时有限元模型的变形形态。

图 5.16

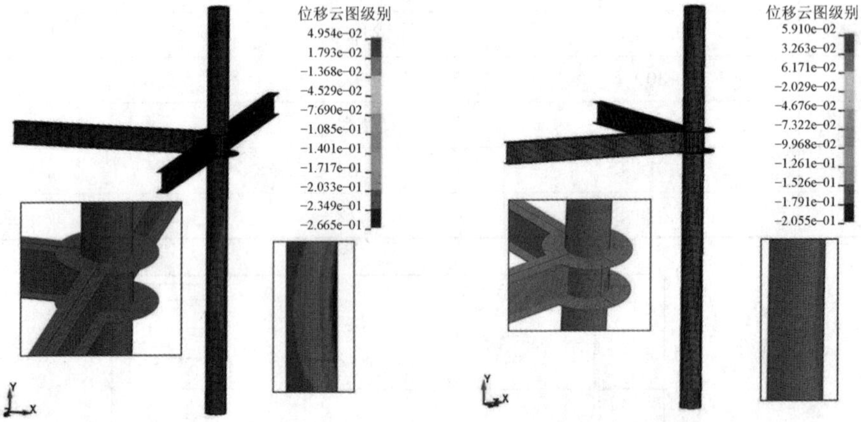

(a) 边柱节点的位移云图　　(b) 角柱节点的位移云图

图 5.16　时间 $t=0.3$ ms 时有限元模型的变形形态

在第 0.3 ms 时，首层柱跨中，即图 5.6 中的 Q_2 段开始受到爆炸冲击波超压的作用，试件在外力下的变形从这一时刻开始。

模型在 $t=2$ ms 时的变形形态如图 5.17 所示。

图 5.17

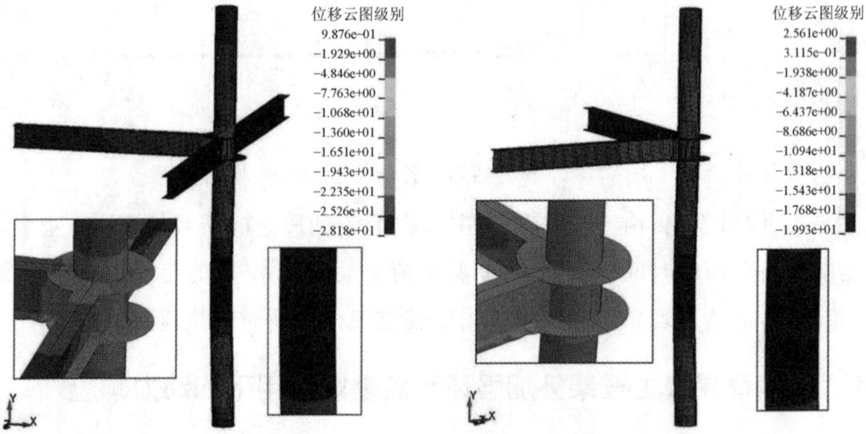

(a) 边柱节点的位移云图　　(b) 角柱节点的位移云图

图 5.17　时间 $t=2$ ms 时有限元模型的变形形态

在第 2 ms 可以看到，由于炸药当量较大，边柱节点模型的首层柱跨中位置的位移已经达到 28.18 mm，同时节点位置沿爆炸作用方向的框架梁与加强环连接处出现压弯迹象，同时与爆炸作用方向垂直的框架梁与加强环连接处的迎爆面亦受压出现轻微鼓起，此时节点中心位置在爆炸作用方向的位移为 6.43 mm。而角柱节点的首层柱跨中位移达到 27.92 mm，节点处外加强环与框架梁连接处出现轻微的弯曲鼓起，节点中心处沿爆炸作用方向的位移为 6.42 mm，且可以观察到节点处上部位移要小下部位移。

模型在 $t=5$ ms 时的变形形态如图 5.18 所示。

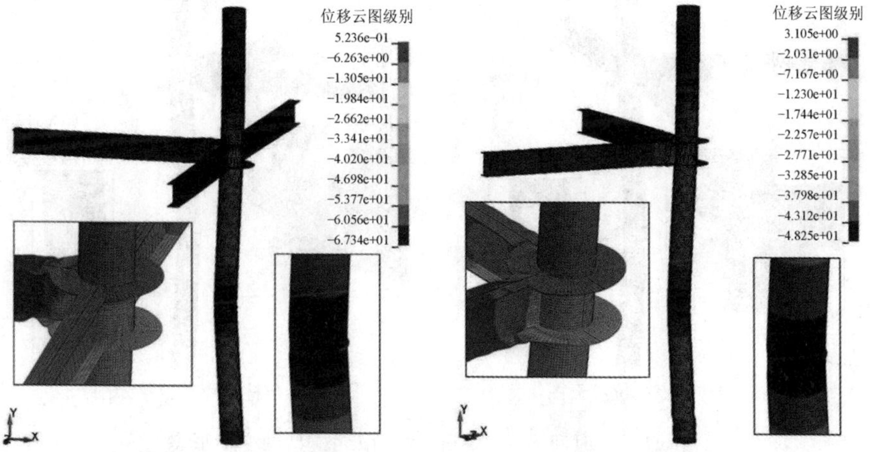

(a) 边柱节点的位移云图　　(b) 角柱节点的位移云图

图 5.18　时间 $t=5$ ms 时有限元模型的变形形态

图 5.18

在第 2 ～ 5 ms，两组模型的首层柱跨中位移均快速发展。在第 5 ms 时边柱节点跨中沿爆炸作用方向的位移达到 67.34 mm，由于弯曲变形大，柱跨中迎爆面受压鼓起，加强环处与爆炸荷载作用方向平行的梁与节点连接处受到挤压出现较大变形，此时该部位钢材已屈服，依靠塑性变形耗散爆炸冲击产生的能量，加强环板和梁腹板亦因挤压出现弯曲，此时节点中心位置沿爆炸荷载作用方向的位移为 14.31 mm，加强环板上部的位移要小于加强环板下部的位移。在角柱模型中，同样能观察到首层柱跨中沿爆炸作用方向出现较大位移，达到 63.13 mm，且柱跨中迎爆面同样因受压出现鼓起现象，在节点区，框架梁与加强环连接处因受压出现压弯现象，钢材同样进入屈服状态，加强环板和梁腹板被压曲。此时节点中心位置沿爆炸荷载作用方向的位移为 12.07 mm，节点区域上部位移要小于下部位移。

从两个有限元模型的变形情况均能观察到，当炸药在首层柱跨中位置发生爆炸时，首层柱跨中沿爆炸荷载作用方向发生快速变形，位移在短时间内达到较大值，然而节点区的位移并没有和柱跨中位移一样快速发展，其位移只有柱跨中位移的 20% 左右。出现这种现象的原因是框架梁对节点位移的阻挡作用，当节点要沿爆炸荷载作用方向发生位移时，边柱节点中与爆炸荷载作用方向平行的框架梁发挥着支撑的作用，因此节点位移发展受到限制，但是支撑的框架梁由于承受着节点强大的挤压力，其与节点连接的界面快速发生变形，很快进入屈服状态。而角柱节点中虽然没有沿爆炸荷载作用方向的框架梁对节点起直接支撑作用，但其两根框架梁与爆炸荷载作用方向成 45°，其能承受的沿爆炸荷载作用方向的合力相比边柱节点的更大，应为边柱节点所能承受荷载的 $\sqrt{2}$ 倍，这也解释了在相同爆炸荷载作用下角柱节点沿爆炸荷载作用方向的位移比边柱节点小的原因。

模型在 $t=7.5$ ms 时的变形形态如图 5.19 所示。

图 5.19

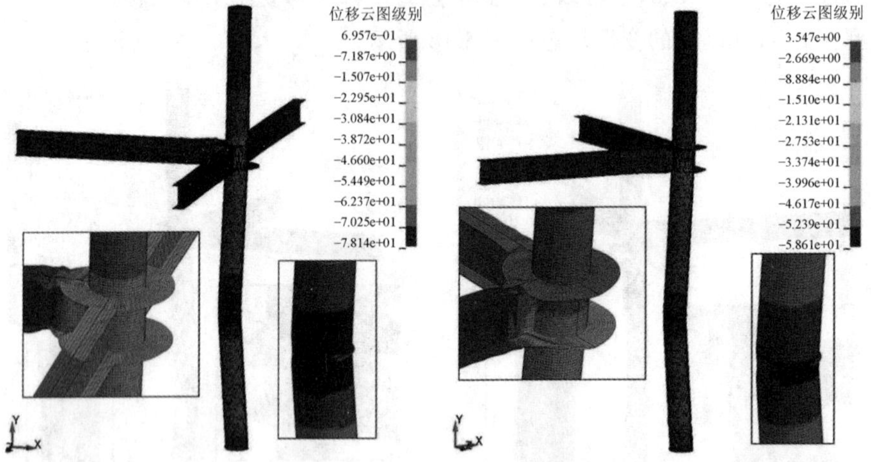

(a) 边柱节点的位移云图　　(b) 角柱节点的位移云图

图 5.19　时间 $t=7.5$ ms 时有限元模型的变形形态

在第 5 ～ 7.5 ms，节点变形持续增大，边柱节点首层柱跨中位移达到74 mm，柱跨中迎爆面的鼓起幅度亦略有增加，节点区域变形继续发展，节点中心位置沿爆炸荷载作用方向的位移为 20.91 mm。而角柱节点模型的首层柱跨中沿爆炸荷载作用方向的位移发展到 71.32 mm，可见角柱节点的变形速度开始放缓，节点区域变形没有明显增加，节点中心位置沿爆炸荷载作用方向的变形略微增加到 12.17 mm。

在第 8.75 ms，角柱节点模型的变形达到最大值，其变形情况如图 5.20 所示。

图 5.20

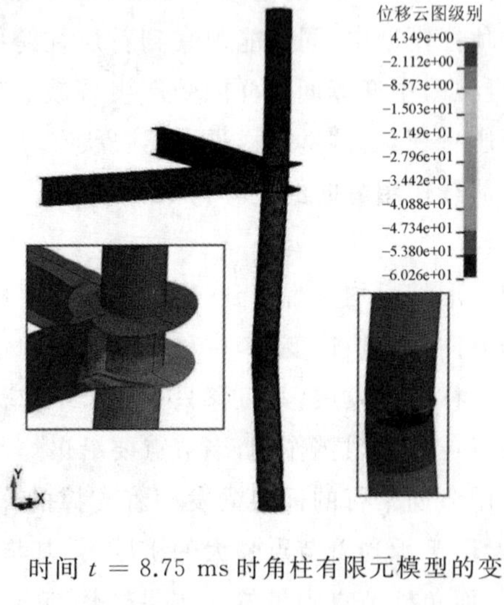

图 5.20　时间 $t=8.75$ ms 时角柱有限元模型的变形形态

此时角柱节点模型的首层柱跨中沿爆炸荷载作用方向的位移达到最大值 72.39 mm，

此时节点区域中点的位移已经回落到 10.89 mm。此后首层柱开始沿爆炸荷载作用方向的反方向回弹。在相同时刻边柱节点首层柱跨中位移为 76.62 mm。

模型在 $t=10$ ms 时的变形形态如图 5.21 所示。

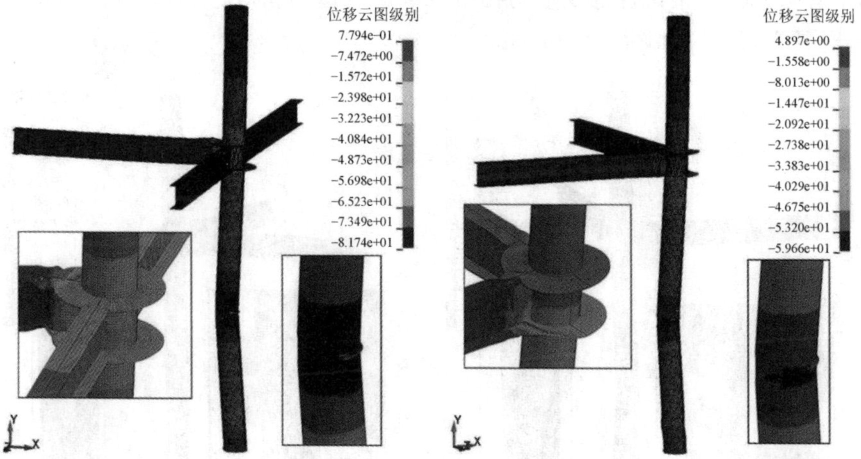

(a) 边柱节点的位移云图　　(b) 角柱节点的位移云图

图 5.21

图 5.21　时间 $t=10$ ms 时有限元模型的变形形态

在第 8.75 ～ 10 ms，边柱节点模型的变形继续发展，首层柱跨中沿爆炸作用方向的位移达到 77.74 mm，节点区域与爆炸作用方向平行的梁与节点连接处的变形已十分严重，且腹板上有单元因应变超过极限应变而失效退出工作，此时节点中心的位移为 23.11 mm。在角柱节点模型中，首层柱在第 8.75 ms 开始出现回弹，在第 10 ms 时位移减小到 71.67 mm，轻微回弹了 0.72 mm，而节点中心的位移亦减小到 10.48 mm。

边柱节点模型首层柱跨中最大位移出现在第 10.45 ms，此时其节点变形形态如图 5.22 所示。

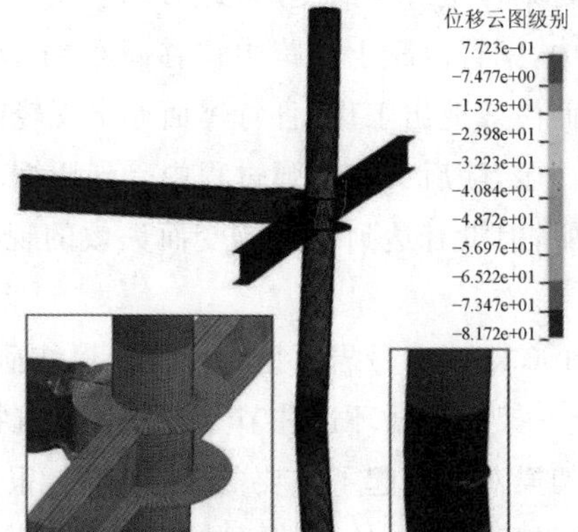

图 5.22

图 5.22　时间 $t=10.45$ ms 时边柱有限元模型的变形形态

边柱节点的首层柱跨中最大位移在第10.45 ms达到最大值77.84 mm，此时节点中心位移为23.46 mm，随后节点开始向爆炸荷载作用的反方向发生回弹。同一时刻角柱节点的首层柱跨中位移为71.08 mm。

两个有限元模型中试件的变形均在约25 ms时达到相对稳定，试件只做小幅度往复振动，此时其变形情况如图5.23所示。

图 5.23

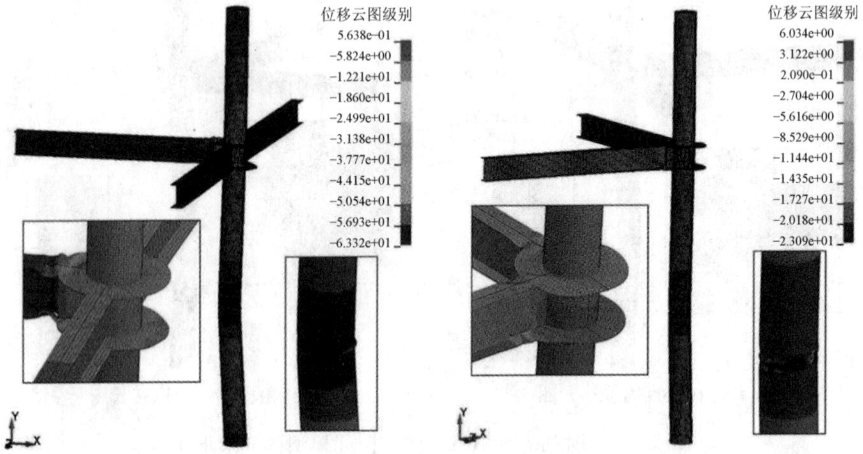

(a) 边柱节点的位移云图　　(b) 角柱节点的位移云图

图 5.23　时间 $t = 25$ ms时有限元模型的变形形态

第25 ms时，试件的形态已经接近最终变形形态。边柱节点模型中钢管混凝土柱跨中沿爆炸荷载作用方向的位移减小到了60.87 mm，外部钢管迎爆面鼓起，但未出现开裂现象，节点区域与爆炸荷载作用方向平行的梁与加强环板连接处均已屈服，发生很大变形，钢梁腹板与翼缘板连接的位置有单元达到最大应变退出工作。而由于与爆炸荷载作用方向平行的梁有效限制了节点向爆炸荷载作用方向的位移，与爆炸荷载作用方向垂直的型钢梁与加强环板连接处未发生严重的变形，此方向上的梁仍然能保持较为完整的梁承载机制。角柱节点模型中，钢管混凝土柱跨中位移减小到27.66 mm，其跨中迎爆面处有钢材由于达到极限应变而失效退出工作，且背爆面亦出现轻微鼓起，这是由于背爆面在柱变形过程中先被拉伸到屈服，随后又在回弹过程中受到压缩。节点核心区域中，型钢梁与加强环板连接处钢材屈服，但没有达到极限应变而失效的现象出现，对比边柱节点，其变形亦小得多。

通过对比两种节点在100 kg的2号岩石型乳化炸药爆炸荷载作用下的变形情况和破坏形态可知，圆钢管混凝土框架外加强环边柱节点在发生建筑物外部爆炸作用下，其与爆炸荷载作用方向平行的框架梁对节点起了重要的支撑作用，很大程度上限制了节点的位移，同时节点位移减小又使得另一方向的框架梁与节点间的内力减小，使得该方向上的梁承载机制得到很好的保护。爆炸事故发生时，节点通过钢管混凝土柱的弯曲变形和与爆炸荷载作用方向平行的型钢梁的变形耗散爆炸冲击波的能量，节点的失效形式为框架柱变形过大使节点失去承载力，以及与爆炸荷载作用平行的框架梁被压溃。而圆钢管混凝土框架外加强环角柱节点在发生建筑物外部爆炸时，由于两个方向上的型钢梁均能对节点起到一定的支撑作用，且支撑作用甚至强于边柱节点，因此其在相同爆炸荷载作用下首层柱和节点中心点的位移均比边柱节点小，该节点中型钢梁对节点位移的限制作用更好，且由于其由两根梁共同分担柱和节点传来的推力，其节点变形亦比边柱节点小得多，在同样的爆炸荷载作用下，该节点仍能保持比较好的承载能力。其失效形式为框架柱变形过大使节点失去承载能力。

2. 关键点位移

本小节将详细分析节点模型中首层柱迎爆面中点及节点迎爆面中点在爆炸荷载作用方向上的位移，以及位移在整根钢管混凝土柱沿高度方向上的分布规律，以及两个方向型钢梁上的位移分布规律。

(1) 钢管混凝土柱跨中位移和加强环中点位移。

两种节点的钢管混凝土柱跨中及节点迎爆面中心点沿爆炸作用方向的位移如图5.24所示。

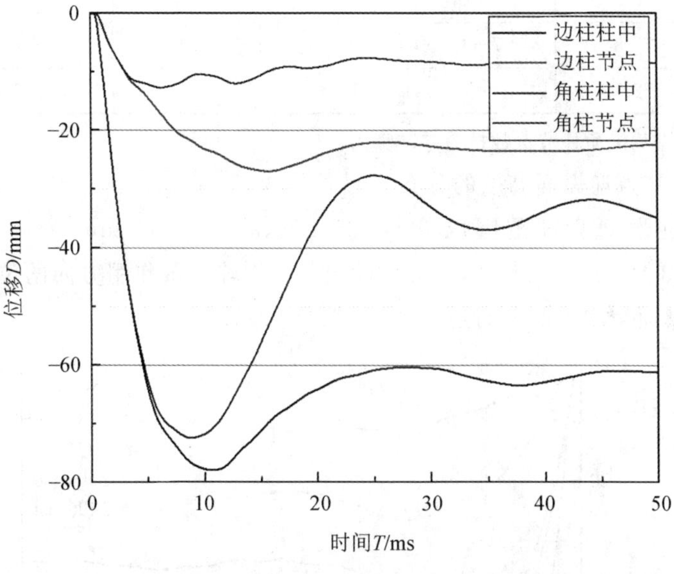

图 5.24

图 5.24　模型的柱跨中和节点迎爆面中心点的位移时程曲线

可见，在爆炸冲击波荷载作用下，前 5 ms 内边柱节点模型和角柱节点模型的钢管混凝土柱的跨中位移和核心区节点中点的位移是基本一致的，随后由于角柱节点中框架梁对钢管混凝土柱及节点的支撑作用强于边柱节点，边柱节点起支撑作用的框架梁与加强环板连接的位置发生屈服，所以边柱节点的钢管混凝土柱的跨中位移和核心区节点中点的位移逐渐超过角柱节点。在第 8.75 ms 时角柱节点的框架柱中点位移达到最大值，随后开始回弹，经过 4 次回弹后位移稳定在 35 mm 左右，即为钢管混凝土柱的残余变形。而边柱节点的钢管混凝土柱中点位移在第 10.45 ms 达到最大值，随后亦开始回弹，但由于其塑性变形比角柱节点的更大，其回弹幅度不如角柱节点，爆炸荷载作用后残余变形为

61.26 mm。在两种节点模型中，由于框架梁对节点的支撑作用，节点核心区的位移均不大且在约 15 ms 后便保持稳定不再增加。

表 5.2 给出了两种节点在相同爆炸荷载作用下的框架柱跨中位移、节点中心位移以及残余变形的数据对比。由该表数据可知，边柱节点的框架柱跨中位移比角柱节点大 5.45 mm，差距为 7.53%，但是其最后残余变形比角柱节点多 26.43 mm，差距达到 75.88%，造成此现象的原因是边柱节点的钢管混凝土柱跨中最大位移比角柱节点大，其截面进入塑性变形的范围亦比角柱节点的大，边柱节点的钢管混凝土柱截面进入塑性变形的范围越大，其残余变形越大，所以最后边柱节点钢管混凝土柱的残余变形要比角柱节点大得多。而由于边柱节点的柱中最大位移和残余变形都比角柱节点大，因此其节点部分的位移亦要比角柱节点的大。

表 5.2　两种节点位移对比

节点类型	柱中最大位移 /mm	柱中最大位移差距 /%	节点最大位移 /mm	节点最大位移差距 /%	残余变形 /mm	残余变形差距 /%
边柱节点	77.84	7.53	26.93	112.2	61.26	75.88
角柱节点	72.39	—	12.69	—	34.83	—

注：表中的差距数据均以角柱节点数据为基准算出。

(2) 位移沿节点迎爆面高度的分布。

沿节点的迎爆面高度范围取 $h=625$ mm、$h=1\ 250$ mm、$h=1\ 875$ mm、$h=2\ 500$ mm、$h=3\ 125$ mm 的 5 个点，分别输出其沿爆炸荷载作用方向的位移时程曲线，以研究位移在迎爆面高度上的分布规律，如图 5.25 所示。

图 5.25(a)

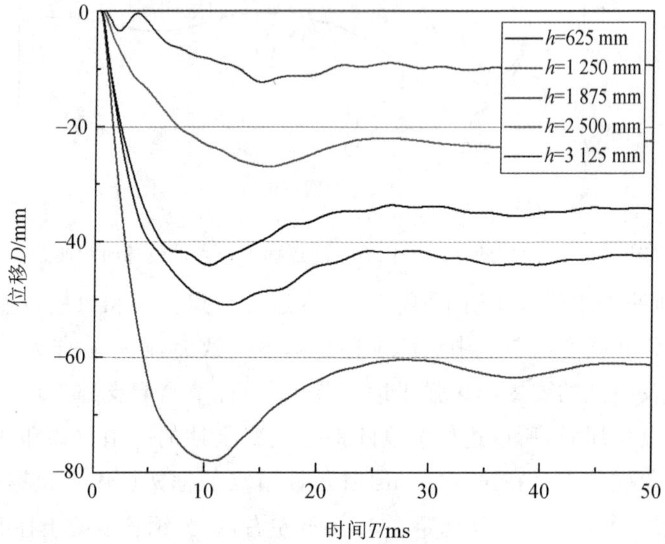

(a) 边柱节点位移沿迎爆面高度分布图

图 5.25　节点位移沿迎爆面高度分布图

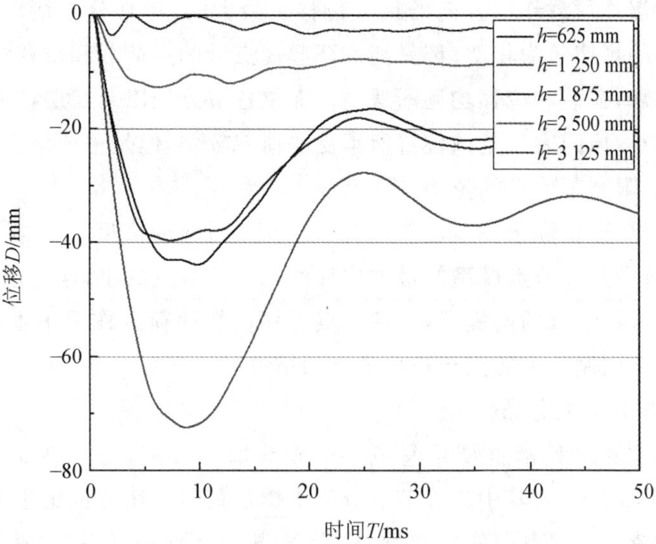

(b) 角柱节点位移沿迎爆面高度分布图

图 5.25(b)

续图 5.25

在边柱节点中，可以看到迎爆面沿爆炸作用方向位移最大的是 $h=1\ 250$ mm 的点，亦即首层柱中点。随后是 $h=1\ 875$ mm 的点，第三是 $h=625$ mm 的点，节点中心点排在第四，位移最小的则是二层柱中 $h=3\ 125$ mm 的点。而对于角柱节点，位移最大的是 $h=1\ 250$ mm 的点，随后是 $h=625$ mm 的点，第三是 $h=1\ 875$ mm 的点，第四和第五同样为节点中心点和二层柱 $h=3\ 125$ mm 的点。若把每个高度的点的最大位移与该点高度的关系用图表示，则如图 5.26 所示。

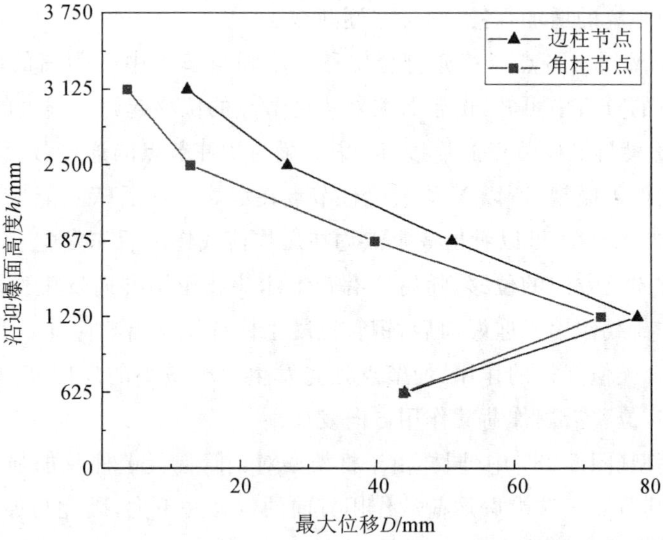

图 5.26　迎爆面不同高度与最大位移关系图

可见，在节点迎爆面上，距离炸药起爆位置最近的点，即 $h=1\ 250$ mm 的点，其在爆炸荷载作用下沿爆炸荷载作用方向的最大位移是最大的，位移分布情况亦跟图 5.8 迎爆面上荷载分布图的规律较为相似，都是离炸药起爆点近的点荷载和位移均为最大，随着离起爆点距离的增加，荷载和位移均逐渐减小。而梁柱节点处以及二层柱 $h=3\ 125$ mm 的点处位移均比较小，原因之一是该位置所承受的荷载较小，但是主要原因是框架梁对节点区域起支撑作用，限制了节点的位移。

同时亦可看出，边柱和角柱节点模型在 $h=625$ mm 的高度上其最大位移基本相同的，而余下 4 个点中角柱节点模型的最大位移均比边柱节点的小，这也进一步验证了在相同的截面尺寸和材料参数的前提下，角柱节点在横向爆炸荷载作用下框架梁对钢管混凝土柱及节点位移的限制作用要强于边柱节点的结论。

(3) 位移沿框架梁的分布。

自节点中心位置开始沿框架梁每隔 500 mm 取一个点，分别为 $L=500$ mm、$L=1\ 000$ mm、$L=1\ 500$ mm，其中边柱节点分为沿爆炸荷载作用方向的框架梁，称为 X 梁，以及垂直于爆炸荷载作用方向的框架梁，称为 Y 梁，分别研究位移在框架梁上的分布特点。边柱节点和角柱节点的位移沿框架梁的分布分别如图 5.27 和图 5.28 所示。

在边柱节点模型中，X 梁上 3 个点沿爆炸荷载作用方向的位移在第 2 ms 就发展到最大值，这是因为爆炸荷载作用于模型迎爆面上后，钢管混凝土柱在大荷载作用下发生快速且幅度较大的变形，在梁柱节点部位由于 X 梁节点的支撑作用有效地限制了节点的位移，但同时 X 梁受到的巨大的挤压力使其在很短时间内便屈服，X 梁在爆炸发生不久后便达到最大位移，随后爆炸荷载消失，钢管混凝土柱和梁柱节点对 X 梁的挤压力大幅度减小，X 梁上的位移开始减小，但由于 X 梁与加强环板连接的截面已被压至屈服，因此留下残余变形。同时，X 梁上 3 个点由于受到的是近似于轴心压力的挤压力，其最大变形均不大，随着离节点中心距离的增加，各点的位移逐渐减小。

而边柱节点 Y 梁上各点位移亦符合位移大小随与节点中心距离的增加而减小的规律。从上一小节的分析中可知，由于 X 梁对梁柱节点的位移起到了很大的限制作用，很大程度上保护了 Y 梁与梁柱节点的连接，使得 Y 梁与梁柱节点的连接截面不至于因为梁柱节点的位移过大而被撕裂，所以 Y 梁与梁柱节点在爆炸作用后依然能保持相对较好的梁承载机制。由图 5.27(b) 可以看出 3 个点均在爆炸荷载作用后先发生一个幅度较小的沿爆炸荷载作用方向反方向的位移，随后才沿着爆炸荷载作用方向发生变形。出现这种现象的原因是爆炸荷载作用于迎爆面后，钢管混凝土柱首先做出响应开始变形，而 X 梁限制其变形，起到一个类似杠杆的作用，使节点处先发生一个微小的反向变形，随后随着模型整体变形的增加，位移沿爆炸荷载作用方向发展。

角柱节点模型(图 5.28) 中，同样由于框架梁对钢管混凝土柱及加强环节点的位移起到了限制作用，其节点区域沿爆炸荷载作用方向的位移并不大，因此与加强环节点相连的框架梁上各点的位移亦不算大，最大位移发生在 5.5 ms 左右。在框架梁距离加强环节点 1 000 mm 及以上的两个点位移相差不大。

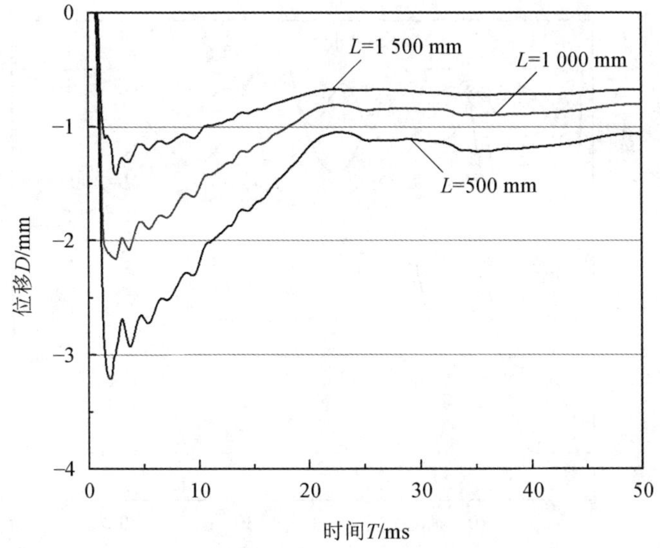

(a) 边柱节点位移沿X梁的分布图

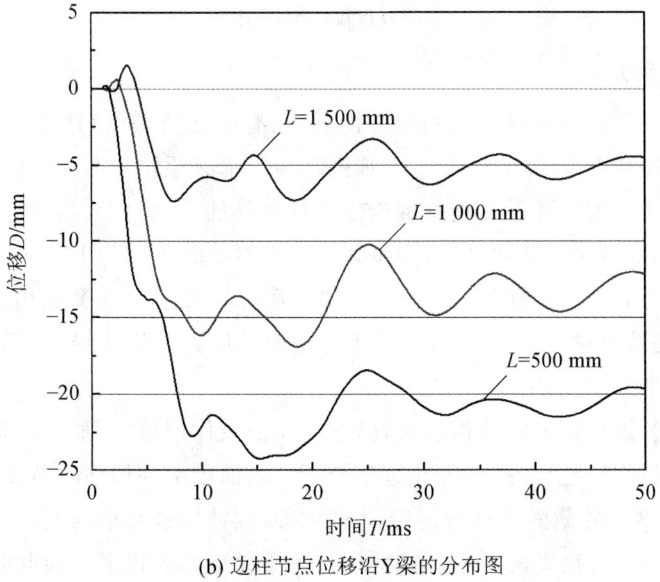

(b) 边柱节点位移沿Y梁的分布图

图 5.27　边柱节点位移沿框架梁的分布图

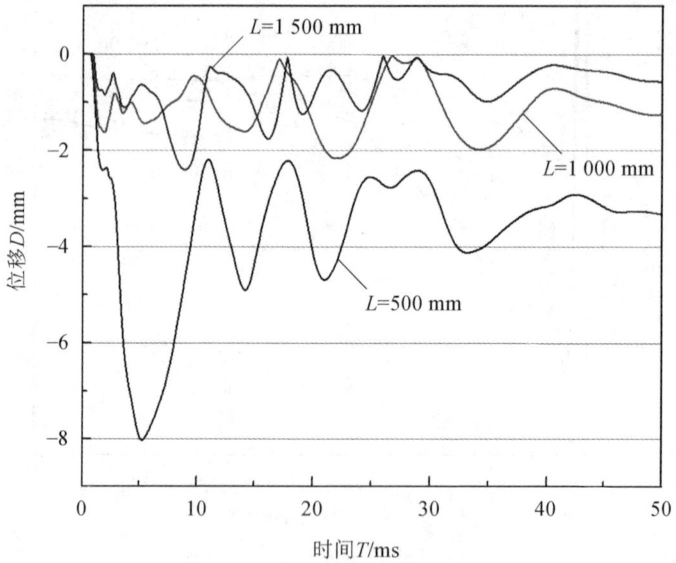

图 5.28　角柱节点位移沿框架梁的分布图

3. 加强环板应力

本小节将研究节点加强环板上的应力情况，在有限元模型中，选取上、下加强环板与钢管混凝土柱相连截面上的单元及上、下加强环板与框架梁相连截面上的单元，输出其应力时程曲线。定义上加强环板与钢管混凝土柱连接处的单元为 P1，上加强环板与型钢梁连接处的单元为 P2，下加强环板与钢管混凝土柱相连处的单元为 P3，下加强环板与型钢梁连接处的单元为 P4，分别输出边柱节点中加强环板与 X 梁和与 Y 梁相连截面的应力时程曲线，以及角柱节点中加强环与框架梁相连截面的应力时程曲线，如图 5.29 和图 5.30 所示。

在边柱节点 X 梁与外加强环板连接处，在爆炸荷载作用后，下加强环板上的应力急剧增加，此时由于钢管混凝土柱的推力通过整个了外表面传给外加强环节点，而外加强环节点仅能通过 H 型钢梁的截面将推力传给 H 型钢梁，因此加强环板与型钢梁接触的位置单元应力要比加强环板与钢管混凝土柱接触的位置单元应力大得多。而此时上加强环板的两个测点单元先出现了时间极短的拉应力，随后和下加强环板两个测点的规律一样，压应力瞬间急剧上升，同样地，上加强环板与型钢梁连接位置的应力要比上加强环板与钢管混凝土柱接触位置的应力大。随后在第 10 ms 后钢管混凝土柱的位移达到最大值后开始回弹，此时钢管混凝土柱对外加强环节点的挤压力逐渐减小，外加强环板上 4 个测点的压力亦随之减小。而由于节点变形对 X 梁的挤压作用使其产生残余变形，在钢管混凝土柱回弹过程中，外加强环节点又在复位过程中对 X 梁产生拉应力。最后随着冲击波能量被耗散，节点的变形亦基本完成，4 个测点的压力亦逐步趋向零。

在边柱节点模型的 Y 梁与外加强环板连接处，总体应力水平要比 X 梁低得多，其中最重要的原因就是 X 梁限制了节点的位移。在此范围内加强环板处于弹性状态，未发生塑性变形，同时 Y 梁本身亦未产生太大的应力，因此 Y 梁承载机制得以保存，在爆炸荷载作用后仍能提供较好的竖向承载力。

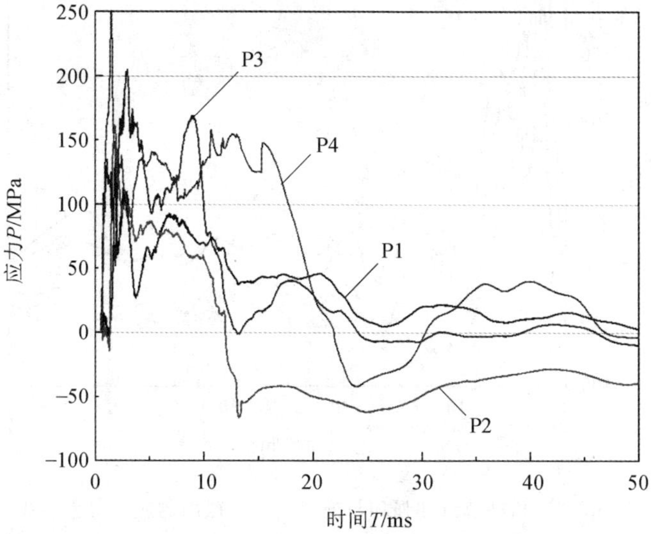

(a) 边柱节点加强环板与X梁相连截面的应力时程曲线

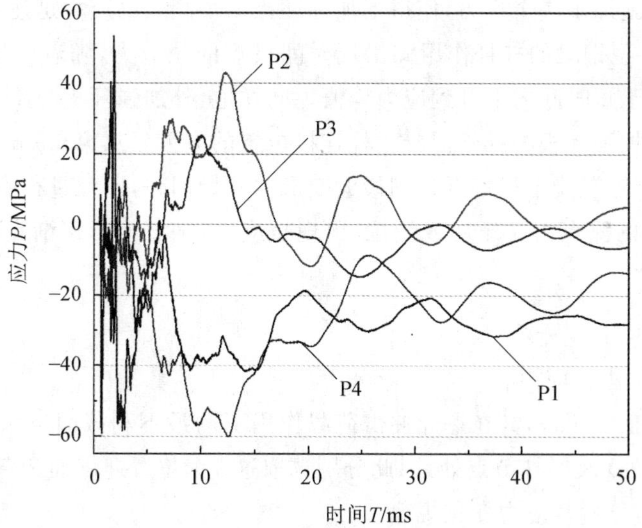

(b) 边柱节点加强环板与Y梁相连截面的应力时程曲线

图 5.29　边柱节点加强环板与框架梁相连截面的应力时程曲线

图 5.29(a)

图 5.29(b)

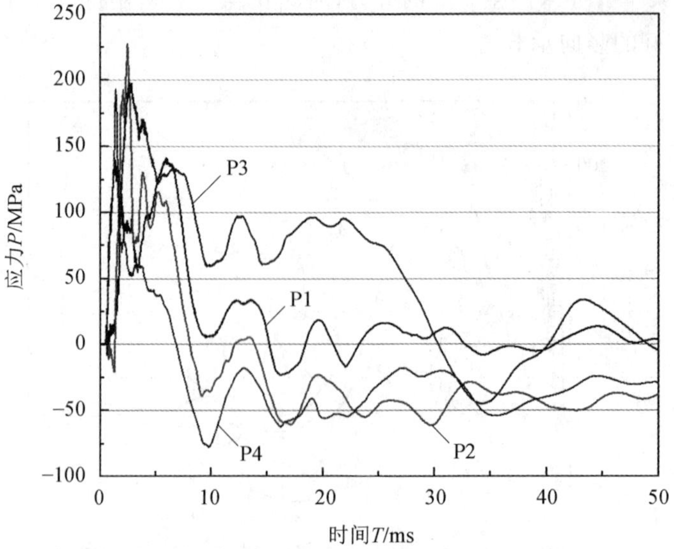

图 5.30

图 5.30　角柱节点加强环与框架梁相连截面的应力时程曲线

在角柱节点模型中，爆炸冲击波作用使钢管混凝土柱发生变形时，钢管混凝土柱同样给外加强环板施加了一个推力，使得下加强环板两个测点的应力迅速上升，此时上加强环板同样因为H型钢梁的杠杆作用先出现时间极短的拉应力，随着变形的发展，又迅速转变为压应力并于短时间内上升到应力峰值。同样地，外加强环板与H型钢梁连接位置的应力要大于外加强环板与钢管混凝土柱连接位置的应力。从第6.5 ms开始4个测点的应力快速下降，钢管混凝土柱接近达到最大变形并开始回弹，回弹过程中外加强环节点与H型钢连接位置的测点由受压变成受拉，出现拉应力，随着变形逐渐完成，4个测点上的应力亦逐渐趋向零。

4. 梁柱应力

(1) 钢管混凝土柱应力。

对钢管混凝土柱而言，其在爆炸冲击荷载作用下的最不利截面应该在柱底、柱中(与起爆点同一高度处)及梁柱节点处，因此分别选取这3个位置迎爆面和背爆面上的单元输出应力时程曲线，分析其应力变化规律。

从有限元模型中分别提取两种节点在3个不利截面迎爆面和背爆面上的应力时程曲线。其中，节点迎爆面处单元定义为A1，柱跨中迎爆面处单元定义为A2，柱底迎爆面处单元定义为A3，节点背爆面处单元定义为B1，柱跨中背爆面处单元定义为B2，柱底背爆面处单元定义为B3。输出应力时程曲线的单元位置简图如图5.31所示。

边柱模型和角柱模型的钢管混凝土柱3个不利截面6个测点的应力时程曲线如图5.32所示。

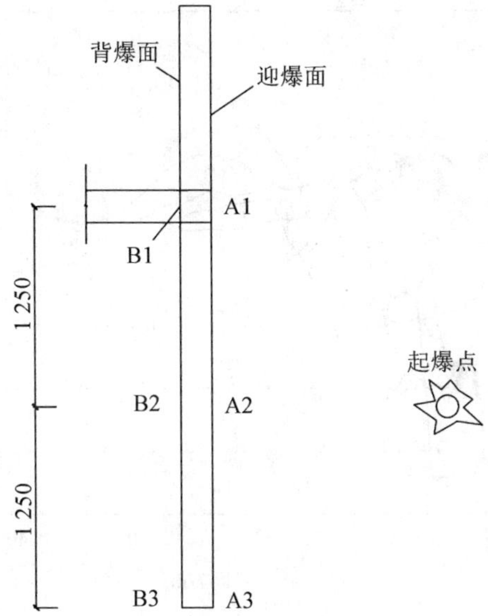

图 5.31　输出应力时程曲线的单元位置简图(单位:mm)

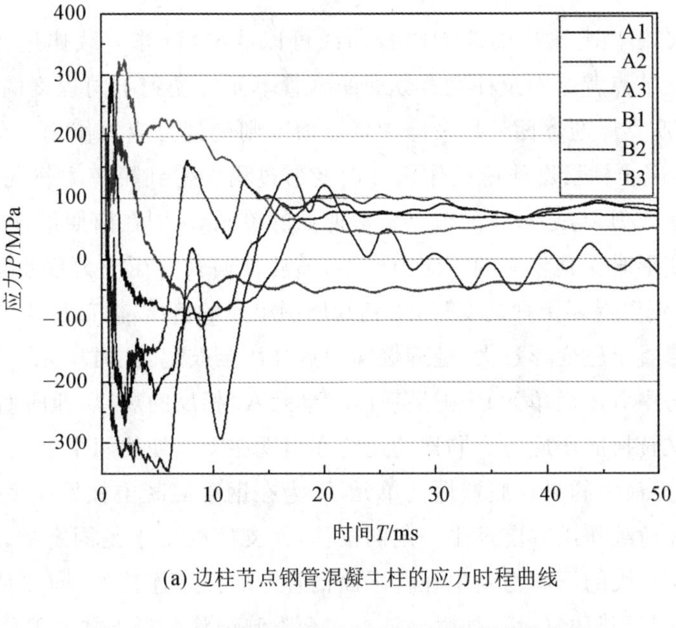

(a) 边柱节点钢管混凝土柱的应力时程曲线

图 5.32(a)

图 5.32　节点钢管混凝土柱测点的应力时程曲线

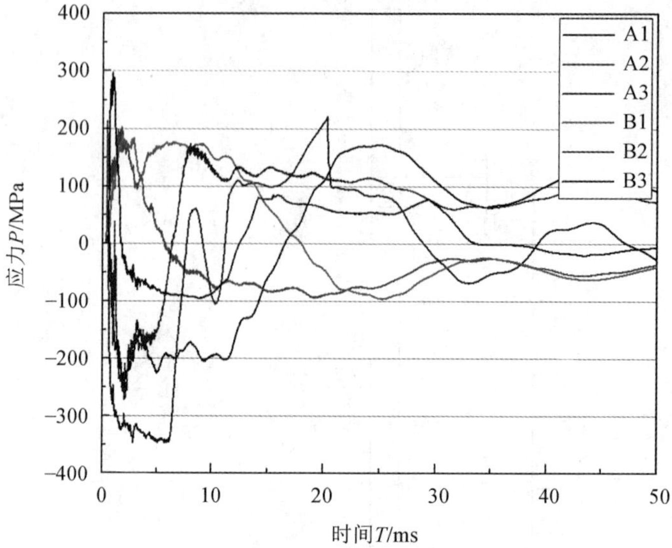

(b) 角柱节点钢管混凝土柱的应力时程曲线

图 5.32(b)

续图 5.32

从边柱节点模型上输出的应力时程曲线可以看出，爆炸荷载作用在迎爆面上的初期，跨中迎爆面、节点背爆面及柱底背爆面的钢管单元均受到不同程度的压力作用，而节点迎爆面处、柱底支座迎爆面处以及跨中背爆面处则受到拉应力作用。节点迎爆面的单元 A1 在钢管混凝土柱沿爆炸荷载作用方向变形过程中受到拉应力作用，随后在柱发生回弹时又出现压应力，与之对应的节点背爆面处的单元 B1 则在前期钢管混凝土柱沿爆炸荷载作用方向变形时受到较大的压应力作用，随后柱回弹时压应力逐步降低。跨中迎爆面单元 A2 由于钢管混凝土柱的变形，受到其周围单元的挤压，内部压应力达到220 MPa，随后由于钢管混凝土柱变形过大，柱迎爆面中点被压至鼓起，此时单元 A2 的压应力转变成拉应力。而跨中背爆面单元 B2 则呈现出和单元 A2 相反的规律，即前期受到拉应力，钢管回弹过程中又转换成压应力。同样的规律亦出现在支座处的两个单元上。在这 6 个单元中，承受拉应力最大的是柱底迎爆面单元，因为在钢管混凝土柱发生变形时，加强环节点可同时沿爆炸荷载作用方向发生一定的位移，而支座处由于是固定的，位移被限制，因此应力较大。而最大的压应力发生在背爆面钢管与加强环连接处，同样是因为 X 梁对加强环节点的位移起到限制作用，加强环节点亦会限制钢管混凝土柱的位移，因此产生巨大的挤压力。

角柱节点模型中单元 A2、A3、B2、B3 的应力无论大小还是发展规律都跟边柱节点较为相似，差异主要出现在单元 A1 和 B1 上。由于角柱节点的背爆面不像边柱节点一样有 X 梁直接在爆炸荷载作用方向形成支撑，而是由两根相互垂直的梁分别和爆炸荷载作用方向成 45° 支撑，所以在支座背爆面处钢管的应力经过加强环传递到两根框架梁上，钢管上的应力水平低于边柱节点，两者最大应力水平相差 50% 以上。同时，由于角柱节点的最大变形没有边柱节点的大，其回弹幅度要比边柱节点大，因此回弹过程中钢管节点迎爆面处受到的压应力更大。

（2）型钢梁截面应力。

爆炸荷载作用下型钢梁的不利截面在梁翼缘与外加强环连接处及相应位置的梁腹板位置。分别选取型钢梁上、下翼缘与外加强环连接处的两个单元及相应位置梁腹板上的单元，分别定义为 C1、C2 和 C3，并分别输出其应力时程曲线，研究其应力变化规律。选取的单元所处位置如图 5.33 所示。

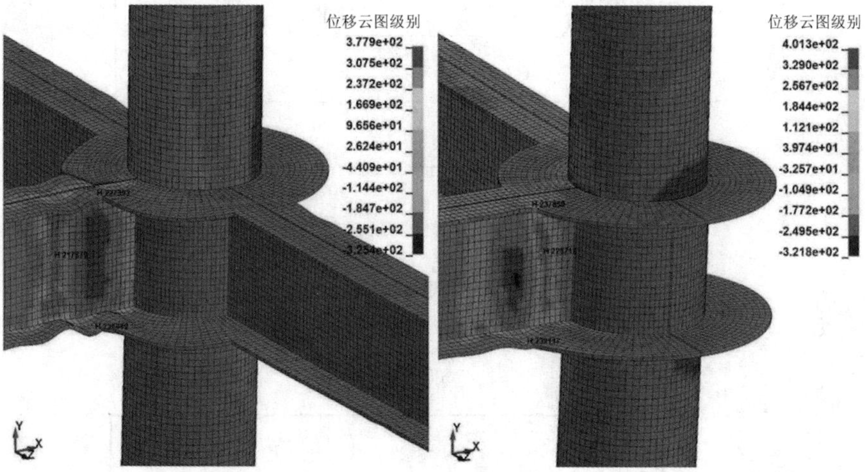

图 5.33

图 5.33　型钢梁输出应力时程曲线的单元位置

分别输出边柱节点的 X 梁和 Y 梁及角柱节点框架梁 3 个测点的应力时程曲线，如图 5.34 和图 5.35 所示。

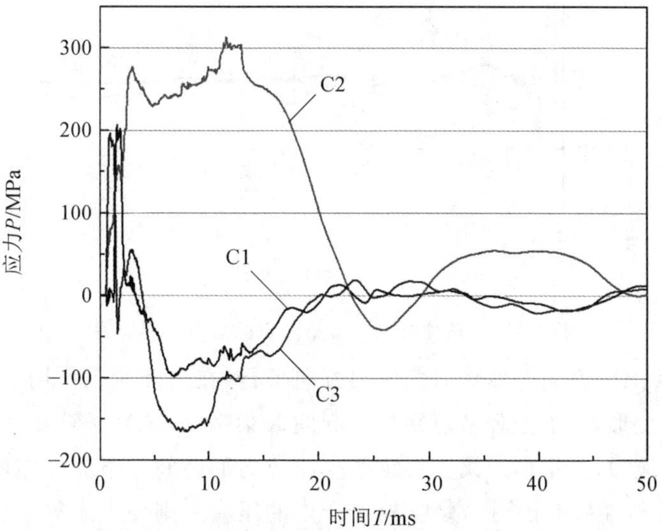

图 5.34(a)

(a) 边柱节点X梁测点的应力时程曲线

图 5.34　边柱节点框架梁测点的应力时程曲线

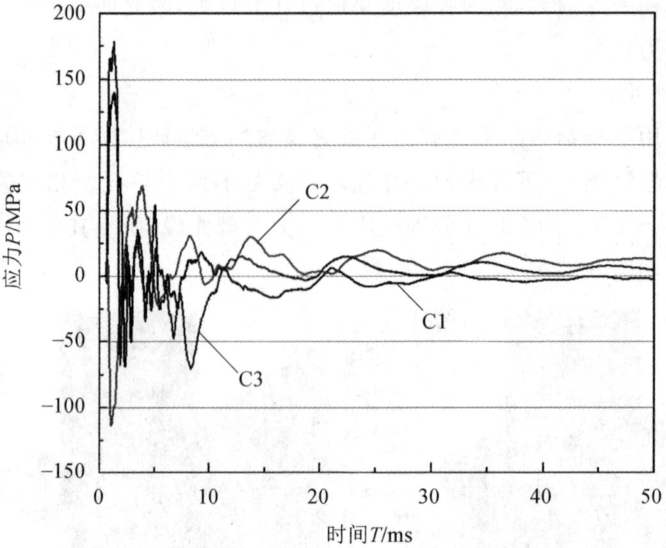

图 5.34(b)

(b) 边柱节点Y梁测点的应力时程曲线

续图 5.34

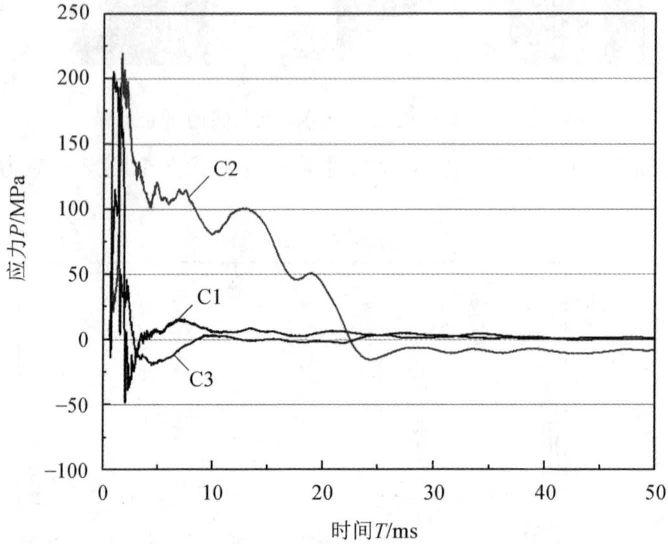

图 5.35

图 5.35　角柱节点框架梁测点的应力时程曲线

边柱节点 X 梁的方向与爆炸荷载作用方向平行，在爆炸荷载作用于迎爆面上后，钢管混凝土柱发生变形，外加强环节点跟柱一起向 X 梁挤压，导致框架梁上 3 个测点单元迅速产生较大的压应力，其中框架梁上翼缘产生压应力的时间比下翼缘略晚，而上、下翼缘受到的压应力最大值基本相同。梁腹板上产生的压应力则要大于翼缘板上产生的压应力。梁上、下翼缘板受到挤压后很快便发生弯曲，弯曲后翼缘板上的压应力转变为拉应力，并随着节点对 X 梁的持续挤压，弯曲后的翼缘板上的拉应力持续增大。此时节点对 X 梁的挤压力全部由梁腹板承担，梁腹板持续维持一个较高的压应力。随后钢管混凝土柱达到最大变形开始回弹，此时梁翼缘板和腹板上的压应力逐步减小，腹板上由于钢管混凝土柱回弹在短时间内产生拉应力，随后逐渐趋向零。

边柱节点 Y 梁则垂直于爆炸荷载作用方向，爆炸荷载作用于迎爆面上时，节点向爆炸荷载作用方向变形，型钢梁靠近迎爆面的上、下翼缘板边缘单元 C1 和 C3 瞬间受到挤压产生较大的压应力，而腹板处由于节点的运动对腹板的拉扯作用而产生拉应力。节点的变形在 10 ms 时便趋于平稳，因此节点上的应力亦在 10 ms 后趋向零。

角柱节点框架梁上 3 个测点的应力时程曲线的发展规律与边柱节点 X 梁的测点应力时程曲线发展规律相似，同样是在钢管混凝土柱和外加强环节点对框架梁产生挤压作用时，3 个测点均迅速出现压应力，下翼缘处测点的压应力出现时间比上翼缘处测点的压应力出现时间稍早，随后由于柱回弹，框架梁腹板的应力逐渐下降，上、下翼缘的测点均出现拉应力。随后节点的变形趋向稳定，3 个单元的应力亦趋向零。

5.1.3　影响钢管混凝土框架外加强环节点抗爆性能的参数分析

美国《结构柱连续倒塌备用荷载路径法分析及设计指南》(GSA2003) 中定义：当与节点相连的梁的转角 θ 大于 0.21 rad 时即视为节点倒塌。爆炸荷载作用下梁转角示意图如图 5.36 所示。

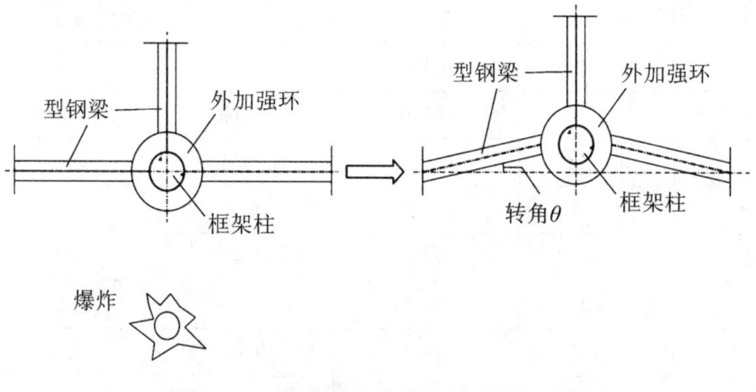

图 5.36　爆炸荷载作用下梁转角示意图

而从图 5.36 中可以看到，使钢梁发生转角的原因是节点沿爆炸荷载作用方向发生了位移。爆炸荷载作用于节点上时，框架柱和梁柱节点沿爆炸荷载作用方向发生位移，使与节点相连的框架梁发生转角。且在使用该转角倒塌准则时，亦需通过三角关系计算出节点的具体位移，从而对节点是否失效做出判断。因此，节点沿爆炸荷载作用方向的位移可作为爆炸荷载作用下框架节点的损伤程度及是否倒塌的判定准则。

本节中对圆钢管混凝土框架外加强环边柱和角柱节点的抗爆性能的评价均采用节点的中心位置位移及首层柱迎爆面柱中位移作为判断标准。节点的中心位置位移及首层柱迎爆面柱中位移越小，则节点的抗爆能力越强，抗爆性能越好；相反，节点的中心位置位移及首层柱迎爆面柱中位移越大，则节点的抗爆能力越弱。同时，由于研究工况中炸药均在距离地面 1 250 mm 的空中起爆，而不是在与节点同一水平高度的位置起爆，因此首层柱迎爆面柱中位移将作为主要的节点抗爆能力评价指标，而节点的中心位置位移将作为节点抗爆能力评价的第二指标。

表 5.3 给出了参数分析中的部分有限元模型工况。

表 5.3 参数分析中的部分有限元模型工况

工况	炸药质量 /kg	比例距离 /(m·kg$^{1/3}$)	钢材强度	混凝土强度	钢管壁厚 /mm	加强环板宽度 /mm
1	125	0.3	Q345	C40	3.8	100
2	78.72	0.35	Q345	C40	3.8	100
3	52.73	0.4	Q345	C40	3.8	100
4	37.04	0.45	Q345	C40	3.8	100
5	27	0.5	Q345	C40	3.8	100
6	15.63	0.6	Q345	C40	3.8	100
7	9.84	0.7	Q345	C40	3.8	100
8	8	0.75	Q345	C40	3.8	100
9	3.38	1	Q345	C40	3.8	100
10	100	0.323	Q235	C40	3.8	100
11	100	0.323	Q345	C40	3.8	100
12	100	0.323	Q390	C40	3.8	100
13	100	0.323	Q420	C40	3.8	100
14	100	0.323	Q345	C25	3.8	100
15	100	0.323	Q345	C30	3.8	100
16	100	0.323	Q345	C40	3.8	100
17	100	0.323	Q345	C50	3.8	100
18	100	0.323	Q345	C40	3.8	100
19	100	0.323	Q345	C40	4.8	100
20	100	0.323	Q345	C40	5.8	100
21	100	0.323	Q345	C40	6.8	100
22	100	0.323	Q345	C40	3.8	80
23	100	0.323	Q345	C40	3.8	90
24	100	0.323	Q345	C40	3.8	100
25	100	0.323	Q345	C40	3.8	110
26	100	0.323	Q345	C40	3.8	120

注：为计算方便，表中的炸药质量已按照 0.70 的换算系数换算成 TNT 炸药质量。

除表 5.3 中提及的参数外，其余模型参数均统一如下：

钢管混凝土柱单层高度为 2 500 mm，外直径为 200 mm，框架梁使用 H 型钢梁，其规格为 HT 200 mm×100 mm×4 mm×6 mm，加强环板的厚度为 6 mm，柱轴压比为 0.2，炸药起爆点均设置在距离首层柱中点 1 500 mm，离地高度为 1 250 mm 的空气中。

1. 比例距离

严格来说比例距离并不算是影响钢管混凝土框架外加强环节点抗爆性能的参数，这是因为比例距离只与炸药的 TNT 当量及起爆距离有关，而与框架节点无直接关系。因此，本处仅研究在不同比例距离下钢管混凝土框架外加强环节点的损伤情况，并不对节点抗爆性能进行评价。

比例距离即根据炸药的 TNT 当量和炸药起爆距离换算得出的一个评价炸药爆轰效应大小的无量纲量，其定义如下：

$$z = R/W^{1/3} \tag{5.6}$$

式中　z—— 比例距离，$\mathrm{m \cdot kg^{-1/3}}$；

R—— 起爆距离，m；

W—— 炸药的 TNT 当量，kg。

若所研究炸药为其他炸药，则需先换算成为等当量的 TNT 炸药。

分别建立比例距离为 0.3 $\mathrm{m \cdot kg^{-1/3}}$、0.35 $\mathrm{m \cdot kg^{-1/3}}$、0.4 $\mathrm{m \cdot kg^{-1/3}}$、0.45 $\mathrm{m \cdot kg^{-1/3}}$、0.5 $\mathrm{m \cdot kg^{-1/3}}$、0.6 $\mathrm{m \cdot kg^{-1/3}}$、0.7 $\mathrm{m \cdot kg^{-1/3}}$、0.75 $\mathrm{m \cdot kg^{-1/3}}$、1 $\mathrm{m \cdot kg^{-1/3}}$ 的钢管混凝土框架外加强环节点的有限元模型，计算并提取模型节点的中心位置的最大位移及首层柱迎爆面柱中的最大位移，如图 5.37 所示。

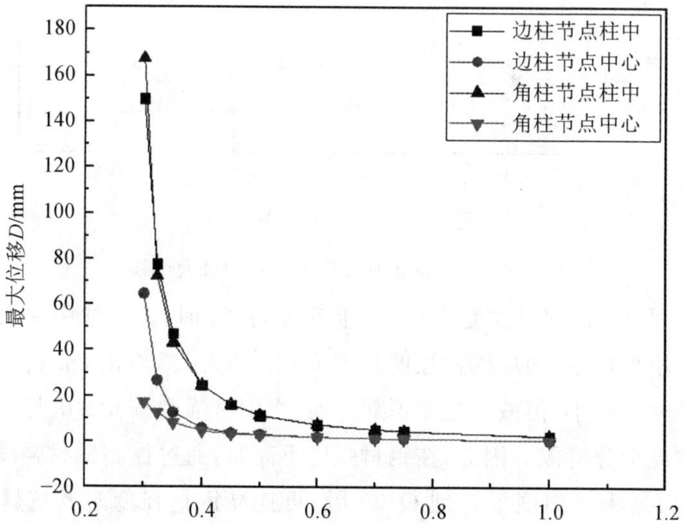

图 5.37　不同比例距离下节点的最大位移

可见，不同比例距离下节点的位移相差很大，除比例距离为 0.3 m · kg$^{-1/3}$ 的时候角柱节点柱中最大位移比边柱节点柱中最大位移大以外，其他比例距离下角柱节点柱中最大位移均比边柱节点柱中小，而在所模拟的所有比例距离的工况中，角柱节点中心的位移均比边柱节点中心小，且在比例距离较小的情况下差距更为明显。

边柱节点和角柱节点的柱中最大位移和节点中心最大位移均随着比例距离的增大而减小，柱中最大位移和节点中心的最大位移均在比例距离大于 0.6 m · kg$^{-1/3}$ 时不再明显降低，当比例距离大于 0.6 m · kg$^{-1/3}$ 时爆炸对边柱节点和角柱节点的破坏均比较轻微。

2. 钢材强度

在工况 10、11、12、13 中，只改变有限元模型中的钢材强度，其他参数保持不变，以研究钢材强度对圆钢管混凝土框架外加强环节点的抗爆性能的影响。钢材分别采用 Q235 钢、Q345 钢、Q390 钢及 Q420 钢，计算并提取模型节点中心的最大位移及首层柱迎爆面柱中的最大位移，如图 5.38 所示。

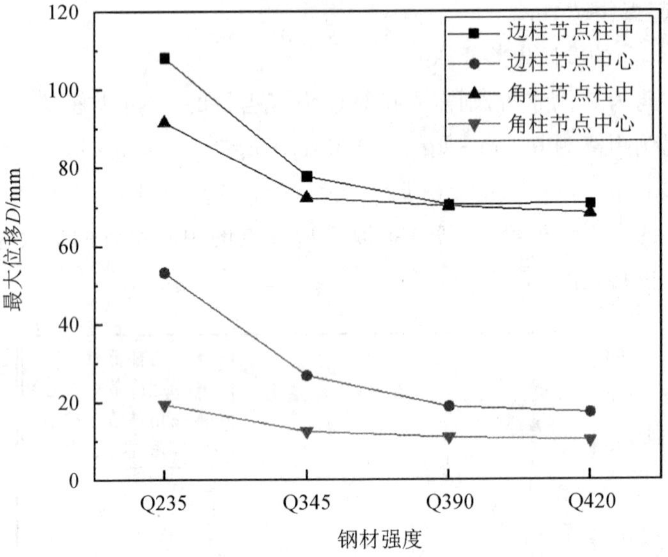

图 5.38　不同钢材强度下节点的最大位移

由图 5.38 可以看出，钢材强度从 Q235 上升为 Q345 时，节点柱中最大位移和节点中心的最大位移减小得最多；随后钢材强度从 Q345 上升为 Q390 时，节点柱中最大位移和节点中心最大位移亦减小，但减小幅度不如之前；当钢材强度从 Q390 上升为 Q420 时，节点的位移减小幅度十分有限。因此，在钢材强度不高时，通过提高钢材强度能有效提高节点的抗爆性能，而当钢材强度上升到 Q390 后，再提高钢材强度对其抗爆性能已无明显提升。

3. 混凝土强度

在工况 14、15、16、17 中，只改变有限元模型中的混凝土强度，其他参数保持不变，以研究混凝土强度对圆钢管混凝土框架外加强环节点的抗爆性能的影响。混凝土分别采用 C25 混凝土、C30 混凝土、C40 混凝土及 C50 混凝土，计算并提取模型节点中心的最大位移及首层柱迎爆面柱中的最大位移，如图 5.39 所示。

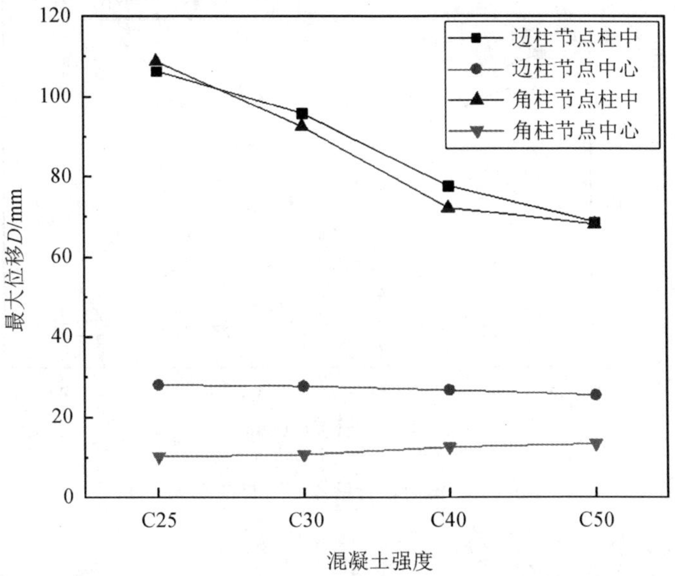

图 5.39　不同混凝土强度下节点的最大位移

可以看到随着混凝土强度的提升，边柱节点和角柱节点的柱中最大位移有较明显的减小，而节点中心最大位移没有明显减小迹象，且角柱节点中心最大位移反而有小幅度增大。出现这种现象的原因是混凝土强度的提升能有效提高钢管混凝土柱的刚度，钢管混凝土柱刚度的增加会让其对节点和框架梁的挤压作用更强，因此节点中心的最大位移会略有增加。

4. 钢管壁厚

工况 18、19、20、21 中保持其他参数不变，仅改变节点模型中钢管混凝土柱的钢管壁厚，以研究钢管壁厚对圆钢管混凝土框架外加强环节点的抗爆性能的影响。分析结果如图5.40 所示。

随着节点中钢管混凝土柱的钢管壁厚的增加，钢管混凝土柱的抗弯强度和刚度均有较大的增加，因此随着钢管壁厚的增加，钢管混凝土柱跨中最大位移和节点中心的最大位移明显减小，尤其是钢管壁厚由 3.8 mm 增加到 4.8 mm 的过程中，边柱节点和角柱节点的柱中最大位移分别减小了 28.8% 和 30.1%，而节点中心的最大位移分别减小了 36.5% 和 48.5%，最大位移的减小幅度较大。而在钢管壁厚继续增加到5.8 mm 和 6.8 mm 的过程中，柱中最大位移持续减小，减小的幅度略微下降，而节点中心的最大位移亦继续小幅度减小。

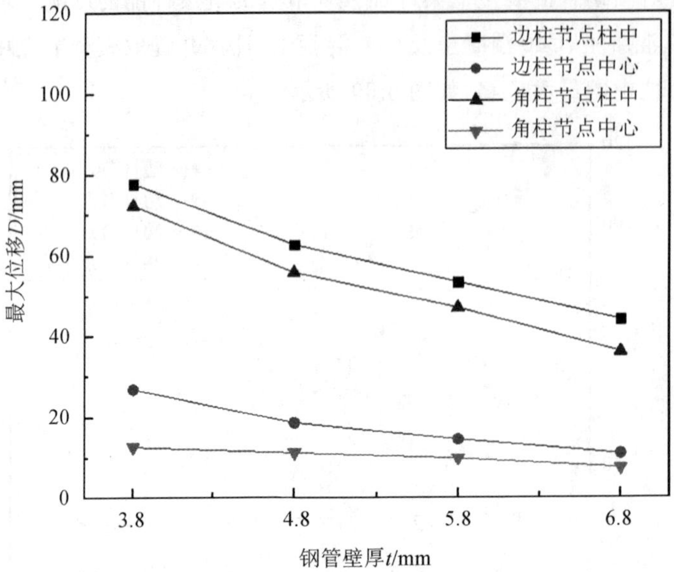

图 5.40　不同钢管壁厚下节点的最大位移

5. 加强环板宽度

工况 22、23、24、25、26 中，保持其他参数不变，只改变加强环板宽度，在规范计算的限制范围内，分别取加强环板宽度为 80 mm、90 mm、100 mm、110 mm 和 120 mm，以研究不同加强环板宽度对圆钢管混凝土框架外加强环节点的抗爆性能的影响。分析结果如图 5.41 所示。

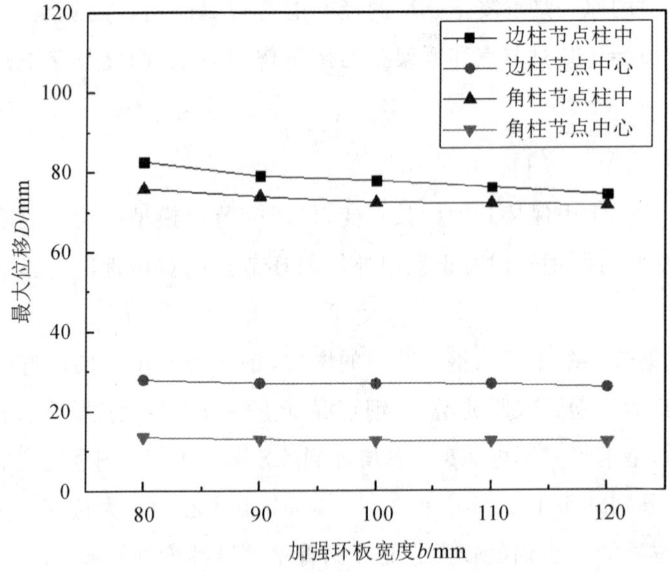

图 5.41　不同加强环板宽度下节点的最大位移

有限元模型的分析结果显示，随着加强环板宽度的增加，圆钢管混凝土框架外加强环节点的柱中最大位移和节点中心最大位移仅有轻微减小，在满足规范计算要求的前提下再增加加强环板的宽度，对节点的抗爆性能已无明显改善。

从本章中进行的有限元模型中可以看到一个规律，工况相同的情况下角柱节点无论是框架柱的跨中最大位移还是节点中心的最大位移均比边柱节点小，这一现象可解释为角柱节点两根框架梁同时承受着节点的挤压作用，其能提供的抗挤压能力比边柱节点更好。因此可以认为，在工况相同的前提下，角柱节点具有比边柱节点更优异的抗爆性能。

6. 加强环板厚度

为研究加强环板厚度对节点抗爆性能的影响，建立加强环板厚度分别为 7 mm、8 mm 和 9 mm 的 3 个有限元模型，在工程中为便于施工，一般取加强环板厚度和与节点相连的框架梁上、下翼缘板同厚，因此在改变加强环板厚度后，相应的框架梁尺寸亦随之发生变化，使框架梁上、下翼缘厚度与加强环板厚度相同。具体工况如下：

工况 27：加强环板厚度为 6 mm，型钢梁为 HT200 mm × 100 mm × 4 mm × 6 mm；

工况 28：加强环板厚度为 7 mm，型钢梁为 HT200 mm × 100 mm × 4 mm × 7 mm；

工况 29：加强环板厚度为 8 mm，型钢梁为 HT200 mm × 100 mm × 4 mm × 8 mm；

工况 30：加强环板厚度为 9 mm，型钢梁为 HT200 mm × 100 mm × 4 mm × 9 mm。

工况 27 ～ 30 的其余参数：钢管混凝土柱单层高度为 2 500 mm，外直径为 200 mm，钢管厚度为 3.8 mm，柱轴压比为 0.2，钢材均采用 Q345 钢材，混凝土采用 C40 混凝土，加强环板宽度为 100 mm，炸药 TNT 当量为 100 kg，炸药起爆点均设置在距离首层柱中点 1 500 mm，离地高度为 1 250 mm 的空气中。

计算结果如图 5.42 所示。

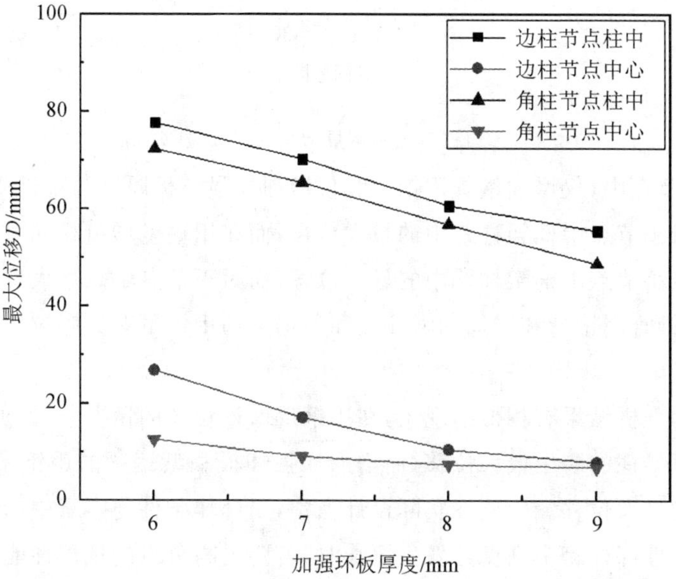

图 5.42　不同加强环板厚度下节点的最大位移

从分析结果可知，由于加强环板厚度和型钢梁上、下翼缘板厚度的增加，在爆炸荷载作用下型钢梁对柱和节点的支撑作用更明显，边柱节点和角柱节点的柱中最大位移均有所减小，节点中心的最大位移亦略有减小，但是节点中心的最大位移在加强环板厚度持续增加的过程中减小渐趋缓慢。

对比本小节和前文“钢管壁厚”中的计算结果，分别以钢管壁厚为 3.8 mm 和加强环板厚度 6 mm 为基准，分析增大柱钢管用钢量和增大加强环板与型钢梁用钢量对节点抗爆性能影响的差异。其中计算柱钢管用钢量的增量时，柱长度按照 2 500 mm 计算，在计算加强环板与型钢梁用钢量的增量时，型钢梁的长度按照 4 000 mm 计算，计算所得的用钢量增量均换算成钢材的质量增量。分析结果如图 5.43 和图 5.44 所示。

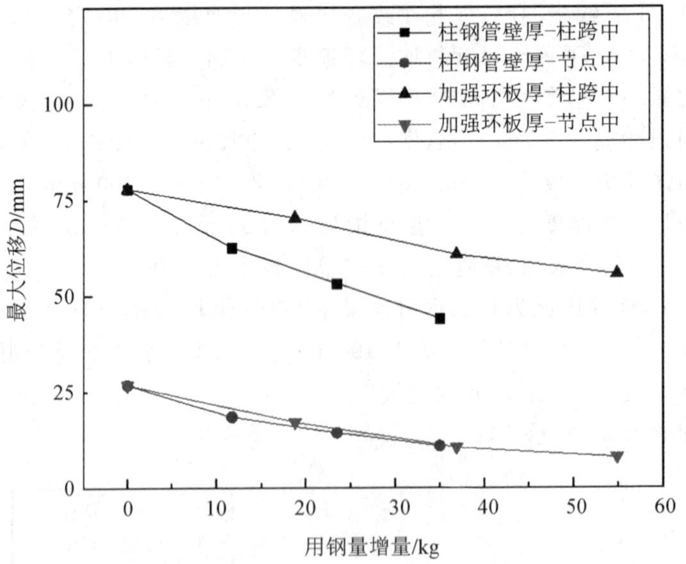

图 5.43　边柱节点用钢量增加对最大位移的影响

可见，边柱节点中，仅增加钢管用钢量和仅增加加强环板厚度与型钢梁翼缘板厚度均能比较有效地减小节点中框架柱跨中的最大位移，而在用钢量增量相同时，增加钢管用钢量能更有效地减小节点中框架柱跨中的最大位移；而对于节点中点最大位移，在用钢量增量相同时，增加钢管用钢量和增加加强环板和型钢梁的用钢量对其影响作用较为相似，无明显差异。

角柱节点的分析结果有相似的现象，在用钢量增量相同的情况下，增加钢管用钢量能更有效地减小框架柱的跨中最大位移，而增加加强环板和型钢梁的用钢量则能更有效地减小节点中点的最大位移。因此在实际设计当中，当爆炸条件与本章中的情况一致，即爆炸物在建筑结构外部柱跨中高度处发生爆炸时，若要提高节点的抗爆性能，应当优先考虑增加节点中框架柱的钢管厚度。

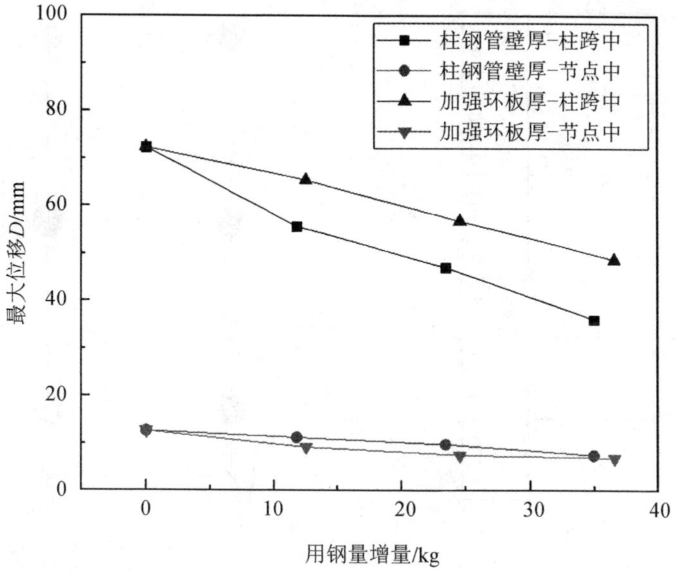

图 5.44　角柱节点用钢量增加对最大位移的影响

5.2　组合框架结构爆炸荷载作用下损伤和倒塌分析

5.2.1　钢管混凝土组合框架结构工况信息

为充分体现钢管混凝土柱的力学性能，以框架结构为研究对象，结合实际工程中的高层钢管混凝土组合框架结构的典型应用场景，设计了 6 层钢管混凝土柱组合框架结构，按梁柱相对线刚度进行比例缩放，层高为 1 500 mm，横向两跨，每跨为 2 400 mm，纵向一跨为 2 400 mm，钢管混凝土柱线刚度为 $i_{柱}=3.13\times10^{9}$ N · mm，梁线刚度为 $i_{梁}=1.08\times10^{9}$ N · mm，线刚度比为 1∶2.89，则缩尺比例为 1∶2.89，满足“强柱弱梁”的要求。结构尺寸如图 5.45 所示。

本结构中钢管混凝土柱外直径为 200 mm，钢管壁厚为 2.8 mm；采用 H 型钢梁，按《热轧 H 型钢和剖分 T 型钢》(GB/T 11263—2017) 规定选取 H200 mm × 100 mm × 4 mm ×6 mm 型钢；梁和柱通过外加强环连接形成节点，根据《钢管混凝土结构技术规范》(GB 50936—2014) 对外加强环节点进行设计；按《建筑用压型钢板》(GB/T 12755—2008) 初选压型钢板型号为 YX75 － 200 － 600(I)1.2，钢板厚度 $t=1.2$ mm，材料为 Q345 钢，上部混凝土板厚度取 60 mm，材料为 C30。各构件信息汇总如表 5.6 所示。

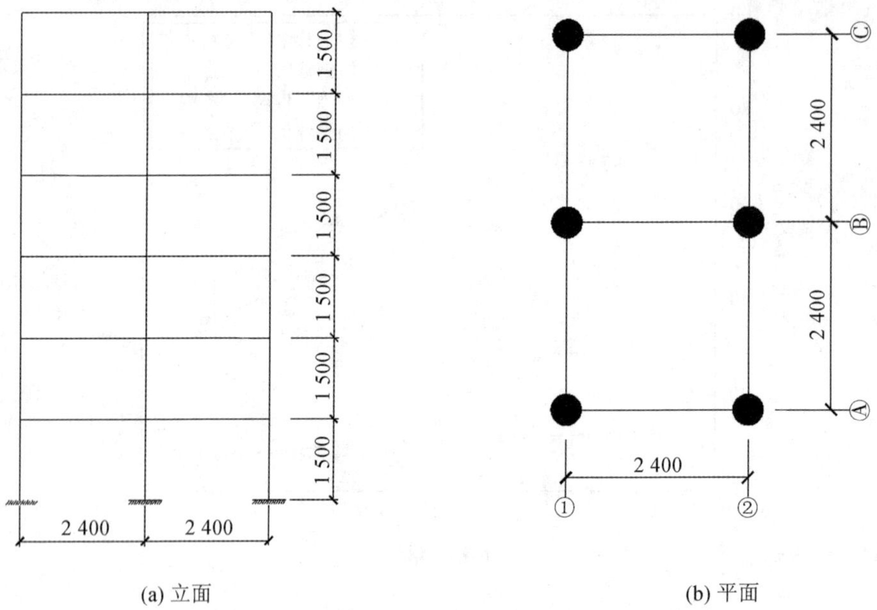

图 5.45　结构尺寸图(单位:mm)

表 5.6　构件工况信息

构件	种类	尺寸	材料
柱	圆钢管混凝土柱	外直径 200 mm 钢管壁厚 2.8 mm	钢管采用 Q345B 核心混凝土采用 C40
梁	H 型钢梁	梁宽 100 mm,高 200 mm 翼缘厚 6 mm,腹板厚 4 mm	Q345B
梁柱节点	外加强环	外半径 160 mm,内半径 100 mm 翼缘厚 6 mm,腹板厚 4 mm	Q345B
楼板	压型钢板 混凝土组合板	厚 135 mm(75 mm＋60 mm)	钢板采用 Q345B 混凝土采用 C30

5.2.2　爆炸荷载作用下其他构件和框架整体损伤分析

设置炸药在框架底层柱跨中高度处起爆,水平距离为 1 500 mm,由框架柱爆炸响应及钢管混凝土性能分析可知,多、高层钢管混凝土组合框架结构柱的截面尺寸相对较大,当钢管混凝土框架结构柱跨中产生较大变形时,顶部约束处节点也承担一部分变形,使柱难以发生幅度较大的弯曲破坏,因此以挠度损伤准则中的中度损伤为界限,通过多次迭代运算,得到使本模型钢管混凝土框架边、角柱产生中度损伤所对应的炸药 TNT 当量,进而分析中度损伤下框架的爆炸响应。炸药质量为 55 kg,比例距离为0.394 $m \cdot kg^{-1/3}$。

1. 框架梁损伤分析

框架中梁构件的损伤分析，以梁跨间局部荷载过大造成梁跨中位移对两端形成的转角值来衡量。目前抗爆设计领域应用较广泛的《石油化工控制室抗爆设计规范》（GB 50779—2022）中定义了钢梁非线性弹塑性转角破坏限值，其中钢梁节点处转角达到 $\theta > 2^{\circ}$ 即视为进入塑性损伤。如图 5.46 所示。

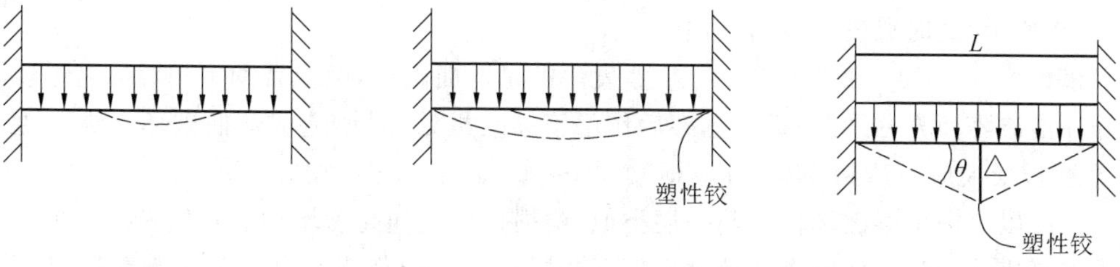

(a) 弹性　(b) 弹塑性　(c) 塑性

图 5.46　钢梁产生转角损伤示意图

根据爆炸冲击波在框架外部到内部的传递路线和框架结构的对称特性，按照图 5.45(b) 中框架轴线编号，命名并选择各层的横梁 ① ~ ⒷⒸ、② ~ ⒷⒸ 和纵梁 Ⓒ ~ ①②、Ⓑ ~ ①② 为特征梁，跟踪其损伤情况。

(1) 炸药在边柱处起爆。

图 5.47 为爆炸作用以边柱为破坏目标时的框架梁破坏模式示意图，以爆炸损伤最为严重的一层框架梁为例进行说明。

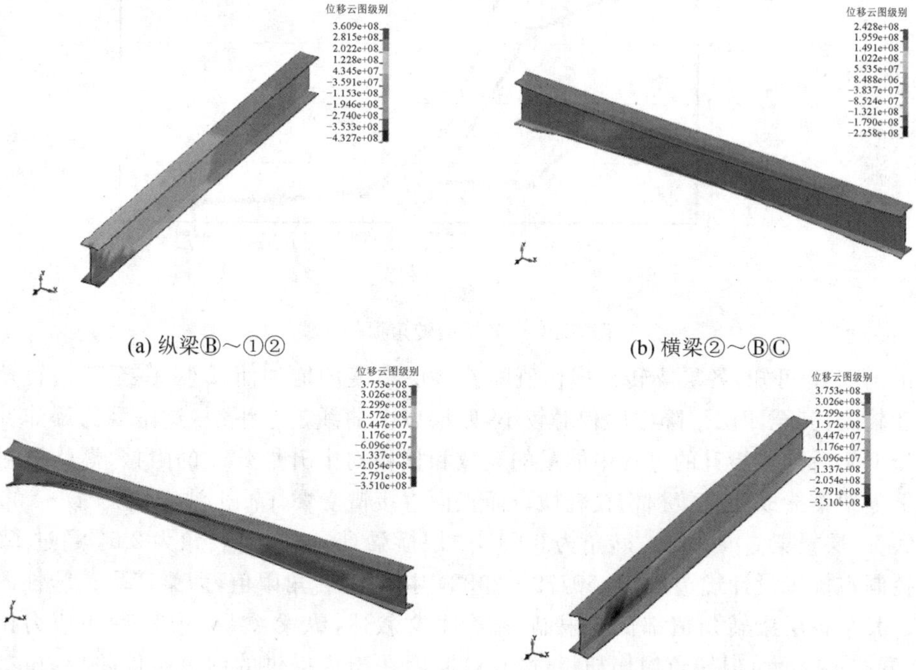

(a) 纵梁Ⓑ~①②　(b) 横梁②~ⒷⒸ

(c) 横梁①~ⒷⒸ　(d) 纵梁Ⓒ~①②

图 5.47(a)(b)

图 5.47(c)(d)

图 5.47　框架梁破坏模式示意图(以边柱为破坏目标)

由破坏模态可知，横梁 ① ～ ⒷⒸ 最接近爆炸源，发生严重的局部破坏。爆炸冲击波阵面首先作用于梁的下翼缘，使梁下翼缘连同腹板偏离其平面位置向上扭转，梁上翼缘因楼板的约束作用未发生局部破坏，局部最大应力达到 358 MPa，超过钢材屈服强度 345 MPa。

纵梁 Ⓑ ～ ①② 平行于爆炸波的传递方向，作为支撑构件承受迎爆的框架柱顶节点传来的荷载，产生了轴向的压缩变形。梁端部与节点连接处最大应力达到 328 MPa，如图 5.47(a) 所示，此时梁发生波形鼓曲。

横梁 ② ～ ⒷⒸ 和纵梁 Ⓒ ～ ①② 发生的是弯曲破坏，两位置的梁相对远离爆炸源，爆炸冲击波阵面充分展开，进入框架后作用于梁腹板处，对梁造成弯曲破坏。纵梁 Ⓒ ～ ①② 腹板最大应力达到 340 MPa，横梁 ② ～ ⒷⒸ 最大应力为 231 MPa。

二层以上框架梁破坏模式与一层类似，梁损伤情况随高度增加而降低，破坏模态此处不再重复描述。为方便对爆炸荷载作用下各层框架梁损伤程度进行直观判断，输出并汇总框架各层所选特征梁随楼层变化的转角损伤值，如图 5.48 所示。

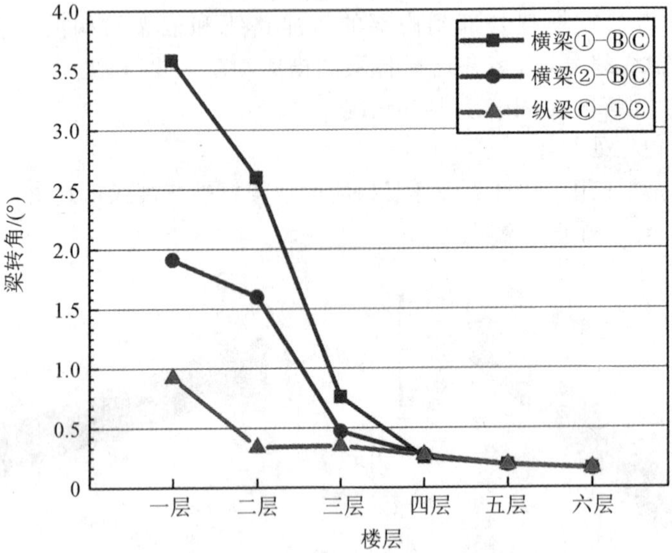

图 5.48　各层梁转角损伤曲线

由图 5.48 可知，各层梁转角损伤值随着楼层高度的增加而减小，一至三层转角值下降幅度较大，三至四层下降幅度相对较小，四层以上曲线趋于平缓，这是因为爆炸冲击波作用于框架后传播抬升的过程中能量的衰减和楼板对上升爆炸波的阻挡，爆炸波对四层及以上框架梁造成的直接损伤较轻微。而正面直接遭受爆炸冲击波的横梁 ① ～ ⒷⒸ 损伤最大，一层横梁 ① ～ ⒷⒸ 转角为 3.58°，二层横梁 ① ～ ⒷⒸ 转角为 2.6°，超过了《石油化工控制室抗爆设计规范》(GB 50779—2022) 中 2° 的转角限值，即梁产生了塑性的转角损伤。其余各层梁转角值都低于限制，结合上文叙述，纵梁 Ⓒ ～ ①② 跨中应力比横梁 ② ～ ⒷⒸ 应力大，但转角损伤却相对较小，原因在于板提供的约束条件差异：压型钢板的肋垂直于横梁，横梁上的约束有间隔，而纵梁与板的紧密相连，造成纵梁的约束刚度较横梁大。

(2) 炸药在角柱处起爆。

图 5.49 为爆炸作用以角柱为破坏目标时的框架梁破坏模式示意图,以爆炸损伤最明显的一层框架梁为例说明。

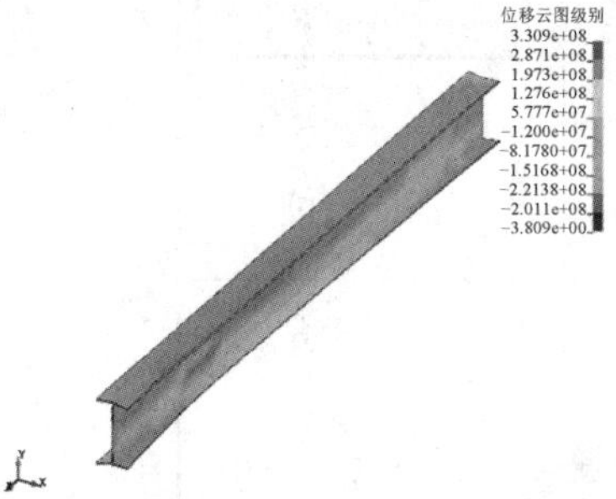

(a) 纵梁Ⓑ～①②

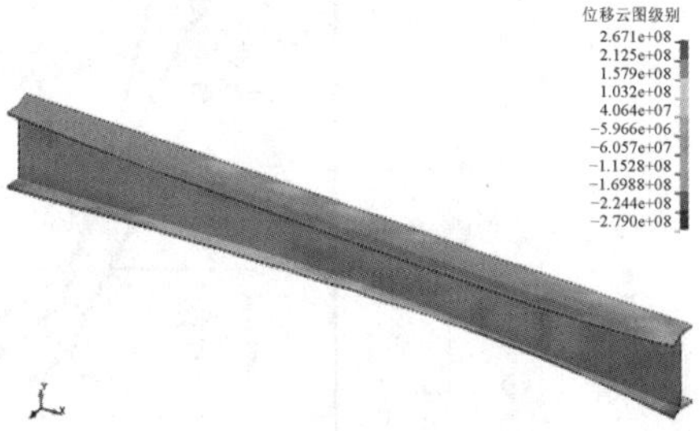

(b) 横梁②～ⒷⒸ

图 5.49(a)(b)

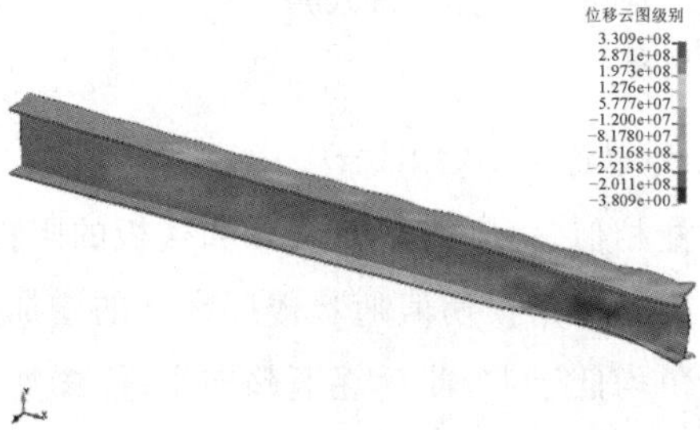

(c) 横梁①～ⒷⒸ

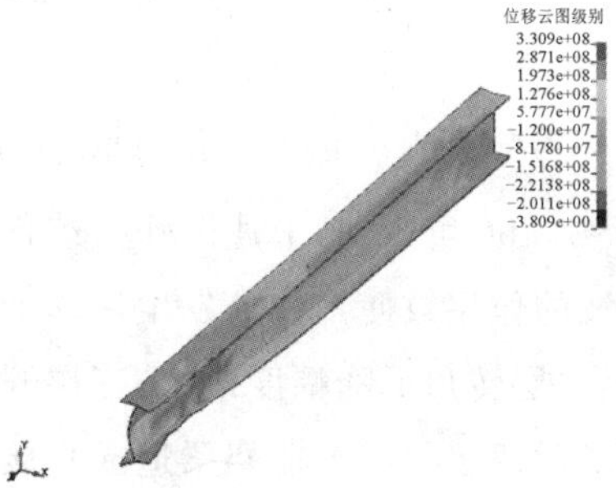

(d) 纵梁Ⓒ～①②

图 5.49(c)(d)

图 5.49　框架梁破坏模式示意图(以角柱为破坏目标)

由破坏模态可知,炸药在角柱处起爆时,横梁 ① ～ ⒷⒸ 和纵梁 Ⓒ ～ ①② 作为直接迎爆构件,与爆源互成 45° 共同抵抗爆炸冲击并约束柱和节点的位移,因此两处梁连接角柱的一端都发生侧向弯曲 - 轴向压缩的联合破坏。由应力云图可看出,横梁 ① ～ ⒷⒸ 端部最大应力达到 387 MPa,纵梁 Ⓒ ～ ①② 最大应力达到 398 MPa,钢材出现屈曲塑性破坏。

横梁 ② ～ ⒷⒸ 和纵梁 Ⓑ ～ ①② 作为间接迎爆构件,爆炸冲击波在进入底层框架后,波阵面充分展开作用于下翼缘及梁腹板处,使其发生弯曲破坏。纵梁 Ⓑ ～ ①② 最大应力达到 279 MPa,而横梁 ② ～ ⒷⒸ 最大应力为 255 MPa。

与爆炸发生在边柱处相比,尽管直接迎爆的角柱梁构件比中柱梁构件应力大,但破坏程度却较轻,主要原因为爆炸发生在角柱时,梁迎爆面积较小,材料强度和刚度得到充分发挥,抵抗侧向冲击荷载;而中柱处起爆,横梁垂直于爆炸传播方向,迎爆面积较大,在能量巨大的瞬时冲击荷载下,钢材迅速达到屈服,材料静力性能未能充分发挥。图 5.50 所示为各层所选特征梁随楼层变化的转角损伤值。

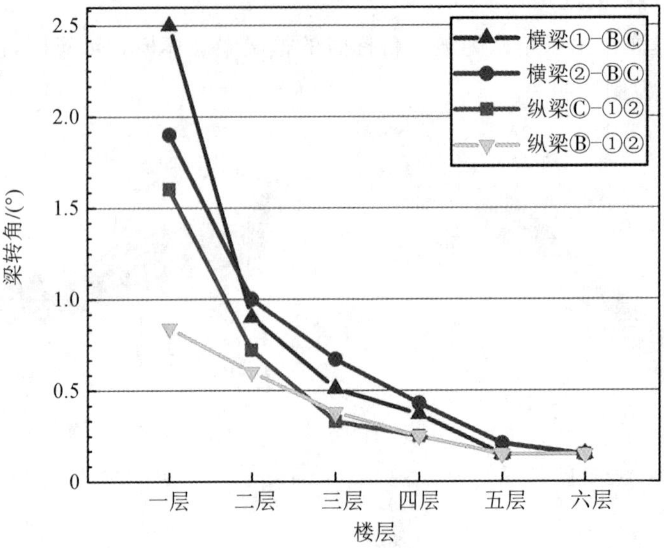

图 5.50　各层梁转角损伤曲线(以角柱为破坏目标)

由图 5.50 可知,与上述爆炸荷载作用在边柱相似,由于能量的衰减和楼板的阻挡,爆炸冲击波的作用致使角柱处发生爆炸冲击时各层梁转角损伤值随着楼层高度的增加而减小,一至二层转角下降幅度最大,三层开始梁转角均低于1°,此后逐渐趋向平缓,爆炸冲击波基本未对四层及以上框架梁造成直接损伤。

直接迎爆的横梁①～ⒷⒸ损伤最大,一层转角为2.5°,超过了《石油化工控制室设计抗爆规范》(GB 50779—2012)中2°的转角限值,产生了塑性的转角损伤,其余各层梁转角均没有达到定义的塑性损伤。

而同样作为直接迎爆的纵梁Ⓒ～①②转角较小,这是由压型钢板组合楼板的铺排方向产生约束条件差异而造成的,纵梁与板完全连接,横梁与板肋间隔连接,约束刚度对梁的抗侧性能提升较大。

综上所述,以边柱和角柱为爆炸破坏目标时,在给定工况下,爆炸荷载只对三层及以下框架梁造成直接损伤,三层以上框架梁间接受爆炸引起的框架振动而产生转角;压型钢板组合楼板能为框架梁提供有效的抗侧刚度。

2. 加强环节点损伤分析

(1) 炸药在中柱处起爆。

节点是框架中梁柱交汇的构件,在爆炸冲击等侧向荷载作用下,梁柱通过节点拉结共同承担荷载,钢管混凝土框架外加强环节点的损伤通过等效塑性应变进行分析。等效塑性应变为材料产生大变形时塑性应变绝对值的累积量,即塑性损伤累积。

提取有限元模型的等效塑性应变云图进行观察分析,判断截面最易断裂处,如图 5.51 所示。

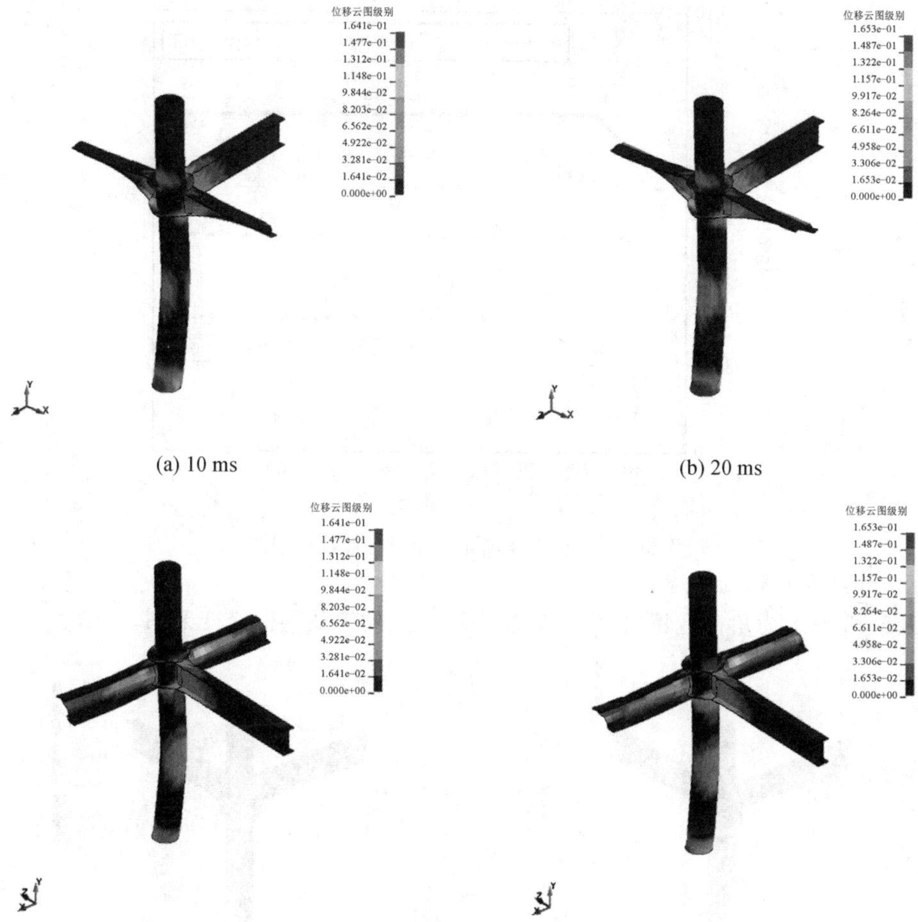

(a) 10 ms　　(b) 20 ms

图 5.51(a)(b)

(c) 10 ms(背面)　　(d) 20 ms(背面)

图 5.51(c)(d)

图 5.51　节点等效塑性应变云图(边柱)

爆炸荷载对框架柱造成破坏时,柱主要依靠柱底地面约束和柱顶加强环节点约束抵抗外荷载,由于框架柱与地面刚接,柱底部等效塑性应变损伤最大,而顶部通过节点传递荷载,损伤较柱底小。

图 5.51 中(a)(c) 为 10 ms 爆炸荷载达到峰值时节点应变,图 5.51(b)(d) 为达到平衡时节点应变。由图可以看出,加强环节点的塑性应变主要发生在下环板和与梁腹板连接处,其中环与纵梁连接处为压应变,与横梁连接处为由下而上的拉剪应变。

提取加强环有限元模型中与梁连接处的下部单元 H1、中部单元 H2、上部单元 H3 的应变时程曲线,如图 5.52 所示。结合应变云图可知,加强环下部应变最大,随高度变化应变下降,说明爆炸荷载对加强环与梁的连接处是剪切破坏,下环板处是最易断裂截面,等效应变损伤达到 0.076 7,没有达到钢材应变限制值,因此没有断裂破坏。

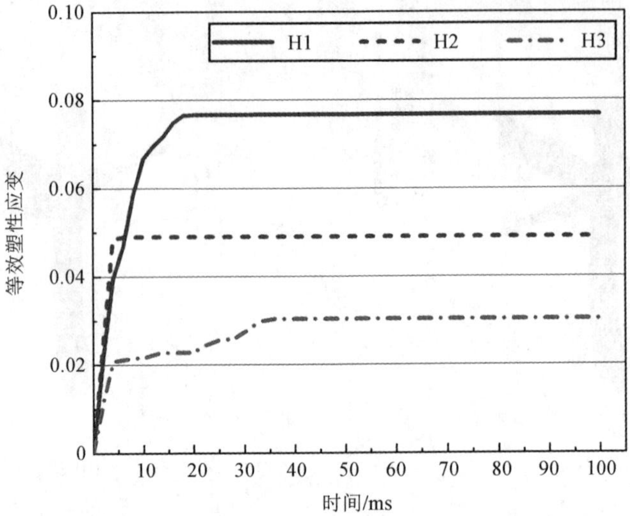

图 5.52　加强环单元应变时程曲线(边柱)

(2) 炸药在角柱处起爆。

图 5.53 所示为角柱迎爆时,角柱处加强环节点的等效塑性应变云图。

图 5.53(a)(b)

图 5.53(c)(d)

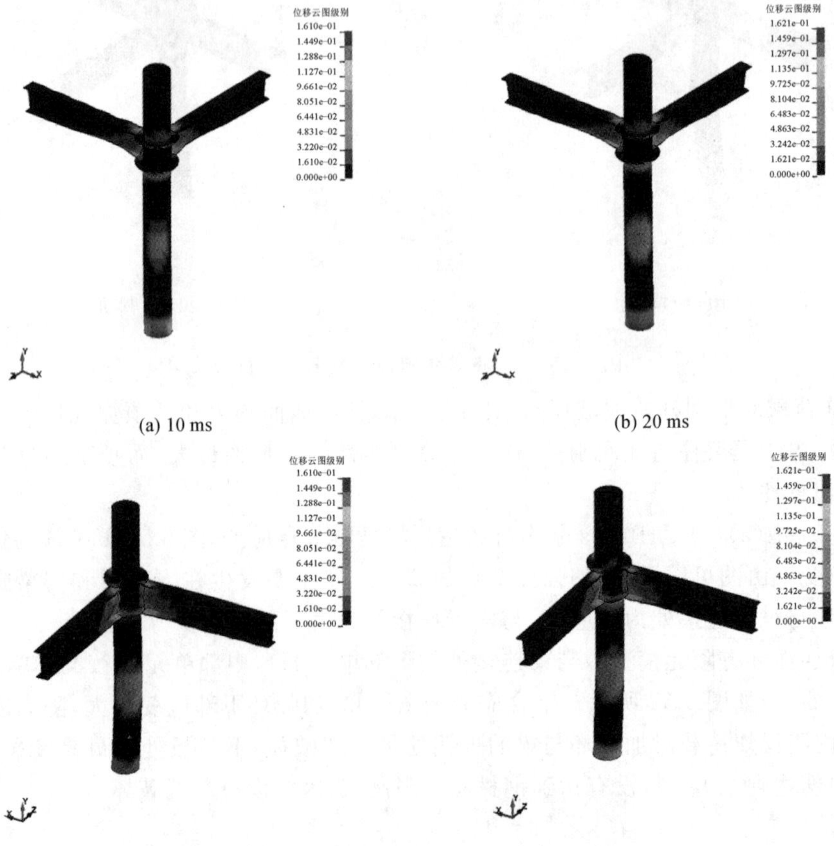

(a) 10 ms　(b) 20 ms

(c) 10 ms(背面)　(d) 20 ms(背面)

图 5.53　节点等效塑性应变云图(角柱)

由图可以看到，角柱处节点动力响应过程与边柱节点相似，柱顶传递来的荷载由与加强环连接的两根梁共同承担，因此环与梁接触处产生的是压应变。

由于压型钢板铺排方向的差异，分别提取加强环与横梁、纵梁连接处的下部单元 H1、中部单元 H2、上部单元 H3 的应变时程曲线，如图 5.54 所示。

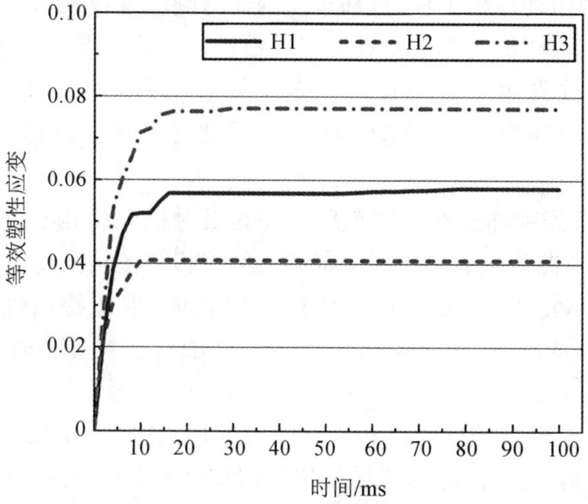

(a) 横梁

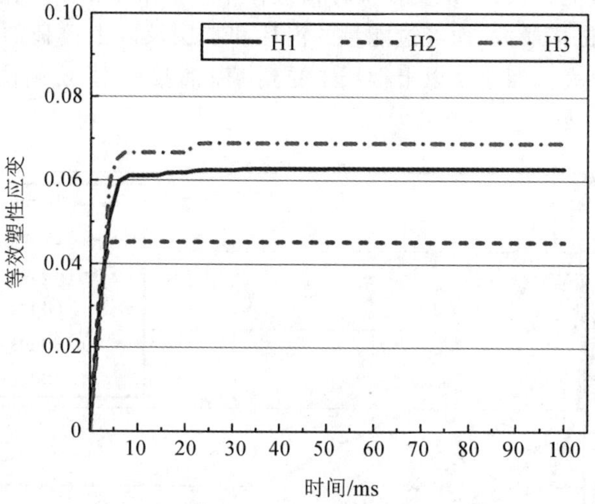

(b) 纵梁

图 5.54　加强环单元应变时程曲线(角柱)

不同于边柱节点的拉剪破坏，角柱破坏使节点环板产生压缩应变，因此节点上、下环板的应变比腹板处要大。横梁压应变比纵梁压应变大，同样是由于压型钢板组合楼板提供给梁的约束刚度的差异。

综上所述，归纳得到以下结论：

(1) 爆炸发生在边柱时，加强环节点与横梁接触处发生拉剪塑性损伤，纵梁处发生压应变损伤;爆炸发生在角柱时,加强环节点受到压应变损伤。

(2) 压型钢板组合楼板铺排方向提供的刚度差异对加强环节点抗爆性能有影响。

3. 框架结构层间损伤分析

爆炸冲击波属于偶然的局部荷载,通常集中作用于框架结构的局部部位或构件上,上文从框架中子构件的角度分析了柱、梁和节点的动力响应过程及损伤破坏情况,同时爆炸荷载还会引起框架结构整体的震动破坏和层间损伤。目前抗爆规范多定义局部或单一构件的损伤,在爆炸荷载作用下的整体损伤定义尚有空白,因此参照《建筑抗震设计规范》(GB 50011—2010) 中分析结构整体的方法,通过计算层间位移来判断框架结构的整体损伤。

图 5.55(a)(b) 分别为炸药在中柱和角柱处起爆时框架结构层间位移时程曲线。每幅图有 6 条曲线,每条曲线代表一个时刻框架层间位移与楼层高度关系,根据前述模拟流程,爆炸荷载一般可认定为在 100 ms 内传播作用完毕,由此特点规定特征时刻取值为 10 ms、20 ms、40 ms、60 ms、80 ms 和 100 ms,纵轴代表楼层,横轴代表对应的层间位移。

由图 5.55 可见,框架结构层间位移随时间而增加,各层框架位移增长幅度最大发生在第 20 ~ 40 ms时,随后幅度减小,说明底层框架在第 100 ms时趋于平衡,产生层间位移损伤。总体上各工况框架结构的最大位移发生在底层,从二层开始至顶层层间位移递减,且一到二层间位移差值最大,这说明爆炸冲击波作用于框架结构时,对首层的柱造成的损伤最大,从而使底层位移最大,而经过能量的消耗和二层及以上楼板的阻挡,上层结构的层间位移递减幅度很大。四层及以上楼层未受到爆炸直接作用,层间位移较小,出现波动是由于框架的振荡所致。

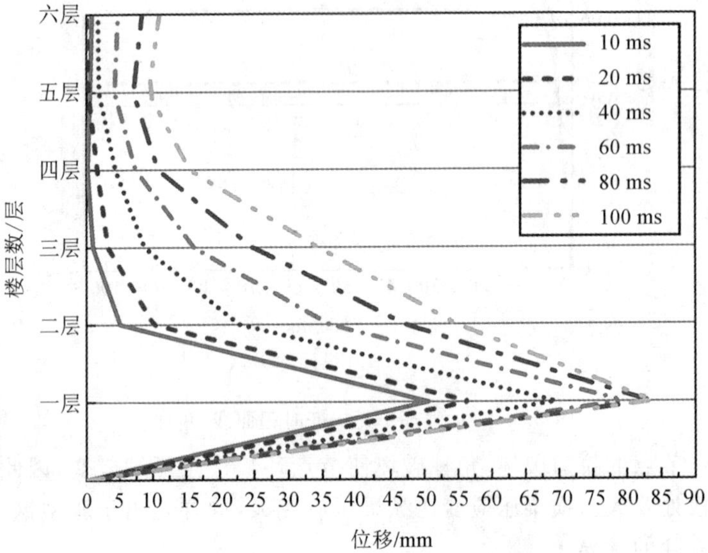

(a) 中柱

图 5.55　框架结构层间位移时程曲线

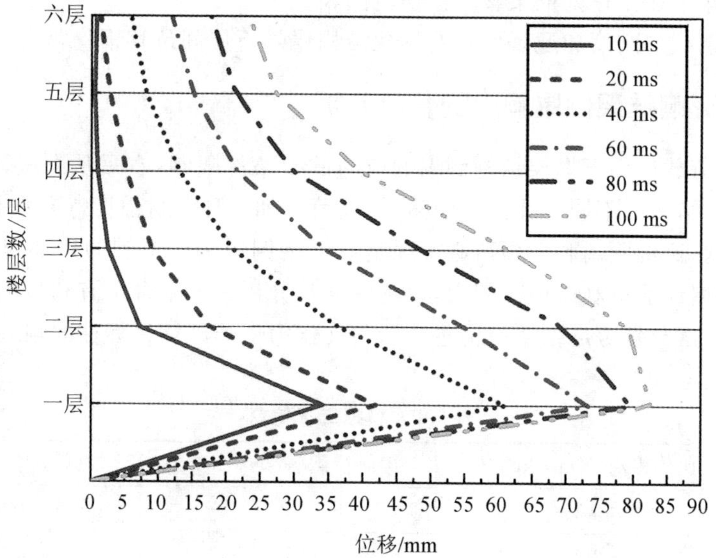

(b) 角柱

续图 5.55

爆炸发生在框架中柱时低层框架的层间位移比角柱大，角柱抗侧向的爆炸冲击荷载性能优于边柱，但中柱破坏时二层以上楼层层间位移速度比角柱处大，角柱损伤后，框架层间位移要经更长时间恢复平衡，初步分析原因为中柱爆炸时，冲击波传播作用方向平行于压型钢板组合的肋，刚度较大，楼板强轴方向耗能速度快。

参考对结构损伤情况分析的方法，根据《建筑抗震设计规范》(GB 50011—2010) 中定义的框架结构弹塑性层间位移角限值，钢结构层间位移超过 1/50 限值即达到塑性损伤，按缩尺比例的框架层高为 1 500 mm，则在此假定：爆炸荷载作用下若框架层间位移超过 30 mm，则认为达到塑性损伤。中柱、角柱爆炸下层间位移角限值损伤情况如表 5.7 所示，以 “×” 表示有损伤，“√” 表示安全。

表 5.7　中柱、角柱破坏下结构层间损伤情况

时间 /ms	中柱破坏情况						角柱破坏情况					
	一层	二层	三层	四层	五层	六层	一层	二层	三层	四层	五层	六层
10	×	√	√	√	√	√	×	√	√	√	√	√
20	×	√	√	√	√	√	×	√	√	√	√	√
40	×	√	√	√	√	√	×	×	√	√	√	√
60	×	×	√	√	√	√	×	×	×	√	√	√
80	×	×	√	√	√	√	×	×	×	√	√	√
100	×	×	×	√	√	√	×	×	×	×	√	√

综上所述，归纳得到以下结论：

(1) 爆炸作用在角柱处框架整体损伤范围较大;

(2) 压型钢板的刚度和迎爆面积对框架结构爆炸下层间位移损伤程度有一定影响。

5.2.3 影响框架倒塌响应的参数分析

由于爆炸荷载作用下框架结构倒塌响应的试验条件限制,本书从有限元数值模拟角度出发,对框架结构在不同爆炸比例距离、楼面荷载和梁环钢材强度等参数影响下的倒塌响应开展研究。比例距离和楼面荷载工况是对框架倒塌响应不利的外部因素,材料强度是对框架抗倒塌性能有利的内部因素,设置的参数分析工况结合了有利与不利、内部与外部因素,每种因素分别考虑框架结构边柱和角柱作为爆炸破坏目标柱的响应情况,工况信息如表 5.8 所示。

表 5.8 模拟工况信息

工况编号	比例距离 /($m \cdot kg^{-1/3}$)	楼面荷载 /($kN \cdot m^{-2}$)	材料(钢材)强度
1	0.39	7	Q345
2	0.38	7	Q345
3	0.37	7	Q345
4	0.36	7	Q345
5	0.39	8	Q345
6	0.39	9	Q345
7	0.39	10	Q345
8	0.39	10	Q235
9	0.39	10	Q390
10	0.39	10	Q420

除表 5.8 中提及的参数变动外,框架尺寸按照上述模型选取。工况 1、2、3 和 4 为针对比例距离(TNT 当量)的研究组别,工况 1、5、6 和 7 为针对楼面荷载的研究组别,工况 7、8、9 和 10 则是针对材料强度的研究组别。

为便于分析,提取结构关键节点或单元的位移、速度和加速度作为倒塌观察参数,如图 5.56 所示。根据上文分析结果,由于爆炸冲击波能量的衰减和框架楼板的阻挡,三层及以上楼层和构件对爆炸荷载下的直接损伤不敏感,鉴于此,选择一层边柱柱顶节点 A、一层角柱柱顶节点 B 进行观察,分析框架结构倒塌的动态响应。

1. 比例距离

炸药爆轰效应的大小是通过炸药与目标之间的比例距离来衡量的,根据比例距离的定义,保持爆炸源与目标柱的水平距离不变,仅改变炸药当量,分别设置爆炸比例距离为 $0.39\ m \cdot kg^{-1/3}$、$0.38\ m \cdot kg^{-1/3}$、$0.37\ m \cdot kg^{-1/3}$ 和 $0.36\ m \cdot kg^{-1/3}$ 四组工况,对应 TNT 当量为55.18 kg、61.51 kg、66.63 kg 和 72.34 kg,分别以框架边柱和角柱为破坏目标进行加载,比例距离及对应 TNT 当量如表 5.9 所示。

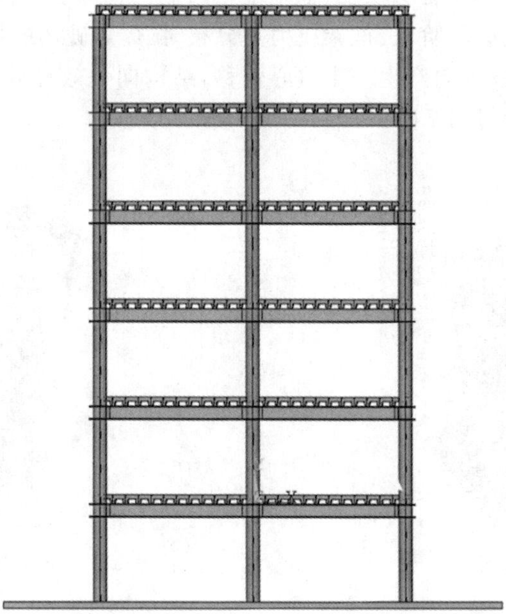

图 5.56　框架倒塌观察点示意图

表 5.9　模拟工况信息表(比例距离)

工况编号	比例距离 /(m · $kg^{-1/3}$)	对应 TNT 当量 /kg
1	0.39	55.18
2	0.38	61.51
3	0.37	66.63
4	0.36	72.34

(1) 框架边柱破坏的倒塌响应。

图 5.57 所示为不同 TNT 当量炸药在竖直高度为 750 mm，水平距离框架边柱 1 500 mm 处起爆时，框架破坏倒塌的响应情况，图中显示为框架结构竖向位移应力云图。为便于描述响应过程，做出以下说明：每行图片为一种工况，其中左列图 5.57(a)(c)(e) 和(g) 为各工况爆炸荷载作用完成时刻云图，即框架结构开始倒塌模态，右列图 5.57(b)(d)(f) 和(h) 为各工况最终倒塌情况或达到重新平衡模态。

由图 5.57 结合前述爆炸分析可以看出，爆炸荷载作用下钢管混凝土框架结构倒塌过程可以分为 3 个阶段。第一阶段为爆炸破坏阶段：爆轰冲击波首先对底层的目标框架柱产生正压冲击作用，当量足够大时框架柱会产生损伤，跨中产生弯曲破坏，两端因约束而产生剪切破坏；较低层框架梁因侧向的冲击荷载作用产生转角损伤；加强环作为连接框架梁与柱的构件，受到梁与柱传递的内力作用。第二阶段为爆轰波负压作用和框架结构平衡、应力重分布阶段：由于震荡耗能和负压作用，框架柱损伤或失效后，框架结构应力重分布，位移、挠度和转角损伤会有所恢复，框架结构因竖向荷载会产生向下的位移直至重新平衡。第三阶段为倒塌破坏阶段：框架应力重分布时，爆炸破坏的柱若不能承受上层框架荷载，会使框架往失效柱方向产生一个重心偏移，结构向失效柱处产生向下位移而倒塌，以上数值模拟的 3 个阶段与 FEMA－427 所述基本吻合。

图 5.57(a)(b)

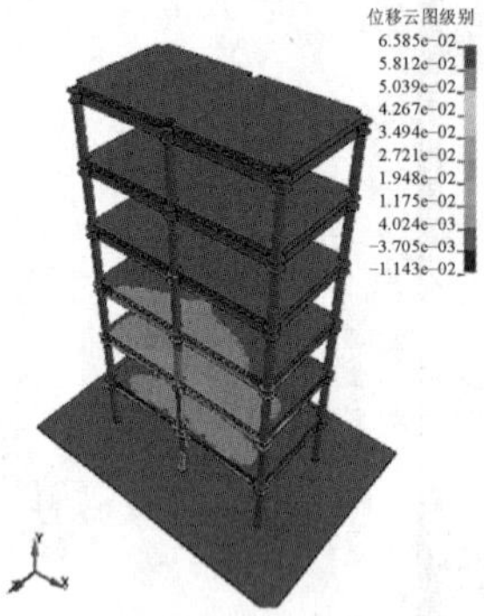

(a) 0.1 s(工况1)

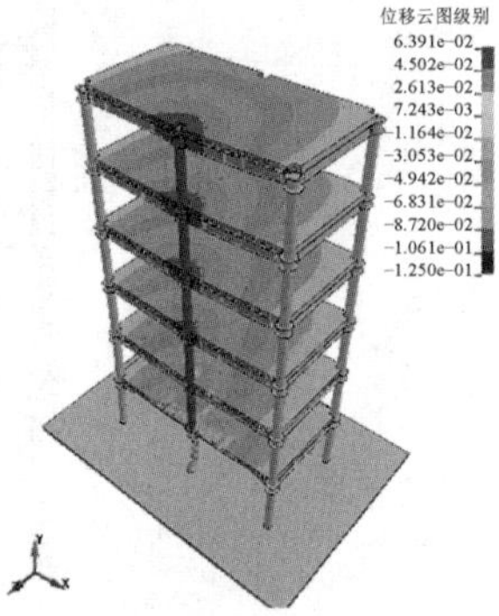

(b) 1.75 s(工况1)

图 5.57(c)(d)

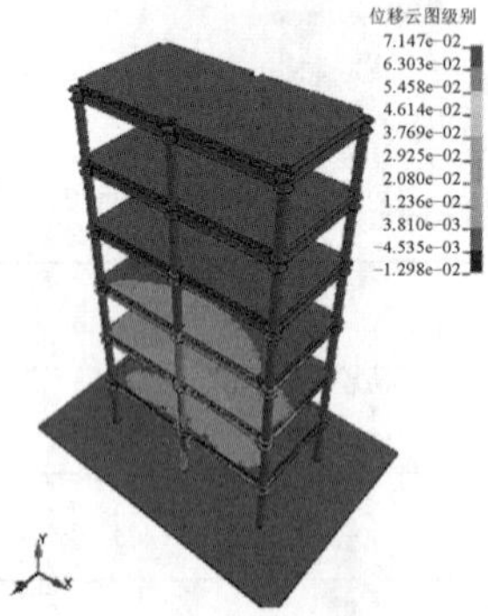

(c) 0.1 s(工况2)

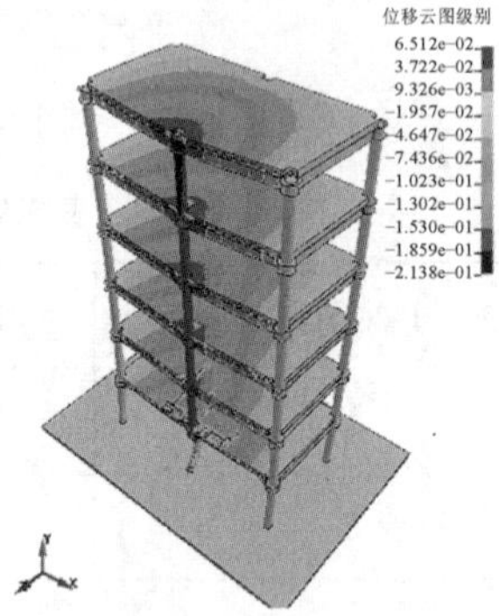

(d) 1.75 s(工况2)

图 5.57(e)(f)

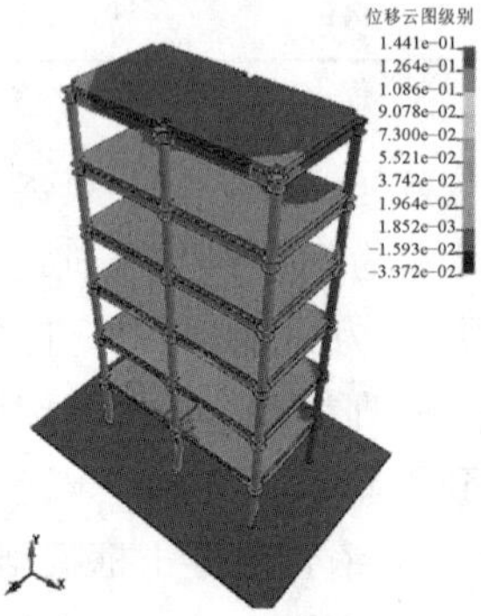

(e) 0.1 s(工况3)

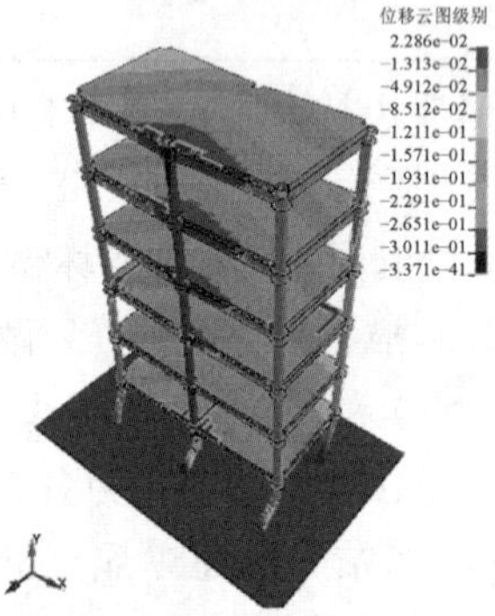

(f) 1.75 s(工况3)

图 5.57　不同 TNT 当量下框架倒塌响应(边柱)

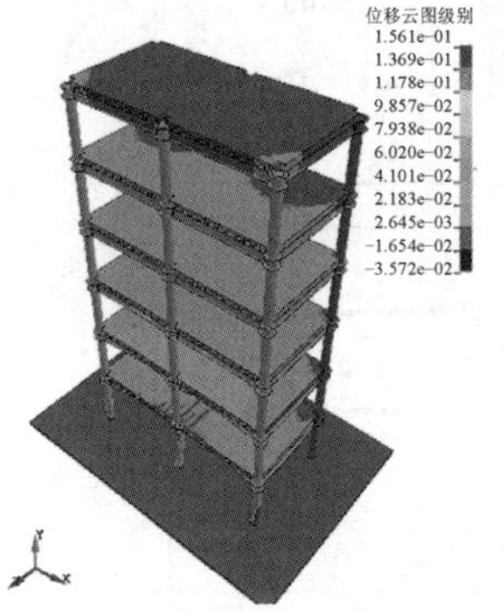

(g) 0.1 s(工况4)

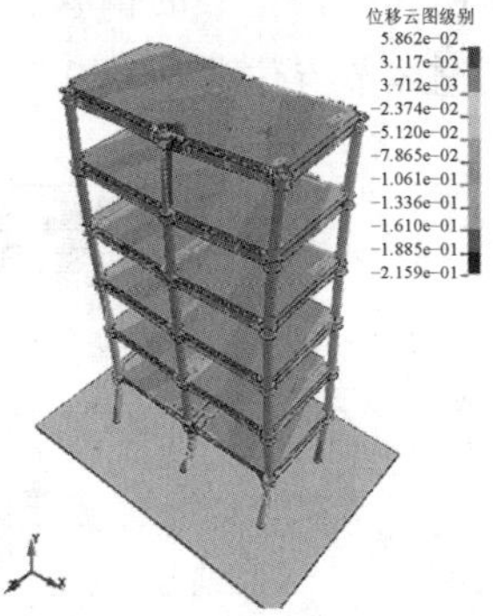

(h) 1.75 s(工况4)

图 5.57(g)(h)

续图 5.57

由图 5.57 左列云图可知，随 TNT 当量的增加，框架结构损伤范围增大。其中一层框架破坏范围不规则，损伤严重，随楼层的增加爆炸破坏范围减小(见云图绿色部分)；由图 5.57 右列云图可知，倒塌开始到重新平衡后，随着初始爆炸波及范围的增加，框架结构出现竖向位移的趋势明显，倒塌的范围以损伤边柱柱顶节点为圆心，呈扇形扩散，原因为内力重分布时框架结构重心往损伤边柱处偏移，该处荷载比静止时要大，导致楼层在这一点产生竖向位移而倒塌。TNT 当量对框架结构倒塌范围影响明显，TNT 当量越大(比例距离越小)，框架结构倒塌的范围越大，出现倒塌的趋势越快。

根据 GSA2003 中定义，通过测节点与梁的转角来判断结构倒塌情况，比例距离为 0.39 $\mathrm{m\cdot kg^{-1/3}}$ 时节点转角为 2.78°，比例距离为 0.38 $\mathrm{m\cdot kg^{-1/3}}$ 时节点转角为 1.92°，比例距离为 0.37 $\mathrm{m\cdot kg^{-1/3}}$ 时节点转角为 2.42°，比例距离为 0.36 $\mathrm{m\cdot kg^{-1/3}}$ 时节点转角为 2.84°，差值不明显，说明爆炸荷载不是节点倒塌的直接原因，而是通过破坏底层框架柱，使损伤柱顶节点下塌，节点形成梁机制抵抗重分布的荷载，若结构拉结强度足够大，上部结构形成整体对底层的框架柱造成破坏，如图5.57(f)(h) 所示，当 TNT 当量使框架柱损伤达到一定程度时，上层结构整体倒塌，底层柱逐一被压垮失效。

对比 4 种不同比例距离工况下损伤柱顶节点的 Y 向位移、速度和加速度时程曲线，如图 5.58 所示，定量分析倒塌动态响应。

由图 5.58 可以看出，在 0.2 s前的爆炸作用阶段，节点位移为 Y 轴正向，且位移最大值随 TNT 当量的增加而增大，说明爆炸冲击波对底层框架的节点有上抬的趋势。由图 5.58(b)(c) 可知，该阶段节点的速度和加速度有较大突跃并迅速恢复，进而降低到负值，框架开始向下位移而倒塌。

在倒塌阶段，工况 1 下因框架柱残余承载力和节点的梁机制共同承担上部荷载，节点处向下位移达到 0.24 m，速度和加速度趋于平稳，结构最终达到重新平衡。而工况 2、3 和 4 中，随着爆炸比例距离的减小，框架边柱损伤程度增大，倒塌的程度也增大。由于梁、加强环和组合楼板的共同拉结作用，结构在梁机制出现后，形成整体下塌，迎爆面上的柱由于初始损伤和结构重心的偏移而被压垮失效。计算到 1.75 s 时，工况 2 节点位移达到 0.2 m，工况 3 节点位移达到 0.54 m，工况 4 节点位移达到 0.78 m。

图 5.58(a)

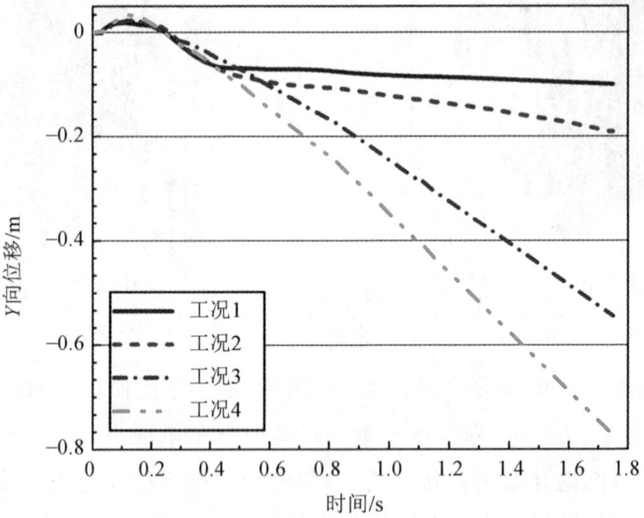

(a) 位移

图 5.58(b)

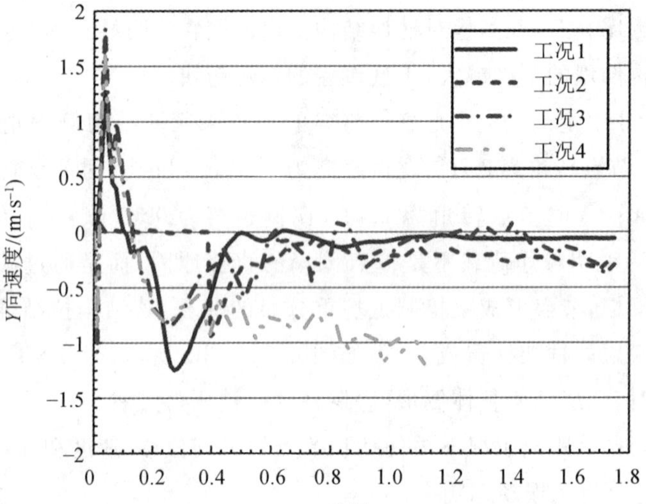

(b) 速度

图 5.58　不同 TNT 当量下柱顶节点 Y 向位移、速度、加速度时程曲线(边柱)

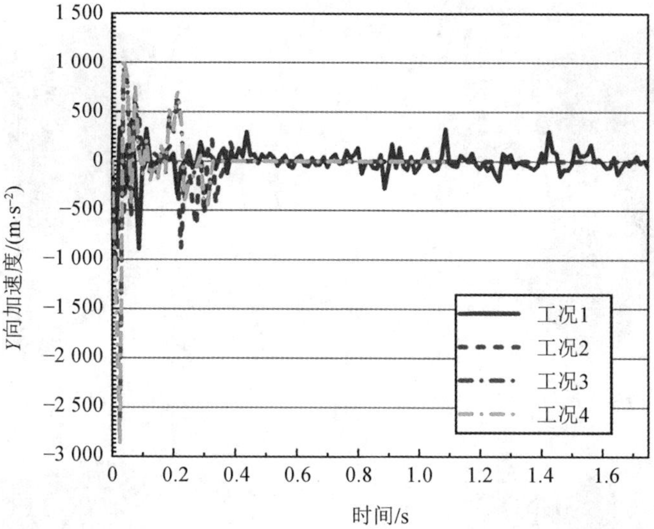

(c) 加速度

图 5.58(c)

续图 5.58

综上所述，随着比例距离的减小（TNT 当量的增加），框架的爆炸损伤范围增大，倒塌的趋势加快，且因拉结作用，框架结构破坏模式为上部整体倒塌。

（2）框架角柱破坏的倒塌响应。

保持上述工况基本不变，在竖直高度为 750 mm，水平距离框架角柱 1 500 mm 处起爆，观察分析爆炸荷载作用下角柱作为主要迎爆构件框架倒塌的响应，图 5.59 所示为框架结构竖向位移应力云图。

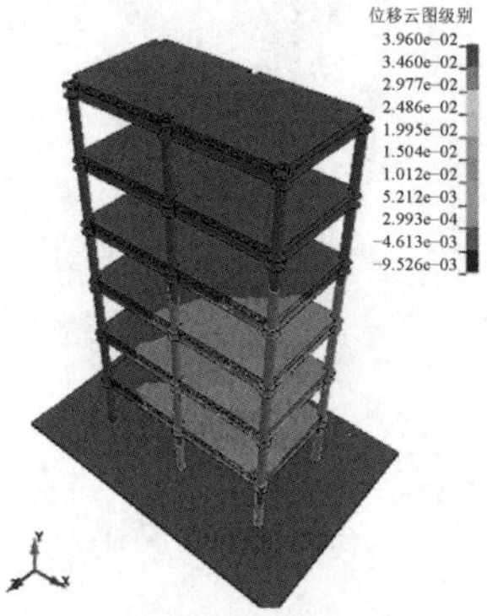

(a) 0.1 s(工况1)

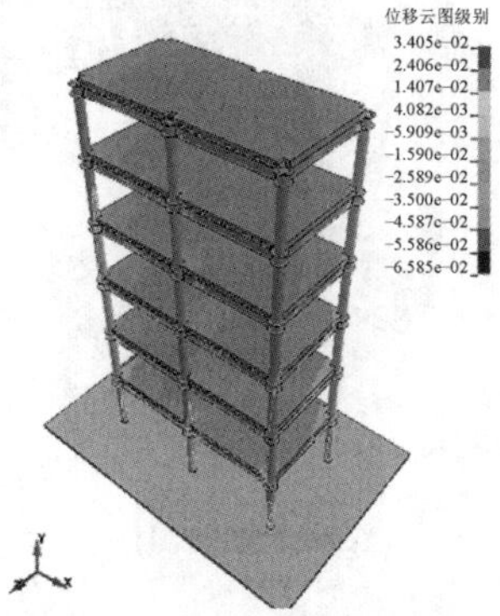

(b) 1.75 s(工况1)

图 5.59(a)(b)

图 5.59　不同 TNT 当量下框架倒塌响应（角柱）

图 5.59(c)(d)

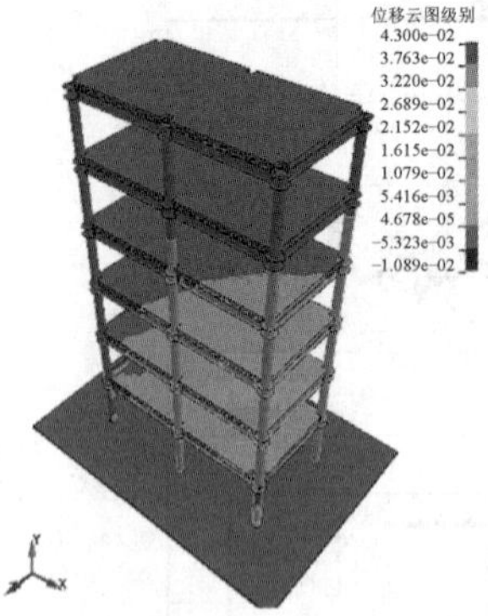

(c) 0.1 s(工况2)

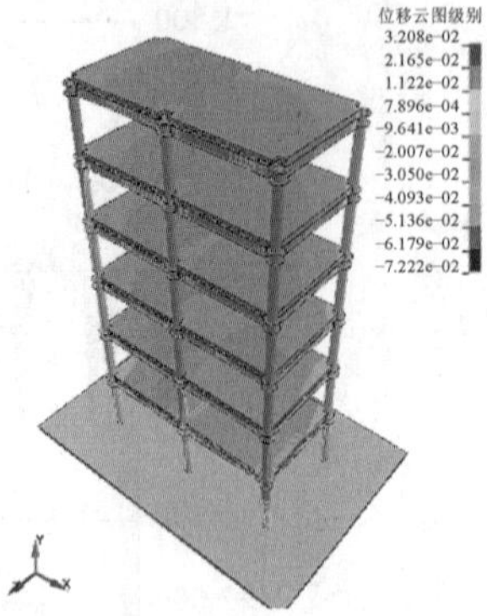

(d) 1.75 s(工况2)

图 5.59(e)(f)

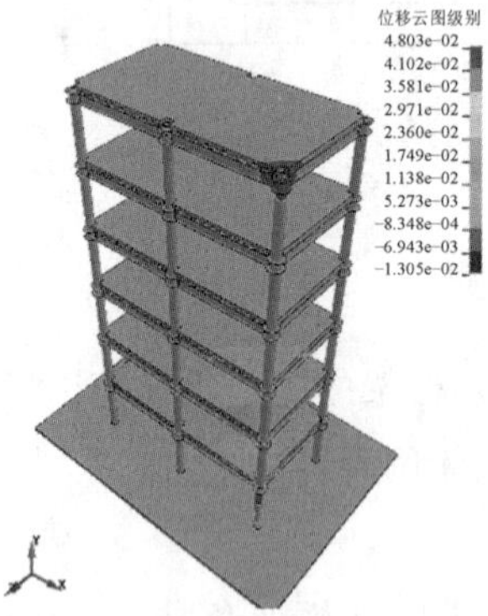

(e) 0.1 s(工况3)

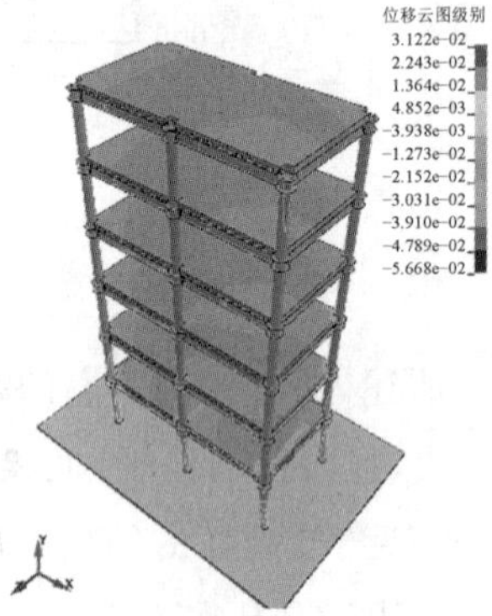

(f) 1.75 s(工况3)

图 5.59(g)(h)

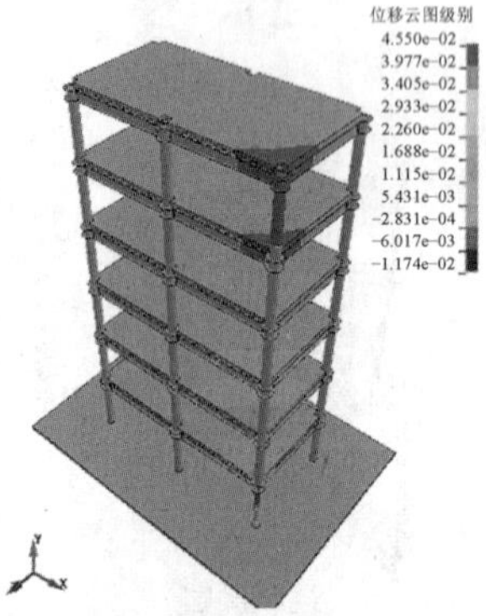

(g) 0.1 s(工况4)

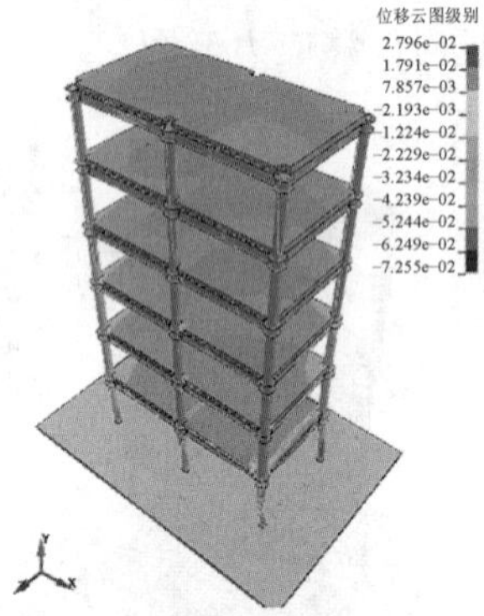

(h) 1.75 s(工况4)

续图 5.59

由图 5.59 左列云图可以看出，炸药在角柱处起爆，框架的响应与边柱受爆炸损伤情况相似，但整体破坏比边柱小。当炸药以角柱为破坏目标时，框架结构破坏范围随着 TNT 当量的增加而增加，爆炸冲击波对角柱节点处楼板有上抬的趋势。同样地，底层角柱出现损伤后，框架结构内力重分布，在角柱处产生一个重心的偏移，结构往该方向下榻。由图 5.59 右列位移云图可以看出，结构角柱节点处下塌的程度随 TNT 当量的增加而增加，但最终都因失效柱顶节点与梁形成的梁机制和框架角柱的剩余承载力支撑而重新分布的荷载，框架结构未发生倒塌。

提取 4 种不同比例距离工况下损伤柱顶节点的位移、速度和加速度时程曲线，如图 5.60 所示。

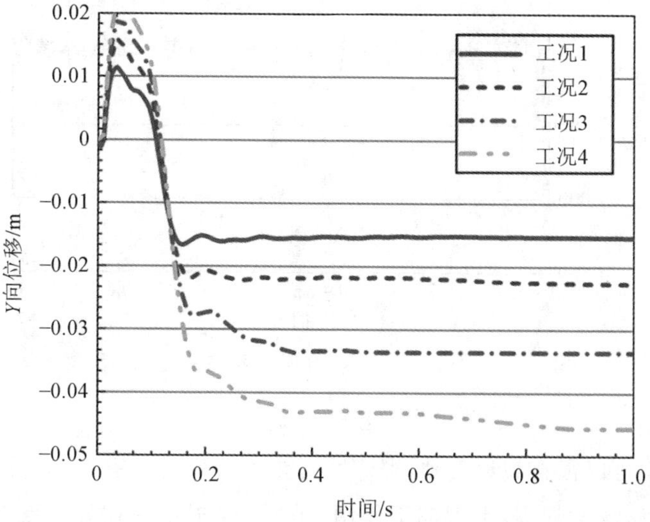

(a) 位移

图 5.60(a)

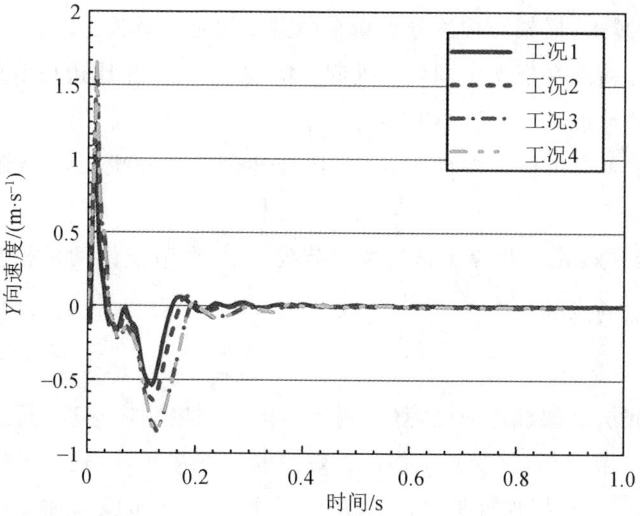

(b) 速度

图 5.60(b)

图 5.60　不同 TNT 当量下柱顶节点 Y 向位移、速度和加速度时程曲线(角柱)

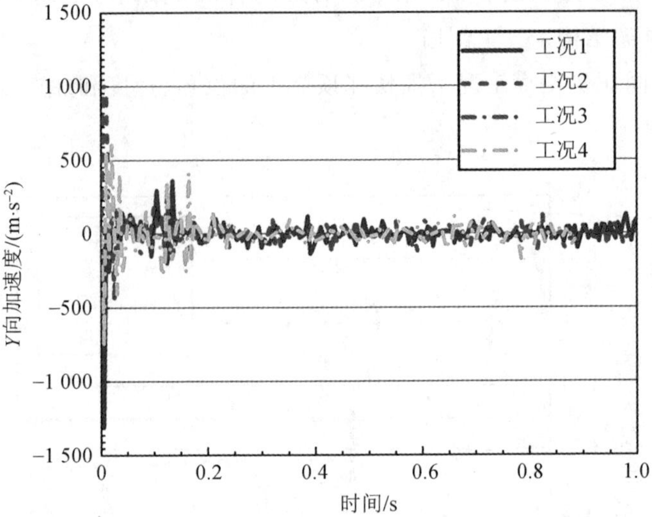

(c) 加速度

图 5.60(c)

续图 5.60

由图 5.60 中可以很直观地看到，爆炸冲击波作用阶段节点有向上的位移，随后爆炸波衰减而节点位移恢复到零，继续向下作用。0.4 s 时损伤柱顶处节点出现梁机制，此后节点向下的速度和加速度趋于零，最终达到了新的平衡。由图 5.60(c) 可知，TNT 当量越大，加速度的波动越大，框架结构达到重新平衡需要的时间越长。

综合对比爆炸荷载在框架不同位置处起爆的响应可得，相比边柱节点，角柱节点抗爆炸冲击和抗倒塌的性能更优，原因如下：

(1) 边柱迎爆面比角柱迎爆面大，受到爆炸冲击的范围更广，受到爆炸损伤的构件较多；

(2) 边柱节点主要由一根纵梁抵抗爆炸荷载，而角柱节点由两根相互垂直的梁支撑，其抗力为边柱节点的$\sqrt{2}$ 倍。

2. 楼面荷载

爆炸荷载对底层框架柱造成破坏后，剩余结构的倒塌响应速度与上层框架的荷载有关，因此根据 5.2.2 节分析，将受到损伤而失效的框架柱移除，设置 4 组楼面荷载工况，信息如表 5.10 所示。移除损伤框架柱的方法为：先按照上文步骤施加爆炸荷载，在爆炸荷载作用完毕后、框架损伤时输出有限元计算的结果文件，在结果文件中通过 *DELETE_OPTION 命令删除失效的框架柱，再添加 INITIAL_OPTION 命令延续上步计算得到的初始应力，最后将修改好的结果文件"重启动"继续计算结构的倒塌响应。楼面荷载通过在 PKPM/YJK 模型中输入相应荷载组合，计算得到框架柱的总质量，将其转化为 ANSYS/LS－DYNA 中单位节点荷载进行加载，研究框架倒塌响应。

表 5.10　模拟工况信息表(楼面荷载)

工况编号	1	5	6	7
楼面荷载 /(kN · m^{-2})	7	8	9	10

(1) 框架边柱破坏的倒塌响应。

图 5.61 所示为根据 GSA2003 中的拆除构件法,在不同楼面荷载下框架边柱破坏后结构倒塌的响应情况。图 5.61 显示为 Y 向位移云图,所示为不同工况下计算到 1.5 s时的倒塌情况。

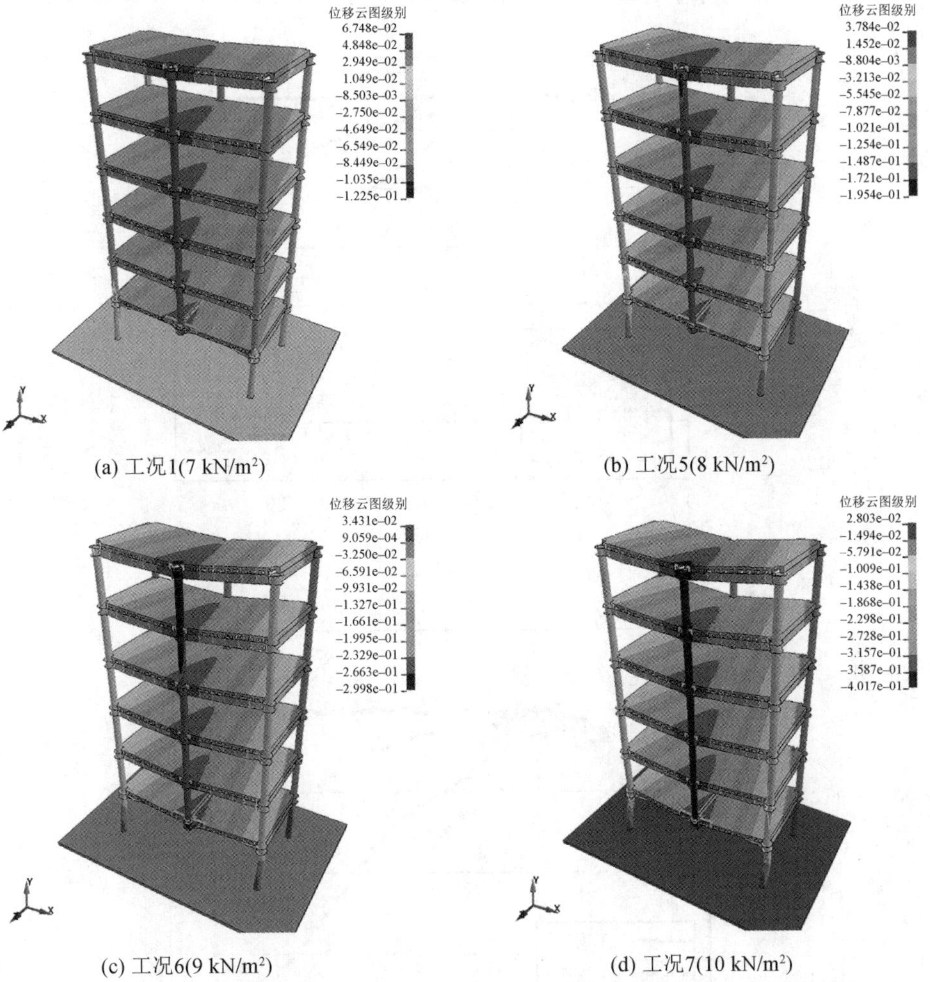

(a) 工况1(7 kN/m^2)　(b) 工况5(8 kN/m^2)

(c) 工况6(9 kN/m^2)　(d) 工况7(10 kN/m^2)

图 5.61(a)(b)

图 5.61(c)(d)

图 5.61　不同楼面荷载下框架倒塌响应(边柱)

如图 5.61 所示,当框架边柱失效退出工作后,失效边柱柱顶节点及以上位置的节点、梁、柱和楼板失去了下部的支撑,在框架结构重心偏移作用下,框架梁呈弯曲拉伸状态,长边上的组合楼板随之向下倾斜拉伸,钢结构梁和板的连接作用使得各自没有较大的弯曲,但组合作用加剧了长边两根角柱柱顶节点处的损伤,框架底层角柱在柱顶处产生一个较大的弯曲应力，框架柱整体因楼板的下塌而呈现“内收”的破坏状态。由图 5.61 可见，楼层倒塌的范围为以失效边柱柱顶节点为圆心，向四周扩展，楼板因失效边柱柱顶的一角倒塌而折断。

图示计算到 1.5 s 时，在工况 1、5、6 和 7 下对应的失效边柱柱顶 Y 向位移分别为 0.123 m、0.195 m、0.3 m 和 0.402 m，随着楼面荷载的增加，关键柱失效后结构倒塌越发严重，但工况 1 时剩余框架边柱失效节点处抗力机制阻止了结构继续向下的运动，最终结构未发生倒塌。

各工况中边柱柱顶节点的 Y 向位移、速度和加速度时程曲线如图 5.62 所示。

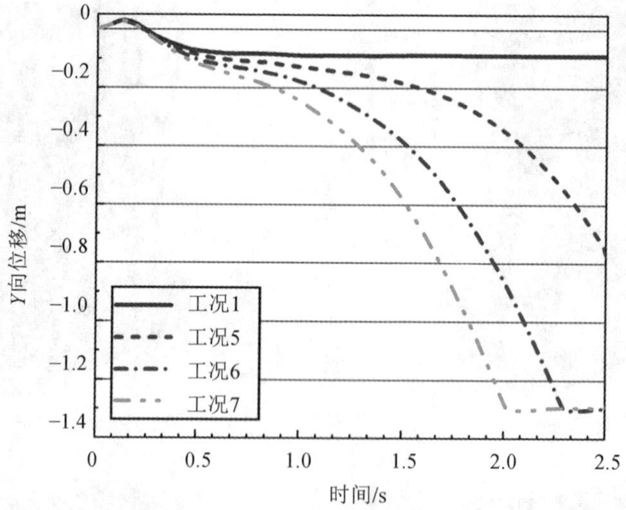

图 5.62(a)

(a) 位移

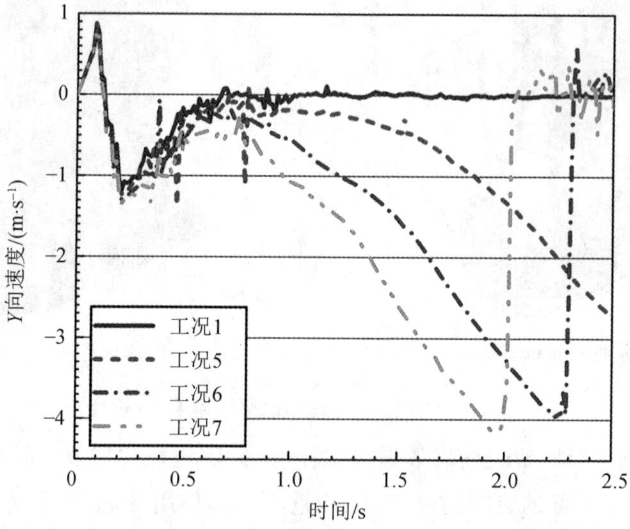

图 5.62(b)

(b) 速度

图 5.62　不同楼面荷载下柱顶节点 Y 向位移、速度、加速度时程曲线(边柱)

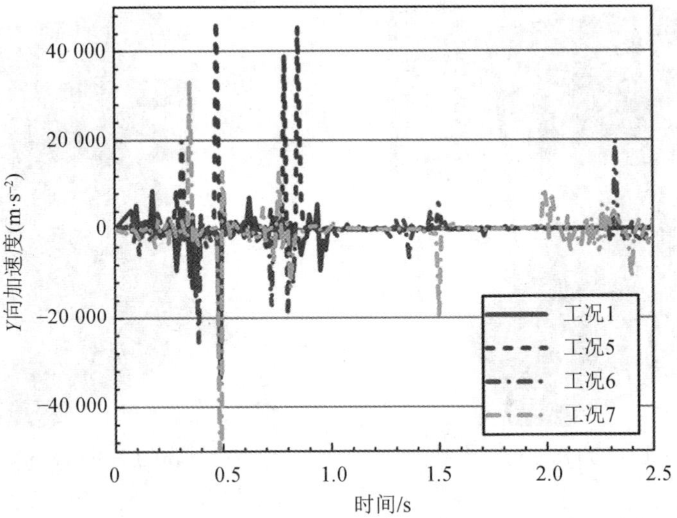

(c) 加速度

图 5.62(c)

续图 5.62

由图 5.62 可以看出，边柱失效移除后，随着楼面荷载的增加，失效柱顶节点 Y 向位移增大，且位移增大的速度在加快，说明框架结构倒塌的速度在加快。在工况 1 下结构失效柱处因悬链线机制没有倒塌，速度和加速度在 1 s 后趋于零，最终 Y 向位移维持在 0.123 m；而在工况 5、6 和 7 下随着竖向荷载的增加，倒塌程度加大，倒塌发生速度加快，在工况 5 下结构在 3.5 s 倒塌到地面，在工况 6 下结构在 2.3 s 倒塌到地面，在工况 7 下结构在 2 s 倒塌到地面。

由图 5.62(b) 可知，0.1 s 内节点速度往 Y 向正向增加，为爆炸冲击波对框架的上抬作用阶段；爆炸作用结束后在楼面竖向荷载的作用下，节点速度一直下降，达到第一个负的极值，紧接着节点速度有一定程度的恢复，该阶段由梁承受荷载，称为梁机制阶段；关键框架柱失效移除后，由于节点处缺少支撑，转由相邻的各根梁共同拉结形成悬链线机制承受上部重分布的荷载。工况 1 在悬链线机制下最终重新达到静力平衡；工况 5 的悬链线机制阶段在 1.5 s 达到极限，可以看到速度时程图有明显的平台阶段，之后进入倒塌阶段，倒塌速度加快；工况 6 和 7 在较大的竖向荷载下，悬链线机制阶段较短，节点很快达到承载力极限而出现倒塌。

由上述分析可知，框架边柱失效后，结构倒塌响应的阶段为爆炸波上抬阶段、梁机制阶段、悬链线机制阶段和结构拉结后整体倒塌阶段。

(2) 框架角柱破坏的倒塌响应。

保持上述工况基本不变，通过拆除构件法移除受爆炸损伤失效的目标角柱，观察不同楼面荷载下结构角柱节点倒塌的影响，计算到 1.5 s 时停止，图 5.63 所示为位移云图。

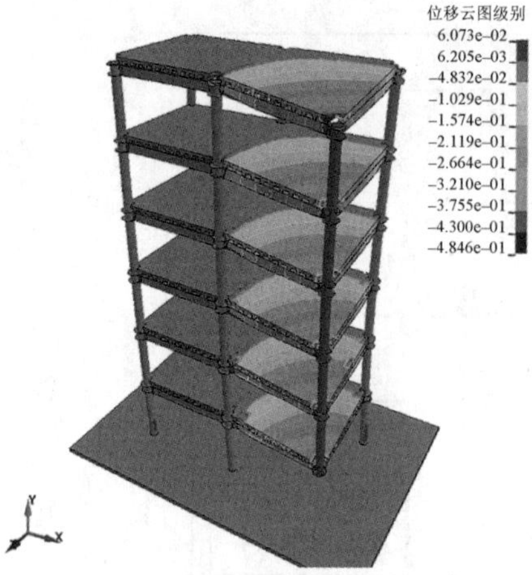

(a) 工况1(7 kN/m²)

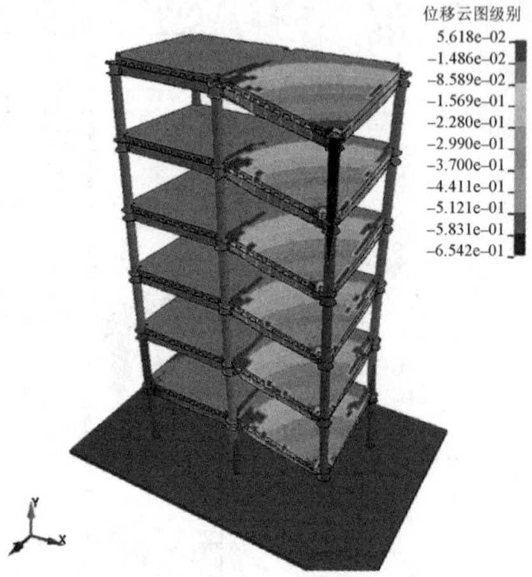

(b) 工况5(8 kN/m²)

图 5.63(a)(b)

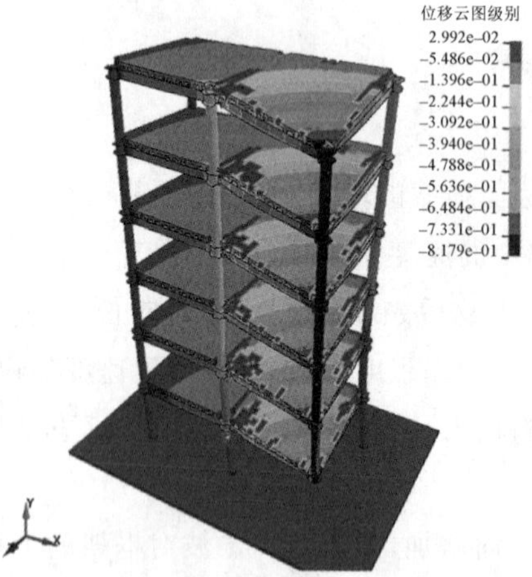

(c) 工况6(9 kN/m²)

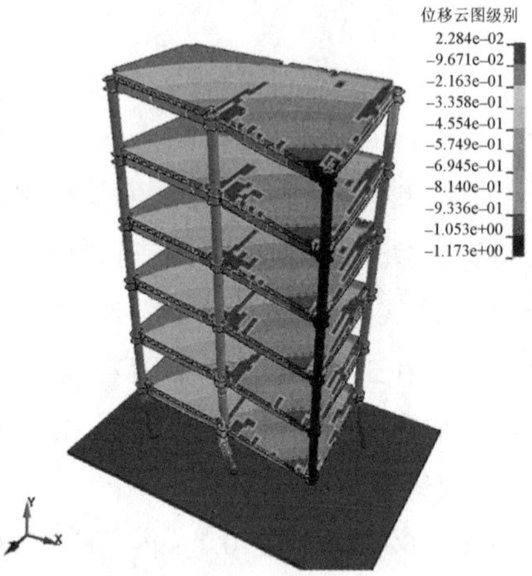

(d) 工况7(10 kN/m²)

图 5.63(c)(d)

图 5.63　不同楼面荷载下框架倒塌响应(角柱)

角柱失效移除后,在竖向荷载作用下,结构重心往角柱处偏移,该部分框架结构由于失去一个支点支撑,剩余结构绕其他3根框架柱发生弯曲破坏。如图5.63所示,倒塌范围发生在一跨内,以失效角柱柱顶节点为圆心,呈扇形扩展,当竖向倒塌位移较大时,组合楼板混凝土被拉碎,但由于压型钢板铺排方向阻止了横向的裂缝发展,因此楼板裂缝主要呈纵向发展。当框架继续向下运动后,钢结构的拉结作用使得楼板形成整体对底层柱造成压溃破坏,与失效角柱相邻的框架柱最先破坏,最终框架倒塌到地面上。

计算到1.5 s时在工况1、5、6和7下失效角柱节点Y向位移分别为0.485 m、0.654 m、0.818 m和1.173 m,随着楼面荷载的增加,框架结构倒塌范围和程度也增大。

提取不同工况下失效角柱柱顶节点的Y向位移、速度和加速度时程曲线,如图5.64所示。

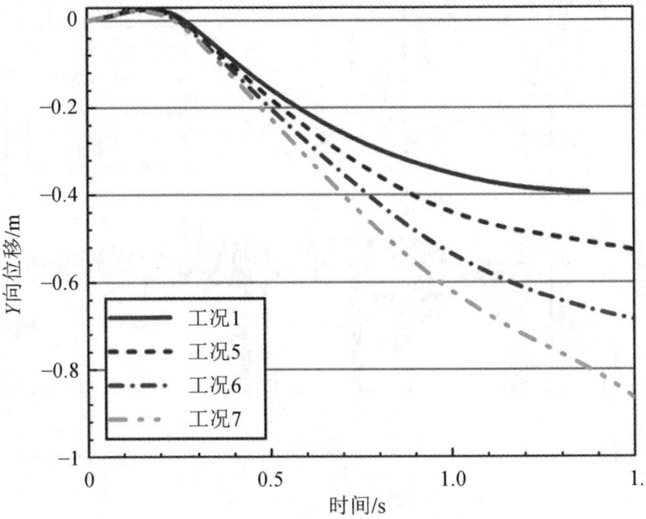

(a) 位移

图 5.64(a)

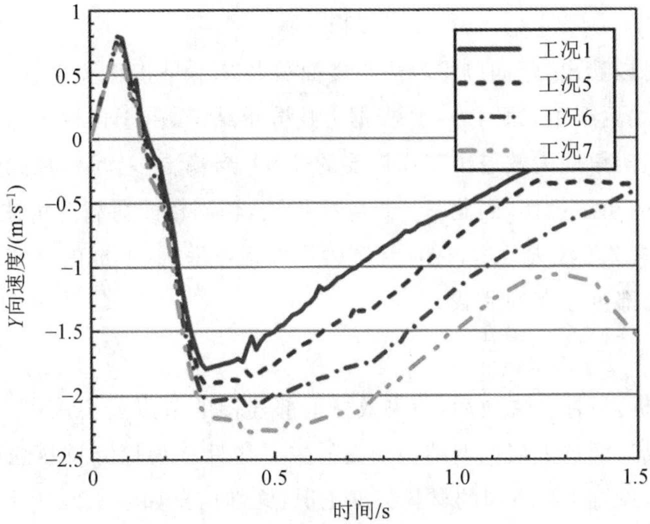

(b) 速度

图 5.64(b)

图 5.64　不同楼面荷载下柱顶节点 Y 向位移、速度、加速度时程曲线(角柱)

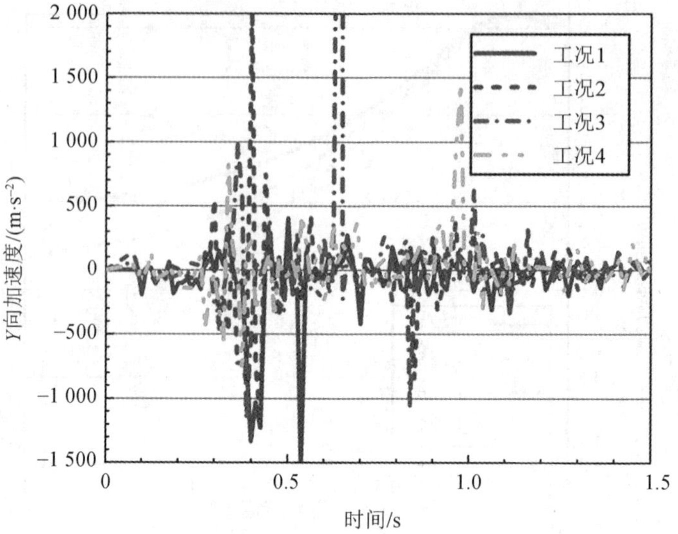

(c) 加速度

图 5.64(c)

续图 5.64

由图 5.64 可以看出，竖向倒塌响应与楼面荷载基本呈正比关系。对比边柱响应，角柱失效后框架倒塌更严重，原因为：① 根据上述分析结论，由于角柱节点抗爆抗倒塌性能优于边柱节点，框架角柱失效退出工作需要的 TNT 当量更多，且角柱失效移除势必对相邻构件造成更大的初始损伤，因此基于拆除构件法，相同楼面荷载对角柱失效时框架的倒塌破坏比边柱大；② 角柱失效后，柱顶剩余梁构件相互垂直，形成的悬链线机制抗力较边柱弱，难以支撑上部重分布的荷载。

3. 材料强度

根据前述分析，目标柱失效后，与失效柱上部连接的节点处会逐步出现梁机制、悬链线机制等，节点成为抵抗上层框架结构倒塌的主要构件。为探究材料强度对框架节点抗倒塌性能的影响，设置 4 组不同的材料强度工况，详细信息如表 5.11 所示。有限元计算模型沿用 GSA2003 中拆除构件法处理的框架结构模型。

表 5.11　模拟工况信息表(材料强度)

工况编号	8	7	9	10
材料(钢材)强度	Q235	Q345	Q390	Q420

(1) 框架边柱破坏的倒塌响应。

图 5.65 所示为爆炸荷载对框架边柱造成损伤，按照 GSA2003 移除构件后，框架节点处梁、加强环钢材号分别为 Q235、Q345、Q390 和 Q420 下框架倒塌的响应情况。图中显示为 Y 向位移云图，所示分别为不同工况下计算到 1.5 s 时的倒塌情况。

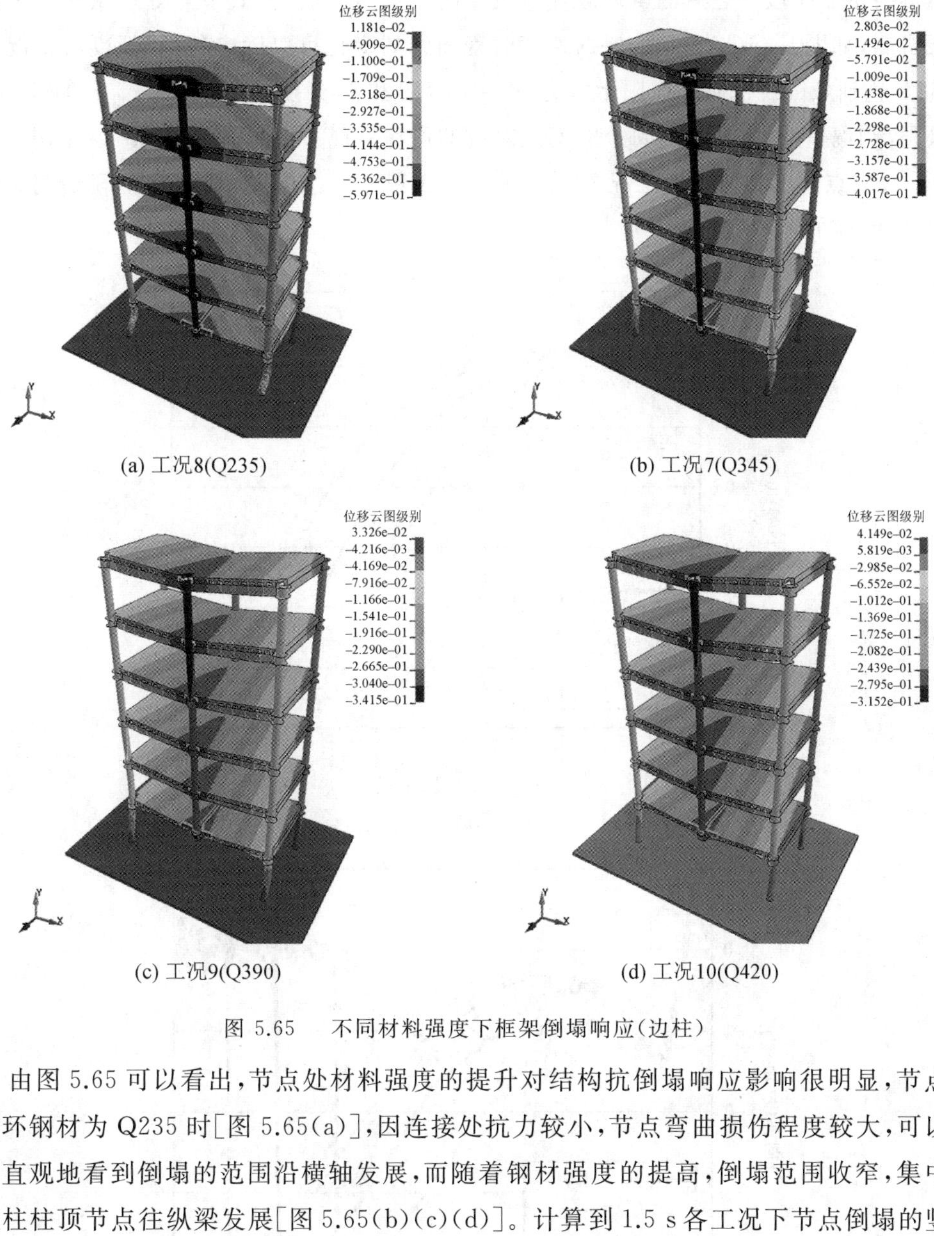

(a) 工况8(Q235)　　(b) 工况7(Q345)

图 5.65(a)(b)

(c) 工况9(Q390)　　(d) 工况10(Q420)

图 5.65(c)(d)

图 5.65　不同材料强度下框架倒塌响应(边柱)

由图 5.65 可以看出,节点处材料强度的提升对结构抗倒塌响应影响很明显,节点处梁和环钢材为 Q235 时[图 5.65(a)],因连接处抗力较小,节点弯曲损伤程度较大,可以从图中直观地看到倒塌的范围沿横轴发展,而随着钢材强度的提高,倒塌范围收窄,集中于失效柱柱顶节点往纵梁发展[图 5.65(b)(c)(d)]。计算到 1.5 s 各工况下节点倒塌的竖向位移情况为:工况 8 为 0.597 m,工况 7 为 0.402 m,工况 9 为 0.342 m,工况 10 为0.315 m,结合课题组的研究,材料强度不高时,提高节点处材料强度能有效提升其抗爆性能,当钢材强度为 Q390 以上时,材料强度对节点抗爆性能的改善将十分有限。

提取各工况中框架失效边柱柱顶节点 Y 向位移、速度和加速度时程曲线,如图 5.66 所示,定量分析材料强度对节点抗倒塌性能的影响。

由图 5.66 可以看出,0.5 s 内 4 种工况的爆炸上抬破坏阶段和梁机制阶段曲线趋势十分接近,说明了节点材料强度的增大对框架结构抗爆和梁机制性能提升不大,主要改善的是悬链线机制阶段及之后的倒塌破坏阶段。内力重分布后，失效节点处剩余构件形成悬链线机制，如图 5.66(b) 所示，根据速度时程曲线的变化可以确定各机制阶段：工况 8 在 0.588 s 达到悬链线机制的极限承载力，而工况 7、9 和 10 分别在 0.65 s、0.75 s 和 0.825 s 达到极限，倒塌速度加快；此后每个时间点对应的位移呈现为工况 8 > 工况 7 > 工况 9 > 工况 10，对应点速度亦呈现为工况 8 > 工况 7 > 工况 9 > 工况 10 的情况，且随着材料强度的提高，响应的差值变小。

图 5.66(a)

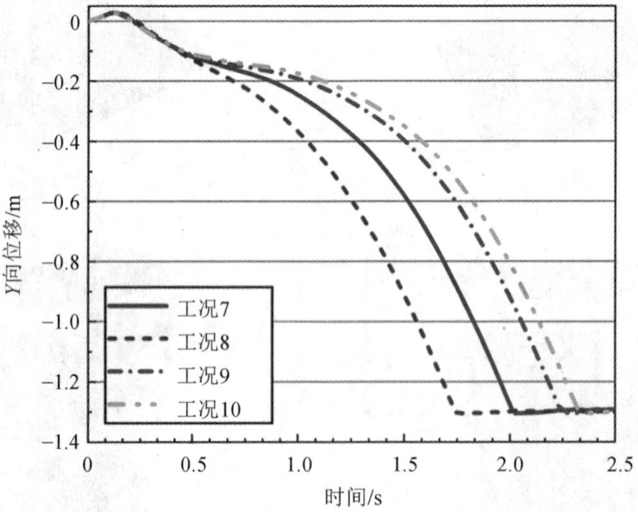

(a) 位移

图 5.66(b)

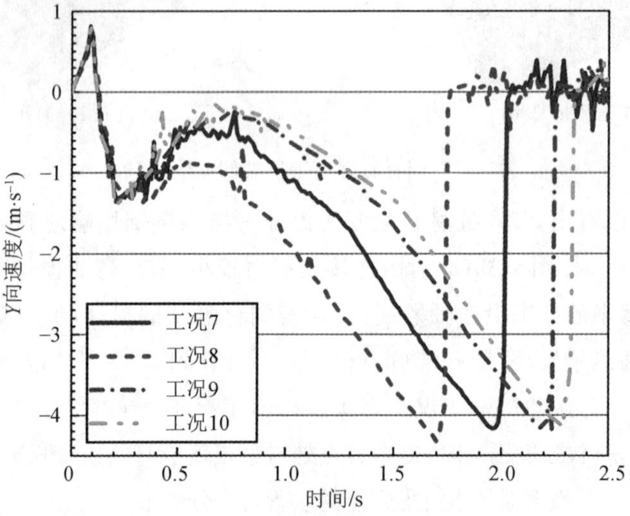

(b) 速度

图 5.66　不同材料强度下柱顶节点 Y 向位移、速度和加速度时程曲线(边柱)

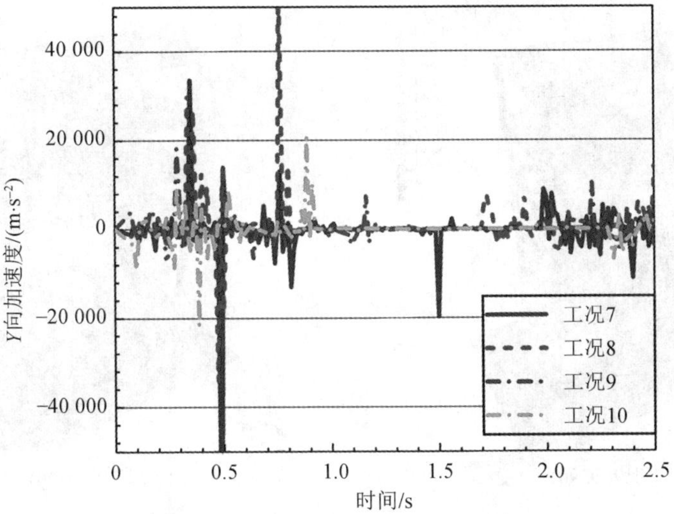

(c) 加速度

图 5.66(c)

续图 5.66

根据以上位移、速度和加速度响应时程趋势可知：钢材由 Q235 到 Q345 时，对应的框架节点处悬链线机制性能提升 15.11%，由 Q345 到 Q390 时悬链线机制性能提升 11.87%，而 Q390 到 Q420 间悬链线机制性能只提升了 3.35%。

(2) 框架角柱破坏的倒塌响应。

保持上述工况基本不变，通过拆除构件法移除受爆炸损伤失效的目标角柱，观察不同材料强度下结构角柱节点倒塌的影响，计算到 2 s，图 5.67 所示为位移云图。

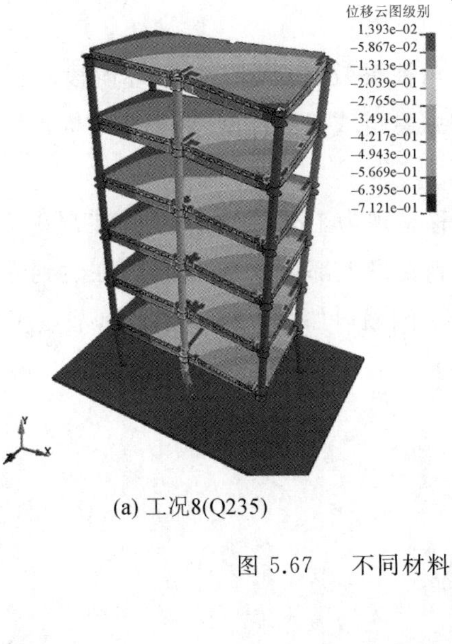

(a) 工况8(Q235)

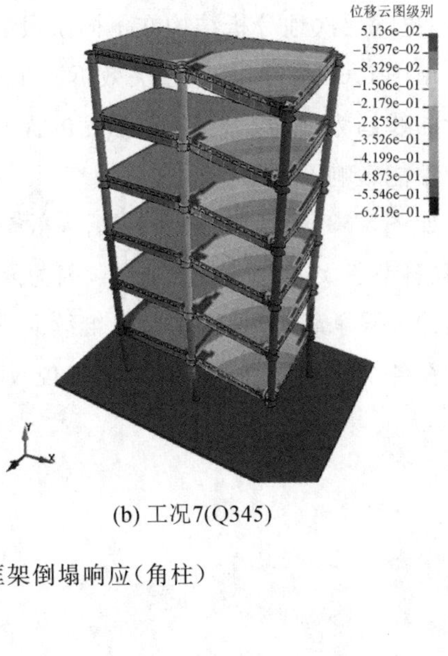

(b) 工况7(Q345)

图 5.67(a)(b)

图 5.67　不同材料强度下框架倒塌响应(角柱)

图 5.67(c)(d)

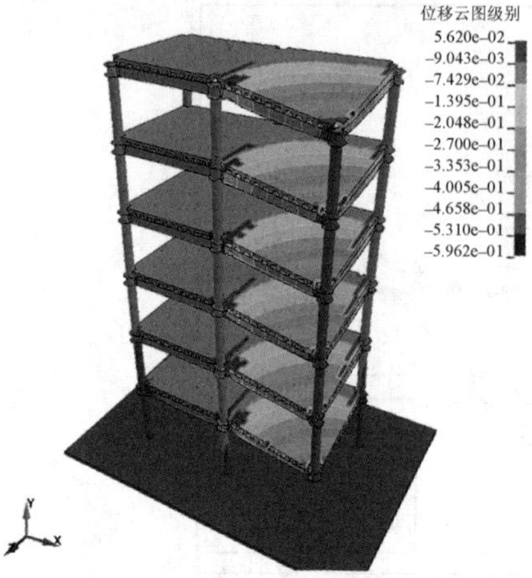

(c) 工况9(Q390)

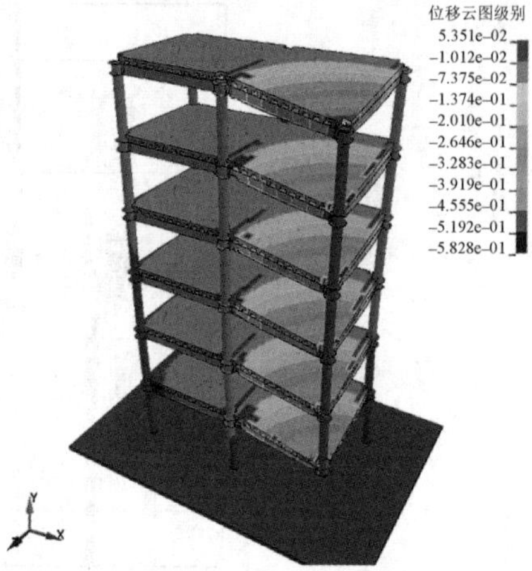

(d) 工况10(Q420)

续图 5.67

由图 5.67 可以看出，角柱失效移除后，剩余框架结构在不同材料强度下的倒塌响应过程与不同楼面荷载工况下的情况大致相同。

当梁环处节点钢材为Q235时，角柱节点处Y向位移为0.712 m，且框架结构倒塌范围扩展到第二跨内，整体的拉结作用对底层与失效角柱最近的框架柱造成极大破坏，框架整体呈现推覆倾斜的倒塌状态；随着材料强度的提升，节点的竖向位移逐渐降低，分别为0.622 m(Q345)、0.596 m(Q390) 和 0.582 m(Q420)，框架倒塌范围集中于受损角柱所在的一跨内，以角柱为圆心呈扇形分布。

提取 4 种不同材料强度工况下观察点的Y向位移、速度和加速度时程曲线，如图 5.68 所示，更深层次地分析结构在不同阶段的倒塌响应。

由图 5.68 可知，与边柱失效拆除工况相似，角柱失效后爆炸上抬破坏阶段和梁机制阶段曲线趋势差别不大，材料强度的提升主要增强悬链线机制性能，对框架结构抗爆和梁机制性能影响不明显。

如图 5.68(a) 所示，在0.5 s后失效节点处位移呈现为工况 8 ＞ 工况 7 ＞ 工况 9 ＞ 工况 10，且各节点Y向速度缓慢减小，因为悬链线机制支撑上部重分布的荷载，在达到悬链线机制的极限承载力后，角柱节点继续向下运动直至倒塌。如图 5.68(c) 所示，节点Y向加速度在各个阶段的临界转换时将出现较大的波动。

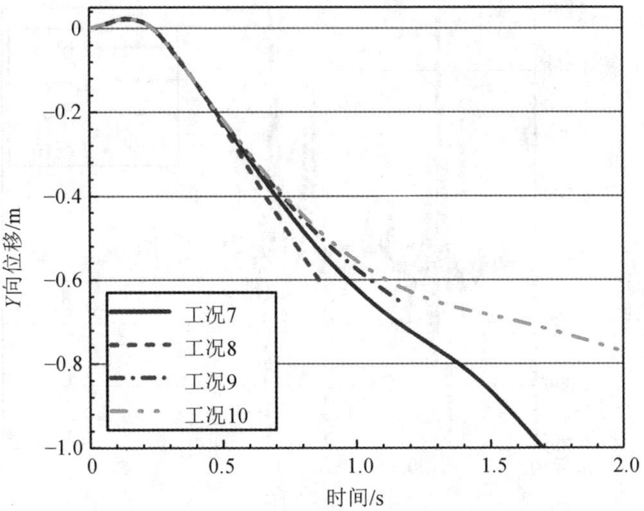

(a) 位移

图 5.68(a)

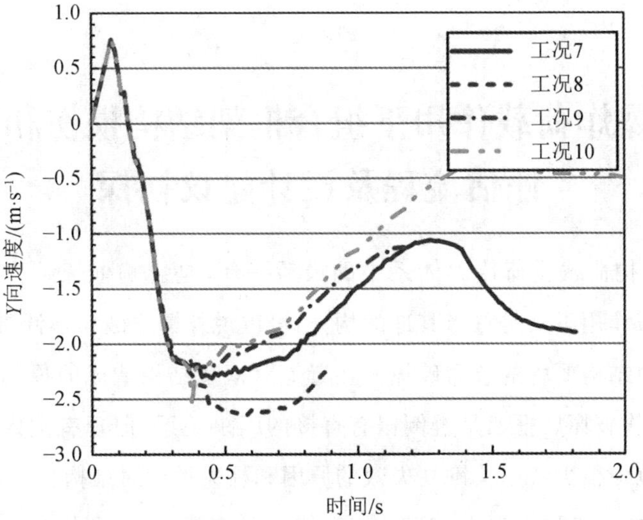

(b) 速度

图 5.68(b)

图 5.68　不同材料强度下柱顶节点 Y 向位移、速度、加速度时程曲线(角柱)

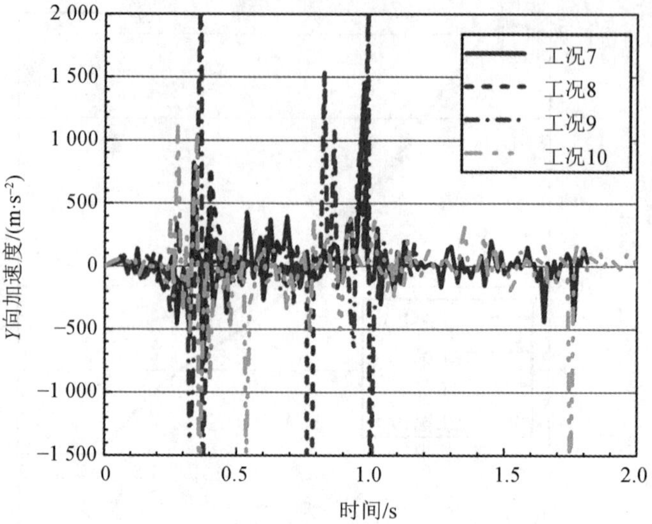

(c) 加速度

图 5.68(c)

续图 5.68

5.3 爆炸荷载作用下组合框架结构损伤和倒塌的评估流程及设计建议初探

框架柱是结构荷载受荷传力体系中的最后一环，是影响框架结构倒塌的决定性构件，在外爆炸荷载作用下又是首当其冲的构件，可以说外爆炸破坏是针对结构最重要构件的直接破坏，是对结构要害的致命破坏。在爆炸对框架结构造成的损伤和倒塌过程中框架柱的损伤与爆炸破坏后框架是否倒塌有直接的因果关系，但现有国内外结构抗连续倒塌分析、设计规范中很少考虑关键柱失效的原因和柱失效后对结构整体倒塌的影响，而是通过拉结强度法或拆除构件法来加强结构整体或局部延性、强度等。然而实际爆炸情况中，爆炸冲击等偶然荷载破坏有不规则、不确定、随机等复杂性，不同结构形式又呈现不同的破坏模式，现有规范对这方面的研究尚是空白。本节将初步探讨爆炸荷载作用下组合框架结构损伤和倒塌的评估及设计流程方法。

5.3.1 实际工程示例

以某工程实例示范上述钢管混凝土组合框架结构的抗爆和抗倒塌分析、设计流程。

广州市某商务区广场项目，建成于 2017 年，建筑构成包含地下室，A、B、C 3 个塔楼及 R1 ～ R7 独立商业裙楼等部分，地下 5 层，底板面标高 −24.00 m，−5 层设人防区。地面以上 A 幢塔楼 47 层，屋面结构标高 205.00 m，采用钢框架 − 核心筒结构，结构简图如图

5.69 所示。建筑发生外爆炸时的爆炸荷载相对来说为局部的偶然荷载，炸药起爆作用的高度一般为首层，根据爆炸荷载的特点截取属于爆炸相关区的建筑结构进行分析，即选取裙楼的 1 ～ 5 层结构的迎爆区，由于实际工程结构的复杂性，将结构模型简化处理，进行结构的抗爆和抗倒塌分析、设计示例。框架结构主要构件工况信息如表 5.12 所示，爆炸相关区域模型简图如图 5.70 所示。

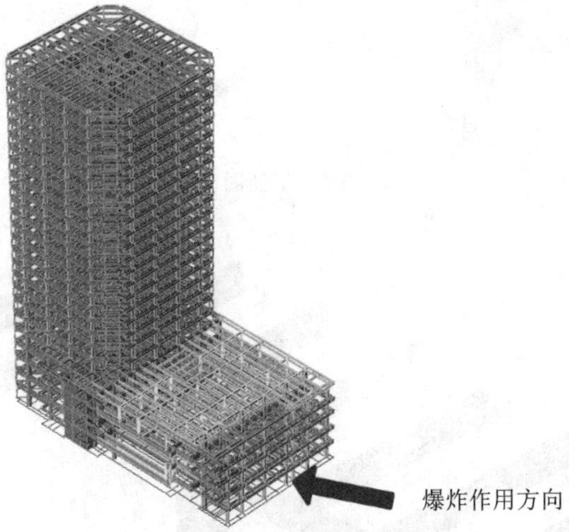

图 5.69　工程实例结构示意图

表 5.12　模拟工况信息表

构件	种类	尺寸	材料
柱	圆钢管 混凝土柱	外直径 1 350 mm 钢管壁厚 25 mm	钢管采用 Q345B 核心混凝土采用 C40
梁	H 型钢梁	梁宽 300 mm，高 800 mm 翼缘厚 26 mm，腹板厚 14 mm	Q345B
梁柱节点	外加强环	上、下环板宽 150 mm 翼缘厚 26 mm，腹板厚 14 mm	Q345B

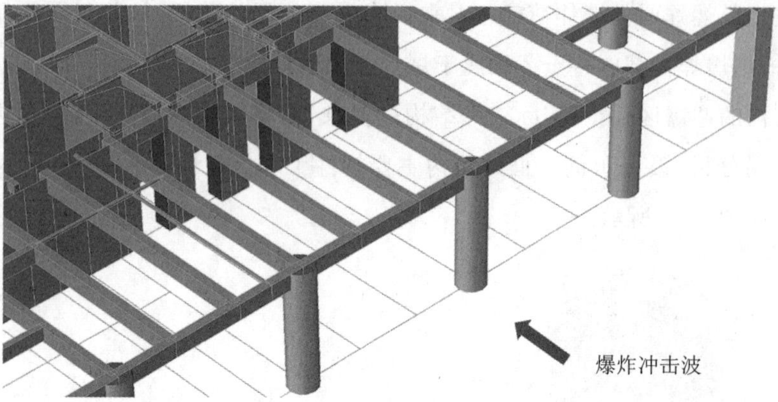

图 5.70(a)

(a) 构件布置简图

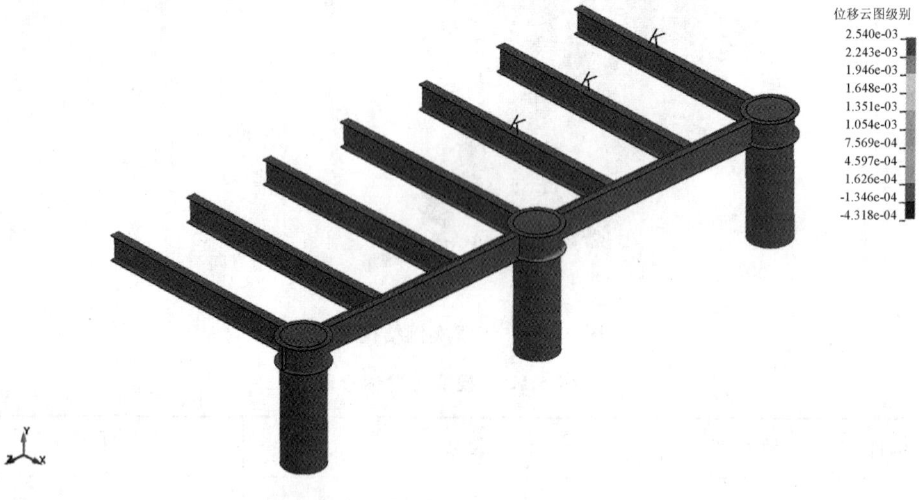

图 5.70(b)

(b) 有限元模型简图

图 5.70　爆炸相关区域模型简图

由于本模型选取了框架结构爆炸荷载相关区域子结构，对边界上的接触部分通过 ANSYS/LS－DYNA 设置了节点的全自由度约束(ALL DOF)。爆炸荷载起爆位置分别位于边柱、角柱前水平距离 3 m，高度 2 m 处，楼面荷载按 GSA2003 仅考虑结构恒荷载和部分活荷载，不考虑侧向的风荷载和地震荷载等。

1. 钢管混凝土柱爆炸损伤评估

应用上述损伤评估方法，通过基于钢管混凝土柱跨中挠度的损伤评估初步确定该项目中钢管混凝土柱抗爆性能，根据规范要求，钢管混凝土柱轻度损伤转角为 2°，该钢管混凝土组合框架层高 4 m，则相应的跨中位移为69.84 mm。在 ANSYS/LS－DYNA 有限元分析软件中迭代试算得到：当爆炸荷载比例距离为 0.291 $m \cdot kg^{-1/3}$(对应 TNT 当量为 1 100 kg) 时框架柱达到轻度塑性损伤。钢管混凝土框架柱跨中位移时程曲线如图 5.71

所示，第 10 ms 时钢管混凝土框架柱的跨中位移达到 80.23 mm，随后在材料抗力和柱顶节点约束的共同作用下略微回弹，经振荡最后塑性残余变形为 69.77 mm。

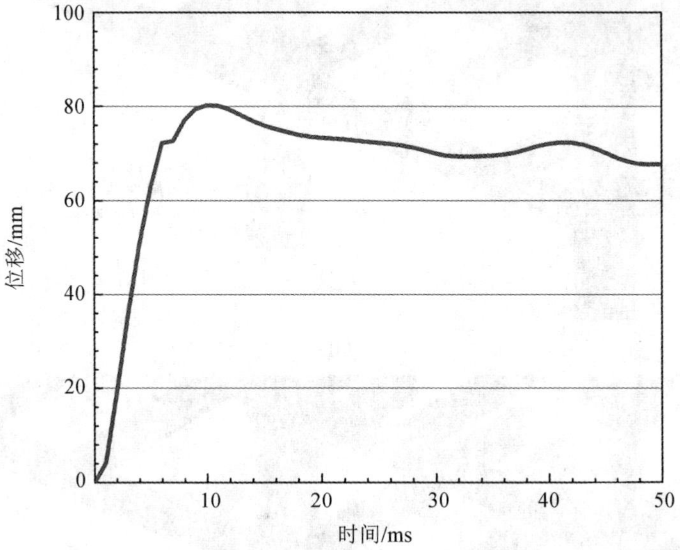

图 5.71　框架柱跨中位移时程曲线

2. 加强环节点爆炸损伤判断

进一步评估该 TNT 当量下框架结构爆炸相关区域框架梁的响应和破坏情况，选取 3 个模态进行详细分析。

如图 5.72(a) 所示，爆炸冲击波阵面作用于钢管混凝土框架柱时，跨中 Von Mises 应力达到 673.5 MPa，超过钢材的屈服强度 345 MPa，损伤范围以柱跨中为圆心向四周扩散。通过等效塑性应变判断节点的断裂处，由于炸药起爆高度为 2 m，如图 5.72(b) 所示，梁与加强环最易断裂处在下环板处，在爆炸冲击波作用下呈自下而上的冲剪断裂破坏。计算到 50 ms，如图 5.72(c) 所示，此时首层迎爆柱相邻的框架梁与加强环完全断开。

3. 框架梁爆炸损伤评估

通过 ANSYS/LS－DYNA 软件中 Measure 工具测得爆炸荷载作用下框架次梁的转角，如表 5.13 所示。根据《石油化工控制室抗爆设计规范》(GB 50779—2022) 要求，框架梁在爆炸荷载作用下转角损伤限值为 2°。由表 5.13 可见，第 1 ～ 3 层框架次梁均达到塑性损伤，第 2 层及以上次梁 KL1 转角比次梁 KL2 和 KL3 小，这是因为次梁 KL1 与爆炸冲击波传播路径夹角小，发生侧向弯曲和轴向压缩联合破坏，而次梁 KL2 和 KL3 与爆炸冲击波传播路径夹角较大，侧向转角较大。

图 5.72(a)

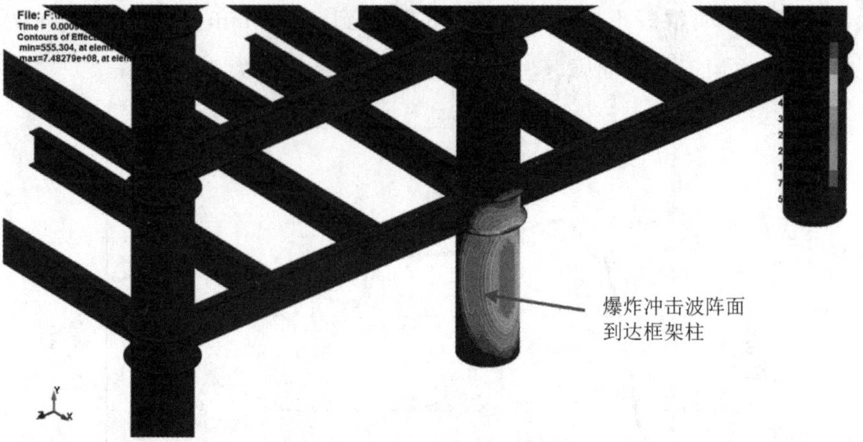

(a)

图 5.72(b)

(b)

图 5.72(c)

(c)

图 5.72　框架破坏模态

表 5.13　爆炸荷载作用下框架次梁转角

层数	KL1	KL2	KL3
1	32.9°	21.39°	11.94°
2	5.08°	10.97°	8.8°
3	2.37°	5.69°	5.3°
4	1.05°	1.7°	1.36°
5	0.37°	1.03°	0.92°

4. 竖向倒塌分析

采用重启动功能对爆炸后的框架结构有限元模型在竖向荷载作用下继续运算，得到竖向位移云图和速度时程曲线，如图 5.73 和图 5.74 所示。

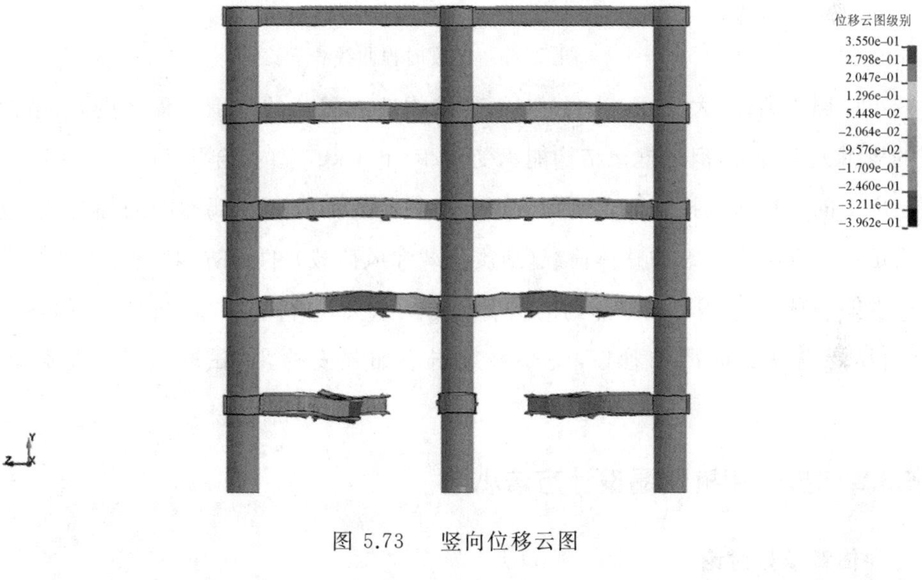

图 5.73

图 5.73　竖向位移云图

由图 5.73 可见，竖向最大位移发生在首层因爆炸而断裂的梁中，该框架为钢框架一核心筒结构，建筑面积大，平面内构件布置较多，相对而言爆炸荷载为局部荷载，作用范围为两跨框架以内，对结构整体的层间损伤作用十分有限，可忽略不计。在图 5.74 中根据速度时程曲线划分了倒塌响应阶段，由于该框架结构传力路径较多，虽然爆炸相关区域梁断裂，但在 0.291 $m \cdot kg^{-1/3}$ 的爆炸比例距离下结构经历爆炸上抬阶段、梁机制阶段、悬链线机制阶段承受住竖向荷载，达到新的静力平衡，最终没有发生倒塌。对该框架结构的抗爆和抗倒塌设计建议为：该结构整体具备足够的抗侧向爆炸荷载能力和传力路径，考虑加固节点的连接。

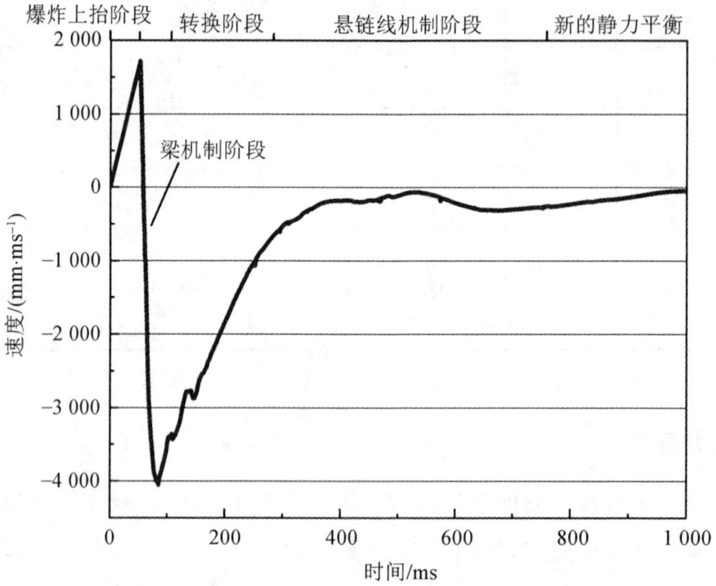

图 5.74　速度时程曲线

减小比例距离(增大 TNT 当量)对框架结构造成破坏的范围和程度更大,结构出现倒塌的概率大大增加,但该框架结构能承受 $0.291\ m\cdot kg^{-1/3}$(折合 TNT 当量为 1 100 kg)比例距离下的爆炸荷载损伤而不倒塌。爆炸荷载相对而言属于偶然的局部荷载,建筑结构能满足设计中必须考虑的整体荷载(地震荷载和风荷载)的设防,对一定程度局部荷载的抵御也能兼顾,大 TNT 当量炸药的抗爆设防从源头处解决更具经济性、目的性和彻底性,如对易燃易爆品应严加管控,对恐怖袭击应加强安检,对试验人员应加强教育和培训。

5.3.2　抗爆和抗倒塌设计方法小结

1. 评估背景与讨论

(1) 框架柱是爆炸冲击下首当其冲的迎爆构件,其他构件包括梁、板和加强环等相对框架柱仅起到支承作用,因此对于复杂高层结构的有限元分析可以使用多尺度联合建模,主要迎爆的框架柱使用实体精细建模分析,其他非直接受爆炸破坏的支承构件根据具体情况,使用梁、壳单元简化建模分析。

(2) 爆炸荷载作用下的钢管混凝土柱主要有跨中弯曲和端部冲剪两种破坏形式,综合使用基于跨中挠度和基于承载力的损伤准则判断框架柱损伤程度,以便建立柱损伤对框架倒塌影响的联系。

(3) 爆炸荷载作用下框架梁可通过《石油化工控制室抗爆设计规范》(GB 50779—2022) 中转角限值判断损伤程度，加强环节点可以通过等效塑性应变进行损伤评价，框架结构整体损伤则可以通过参照抗震设计中弹塑性层间位移限值方法进行判别。

(4) 通过节点倒塌的速度时程曲线可以区分出爆炸荷载作用下倒塌过程中各个抗力阶段：爆炸上抬阶段、梁机制阶段、转换阶段、悬链线机制阶段和新的静力平衡 / 倒塌阶段。

2. 设计流程

(1) 框架边柱在侧向的爆炸冲击荷载作用下失效后对结构倒塌的敏感性大于角柱，且其爆炸损伤波及范围和引发连续倒塌风险也较大，应加强底层边柱的抗爆承载力，从源头遏制框架结构倒塌。

(2) 钢结构抗连续倒塌设计中要求框架柱在受到爆炸冲击等偶然荷载作用而失效后，剩余构件(梁、连接环) 仍有承受上部重分布荷载的能力，但抗震设计中要求结构满足“强柱弱梁”的规定，这就要求结构在抗爆炸冲击和抗倒塌设计时，在满足“强柱弱梁”的前提下，梁与环的连接节点要有一定延性，能形成悬链线机制继续承受上部荷载；或增加传力路径，使荷载重分布后不集中于某一构件，减小偶然荷载对单一构件造成的损伤。

(3) 拉结强度设计虽能有限阻止框架结构局部的倒塌，但节点处梁与环的连接若刚度过大，则会使得层间拉结形成整体，对下层框架柱造成压溃破坏，增加层间整体连续倒塌的风险，因此底层钢管混凝土框架柱要增强轴向的承载力和侧向的抗弯能力。

(4) 鉴于角柱破坏后倒塌范围大的动态响应，应灵活设置分区，使倒塌的范围控制在局部跨内，减小上部因重心偏移而重新分布的荷载对底层柱的破坏，降低结构连续倒塌的风险。

综上所述，提出钢管混凝土组合框架结构的抗爆和抗倒塌分析、设计流程，如图 5.75 所示。

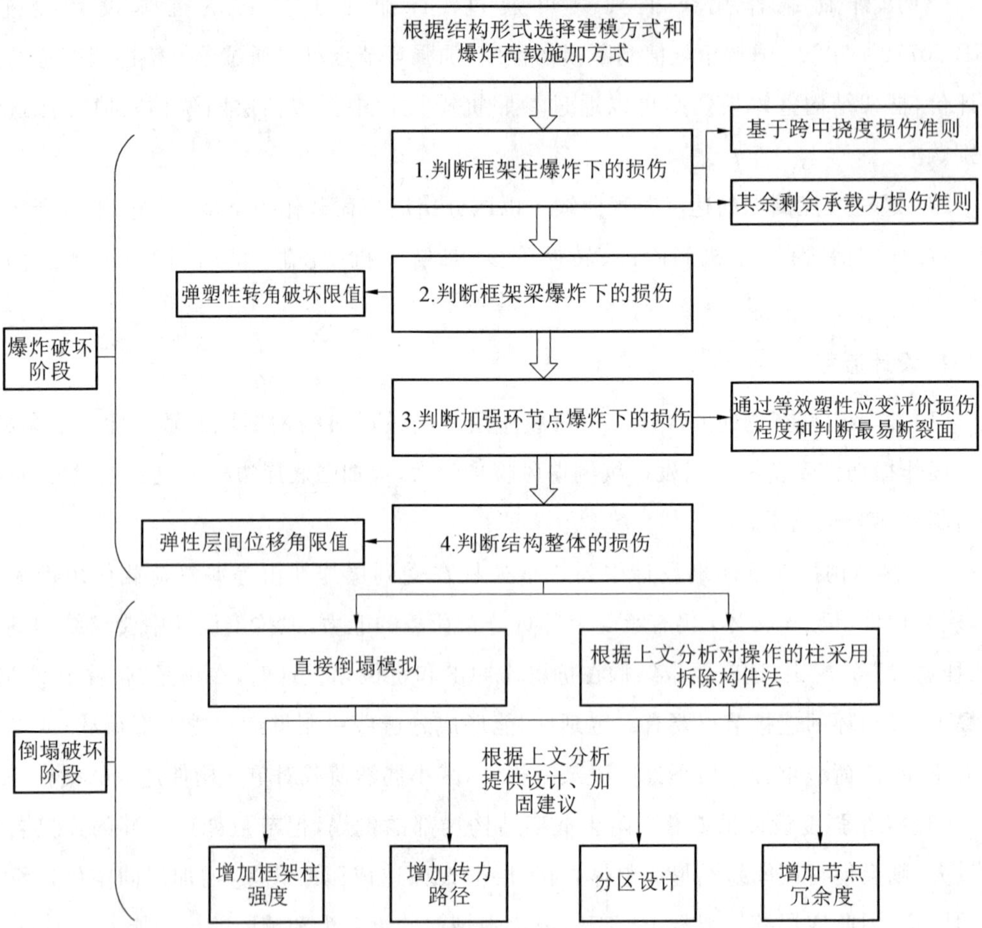

图 5.75　钢管混凝土组合框架结构的抗爆和抗倒塌分析、设计流程

第 6 章　冲击荷载作用下钢管混凝土墩柱动力响应

6.1　有限元模型分析与验证

城市立交桥跨径的增加、高速公路的全面化、城市用地的紧张和车辆的增多，对桥墩柱的各种力学性能要求越来越高。钢管混凝土柱由于承载能力高，在桥梁结构中往往作为主要承重构件，一旦发生剧烈冲击碰撞出现损坏将直接影响生命财产安全。因此，对钢管混凝土墩柱抗冲击的研究具有重要的理论价值和实际意义。

6.1.1　研究方法

车辆与桥墩碰撞是复杂的动力学过程，其作用时间非常短暂，涉及复杂的非线性动态问题，因此对此过程进行详细的理论分析具有一定的难度。且由于试验研究费用高、周期长和客观技术条件的限制，大型车辆撞击柱类结构物的试验较少。通过计算机辅助软件采用有限元方法对车辆撞击桥墩结构进行模拟分析可以有效地解决上述问题。本章将基于 ANSYS/LS－DYNA 建立钢管混凝土墩柱在侧向冲击荷载作用下的数值模型，并与相关文献试验结果进行对比分析，验证有限元模型的可靠性。

6.1.2　有限元模型建立

1. 单元类型

为准确得到冲击荷载作用下钢管混凝土墩柱的动力响应，本节中设计的钢管混凝土墩柱及相关文献试验中所涉及的冲击块、支座均采用 SOLID164 三维实体单元建模，本节选用的车辆有限元模型是福特 F800 卡车模型，由美国乔治·华盛顿大学内的美国国家碰撞分析中心提供，该模型共采用 6 种单元类型，详细介绍可以参阅美国国家碰撞分析中心网站的介绍。

2. 材料模型

(1) 钢材的材料模型。

钢管选用 ANSYS/LS－DYNA 中 *MAT_PLASTIC_KINEMATIC(3#)材料模型来模拟，由于钢材在动态加载作用下表现出明显的应变率效应，而该模型既考虑了材料的应变率效应也考虑了材料各向同性随动强化特性，因此对于模拟钢材非常适用。该材料采用 Cowper－Symonds 模型来考虑材料的屈服强度和应变率间的关系，其中屈服条件按式(6.1) 计算：

$$\sigma_y = \left[1 + \left(\frac{\dot{\varepsilon}}{C}\right)^{\frac{1}{p}}\right](\sigma_0 + \beta E_p \varepsilon_p^{\text{eff}}) \tag{6.1}$$

式中　$\dot{\varepsilon}$—— 应变率；

σ_0—— 初始屈服应力；

β—— 硬化系数；

E_p—— 塑性硬化模量，$E_p = E_t E/(E - E_t)$；

$\varepsilon_p^{\text{eff}}$—— 有效塑性应变；

C、p—— 应变率参数，大量试验表明当 $C=40.4\ \text{s}^{-1}$，$p=5$ 时模型可以准确反映钢材屈服强度随应变率效应的提高特性。

在使用 *MAT_PLASTIC_KINEMATIC 关键字来定义钢材的材料参数时，需要分别输入材料密度、弹性模量、泊松比、屈服强度和切线模量等参数，其具体参数设置如表6.1 所示，此处以王蕊的试验为例。

表 6.1　钢材材料参数卡片信息

MID	RO	E	PR	SIGY	ETAN	BETA
1	7.85×10^{-3}	2.00×10^{5}	0.3	232.0	1.00×10^{3}	0.2
SRC	SRP	FS	VP			
40.4	5.0	0.12	0.0			

注：MID— 材料模型的 ID 编号；RO— 材料密度；E— 弹性模量；PR— 泊松比；SIGY— 屈服强度；ETAN— 切线模量；BETA— 硬化参数；SRC、SRP— 应变率参数；FS— 失效应变；VP— 速度影响公式。

(2) 混凝土的材料模型。

混凝土材料模型选用 ANSYS/LS－DYNA 中的 *MAT_CONCRETE_ DAMAGE_REL3(72#) 模型进行模拟，该模型引入了初始屈服面、极限强度面和残余强度面 3 个失效面，并考虑了应变率效应、拉伸和压缩损伤效应、体积变形损伤效应等多种因素，能够较真实地反映混凝土材料的力学特性，在爆炸和冲击荷载作用下混凝土动力响应研究中被广泛选用。同时该模型在进行参数设置时较为方便，只需要输入混凝土密度、泊松比、混凝土单轴抗压强度、长度和应力单位换算系数、压力－应变率提高系数关系曲线即可，其他参数可根据以上输入值自动生成，可以在生成的 messag 文件中查看。

由于结构在冲击荷载作用下的材料特性与准静态荷载下的材料特性有着本质区别，在高应变率下，混凝土力学性能会发生显著变化，材料的强度、刚度都会得到一定程度上的提升，因此在进行数值模拟时需要考虑应变率效应，通常通过引入混凝土抗压强度放大系数 CDIF(动载强度 / 静载强度) 来进行。

欧洲混凝土规范中相关混凝土抗压强度放大系数 CDIF 计算公式如下：

$$\text{CDIF} = \frac{\sigma_{cd}}{\sigma_{cs}}\begin{cases}1 & \dot{\varepsilon} \leqslant \dot{\varepsilon}_{\text{stat}} \\ \left(\dfrac{\dot{\varepsilon}}{\dot{\varepsilon}_{\text{stat}}}\right)^{1.026\alpha} & \dot{\varepsilon}_{\text{stat}} < \dot{\varepsilon} \leqslant 30\ \text{s}^{-1} \\ \gamma(\dot{\varepsilon})^{1/3} & \dot{\varepsilon} > 30\ \text{s}^{-1}\end{cases} \tag{6.2}$$

式中　σ_{cd}—— 应变率为 $\dot{\varepsilon}$ 时的混凝土动力抗压强度；

σ_{cs}—— 应变率为 $\dot{\varepsilon}_{stat}$ 时的混凝土静力抗压强度。

$$\dot{\varepsilon}_{stat} = 30 \times 10^{-6}\ s^{-1}, \lg \gamma = 6.156\alpha - 0.49\ , \alpha = 1/(5 + 3\sigma_{cu}/4)$$

其中,σ_{cu} 为混凝土立方体抗压强度。

混凝土的抗拉强度放大系数采用 Malvar 等所提出的公式计算。Malvar 等总结了众多学者对于混凝土抗拉强度的试验结果,认为应变率大于 10 s^{-1} 时,CEB－FIP 规范相关模型 MAT_159 计算出来的值偏小,转折点应该在 1 s^{-1} 更加合理,因此提出了对混凝土抗拉强度放大系数 TDIF 的修正公式:

$$\text{TDIF} = \frac{\sigma_{td}}{\sigma_{ts}}\begin{cases} 1 & \dot{\varepsilon} \leqslant \dot{\varepsilon}_{stat} \\ \left(\dfrac{\dot{\varepsilon}}{\dot{\varepsilon}_{stat}}\right)^{\delta} & \dot{\varepsilon}_{stat} < \dot{\varepsilon} \leqslant 1.0\ s^{-1} \\ \theta\left(\dfrac{\dot{\varepsilon}}{\dot{\varepsilon}_{stat}}\right)^{1/3} & \dot{\varepsilon} > 1.0\ s^{-1} \end{cases} \tag{6.3}$$

式中　σ_{td}—— 应变率为 $\dot{\varepsilon}$ 时的混凝土动力抗拉强度;

σ_{ts}—— 应变率为 $\dot{\varepsilon}_{stat}$ 时的混凝土静力抗拉强度。

$$\dot{\varepsilon}_{stat} = 1 \times 10^{-6}\ s^{-1}, \lg \theta = 6\delta - 2, \delta = 1/(1 + 8\sigma_{cs}/\sigma_{c0})$$

其中,σ_{cs} 为混凝土静力抗压强度,$\sigma_{c0} = 10$ MPa。

在模拟过程中,当材料超过其极限强度时可能会出现网格畸变导致计算出错,因此需要考虑混凝土单元的失效,可以通过关键字 *MAT_ADD_EROSION 来定义,当单元的最大主应力达到定义的参数时,程序会自动删除,不参与后续的计算,从而模拟单元失效。

*MAT_CONCRETE_DAMAGE_REL3 关键字具体参数设置如表 6.2 所示。

表 6.2　混凝土材料参数卡片信息

MID	RO	PR					
2	2.5×10^{-3}	0.17					
FT	A0	A1	A2	B1	OMEGA	A1F	
	－37.5						
SLAMDA	NOUT	EDROP	RSIZE	UCF	LCRATE	LOCWID	NPTS
			0.039 37	145	723		

注:MID— 材料模型的 ID 编号;RO— 材料密度;PR— 泊松比;A0— 混凝土单轴抗压强度;RSIZE— 长度单位换算系数;UCF— 应力单位换算系数;LCRATE— 压力与应变率提高系数关系曲线。

(3) 冲击块和支座的材料模型。

由于冲击块和支座刚度远远大于钢管混凝土柱,因此在冲击的过程中几乎不变形,同时为了节约计算成本,本章中冲击块和支座均认为是刚体,可通过设置关键字 *MAT_RIGID(20＃) 来模拟。

(4) 车辆的材料模型。

此次用来模拟的福特 F800 卡车共采用 7 种材料模型,具体材料参数设置及详情见美国国家撞击分析中心官网，此处不再详述。

3. 几何建模

分别建立了钢管、混凝土、冲击块、支座、车辆模型，此处仅给出钢管、混凝土、冲击块和支座模型，如图 6.1 所示，车辆模型后续单独介绍。

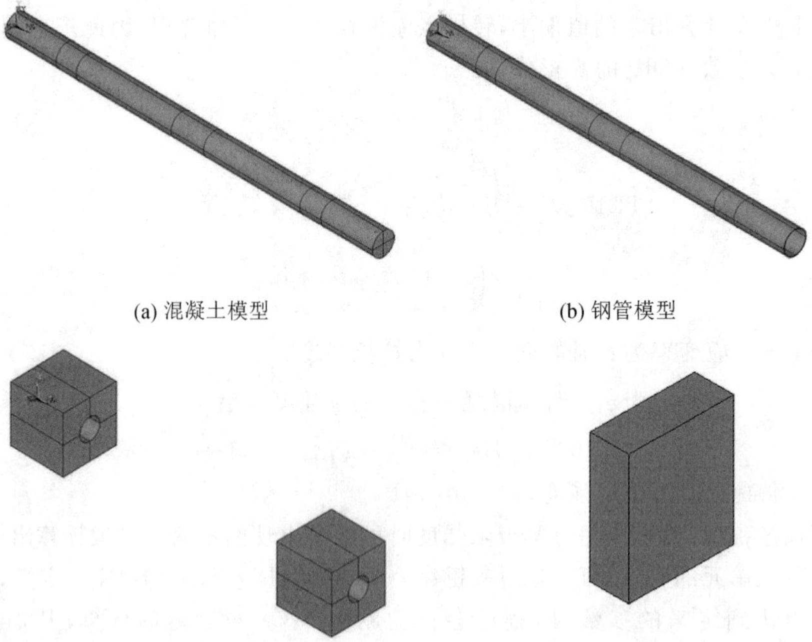

(a) 混凝土模型　(b) 钢管模型

(c) 支座模型　(d) 冲击块模型

图 6.1　各构件有限元模型

4. 网格划分

模拟钢管混凝土墩柱均为圆柱体结构时，直接选择自由网格划分将会导致网格划分不规整，因此采用映射网格划分的方法，首先通过布尔运算将圆柱体切分为软件可识别的规则六面体和四面体，对于冲击块、支座或车辆与钢管混凝土墩柱冲击部位，采用加密处理，这样既减少了单元数量，节省了计算时间，同时又保证了网格质量和计算精度。该模型共包含 3 种材料类型、4 个 Part、29 122 个节点和 26 432 个单元，以下给出对应于王蕊的试验模型网格划分情况，如图 6.2 所示，其中混凝土被划分为 18 816 个单元，钢管被划分为6 272 个单元，冲击体被划分为 320 个单元，支座被划分为 1 024 个单元。

5. 初始条件设置

(1) 接触及边界条件。

ANSYS/LS－DYNA 为用户提供了多种接触方式，如自动单面接触、自动点面接触、自动面面接触等。对于钢管与混凝土的接触、钢管与支座的接触、钢管与冲击块的接触、钢管与车辆的接触均设置为自动面面接触，其具体接触参数可通过关键字 *CONTACT_ AUTOMATIC_SURFACE_TO_SURFACE 进行设置。对于钢管与混凝土之间的连接,根据试验结果观察到钢管与混凝土之间相对滑移较小,可忽略不计,故采用共节点耦合处理,不考虑钢管与混凝土之间的黏结滑移。对于固定端可约束其端面所有方向的位移。

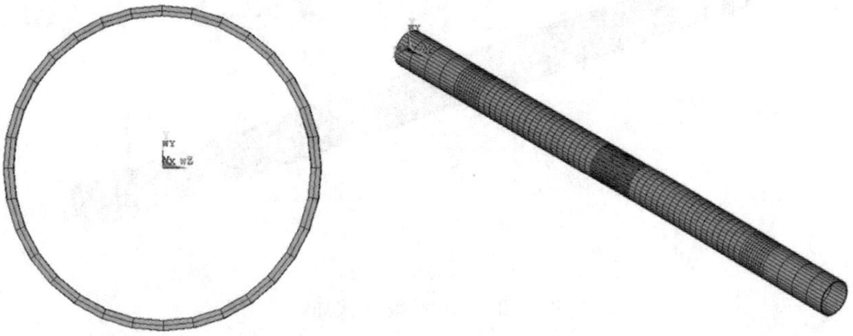

(a) 钢管网格划分情况

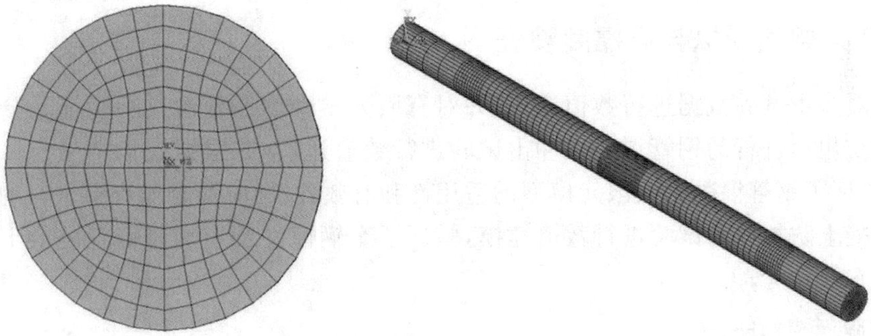

(b) 混凝土网格划分情况

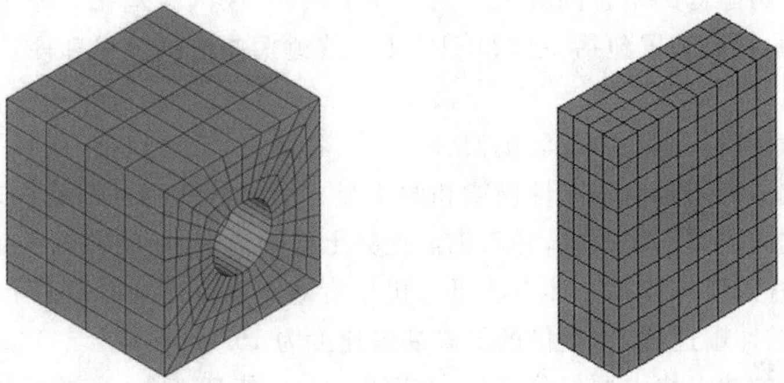

(c) 支座网格划分情况　　(d) 冲击块网格划分情况

图 6.2　各构件网格划分

(2) 施加荷载。

针对桥梁结构底层钢管混凝土墩柱,为真实地反映实际受力情况,通过关键字 *LOAD_NODE_SET 来对钢管混凝土墩柱一端施加不同方向的轴向压力,如图 6.3 所示。为了考虑初始轴向压力对钢管混凝土墩柱的作用，采用动力松弛的方法进行荷载施加和计算。

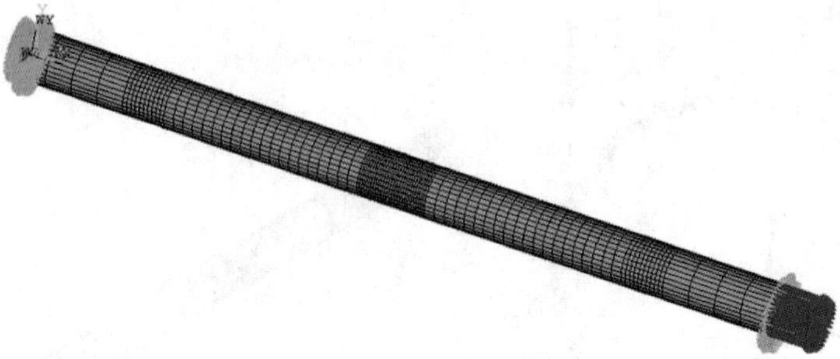

图 6.3　边界条件施加

本节所模拟的冲击块和车辆均具有一定初速度，对于不同的初速度可通过关键字 *INITIAL_VELOCITY_GENERATION 来设置。

6.1.3　数值模拟与可靠度验证

本节对多组试验数据进行数值模拟，并对有限元模型的准确性进行验证。分别通过对王蕊和侯川川进行的钢管混凝土冲击试验进行数值建模，并根据模拟结果与试验数据的对比，验证了钢管混凝土有限元模型的适用性和有效性；同时通过对肖果进行的车辆冲击钢管混凝土防护柱的试验进行数值建模，验证了车辆模型及车辆与钢管混凝土组合处理方法的有效性。

1. 有限元模拟一

(1) 试验简介。

有限元模拟一为王蕊的钢管混凝土柱侧向冲击试验，该试验是在太原理工大学结构冲击实验室完成的，试验装置包括一台 DHR9 401 落锤式冲击试验机和团队自行研制的一套轴力加载装置。

试验所用冲击试验机主要由试验机架、冲击体、卷扬机、滑动轨道、刚性平台、基础和其他配套设施组成。机架是由一刚性横梁和两个竖立的格构式钢柱组成的门式刚架，与周围建筑物通过侧向支撑连接固定，并与钢筋混凝土基础锚固，保证了机身在冲击过程中的稳定性，具有良好的整体刚度。冲击块可在机架有效高度范围内从任意位置处自由落下，从而提供不同的冲击速度，可提供的最高冲击速度为 15.70 m/s。

试验机所配套的冲击块由两部分组成，上部由 45# 锻钢制成，下部冲击头由硬度为 64HRC 的铬 15 制成，上部锻钢质量可在 250 kg 内任意调整，下部冲击头质量为5.26 kg，落锤底部冲击面尺寸为 80 mm × 30 mm，因此整个冲击块可随试验者需求在有效高度和质量范围内提供不同的冲击能。

(2) 试验工况。

试验采用的钢管混凝土柱有效长度为 1 200 mm，钢管外径 114 mm，通过改变钢管壁厚、冲击块质量、冲击块下落高度、轴力、边界条件和空心率，分别进行了一系列试验。由于研究目的不同，本节选取以下 3 组工况进行模拟，如表 6.3 所示，第一组为钢管未出现断裂破损工况，第二组为钢管出现断裂破损工况，第三组为有轴力工况。

表 6.3　有限元模拟—试验工况

分组	试件编号	边界条件	轴力 /kN	钢管壁厚 /mm	冲击高度 /m	冲击块质量 /kg
第一组	DBF1	两端固支	0	1.7	0.8	229.8
	DZF1	两端固支	0	3.5	1.0	229.8
	DZF2	两端固支	0	3.5	3.0	229.8
	DZF3	两端固支	0	3.5	6.0	229.8
第二组	DBF2	两端固支	0	1.7	1.0	229.8
	DZF4	两端简支	0	3.5	7.0	229.8
第三组	DBF3	两端固支	150	1.7	1.0	229.8
	DBF4	两端固支	150	1.7	1.2	229.8

(3) 有限元建模。

根据钢管混凝土静载试验，测得钢管的材料性能为：当钢管壁厚为 1.7 mm 时，弹性模量为 192 GPa，屈服强度为 232 MPa；当钢管壁厚为 3.5 mm 时，弹性模量为 201 GPa，屈服强度为 298 MPa。混凝土立方体抗压强度 $f_{cu}=47.5$ MPa，通过计算可得到圆柱体轴心抗压强度 $f'_c=0.79f_{cu}=37.5$ MPa，冲击块质量为 229.8 kg，冲击位置为钢管混凝土跨中部位。具体建模过程见 6.2.2 节，此处不再详细说明。

(4) 有限元模型验证。

① 试件物理变形破坏对比。

试件受冲击后变形破坏如图 6.4 所示，可以发现外部钢管跨中与冲击块接触部位出现双凸马鞍状皱曲，而固定端支座处下部钢管外部出现局部皱曲现象，出现以上现象主要是因为钢管混凝土柱受剧烈冲击后，内部混凝土出现挤压碎裂从而外部钢管向内凹陷，而冲击处周围混凝土由于受到挤压会向外鼓曲，从而形成双凸马鞍状皱曲，而固定端支座处同样受到外部支座的约束，导致内部混凝土向外挤压形成单凸皱曲现象。当冲击力过大时，跨中下部钢管受拉超过其屈服强度会导致钢管断裂，于是内部混凝土也会沿其纹路产生较大裂缝。从图 6.4 中对比可以发现模拟变形与试验结果吻合良好。

② 冲击力时程曲线和挠度时程曲线对比。

试件冲击力时程曲线对比如图 6.5、图 6.6、图 6.7 所示，通过比较可以发现，对于第一组和第三组工况，冲击力时程曲线整体走势基本可分为 3 个阶段：第一阶段冲击块与钢管混凝土柱接触后冲击力会迅速上升到最大值然后迅速下降到一平稳值；第二阶段为稳定阶段，该阶段冲击力变化幅度较小，持续一段时间；第三阶段为下降阶段，冲击力会从平稳值迅速下降到零。第二组工况冲击力时程曲线整体走势与上述相同，但在平稳阶段会出现一个突变，从一个稳定值降到更低的稳定值，因为此时钢管混凝土柱出现断裂，会形成一个突然泄力。

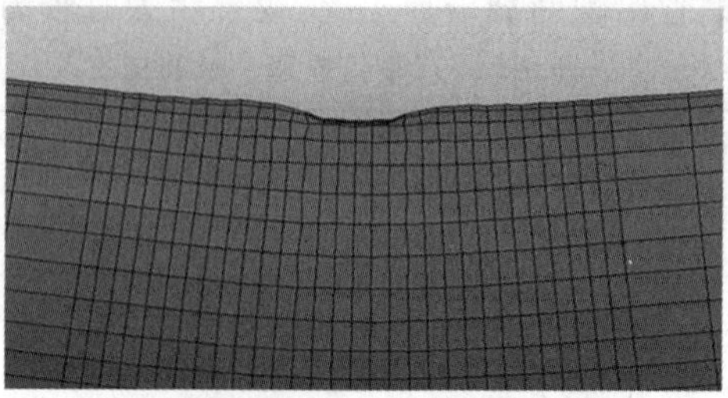

(a) 钢管混凝土柱跨中双凸马鞍状皱曲

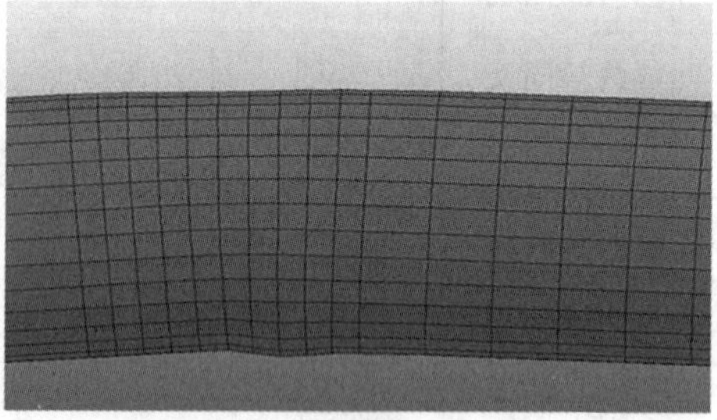

(b) 固定端支座处下部钢管外部出现局部皱曲

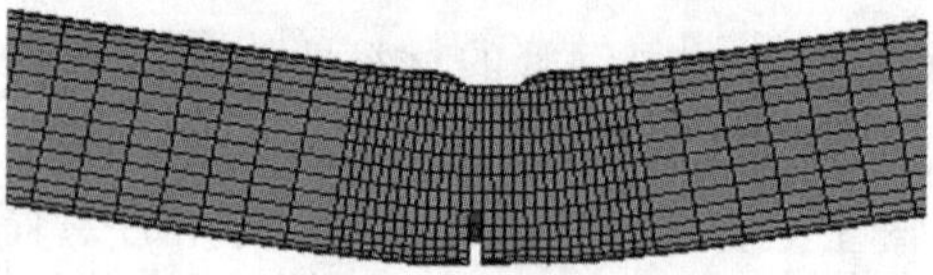

(c) 跨中断裂对比

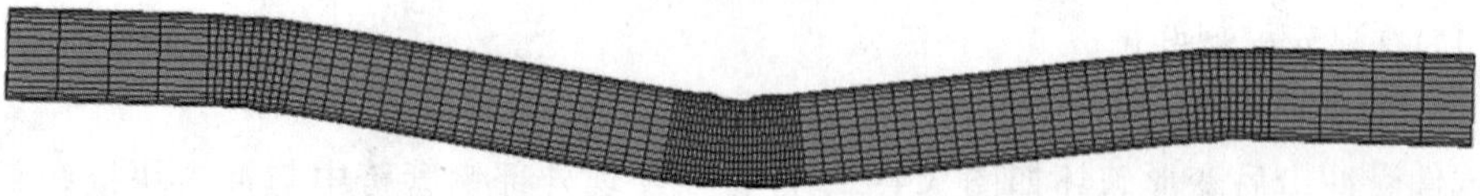

(d) DZF3试件物理变形破坏对比

(e) DZF4试件物理变形破坏对比

图 6.4　有限元模拟一各试件物理变形破坏对比

由于王蕊论文中只给出了跨中挠度最大值,未给出挠度时程曲线试验值,因此本节中给出了挠度时程曲线模拟值。通过挠度时程曲线可以发现,钢管混凝土柱挠度时程曲线整体走势也可分为 3 个阶段:第一阶段为跨中挠度随着冲击块与钢管混凝土柱的接触而迅速增大到最大值的增长阶段,然后开始进入第二阶段回弹阶段,此时钢管混凝土柱由于自身的弹塑性,到达最大值后会回弹到一特定值,然后进入第三阶段稳定阶段,此过程钢管挠度会在一平稳值附近来回振荡,直到稳定。

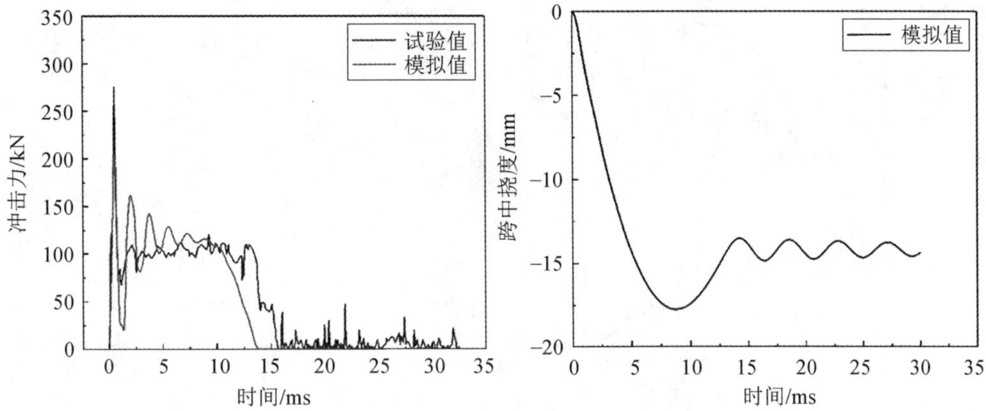

图 6.5(a)

(a) DZF1冲击力时程曲线对比和挠度时程曲线

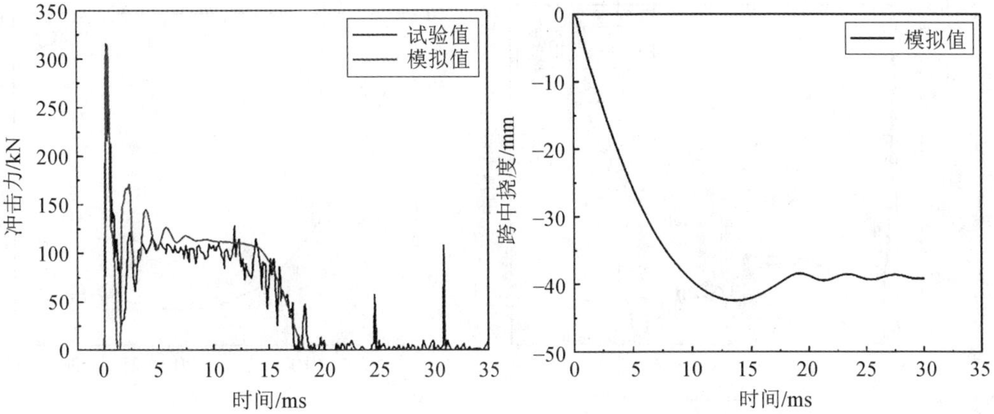

图 6.5(b)

(b) DZF2冲击力时程曲线对比和挠度时程曲线

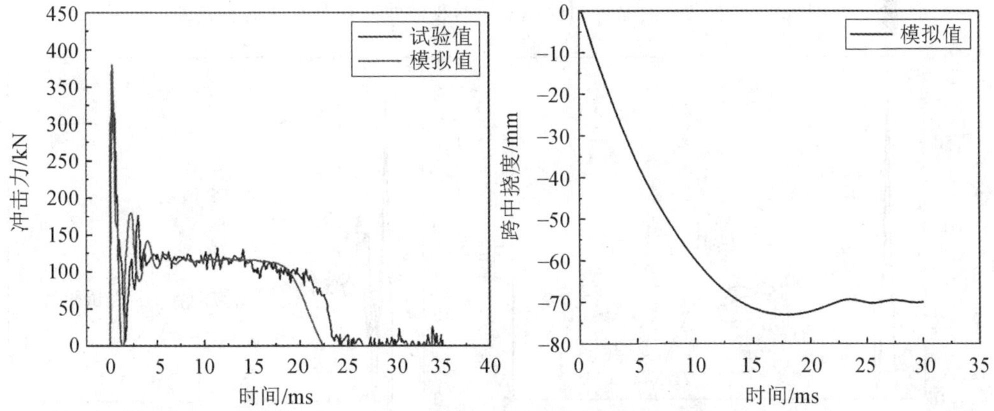

图 6.5(c)

(c) DZF3冲击力时程曲线对比和挠度时程曲线

图 6.5　第一组工况各构件冲击力时程曲线对比与挠度时程曲线

图 6.6(a)

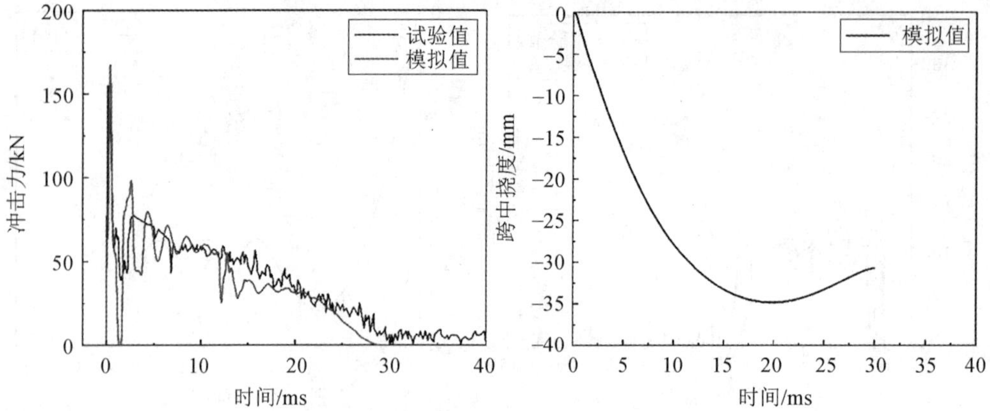

(a) DBF2冲击力时程曲线对比和挠度时程曲线

图 6.6(b)

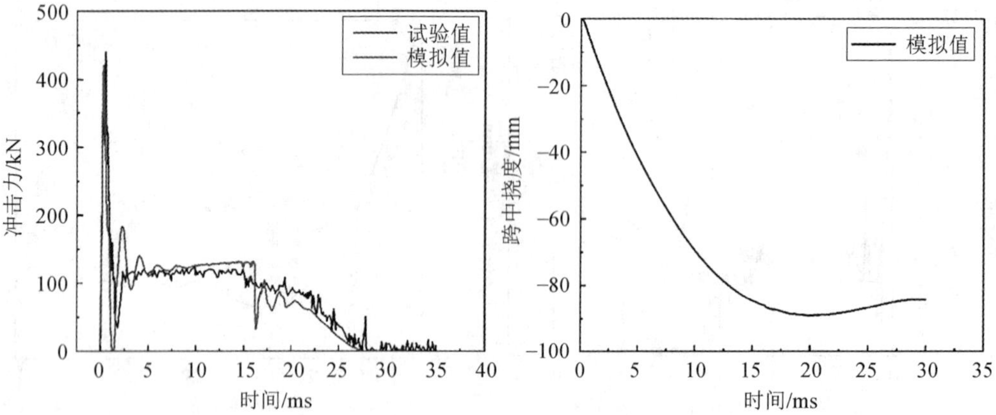

(b) DZF4冲击力时程曲线对比和挠度时程曲线

图 6.6　第二组工况各构件冲击力时程曲线对比与位移时程曲线

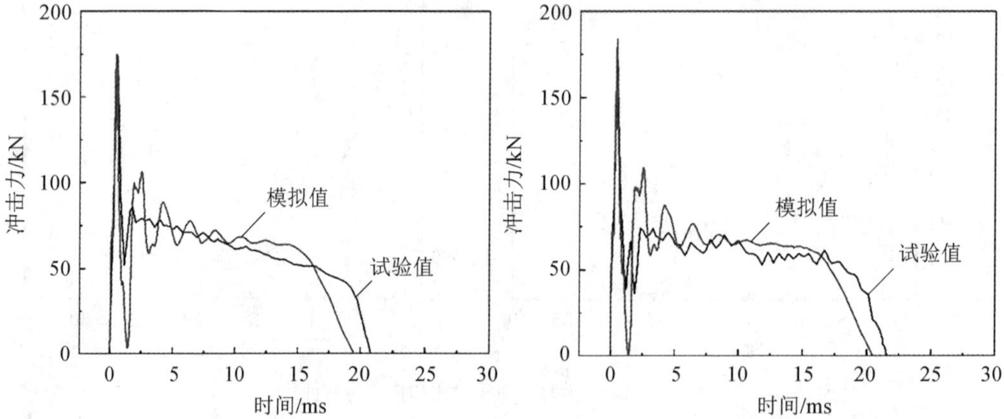

(a) DBF3冲击力时程曲线对比　　(b) DBF4冲击力时程曲线对比

图 6.7　第三组工况各构件冲击力时程曲线对比

通过冲击力时程曲线对比与挠度时程曲线可以发现，在第一阶段和第二阶段钢管混凝土柱跨中挠度持续增加，此时由于冲击块与钢管混凝土柱接触，其动能逐渐转换为钢管混凝土内能和弹性势能，冲击块与钢管混凝土柱持续向下运动，直至动能为零，此时到达第二阶段末第三阶段初，随着钢管混凝土柱弹性势能达到最大后又开始逐渐转换为冲击块动能和内能，使整体反向弹起，于是跨中挠度又开始缩小直至一稳定值。

通过上述工况的冲击力时程曲线试验值与模拟值的对比，可以发现不管是冲击力峰值、平台值还是持续时间，乃至整个曲线走势都吻合较好。

③ 误差对比。

通过表 6.4 和表 6.5 所示冲击力峰值和跨中挠度比较可以发现，无论是计算得到的冲击力峰值，还是计算的试件跨中挠度最大值都与试验值吻合较好，除了 DZF1 冲击力峰值误差在 27.2% 外，经过与王蕊的数值模拟对比分析判断，可能由于其试验过程中操作失误导致记录数据有偏差，而其余误差都在 10% 以内，这充分证明了数值模拟所设定的参数、边界条件、轴力添加方式等步骤的有效性。

表 6.4　冲击力峰值对比

项目	第一组				第二组		第三组	
	DBF1	DZF1	DZF2	DZF3	DBF2	DZF4	DBF3	DBF4
试验值 /kN	139.5	281.0	317.5	380.8	154.8	440.8	175.7	178.8
模拟值 /kN	133.6	204.5	314.6	380.0	167.4	420.8	174.8	184.9
误差 /%	4.2	27.2	0.9	0.2	8.1	4.5	0.5	3.4

表 6.5　跨中挠度对比

项目	第一组				第二组		第三组	
	DBF1	DZF1	DZF2	DZF3	DBF2	DZF4	DBF3	DBF4
试验值 /kN	19.44	17.00	39.42	72.42	32.70	87.20	17.76	25.30
模拟值 /kN	21.1	17.7	42.4	73.0	34.8	88.9	19.7	27.65
误差 /%	8.5	4.1	7.5	0.8	6.4	1.9	9.8	9.3

2. 有限元模拟二

为了验证有限元模型在不同边界条件及全尺寸构件模拟时的有效性，选用侯川川的试验进行模拟及对比验证。

(1) 试验简介。

该钢管混凝土柱侧向冲击试验采用重型超高落锤试验机完成。试验装置主要由机架、支座、滑轨、落锤、底座组成，落锤采用 40Cr 钢制成，具有较高的硬度。落锤底部冲击面尺寸为 200 mm × 50 mm，试验支座选用两端固支和两端简支两种类型。

(2) 试验工况。

采用圆截面钢管混凝土柱，试件相关参数为：钢管混凝土外径 D = 180 mm，钢管壁厚为 3.65 mm，混凝土强度为 C60，钢材强度为 Q235，端板采用 30 mm 厚的方形钢板，强度为 Q345，对于固支边界通过 20 根高强螺栓与支座连接。基于研究目的选取 4 种工况进行模拟对比。

表 6.6　有限元模拟二试验工况

试件编号	边界条件	钢管壁厚 /mm	钢管外径 /mm	有效长度 /mm	冲击高度 /m	冲击块质量 /kg
CC1	两端固支	3.65	180	1 940	5.5	465
SS1	两端简支	3.65	180	2 800	4.0	465
SS2	两端简支	3.65	180	2 800	2.0	920
SS3	两端简支	3.65	180	2 800	5.0	465

（3）有限元建模。

试验模型建模过程同上一节，其中构件的性能参数为：钢材屈服强度为 247 MPa，极限抗拉强度为 363 MPa，弹性模量为 1.94 MPa，混凝土立方体抗压强度为 68.3 MPa，弹性模量为 3.68×10^{4} MPa。几何建模与网格划分情况如图 6.8 所示，同样在跨中区域进行网格加密处理，该模型包含 3 种材料类型、5 个 Part、179 051 个节点和 170 440 个实体单元。

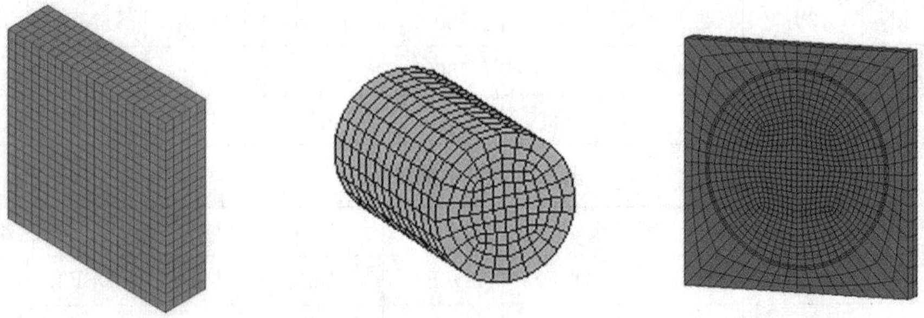

(a) 冲击块　　(b) 简支支座　　(c) 端板

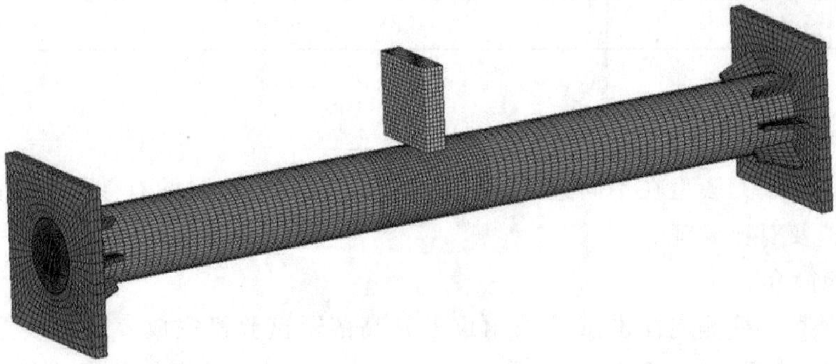

(c) 两端固支构件

图 6.8　各构件网格划分示意图

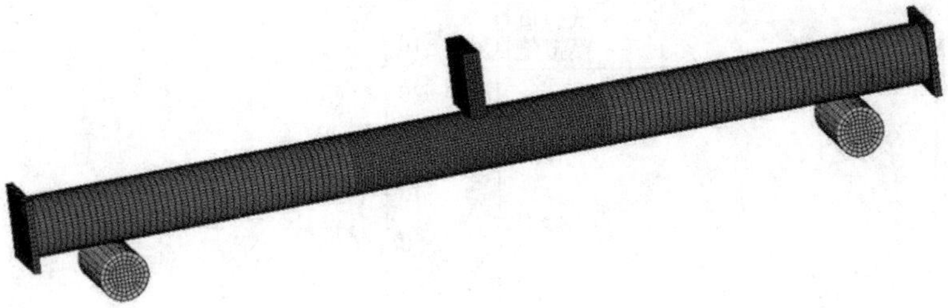

(e) 两端简支构件

续图 6.8

（4）有限元模型验证。

① 试件物理变形对比。

试件受冲击后变形破坏如图 6.9 所示，可以发现与王蕊的试验相似，外部钢管跨中与冲击块接触部位出现双凸马鞍状皱曲，而支座处下部钢管出现局部凹曲现象，主要是由受到外部支座的挤压造成的。由图 6.9 中对比可以发现模拟变形与试验结果吻合良好。

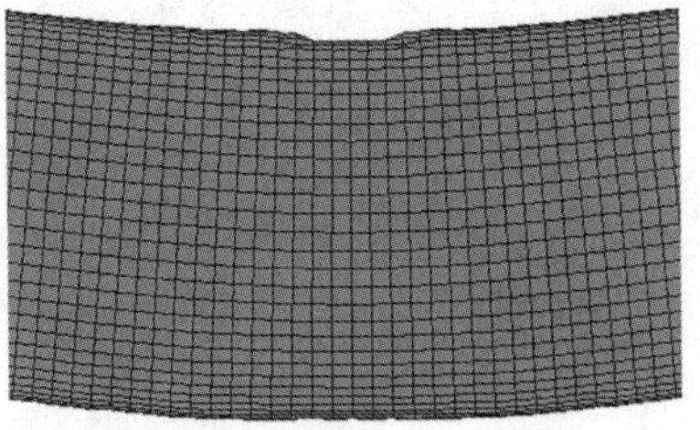

(a) 跨中冲击处双凸马鞍状皱曲

(b) SS2试验与模拟物理变形破坏对比

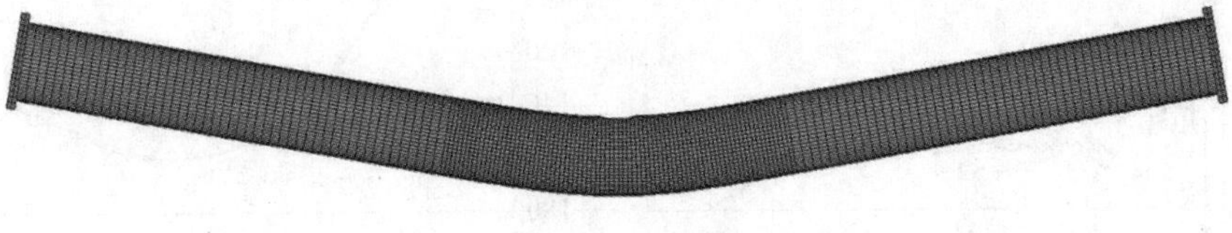

(c) SS3试验与模拟物理变形破坏对比

图 6.9　有限元模拟各试件物理变形破坏对比

② 冲击力时程曲线和挠度时程曲线对比。

试件冲击力时程曲线和挠度时程曲线对比如图 6.10 所示。通过比较可以发现，冲击力时程曲线和挠度时程曲线整体走势基本与前一节王蕊的试验冲击力时程曲线和挠度时程曲线相似，冲击力时程曲线可分为突变、稳定和下降 3 个阶段，而挠度时程曲线可分为增长、回弹和稳定 3 个阶段。

图 6.10(a)

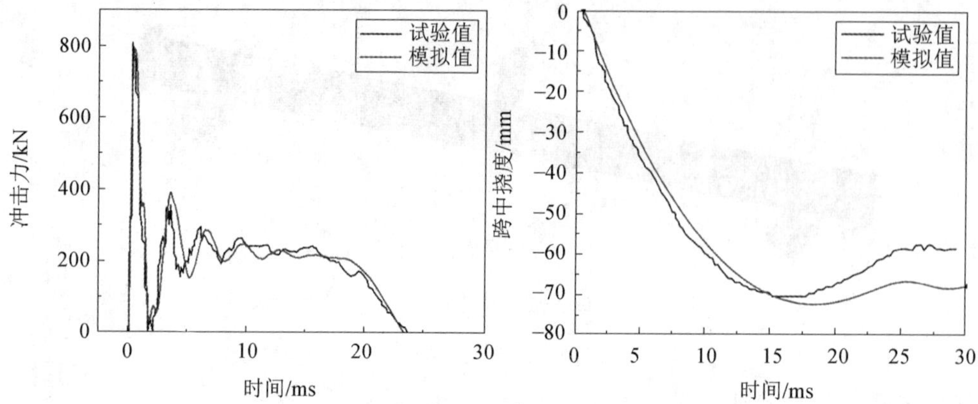

(a) CC1冲击力时程曲线和挠度时程曲线对比

图 6.10(b)

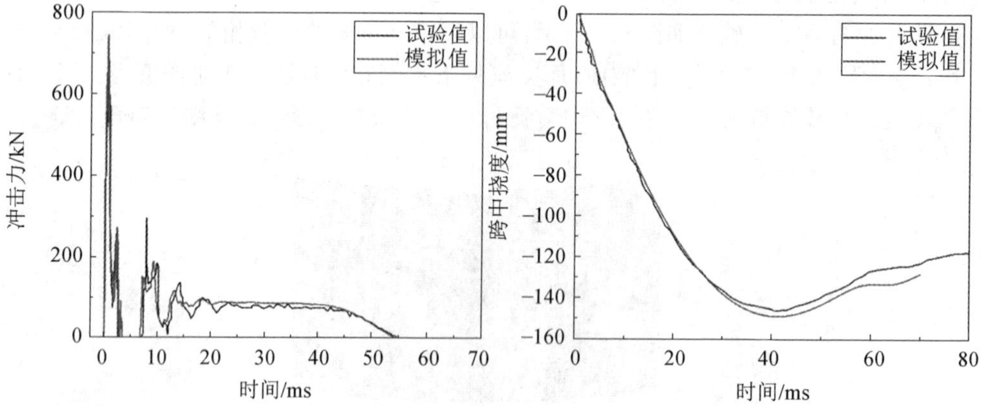

(b) SS1冲击力时程曲线和挠度时程曲线对比

图 6.10(c)

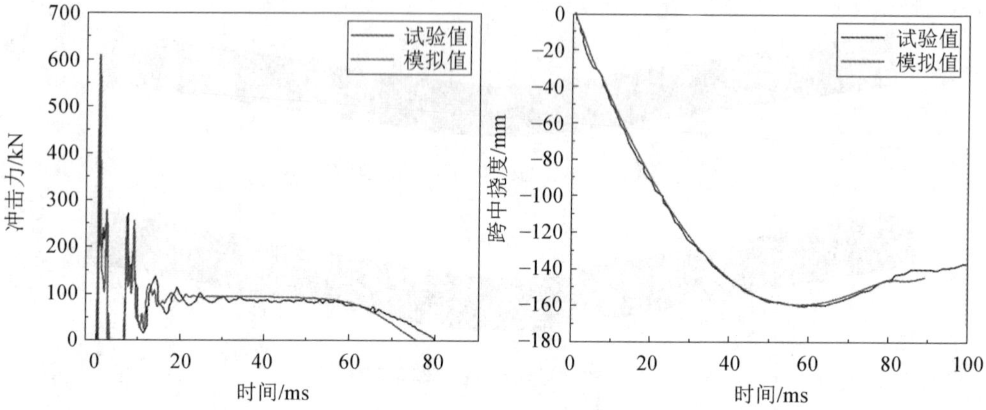

(c) SS2冲击力时程曲线和挠度时程曲线对比

图 6.10　有限元模拟二冲击力时程曲线和挠度时程曲线对比

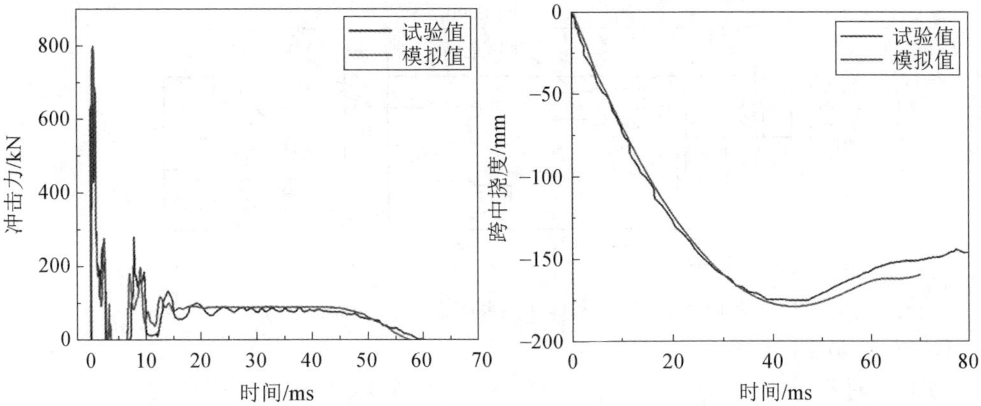

(d) SS3冲击力时程曲线和挠度时程曲线对比

续图 6.10

图 6.10(d)

通过上述工况的冲击力时程曲线试验值与模拟值的对比，可以发现不管是冲击力峰值、平台值还是持续时间，乃至整个曲线走势都吻合较好。

③ 误差对比。

冲击力峰值与跨中挠度最大值误差分析如表 6.7 所示。通过比较可以发现，无论是计算得到的冲击力峰值，还是试件跨中挠度最大值都与试验值吻合较好，误差均在 10% 以内，这充分验证了数值模拟在不同边界条件和足尺模型下的有效性。

表 6.7　冲击力峰值和跨中挠度误差对比

项目	冲击力峰值				跨中挠度			
	CC1	SS1	SS2	SS3	CC1	SS1	SS2	SS3
试验值	809.7 kN	710 kN	588 kN	792 kN	64 mm	140 mm	158 mm	167 mm
模拟值	792.9 kN	743.9 kN	609.8 kN	798.3 kN	70.3 mm	148.5 mm	160.6 mm	178.8 mm
误差	2.1%	4.8%	3.7%	0.8%	9.8%	6.1%	1.6%	7.1%

3. 有限元模拟三

为验证车辆模型及其与钢管混凝土构件耦合处理的有效性，本节选用肖果所进行的车辆冲击钢管混凝土防撞柱试验进行了模拟和对比验证。

(1) 试验简介。

该车辆冲击钢管混凝土防撞柱试验的试验场地通过场地布置和设备安装，达到试验条件，如图 6.11 所示。该试验装置主要包括碰撞车辆、牵引车辆、钢管混凝土防撞柱和牵引定向装置等。

(2) 试验工况。

试验采用的钢管混凝土防撞柱外径 $D=219$ mm，钢管壁厚为 20 mm，钢材强度为 Q345，混凝土强度为 C40，钢管混凝土防撞柱有效高度为 1 300 mm，碰撞车辆采用东风 EQ140 卡车，车重为 6.8 t，试验车速为 43.2 km/h。

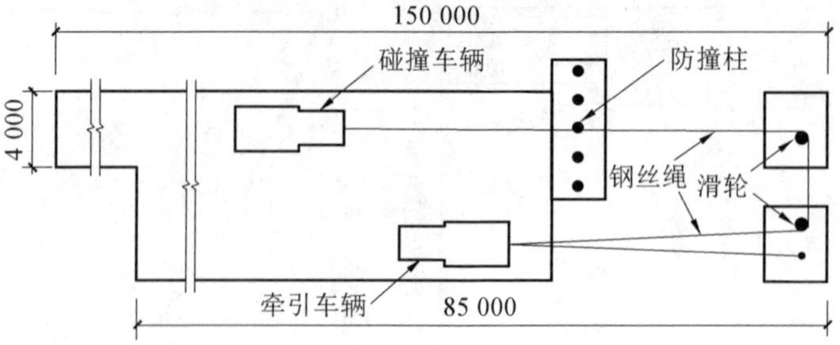

图 6.11　试验场地和设施示意图(单位:mm)

(3) 有限元建模。

① 建模过程。

该试验模型建模过程主要分为两个部分,一个是钢管混凝土防撞柱,一个是车辆模型,如图 6.12 所示。其中钢管混凝土柱建模过程与前面两组试验方法相同,此处不再赘述,而鉴于车辆模型的复杂性,有限元模型中钢管混凝土防撞柱被划分为 9 984 个单元,车辆有限元模型单元、节点以及 Part 的数量统计如表 6.8 所示。

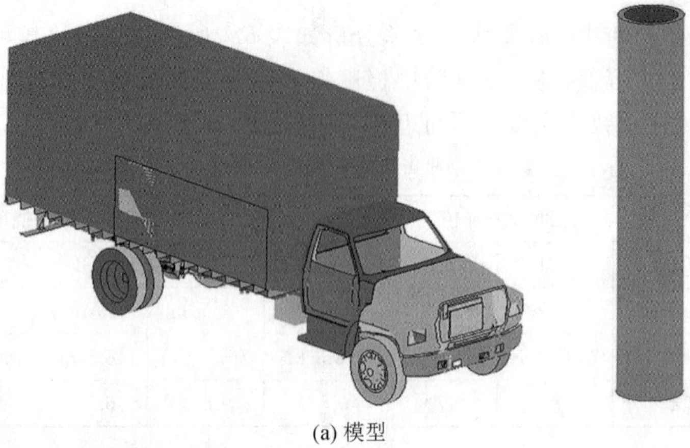

(a) 模型

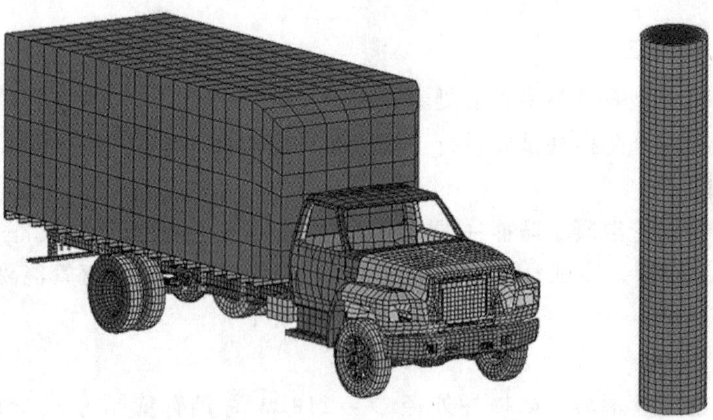

(b) 网格划分

图 6.12　车辆和防撞柱模型及网格划分示意图

表 6.8　车辆模型参数统计

统计	Part	材料模型	单元类型	节点	梁单元	壳单元	实体单元
数量	151	7	6	38 949	548	33 861	886

由于东风 EQ140 与福特 F800 车型存在差异，在模拟前要先调整影响模拟结果的重要参数。首先由于试验车辆与模拟车辆的速度不同，需要将车速更改为43.2 km/h；其次是车辆质量与分配，由于车辆碰撞过程中车辆质量及发动机质量会给计算结果带来很大差异，因此在模拟时需将福特 F800 车辆质量调整为 6.8 t，发动机质量也应该调整为东风 EQ140 发动机质量 380 kg；最后是碰撞位置，由于东风 EQ140 与福特 F800 构造不同，车辆底盘梁顶部的离地高度不一样，导致对钢管混凝土防撞柱的冲击高度不同，因此应调整模型碰撞高度为 790 mm。

② 车辆模型与钢管混凝土防撞柱模型组合方法。

由于该模型属于独立的两个模型，分别建模后再进行组合，故首先通过 ANSYS/LS－DYNA 软件建立钢管混凝土柱模型并导出 K 文件，通过 LS－PREPOST 软件对 K 文件参数进行修改完善，然后通过编程、添加组合文件的方式，将钢管混凝土柱模型与车辆模型组合在一起，最后导入求解器中进行求解计算。

(4) 有限元模型验证。

① 试件物理变形对比。

试件受冲击后变形破坏如图 6.13 所示，可以发现车辆与防撞柱碰撞后变形严重，车头部位完全向内凹陷，车辆防撞挡板被挤压向外突出，驾驶室也被挤压变形；发生碰撞后，车辆发动机受到压迫向后移动，从而导致传动轴发生挤压断裂破坏。由图 6.13 中对比可以发现模拟变形与试验结果吻合良好。

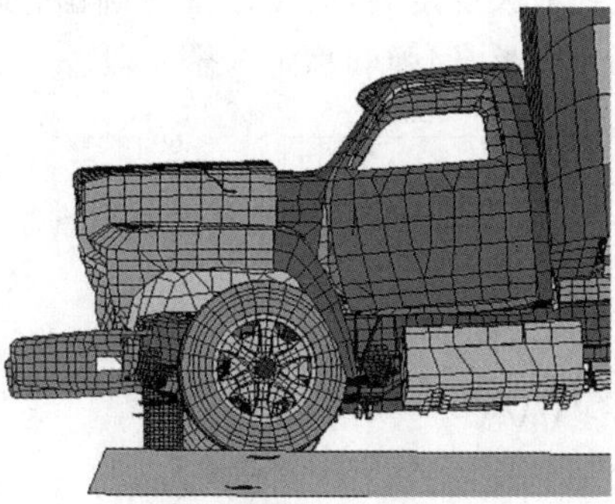

(a) 碰撞后侧视图对比

图 6.13　有限元模拟三各构件物理变形破坏对比

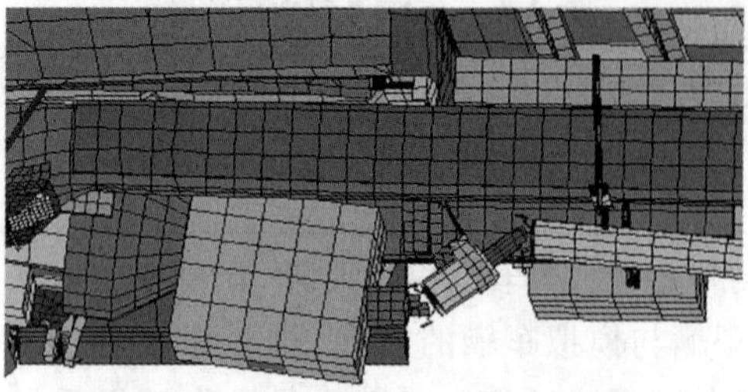

(b) 碰撞后车辆传动轴断裂对比

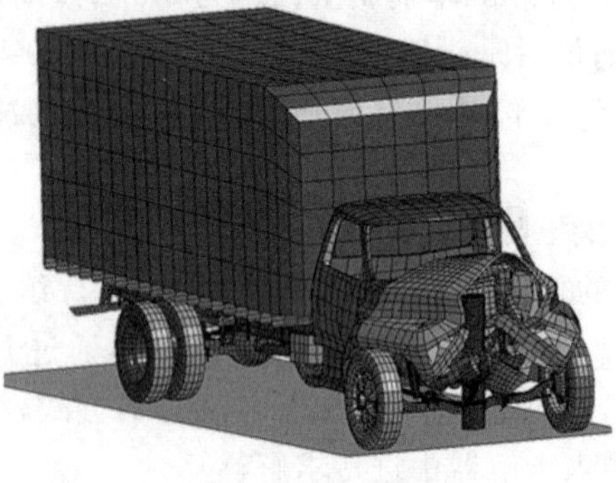

(c) 碰撞后正面图对比

续图 6.13

② 冲击力时程曲线和挠度时程曲线对比。

由于试验内容中未给出冲击力时程曲线，因此本节只给出模拟所得冲击力时程曲线，如图 6.14(a) 所示，可以发现冲击力时程曲线走势分为突变、稳定和下降 3 个阶段。试件挠度时程曲线对比如图 6.14(b) 所示，由于车辆与防撞柱碰撞后，挠度计被挤压碰撞损坏，因此试验数据只记录到最大挠度处，后续用虚线画出，观察挠度时程曲线可以发现也符合前两节所得规律，分为增长、回弹和稳定 3 个阶段。

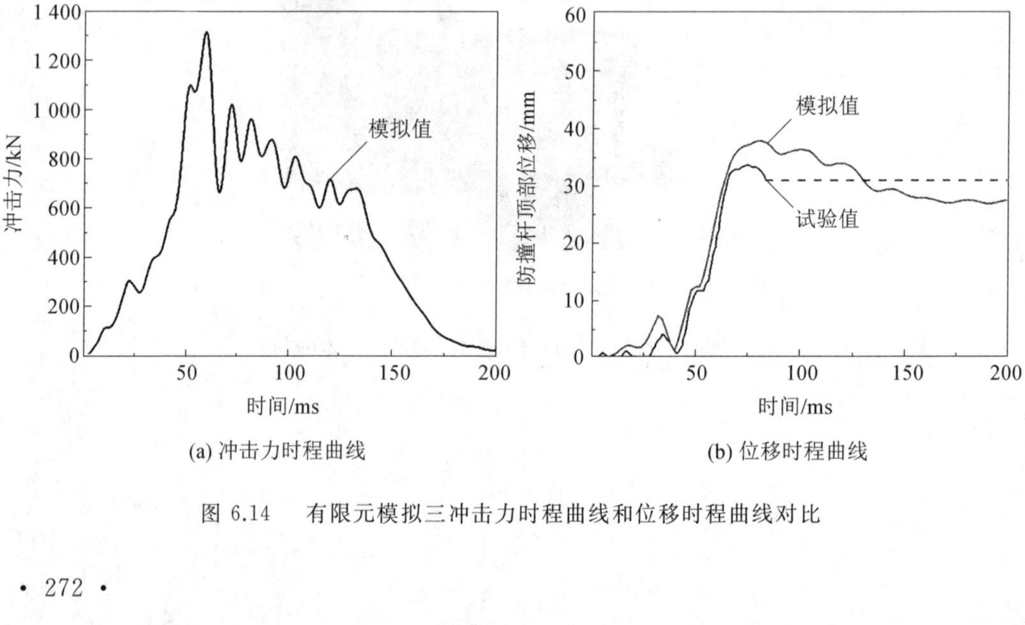

(a) 冲击力时程曲线　　(b) 位移时程曲线

图 6.14　有限元模拟三冲击力时程曲线和位移时程曲线对比

③ 误差对比。

冲击力峰值与柱顶水平位移最大值误差分析如表 6.9 所示。通过比较可以发现，无论是计算得到的冲击力峰值，还是计算的防撞柱柱顶水平位移最大值都与试验值吻合较好，误差均在 20% 以内，这有利证明了数值模拟中车辆模型及其与钢管混凝土构件耦合处理的有效性。

表 6.9　冲击力峰值与柱顶水平位移最大值误差对比

项目	冲击力峰值	柱顶水平位移
试验值	1 175 kN	33 mm
模拟值	1 312 kN	38 mm
误差	11.6%	15.2%

6.2　车辆冲击钢管混凝土墩柱模拟与损伤分析

6.2.1　概述

本节依据上述冲击荷载作用下钢管混凝土结构有限元建模方法来对车辆冲击钢管混凝土墩柱建模并进行参数分析和损伤分析，具体思路为：首先建立车辆冲击钢管混凝土墩柱模型，验证其有效性；然后通过改变车辆速度、车辆质量、混凝土强度、墩柱直径、钢管壁厚、钢材屈服强度、轴力和偏心距离得出不同工况下车辆冲击荷载作用下钢管混凝土墩柱动力响应并进行参数分析，选取主控变量；最后根据损伤准则建立车辆冲击钢管混凝土墩柱损伤评估曲线。

6.2.2　有限元模型建立

1. 有限元模型

本章采用的建模方法与第 3 章相同，此处不再赘述，详情见第 3 章。本章模型相关参数为：钢管混凝土桥墩柱高为 5 m，外径为 500 mm，钢管壁厚为 10 mm，钢材屈服强度为 345 MPa，混凝土强度为 C40，车辆重为 8 t，车速为 80 km/h，撞击角度为正面碰撞。车辆碰撞钢管混凝土墩柱有限元模型如图 6.15 所示。

2. 网格划分

网格划分情况如图 6.16 所示，该模型在具体网格划分时在柱底 1 800 mm 和柱顶 500 mm 范围内分别进行加密处理。该模型共包含 9 种材料类型、153 个 Part、232 287 个节点、221 720 个单元。

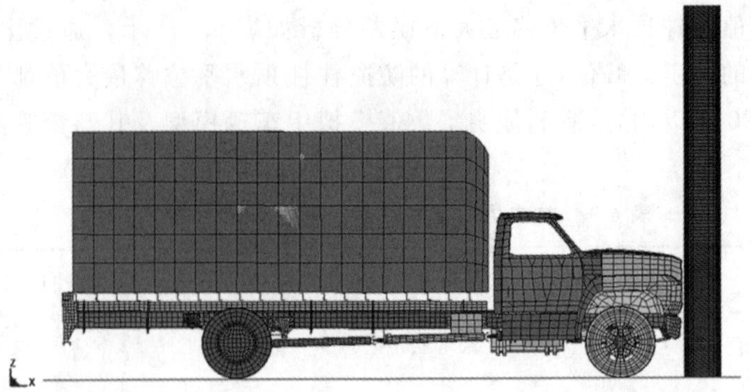

图 6.15　车辆碰撞钢管混凝土墩柱有限元模型

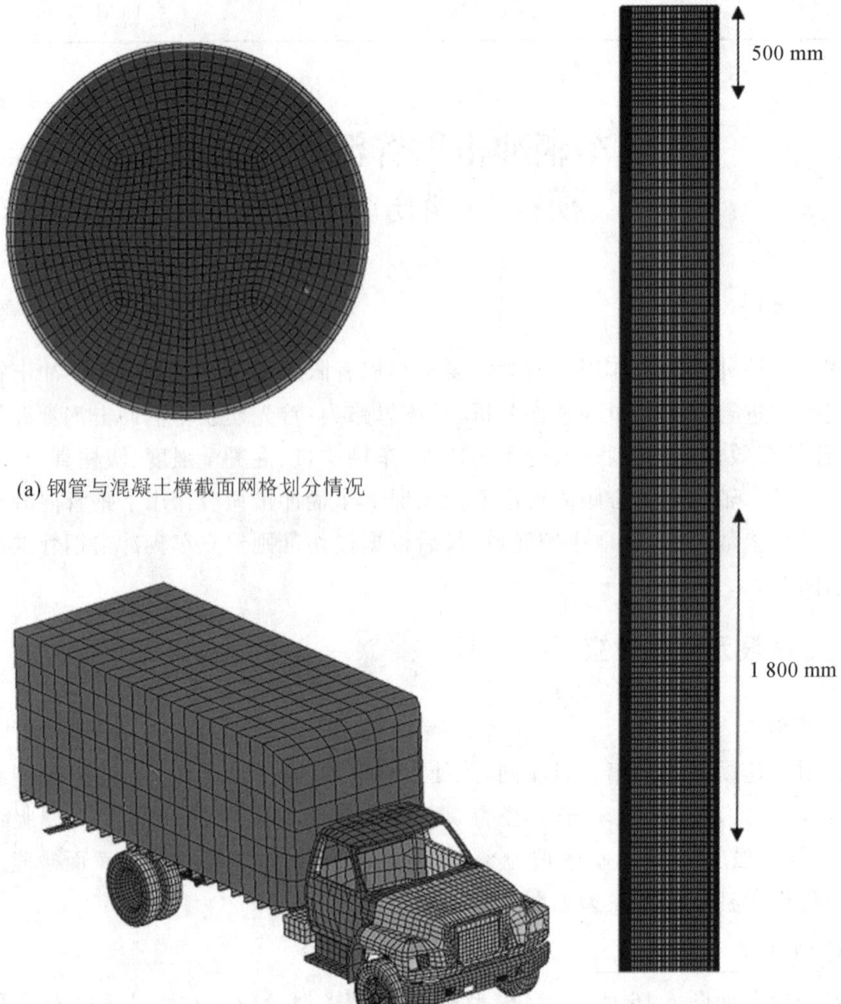

(a) 钢管与混凝土横截面网格划分情况

(b) 车辆网格划分情况

(c) 钢管网格划分情况

图 6.16　各构件网格划分情况示意图

3. 初始条件设置

(1) 接触及边界条件。

本章对于钢管与混凝土的接触、钢管与支座的接触、钢管与冲击块的接触、钢管与车辆的接触与第 3 章相同，均设置为自动面面接触。对于钢管混凝土墩柱底部采用固定端约束，约束底部所有方向位移，而钢管混凝土墩柱顶部采用定向滑动约束，只约束顶部 x 和 y 方向位移，z 方向自由滑动。

(2) 施加荷载。

由于本节研究的内容为结构底层钢管混凝土墩柱，其上部往往有荷载传入底部墩柱，因此需要对底部墩柱施加竖向荷载，钢管混凝土竖向承载力的计算方法有两种，其中《钢管混凝土结构技术规范》(GB 50936—2014) 中给出的公式适用于钢管混凝土短柱，因此采用统一理论公式(2.41) 进行计算，计算得到外径为 500 mm，钢材壁厚为 10 mm，钢材屈服强度为 345 MPa，混凝土强度为 C40 的钢管混凝土柱轴压承载力为12 795.927 kN，换算成质量等于 1 304.376 t，本章模拟选取 200 t。

6.2.3　碰撞分析

1. 车辆碰撞过程分析

通过前期 ANSYS/LS－DYNA 有限元软件模拟并计算后，可通过 LS－PREPOST 软件查看计算结果，碰撞过程中各时间点车辆变形如图 6.17 所示。

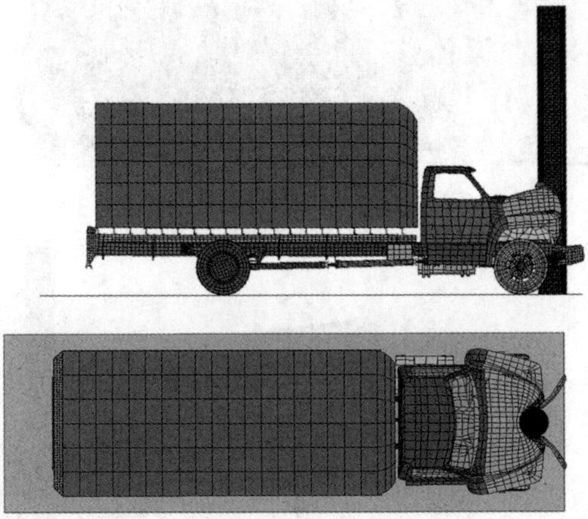

(a) 0.025 s

图 6.17　碰撞过程中各时间点车辆变形示意图

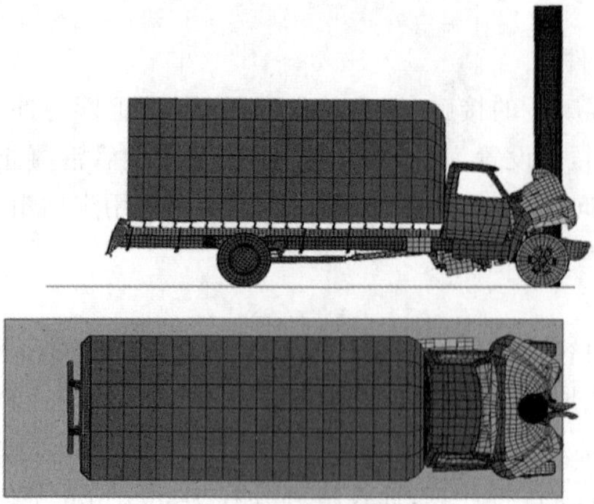

(b) 0.05 s

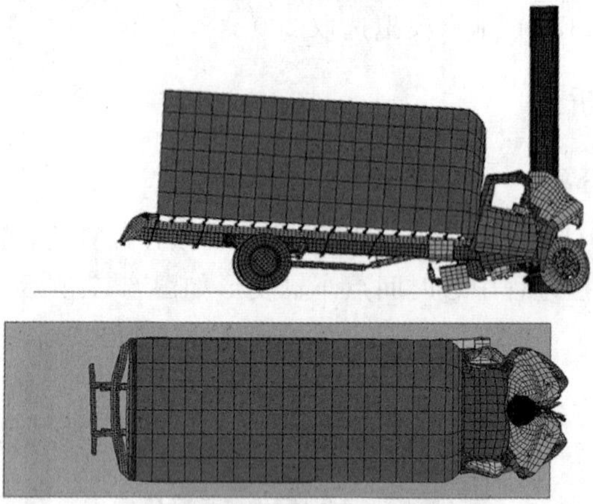

(c) 0.10 s

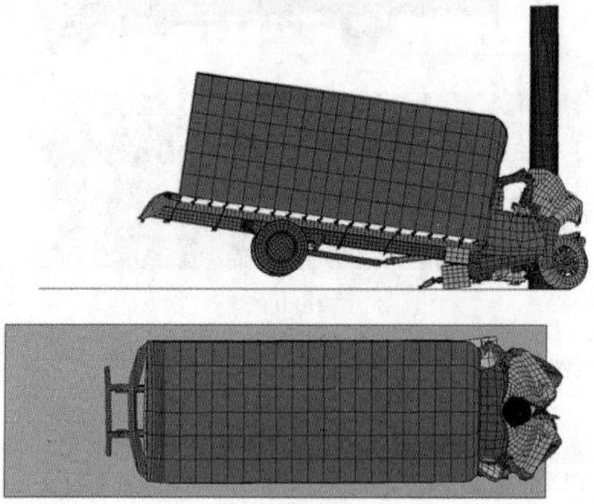

(d) 0.15 s

续图 6.17

车辆与钢管混凝土墩柱发生碰撞时，首先是车辆前保险杠及车头部分机舱盖、散热器等零部件与钢管混凝土墩柱碰撞，前保险杠受压产生大幅度变形，机舱盖被顶起并向内凹陷，散热器等零部件受挤压向内移动变形。然后车辆发动机及周边零部件开始与钢管混凝土墩柱产生碰撞，发动机受挤压后向内移动与传动轴产生挤压，此时驾驶舱开始产生变形，车辆前轴横梁被挤压开始向内凹陷，纵梁屈曲。最后发动机被挤出机舱外，传动轴断裂，驾驶舱产生严重变形，整个发动机舱向内凹陷，受损严重。

2. 能量和冲击力变化

车辆碰撞过程是一个能量转换的过程，即车辆动能转换为车辆与钢管混凝土墩柱内能及摩擦产生热能的过程。通过对K文件中添加 *DATABASE_GLSTAT 来输出能量数据，之后利用LS－PREPOST中ASCII选项卡载入glstat得到能量变化时程曲线，如图6.18所示。通过能量变化时程曲线可以发现，能量在0～0.15 s发生剧烈转换，然后进入平稳阶段，车辆动能全部转化为内能、沙漏能、摩擦能及系统阻尼能等。

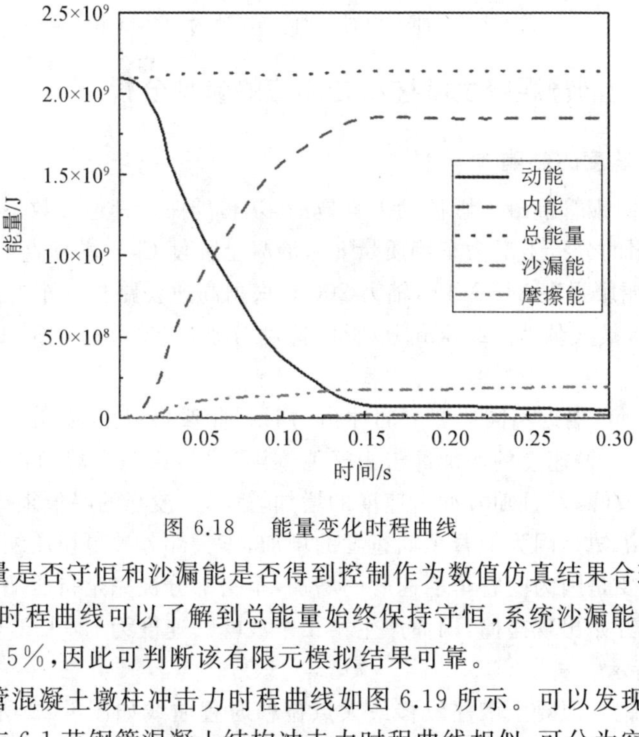

图6.18　能量变化时程曲线

以系统总能量是否守恒和沙漏能是否得到控制作为数值仿真结果合理性的重要评判依据，从能量变化时程曲线可以了解到总能量始终保持守恒，系统沙漏能占总能量的比例为1.06%，远小于5%，因此可判断该有限元模拟结果可靠。

车辆冲击钢管混凝土墩柱冲击力时程曲线如图6.19所示。可以发现，冲击力时程曲线整体走势基本与6.1节钢管混凝土结构冲击力时程曲线相似，可分为突变、稳定和下降3个阶段。钢管混凝土墩柱在遭受冲击时首先在0～0.036 s内冲击力出现剧烈变化，冲击力在短时间内迅速上升到最大值然后迅速下降，冲击力在 t =0.030 s时达到峰值，此时冲击力大小为5.76 MN，然后在0.036～0.153 s内冲击力波动幅度较小，始终维持在1 MN左右，最后在0.153 s后冲击力开始下降直至为零。

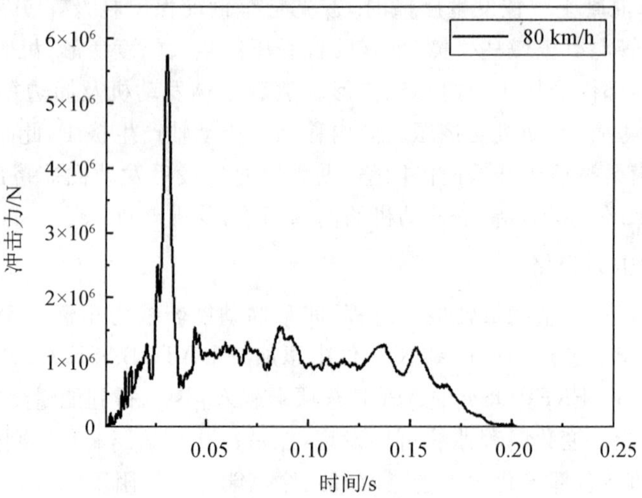

图 6.19　冲击力时程曲线(车速为 80 km/h)

6.2.4　影响钢管混凝土墩柱动力响应的参数分析

1. 车辆冲击速度的影响

为研究车速对钢管混凝土墩柱动力响应的影响,需保持其他参数不变,只改变车辆速度大小,因此选用的分析工况为车辆质量 8 t,混凝土强度 C40,墩柱直径 500 mm,钢管壁厚 10 mm,钢材屈服强度 345 MPa,轴力 200 t,根据高速公路相关车速规定,车辆速度最小值为 60 km/h,最大值为 120 km/h,所以速度分别取 60 km/h、80 km/h、100 km/h、120 km/h。

如图 6.20 所示,根据不同速度下的冲击力时程曲线可以发现,车辆速度对冲击力大小影响显著,随着车辆速度的增加冲击力峰值逐渐递增,第一个峰值作用时间会缩短,同时会出现第二个波峰,并且随着冲击速度的增加,第二个波峰的峰值也会随之增加。第一个峰值作用时间缩短是因为随着车辆速度的增加,车头部分被更快压缩密实,而出现第二个峰值的原因主要是因为随着车辆速度的增加,车头部分被完全挤压变形,此时货物箱与钢管混凝土墩柱开始出现碰撞,因而产生第二个波峰。速度为 120 km/h 时各时间点碰撞情况如图 6.21 所示。

不同速度下钢管混凝土墩柱位移最大点位移时程曲线如图 6.22 所示。从图中可以发现,车辆速度对于钢管混凝土墩柱的挠度变化影响显著,随着车辆速度的增加,钢管混凝土墩柱侧向挠度变得越来越大。还可以发现随着车速达到一定高度后,车辆货物箱将与钢管混凝土墩柱产生碰撞,此时钢管混凝土墩柱将产生二次挠度增长,并对其破坏产生更大影响。

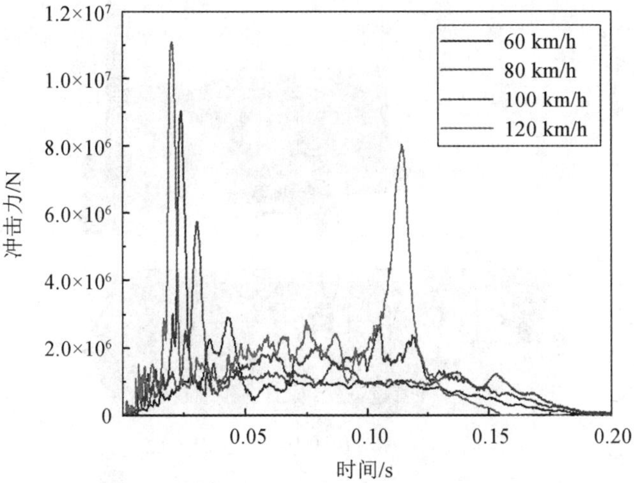

图 6.20　不同速度下的冲击力时程曲线

图 6.20

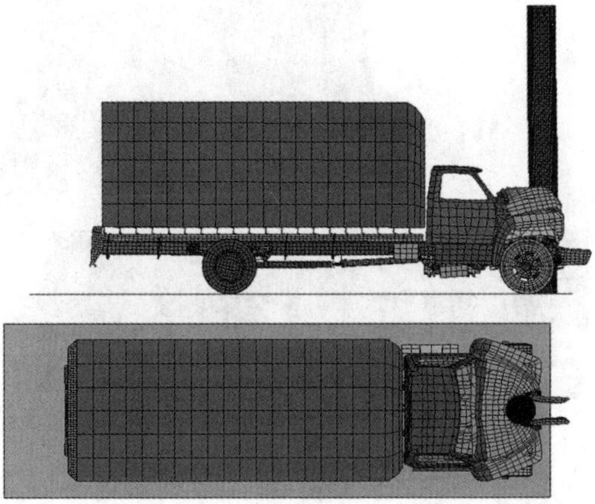

(a) 0.025 s

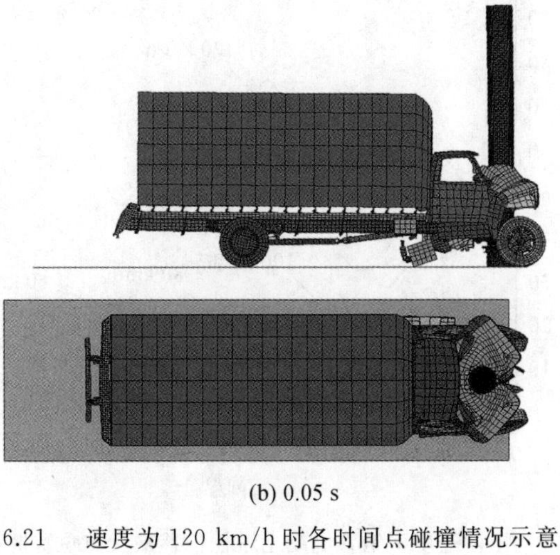

(b) 0.05 s

图 6.21　速度为 120 km/h 时各时间点碰撞情况示意图

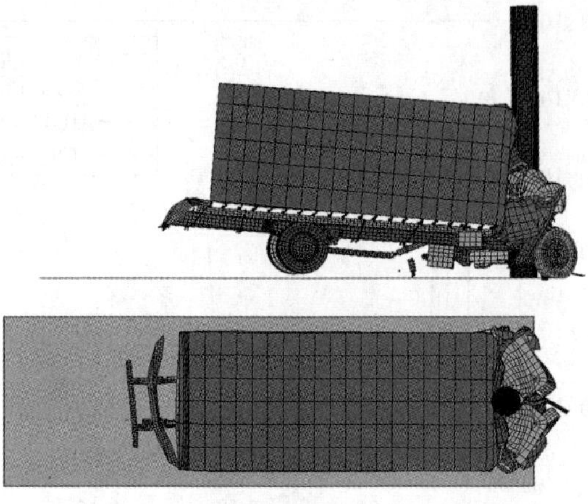

(c) 0.10 s

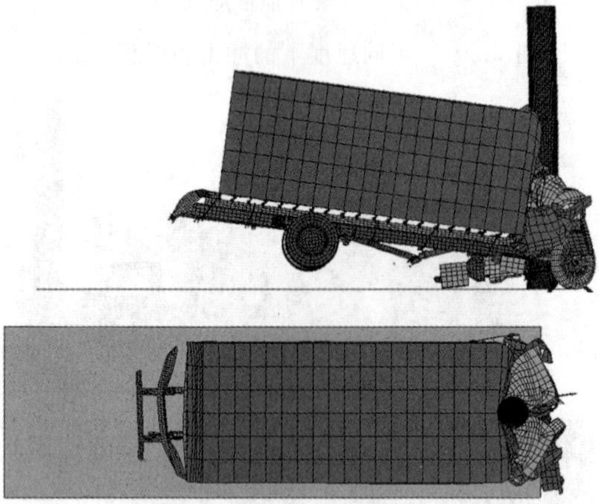

(d) 0.15 s

续图 6.21

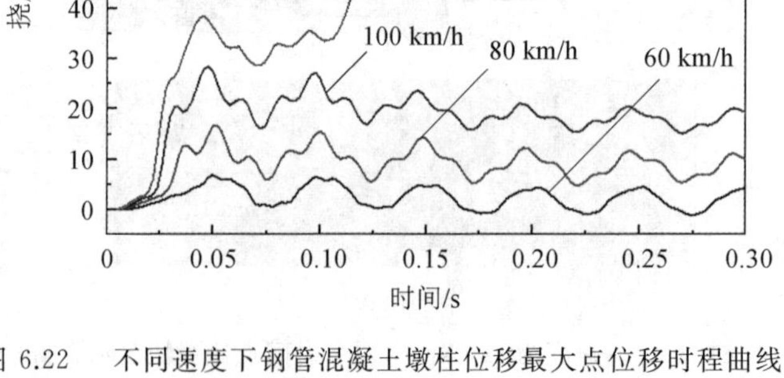

图 6.22　不同速度下钢管混凝土墩柱位移最大点位移时程曲线

2. 车辆质量的影响

为研究车辆质量对钢管混凝土墩柱动力响应的影响，需保持其他参数不变，只改变车辆质量大小，根据我国《超限运输车辆行驶公路管理规定》，两轴货车最大总质量不得超过 18 t，因此选用的分析工况为车辆速度 80 km/h，混凝土强度 C40，墩柱直径 500 mm，钢管壁厚 10 mm，钢材屈服强度 345MPa，轴力 200 t，车辆质量分别选取 8 t、12 t、15 t、18 t。

通过有限元计算得到不同冲击质量下的冲击力时程曲线，如图 6.23 所示。可以发现，不同车辆质量产生的冲击力时程曲线存在明显差异，随着车辆质量的增加，车辆货物箱更容易碰上钢管混凝土墩柱，从而对冲击力的第二个峰值产生明显影响，冲击力第二个峰值随车辆质量的增加而增大，但是车辆质量对于冲击力第一个峰值影响却不大，主要是因为除了车辆质量改变外其他所有参数均未改变，因此车头与钢管混凝土墩柱撞击时产生的作用力未发生明显变化，主要变化在于货物箱随着质量的增加，产生更大惯性，因此更容易碰到钢管混凝土墩柱，并且产生更大的撞击力。

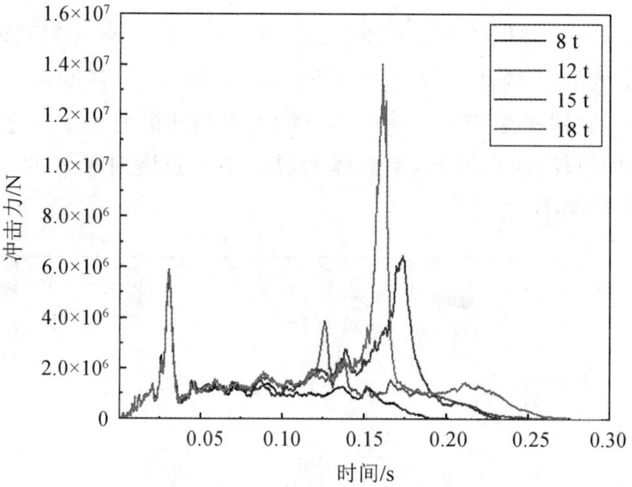

图 6.23

图 6.23　不同冲击质量下的冲击力时程曲线

根据图 6.24 所示的钢管混凝土墩柱位移最大点位移时程曲线可以发现，随着车辆质量的增加，钢管混凝土墩柱的挠度变化十分明显。当车辆质量不大时，钢管混凝土墩柱产生的挠度基本稳定不变，这是因为该质量作用下挠度变形主要是车头部分与钢管混凝土墩柱产生碰撞所致；当车辆质量达到一定程度后，钢管混凝土墩柱产生的挠度变形，主要是车辆货物箱与钢管混凝土墩柱产生碰撞所致，此时由于钢管混凝土墩柱受到二次碰撞，所以会产生二次挠度增大，并且随着车辆质量的增大，变形也会显著增大。

3. 混凝土强度的影响

为研究混凝土强度对钢管混凝土墩柱动力响应的影响，需保持其他参数不变，只改变混凝土强度大小，因此选用的分析工况为车辆速度 80 km/h，车辆质量 8 t，墩柱直径 500 mm，钢管壁厚 10 mm，钢材屈服强度 345 MPa，轴力 200 t，混凝土强度分别取 C30、C40、C50、C60。

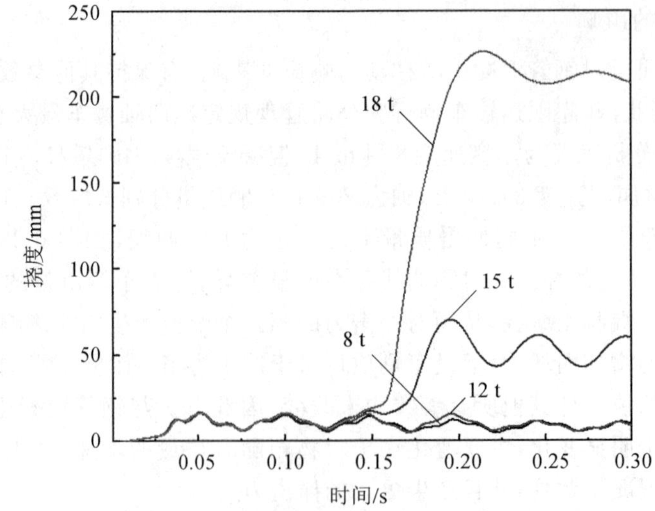

图 6.24　不同冲击质量下钢管混凝土墩柱位移最大点位移时程曲线

不同混凝土强度产生的冲击力时程曲线如图 6.25 所示。从图中可以发现，当改变混凝土强度后，车辆与墩柱碰撞产生的冲击力整体走势和冲击力大小变化不大，冲击力峰值大小及整体作用时间只有微弱差异，但总体来说混凝土强度对车辆冲击钢管混凝土墩柱产生的冲击力大小影响不大。

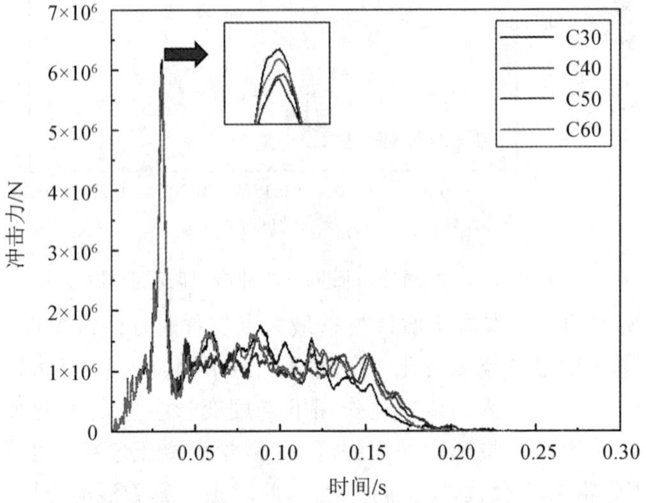

图 6.25

图 6.25　不同混凝土强度下冲击力时程曲线

根据图 6.26 所示的钢管混凝土墩柱位移最大点位移时程曲线可以发现，混凝土强度对钢管混凝土墩柱的挠度变化产生一定影响。随着混凝土强度的增加，钢管混凝土墩柱侧向挠度呈现减小的趋势，主要是因为随着混凝土强度的增加，钢管混凝土墩柱的抗冲击能力得到提高，故钢管混凝土墩柱整体稳定性得到一定提升，所以侧向挠度有一定程度减弱。

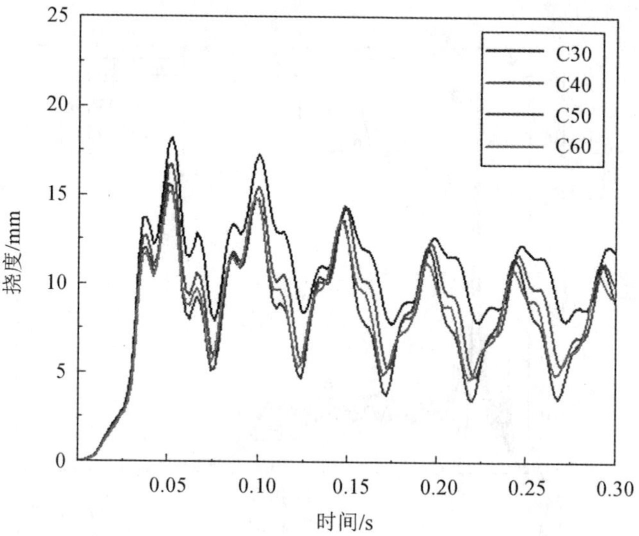

图 6.26

图 6.26　不同混凝土强度下钢管混凝土墩柱位移最大点位移时程曲线

4. 墩柱直径的影响

为研究墩柱直径对钢管混凝土墩柱动力响应的影响，需保持其他参数不变，只改变墩柱直径大小，因此选用的分析工况为车辆速度 80 km/h，车辆质量 8 t，混凝土强度 C40，钢管壁厚 10 mm，钢材屈服强度 345 MPa，轴力 200 t，墩柱直径分别取 500 mm、750 mm、1 000 mm。

不同墩柱直径下的冲击力时程曲线如图 6.27 所示。从图中可以发现，在不同墩柱直径下，车辆与墩柱碰撞产生的冲击力整体走势和冲击力大小变化不大，只有冲击力峰值大小稍有不同，其主要是由车头部位构造所致，当车辆与不同直径钢管混凝土墩柱产生碰撞时，车头与墩柱的接触面和主要受力部件的受力位置有所差异，所以导致冲击力峰值有一点差异，但总体来说墩柱直径对车辆冲击钢管混凝土墩柱产生的冲击力大小影响不大。

根据图 6.28 所示的钢管混凝土墩柱位移最大点位移时程曲线可以发现，墩柱直径对钢管混凝土墩柱的挠度变化产生较大影响。随着墩柱直径的增加，钢管混凝土墩柱侧向挠度明显减小，主要是因为随着墩柱直径的增加，车头部分与钢管混凝土墩柱接触面积增大，单位面积所受冲击力减小，同时随着墩柱直径的增加，钢管内混凝土量显著提高，使得钢管混凝土墩柱整体稳定性得到显著提升，因而侧向挠度明显减小。

5. 钢管壁厚的影响

为研究钢管壁厚对钢管混凝土墩柱动力响应的影响，需保持其他参数不变，只改变钢管壁厚大小，因此选用的分析工况为车辆速度 80 km/h，车辆质量 8 t，混凝土强度 C40，墩柱直径 500 mm，钢材屈服强度 345 MPa，轴力 200 t，钢管壁厚分别取 10 mm、12 mm、15 mm。

不同钢管壁厚产生的冲击力时程曲线如图 6.29 所示。从图中可以发现，在不同钢管壁厚下，车辆与墩柱碰撞产生的冲击力整体走势和冲击力大小变化不大，冲击力峰值大小、平台值和整体数值变化都很接近，所以总体来说钢管壁厚对车辆冲击钢管混凝土墩柱产生的冲击力大小影响不大。

图 6.27

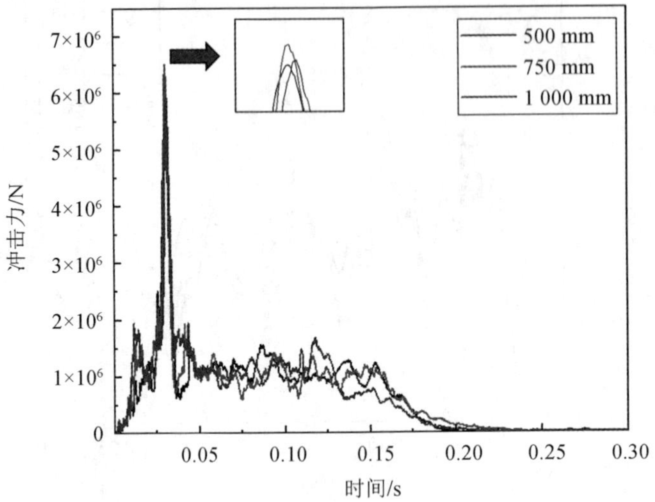

图 6.27　不同墩柱直径下冲击力时程曲线

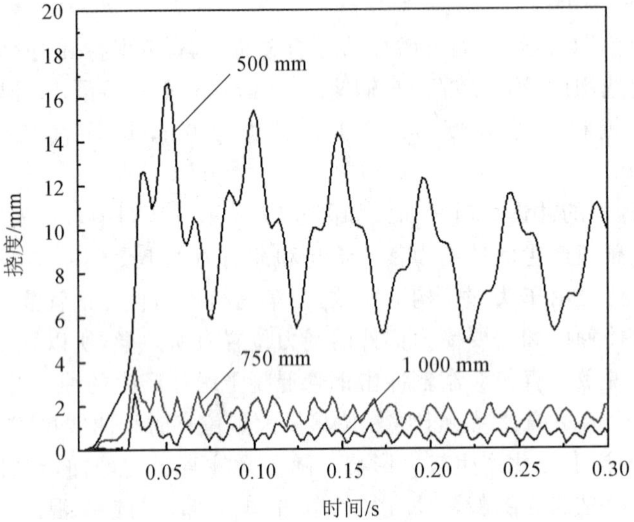

图 6.28　不同墩柱直径下钢管混凝土墩柱位移最大点位移时程曲线

不同钢管壁厚下钢管混凝土墩柱位移最大点位移时程曲线如图 6.30 所示，由图可见钢管壁厚对钢管混凝土墩柱的挠度变化产生较大影响。随着钢管壁厚的增加，钢管混凝土墩柱侧向挠度明显减小，同时振荡频率明显加快，主要是因为随着钢管壁厚的增加，外部钢管的刚度得到增强，使得钢管混凝土墩柱整体稳定性得到显著提升，因而侧向挠度减小，同时振荡频率加快。

6. 钢材屈服强度的影响

为研究钢材屈服强度对钢管混凝土墩柱动力响应的影响，需保持其他参数不变，只改变钢材屈服强度大小，因此选用的分析工况为车辆速度 80 km/h，车辆质量 8 t，混凝土强度 C40，墩柱直径 500 mm，钢管壁厚 10 mm，轴力 200 t，钢材屈服强度分别取235 MPa、345 MPa、400 MPa。

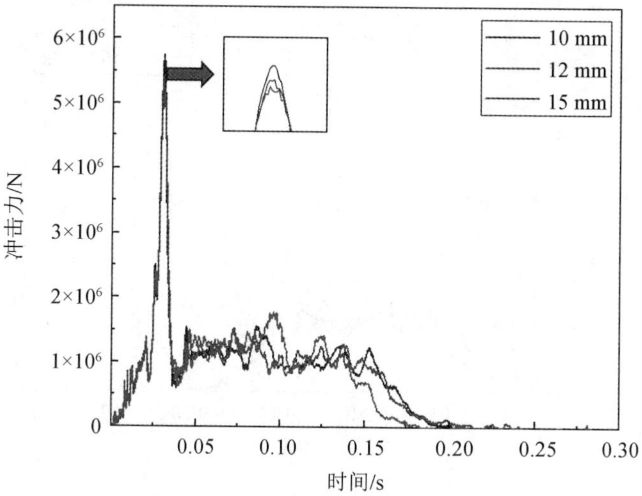

图 6.29

图 6.29　不同钢管壁厚下冲击力时程曲线

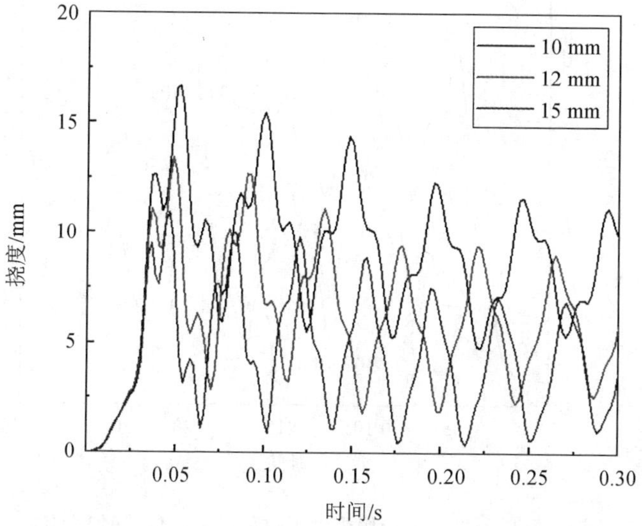

图 6.30

图 6.30　不同钢管壁厚下钢管混凝土墩柱位移最大点位移时程曲线

通过计算得到不同钢材屈服强度产生的冲击力时程曲线，如图 6.31 所示。从图中可以发现，在不同钢材屈服强度下，无论是车辆与墩柱碰撞产生的冲击力整体走势，还是冲击力峰值、平台值及持续时间都基本一致，说明钢材屈服强度对车辆冲击钢管混凝土墩柱产生的冲击力大小影响不大。

不同钢材屈服强度下钢管混凝土墩柱位移最大点位移时程曲线如图 6.32 所示。可以发现，钢材屈服强度对钢管混凝土墩柱的挠度变化产生较大影响。随着钢材屈服强度的增加，钢管混凝土墩柱侧向挠度明显减小，主要是因为随着钢材屈服强度的增加，外部钢管抵抗变形的能力得到增强，因而侧向挠度明显减小。

图 6.31

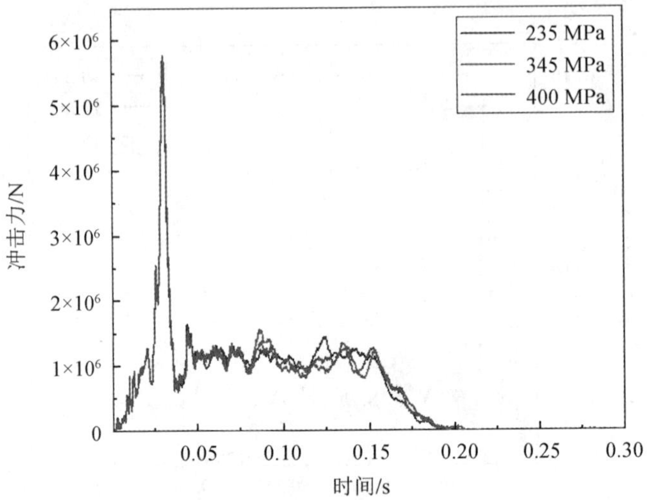

图 6.31　不同钢材屈服强度下冲击力时程曲线

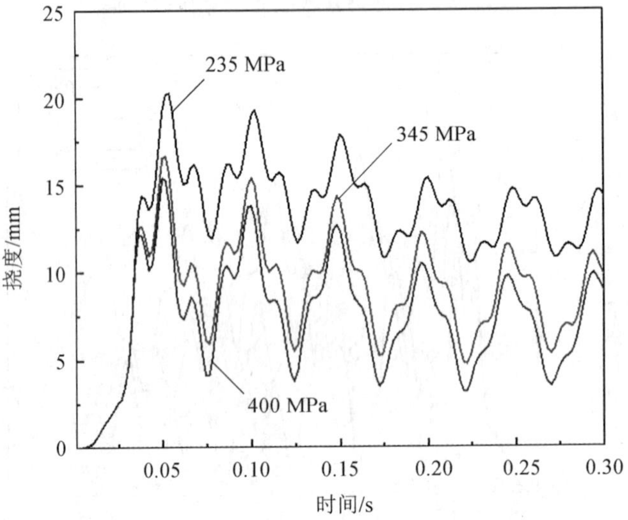

图 6.32　不同钢材屈服强度下位移最大点位移时程曲线

7. 轴力的影响

为研究轴力对钢管混凝土墩柱动力响应的影响，需保持其他参数不变，只改变轴力大小，因此选用的分析工况为车辆速度 80 km/h，车辆质量 8 t，混凝土强度 C40，墩柱直径 500 mm，钢管壁厚 10 mm，钢材屈服强度 345 MPa，轴力大小分别取 100 t、200 t、300 t、400 t。

不同轴力产生的冲击力时程曲线如图 6.33 所示。从图中可以发现，在不同轴力作用下，车辆与墩柱碰撞产生的冲击力整体走势和冲击力大小变化不大，只有冲击力峰值稍有不同，随着轴力的增加，冲击力峰值先减小后增大，但总体来说变化幅度不大，所以可认为轴力在 0.3 倍钢管混凝土墩柱极限承载力范围内变化时对钢管混凝土墩柱产生的冲击力大小影响不大。

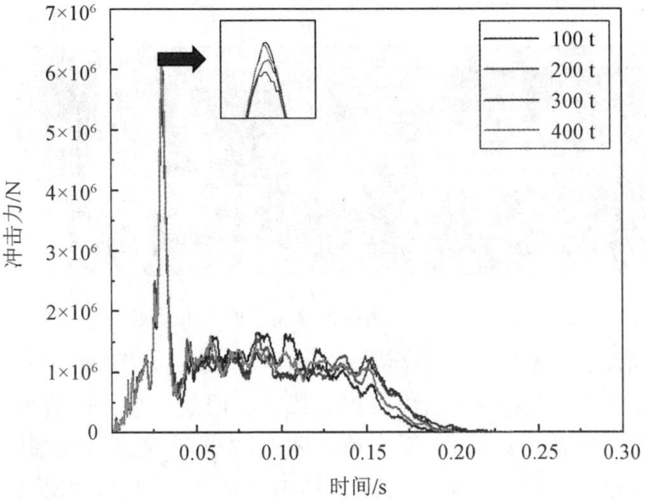

图 6.33

图 6.33　不同轴力下冲击力时程曲线

不同轴力作用下钢管混凝土墩柱位移最大点位移时程曲线如图 6.34 所示。可以发现，轴力大小对钢管混凝土墩柱的挠度变化产生一定影响。随着轴力的增加，钢管混凝土墩柱侧向挠度呈现先减小后增大的趋势，主要是因为车辆在撞击钢管混凝土墩柱后产生挠度，刚开始轴力的增加会增强钢管混凝土墩柱的侧向抗冲击力，但是随着轴力的继续增加则会出现局部失稳的现象，于是侧向挠度反而开始增大。

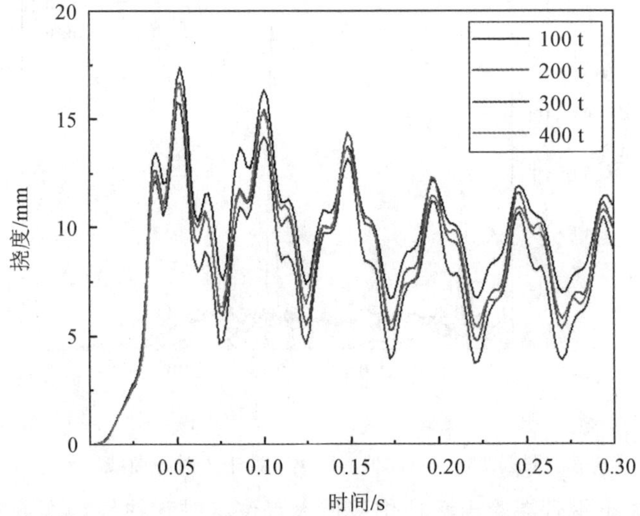

图 6.34

图 6.34　不同轴力下钢管混凝土墩柱位移最大点位移时程曲线

8. 偏心距的影响

为了解不同偏心距对钢管混凝土墩柱动力响应的影响，需保持其他参数不变，只改变车辆偏心位置，因此选用的分析工况为车辆速度80 km/h，车辆质量8 t，混凝土强度C40，墩柱直径500 mm，钢管壁厚10 mm，钢材屈服强度345 MPa、轴力100 t，偏心距离分别取0 m、0.4 m、0.8 m、1.2 m。车辆与桥墩偏心撞击如图6.35所示。

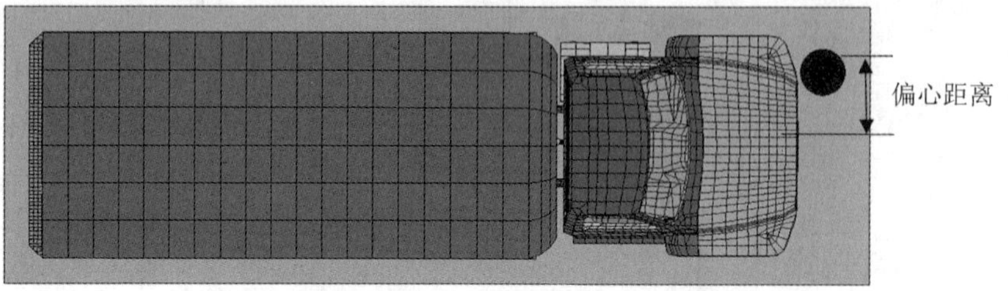

图 6.35　车辆与桥墩偏心撞击示意图

如图6.36所示，根据不同偏心距离冲击力时程曲线可以发现，车辆在不同偏心位置撞击钢管混凝土墩柱后，产生的冲击力时程曲线存在明显差异。随着偏心距离的增加，冲击力时程曲线第一个峰值开始减小，平台值也随之减小，但随着偏心距离的增加，冲击力时程曲线开始出现第二个峰值并随偏心距离的增加而增大，出现此现象的原因主要是随着偏心距离的增加，车辆与钢管混凝土墩柱碰撞时，车辆发动机将逐渐偏离钢管混凝土墩柱，因此产生的碰撞力逐渐减小（即第一个峰值逐渐减小），但随着偏心距离的增加，车头部位抵抗变形能力逐渐下降，冲击力逐渐由货物箱与钢管混凝土墩柱碰撞所产生（即第二个峰值逐渐增大），所以偏心距离对车辆冲击钢管混凝土墩柱所产生的冲击力具有较大影响。

图 6.36

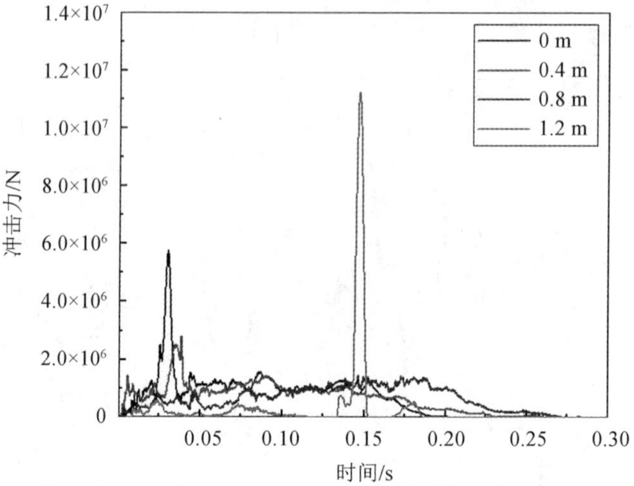

图 6.36　不同偏心距离下冲击力时程曲线

不同偏心距离下钢管混凝土墩柱位移最大点位移时程曲线如图6.37所示。可以发现，偏心距离的大小对钢管混凝土墩柱的挠度变化产生较大影响。随着偏心距离的增加，钢管混凝土墩柱侧向挠度会逐渐减小，当偏心距离超过一定范围后，钢管混凝土墩柱侧向挠度会出现急剧增大，主要原因与冲击力变化类似，都是因为随着偏心距离的增加，车辆发动机开始逐渐偏离钢管混凝土墩柱，冲击能量从主要靠发动机吸收转向主要靠车头其他零部件吸收，同时出现刚开始钢管混凝土侧向挠度减小现象，但随着偏心距离的增加，车头可吸收能量的零部件逐渐减少，导致货物箱与钢管混凝土墩柱开始碰撞，从而出现二次挠度，并且挠度值随偏心距离的增大而增大。

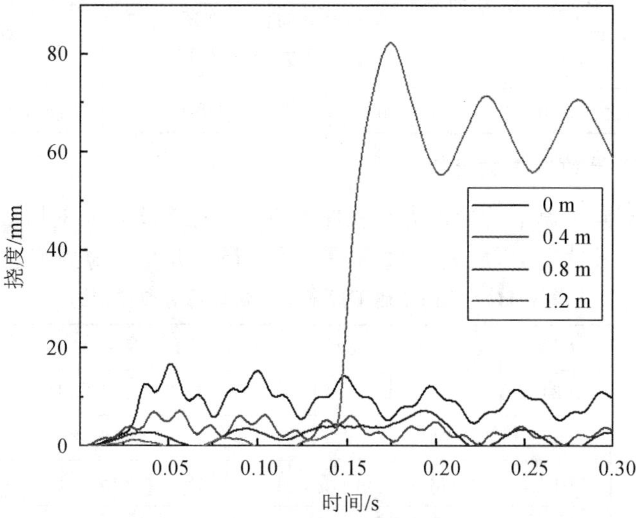

图 6.37

图 6.37　不同偏心距离下钢管混凝土墩柱位移最大点位移时程曲线

6.2.5　等效冲击力计算并与规范对比

影响车辆冲击钢管混凝土墩柱产生的冲击力的主要因素为车辆速度、车辆质量和偏心距离，由于改变偏心距离会产生一系列复杂变化过程，本研究仅考虑正中碰撞情况。

车辆冲击钢管混凝土墩柱作用时间短，冲击力变化迅速并且幅度较大，冲击力在达到峰值时钢管混凝土墩柱几乎来不及做出反应就已经降落下来，所以只讨论冲击力峰值往往不能反映问题的本质，现引入等效冲击力的概念。等效冲击力的计算方法一般分为局部平均法和全局平均法。

局部平均法是指在冲击力峰值出现的时域内，积分得到这段时间内力的冲量 P，然后通过公式 $F=P/\Delta t$ 计算得到等效冲击力。全局平均法则是在全局时域内对冲量进行积分，然后通过公式计算得到等效冲击力。

相应规范中建议的车辆冲击力如表 6.10 所示。从表中可发现美国规范设定的车辆冲击力最大，而中国规范和欧洲规范中设置的冲击力基本相似，而且相关规范中车辆撞击位置基本都要求在路面以上 1.2 m 左右。有限元仿真结果显示，无论是在低速 60 km/h 还是在高速 120 km/h 的情况下，冲击力最大值均已超过美国国家公路运输协会(AASHTO)《桥梁设计规范》和我国《公路桥涵设计通用规范》(JTG D60—2015) 中相关规定限制，故选用等效冲击力来代替冲击力最大值进行对比。

表 6.10　车辆冲击力相关规范

参数	AASHTO《桥梁设计规范》(2007)	欧洲 EN 1991－1－7	我国《公路桥涵设计通用规范》(JTG D60—2015)
冲击力	1 800 kN；与车道方向成 0°～15°锐角	高速公路和国道： 沿车道方向：1 000 kN 垂直车道方向：500 kN	沿车道方向：1 000 kN 垂直车道方向：500 kN
撞击位置	路面以上 1.2 m	路面以上 0.5～1.5 m	路面以上 1.2 m

1. 不同车速下等效冲击力计算

模拟计算出不同车速下的冲击力时程曲线，拟分别通过局部平均法和全局平均法计算不同车速下的等效冲击力，如表 6.11 和表 6.12 所示，并与相应规范进行对比。

表 6.11　不同车速下局部平均法计算等效冲击力

车速 /($km \cdot h^{-1}$)	t_1/s	t_2/s	Δt/s	P/(N·s)	$F = P/\Delta t$/MN
60	0.031 4	0.052 4	0.021	36 838.510 339	1.754
80	0.023	0.038 4	0.015 4	38 632.676 685	2.509
100	0.018 2	0.033 4	0.015 2	45 534.525 694	2.996
120	0.014 4	0.026 6	0.012 2	49 585.888 683	4.064

注：t_1— 峰值开始时间；t_2— 峰值结束时间；Δt— 峰值持续时间；P— 冲量；F— 等效冲击力。

表 6.12　不同车速下全局平均法计算等效冲击力

车速 /($km \cdot h^{-1}$)	t_0/s	t_3/s	Δt/s	P/(N·s)	$F = P/\Delta t$/MN
60	0.001	0.186 6	0.185 6	142 606.100 318	0.768
80	0.000 6	0.203 2	0.202 6	195 157.341 321	0.963
100	0.000 6	0.204	0.203 4	245 945.179 519	1.209
120	0.000 4	0.168 4	0.168	301 342.223 621	1.794

注：t_0— 开始时间；t_3— 结束时间；Δt— 冲击力持续时间；P— 冲量；F— 等效冲击力。

将局部等效冲击力和全局等效冲击力与规范值进行对比，如图 6.38 所示。从图中对比可以发现，局部等效冲击力计算所得等效冲击力远远大于各国规范所设定值，通过分析也可以发现主要是由冲击力峰值作用时间较短，并且数值波动过大导致，而且墩柱可能还来不及做出反应冲击力值就已经降下来，因此选用全局等效冲击力计算方法更合理。从全局等效冲击力计算结果与规范进行对比可以发现，在车速为 120 km/h 范围内时能够满足美国规范要求，而在车速超过 85 km/h 时将无法满足我国规范要求。

2. 不同车辆质量下等效冲击力计算

根据模拟计算所得不同车辆质量作用下的冲击力时程曲线，分别通过局部平均法和全局平均法计算不同车辆质量作用下的等效冲击力，如表 6.13 和表 6.14 所示，并与相应规范进行对比。

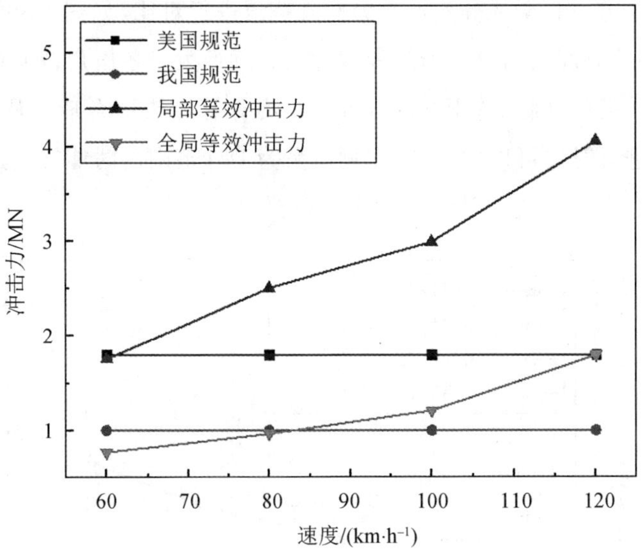

图 6.38　不同车速下计算等效冲击力与规范对比

表 6.13　不同车辆质量下局部平均法计算等效冲击力

车辆质量 /t	t_1/s	t_2/s	Δt/s	P/(N·s)	$F = P/\Delta t$/MN
8	0.023	0.038 4	0.015 4	38 632.676 685	2.509
12	0.022	0.037 5	0.015 5	39 283.085 678	2.534
15	0.145 4	0.197 8	0.052 4	152 564.292 659	2.912
18	0.126 6	0.179 6	0.053	185 875.453 240	3.507

注：t_1— 峰值开始时间；t_2— 峰值结束时间；Δt— 峰值持续时间；P— 冲量；F— 等效冲击力。

表 6.14　不同车辆质量下全局平均法计算等效冲击力

车辆质量 /t	t_0/s	t_3/s	Δt/s	P/(N·s)	$F = P/\Delta t$/MN
8	0.000 6	0.203 2	0.202 6	195 157.341 321	0.963
12	0.000 6	0.268 2	0.267 6	289 330.294 106	1.081
15	0.000 6	0.233	0.232 4	369 428.886 863	1.590
18	0.000 6	0.266 4	0.265 8	432 579.896 108	1.627

注：t_0— 开始时间；t_3— 结束时间；Δt— 冲击力持续时间；P— 冲量；F— 等效冲击力。

将局部等效冲击力和全局等效冲击力与规范值进行对比，如图 6.39 所示。从图中对比可以发现，局部等效冲击力计算所得等效冲击力远远大于各国规范所设定值，情况与不同车速作用下结果类似，因此选用全局等效冲击力计算方法更合理。从全局等效冲击力计算结果与规范进行对比可以发现，在车辆质量为 18 t 范围内时能够满足美国规范要求，而在车辆质量超过 10 t 时将无法满足我国规范要求。

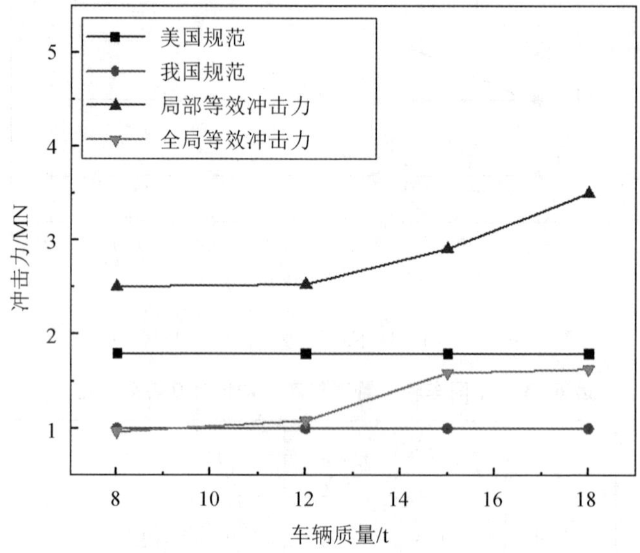

图 6.39　不同车辆质量下计算等效冲击力与规范对比

6.2.6　损伤分析

本节将对钢管混凝土墩柱在车辆冲击荷载作用下的损伤进行分析，分别从损伤过程分析、建立和拟合损伤曲线($m-v$ 曲线)这几个方面进行详细介绍，最后对车辆冲击钢管混凝土墩柱损伤评估进行初步探索。

1. 损伤过程分析

通过有限元程序 ANSYS/LS－DYNA 模拟得到，在正中碰撞情况下，车辆速度和质量对车辆冲击荷载作用下钢管混凝土墩柱的动力响应影响较大。墩柱的主要破坏情况如图 6.40 所示，表现为钢管混凝土墩柱底部出现塑性铰，底部内侧钢管由弹性变形转化为弹塑性变形，并出现凹型皱曲，外侧钢管受压产生凸型皱曲，而底部内侧混凝土由于超出混凝土抗拉强度出现开裂，外侧混凝土则由于挤压也会出现相应碎裂。同时在车辆冲击位置主要表现为受压破坏，钢管向内凹曲，内部混凝土受压出现局部碎裂。

下面以 V80－8T、V120－8T 和 V80－18T 3 种工况得到的数值模拟结果进行对比分析，其中“V80”表示车辆速度为80 km/h，“8T”表示车辆质量为 8 t。

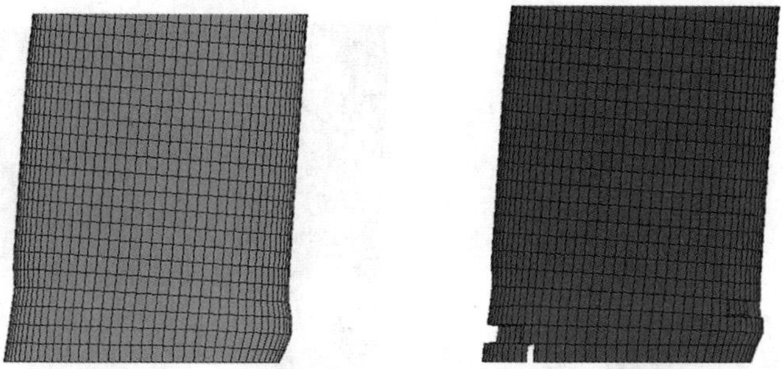

(a) 墩柱底部钢管与混凝土损伤

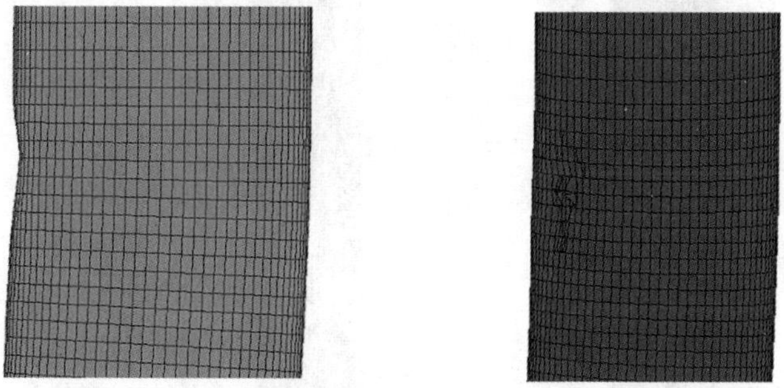

(b) 冲击位置处钢管与混凝土损伤

图 6.40　车辆冲击荷载作用下墩柱损伤情况

如图 6.41 所示，可以发现在车辆速度和质量较低时，钢管混凝土墩柱基本没有受到破坏，钢管与混凝土都在弹性范围内振荡，但随着车辆质量和速度的增加，钢管混凝土墩柱开始出现损伤，主要表现为压弯破坏和剪切破坏，如在工况 V120－8T 下，当钢管混凝土墩柱变形最大时，车辆冲击位置混凝土出现损伤，同时底部混凝土出现开裂进入塑性状态，主要表现为剪切破坏；而在工况 V80－18T 下，当钢管混凝土墩柱变形最大时，冲击位置处混凝土损伤面积变大，同时底部混凝土出现更大裂缝，外部钢管也被拉裂，由于车头部分被完全挤压，造成货物箱与桥墩进一步接触，车辆对墩柱的作用高度增大，因此钢管混凝土墩柱塑性区域向上扩展，主要表现为压弯破坏和剪切破坏。

为具体量化损伤情况，通过大量的数值模拟得到不同工况下车辆冲击钢管混凝土墩柱的损伤情况，此处给出 8 组工况数值模拟结果，如表 6.15 所示。

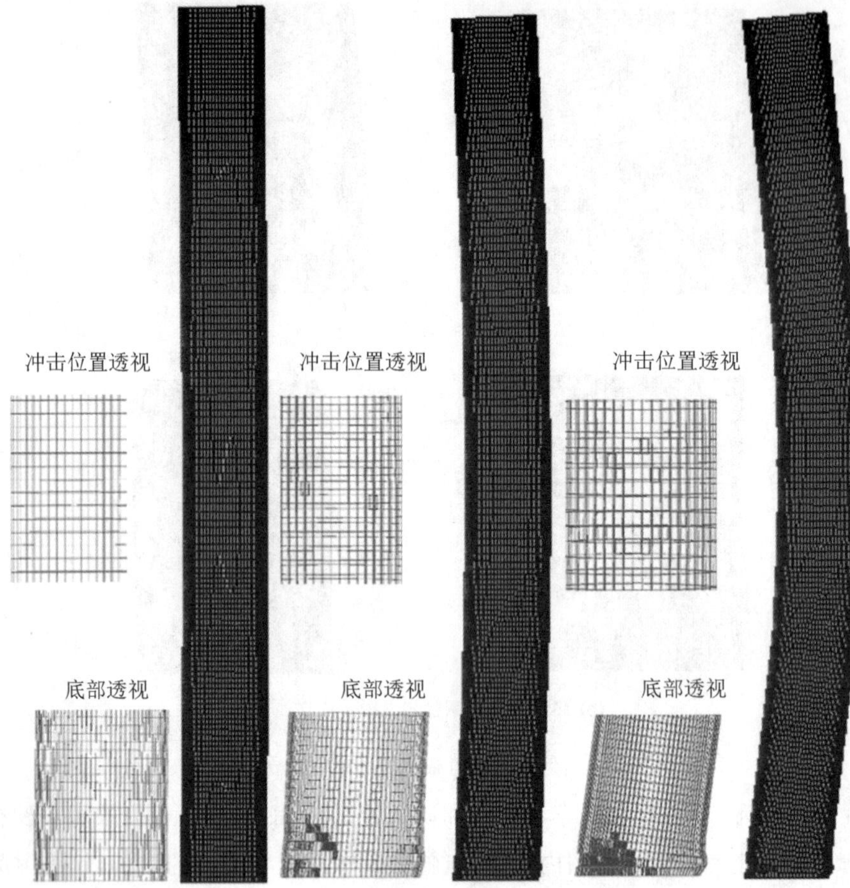

(a) V80-8T (b) V120-8T (c) V80-18T

图 6.41 3 种工况得到的数值模拟结果损伤对比

表 6.15 不同工况下数值模拟结果

序号	车辆速度 /(km·h^{-1})	车辆质量 /t	支座转角 /(°)	钢管混凝土墩柱损伤情况
1	80	14.9	1.70	轻度变形,钢管与内部混凝土未发生明显破坏
2	80	16.3	4.50	中度变形,内部混凝土出现破坏,柱底钢管未开裂
3	80	16.4	5.32	大变形,内部混凝土明显破坏,柱底钢管出现失效开裂
4	85	13.2	1.38	轻度变形,钢管与内部混凝土未发生明显破坏
5	120	8.0	2.22	中度变形,内部混凝土出现破坏,柱底钢管未开裂

续表6.15

序号	车辆速度 /(km·h^{-1})	车辆质量 /t	支座转角 /(°)	钢管混凝土墩柱损伤情况
6	120	8.1	2.41	中度变形，内部混凝土出现破坏，柱底钢管未开裂
7	120	8.5	3.35	中度变形，内部混凝土出现破坏，柱底钢管未开裂
8	120	8.8	5.55	大变形，内部混凝土明显破坏，柱底钢管出现失效开裂

通过模拟所得试验结果发现，当钢管混凝土墩柱支座转角小于 2° 时，外部钢管与内部混凝土均未发生明显破坏，整体表现为轻度损伤；当钢管混凝土墩柱支座转角在 2° ～ 5° 时，外部钢管未发生失效破坏，依然处于弹塑性范围内，而内部混凝土开始出现失效破坏，并且内部混凝土的失效面积随支座转角的增大而增大，整体表现为中度损伤；当钢管混凝土墩柱支座转角超过 5° 时，外部钢管与内部混凝土均发生明显破坏，并且损伤面积随着支座转角的增大而增大，整体表现为重度损伤，此时墩柱已处于不安全状态。

根据数值模拟损伤结果，并结合我国《石油化工控制室抗爆设计规范》(GB 50779－2022) 和美国抗爆规范 TM 5－1300 中的相关规定，可以确定以支座转角为 2° 和 5° 为车辆冲击荷载作用下钢管混凝土墩柱的损伤等级分界值，同时为了安全起见(即认为坐落在损伤分界点上的值处于高一级损伤范围)，选用表 6.16 所示损伤准则对车辆冲击荷载作用下的损伤等级进行划分。

表 6.16　基于支座转角的损伤准则

$\theta < 2°$	$2° \leqslant \theta < 5°$	$\theta \geqslant 5°$
轻度损伤	中度损伤	重度损伤
外观无损 没有明显裂缝和变形	底部混凝土出现裂缝，外部钢管处于弹塑性范围内	底部混凝土和钢管出现大裂缝，冲击位置内部混凝土碎裂

2. 建立和拟合损伤曲线

经过损伤准则的判定就可以开始建立车辆冲击荷载作用下钢管混凝土墩柱的损伤曲线了。通过改变主控变量计算各工况下的支座转角，然后按照损伤准则，选取计算结果中支座转角为损伤等级分界值的工况，最后将其绘入图形中即可得到损伤曲线。

以钢管混凝土墩柱的损伤程度为轻度为例，支座转角的分界值为 2°，运用有限元程序 ANSYS/LS－DYNA 进行数值模拟，保持车辆速度不变，通过不断调整车辆质量，使钢管混凝土墩柱支座转角 θ 不断地趋近于 2°，从而获取该速度下所对应的车辆质量。以此方法类推进行大量数值模拟，可以获得损伤等级分界线上的一系列质量和速度组合点，把这些点经过曲线拟合就可得到轻度损伤时钢管混凝土墩柱的损伤曲线，即 $m-v$ 曲线。

本研究共进行了 120 多组工况的仿真试算，由于很难通过改变试验工况使得钢管混凝土墩柱的支座转角恰好处于两个损伤程度等级的分界线上，所以进行曲线拟合时采用的数据是位于损伤分界线附近的一系列数据点，经过筛选得到具体的有效数据点如表6.17和表6.18所示。

表6.17　支座转角为2°时的有效数据点

序号	车辆速度 /(km·h⁻¹)	车辆质量 /t	支座转角 /(°)
1	73	18.0	1.90
2	75	17.0	2.01
3	80	15.0	2.08
4	85	13.3	2.10
5	88	12.5	1.95
6	90	11.9	2.03
7	95	11.0	1.94
8	100	10.3	2.02
9	105	9.5	2.01
10	108	9.1	1.91
11	110	8.9	1.97
12	115	8.3	2.01
13	118.5	8.0	2.02

表6.18　支座转角为5°时的有效数据点

序号	车辆速度 /(km·h⁻¹)	车辆质量 /t	支座转角 /(°)
1	77	18.0	4.90
2	80	16.35	4.95
3	85	15.15	5.01
4	88	14.0	4.98
5	90	13.3	4.96
6	95	12.3	4.95
7	97	11.8	5.02
8	100	11.4	4.88
9	105	10.56	5.09
10	108	10.1	5.08
11	110	9.9	4.95
12	115	9.39	5.01
13	120	8.76	4.95

根据表6.17和表6.18中支座转角分界值上的有效数据点即可建立损伤曲线，如图6.42所示。从图中可以看出，两条等损伤曲线将整个图形划分为3个区域，分别对应着支

座转角为0°～2°的轻度损伤区域、支座转角为2°～5°的中度损伤区域和支座转角超过5°的重度损伤及倒塌破坏区域。

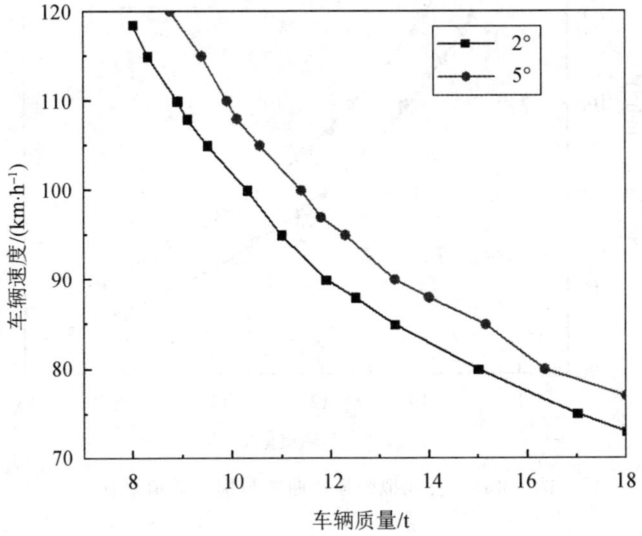

图 6.42　钢管混凝土墩柱损伤评估曲线

经过损伤曲线的划分，在车辆冲击荷载作用下对钢管混凝土墩柱进行损伤评估时就可以很快做出判断，因为只需要获取车辆速度和车辆质量，就可以在损伤评估曲线中找到其所处位置，然后得出钢管混凝土墩柱在该车辆冲击荷载作用下的损伤程度。当车辆速度和质量组合点位于 $\theta=2°$ 等损伤曲线左下方时，表明在该车辆的冲击荷载作用下钢管混凝土墩柱会产生轻度损伤，影响不大；当车辆速度和质量组合点位于 $\theta=2°$ 和 $\theta=5°$ 等损伤曲线中间或恰好位于 $\theta=2°$ 等损伤曲线上时，则表明在该车辆的冲击荷载作用下钢管混凝土墩柱会产生中度损伤，墩底混凝土会出现裂缝，开始出现弹塑性变形；当车辆速度和质量组合点位于 $\theta=5°$ 等损伤曲线右上方或恰好位于 $\theta=5°$ 等损伤曲线上时，则表明在该车辆的冲击荷载作用下钢管混凝土墩柱会产生重度损伤甚至倒塌，墩底混凝土出现大裂缝，钢管被拉裂，柱中车辆冲击位置混凝土碎裂。

根据模拟所得损伤曲线图中损伤等级分界线上的有效数据点，可以对损伤曲线进行公式拟合，得到如下公式：

$$v=65.452+240.55\times 0.827^{m}\quad \theta=2° \tag{6.4}$$

$$v=67.919+265.937\times 0.83^{m}\quad \theta=5° \tag{6.5}$$

公式拟合效果如图 6.43 所示。从图中可以发现，公式拟合损伤曲线与模拟所得值吻合良好，证明该公式合理有效，可运用于车辆冲击荷载作用下钢管混凝土墩柱的损伤评估计算中。

3. 建立车辆冲击钢管混凝土墩柱损伤评估一般流程

通过对上述研究方法进行归纳总结，初步建立车辆冲击钢管混凝土墩柱损伤评估的一般流程，分别包含有限元建模、参数分析、确立损伤评估准则、建立损伤评估曲线、损伤评估等几个关键步骤，具体流程如图 6.44 所示。

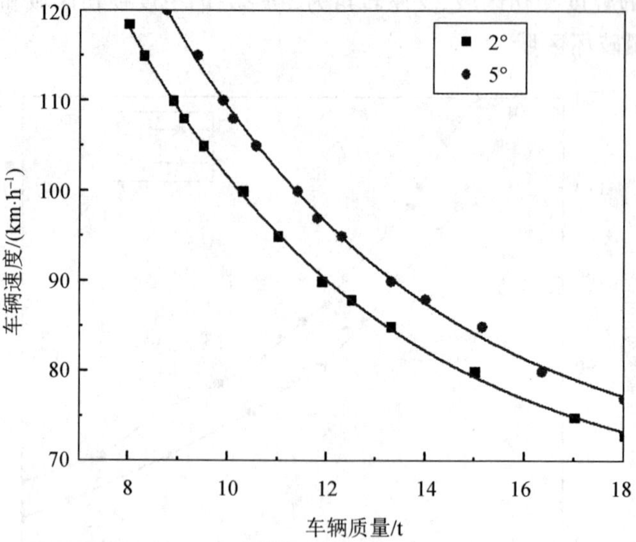

图 6.43　公式拟合损伤曲线与模拟数值对比

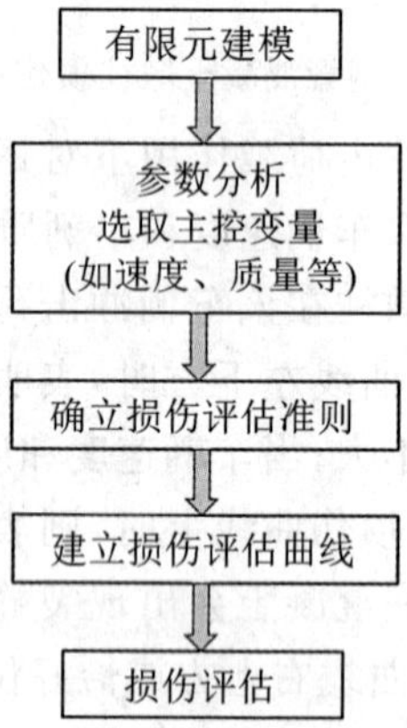

图 6.44　车辆冲击钢管混凝土墩柱损伤评估一般流程

参考文献

[1]FUJIKURA S, BRUNEAU M, LOPEZ-GARCIA D.Experimental investigation of multihazard resistant bridge piers having concrete-filled steel tube under blast loading[J].Journal of bridge engineering ,2008,13(6):586-594.

[2]薛建英,刘玉存,刘天生.钢管混凝土结构构件抗爆性能的试验研究[J].中北大学学报(自然科学版), 2011, 32(6):786-790.

[3]刘中辉,匡志平.钢管混凝土柱抗爆性能试验研究综述[J].结构工程师, 2024, 40(4): 187-194.

[4]李明鸿,刘晏辰,夏梦涛,等.爆炸荷载下预制节段拼装双层钢管混凝土墩柱的动力响应数值模拟[J].东南大学学报(自然科学版), 2024, 54(3): 647-657.

[5]王宏伟,吴成清,杨立燥,等.足尺钢管混凝土柱爆炸作用后残余承载力试验研究[J].建筑结构学报, 2016, 37(5): 155-160.

[6]ZHANG F R, WU C Q, ZHAO X L, et al.Experimental study of CFDST columns infilled with UHPC under close-range blast loading[J]. International journal of impact engineering, 2016, 93:184-195.

[7]ZHANG F R, WU C Q, ZHAO X L, et al.Experimental and numerical study of blast resistance of square CFDST columns with steel-fibre reinforced concrete[J]. Engineering structures, 2017, 149: 50-63.

[8]ZHANG F R, WU C Q, WANG H W, et al.Numerical simulation of concrete filled steel tube columns against BLAST loads[J]. Thin-walled structures, 2015, 92: 82-92.

[9]ZHANG F R, WU C Q, LI Z X, et al.Residual axial capacity of CFDST columns infilled with UHPFRC after close-range blast loading[J]. Thin-walled structures, 2015, 96:314-327.

[10]LI B, NAIR A, QIAN K.Residual axial capacity of reinforced concrete columns with simulated blast damage[J].Journal of performance of constructed facilities, 2012,26(3) : 287-299.

[11]JAYASOORIYA R, THAMBIRATNAM D P, PERERA N J, et al.Blast and residual capacity analysis of reinforced concrete framed buildings[J]. Engineering structures,2011,33(12) : 3483-3495.

[12]钟善桐.钢管混凝土统一理论:研究与应用[M].北京: 清华大学出版社, 2006.

[13]谭清华,韩林海,贾少刚,等.爆炸荷载作用下不锈钢管混凝土构件工作机理研究[J].土木工程学报, 2024, 57(6): 74-91.

[14]吕晋贤，吴昊，卢永刚，等.爆炸作用下建筑结构高效毁伤评估方法[J].爆炸与冲击，2025，45(1)：135-152.

[15]夏梦涛，李明鸿，宗周红，等.大当量爆炸作用下预制节段拼装双层钢管混凝土墩柱的失效模式[J].爆炸与冲击，2023，43(11)：14-27.

[16]李明鸿，夏梦涛，宗周红，等.近爆作用下双层方钢管混凝土墩柱的抗爆性能试验[J].中国公路学报，2023，36(11)：386-394.

[17]董婧.爆炸荷载下 FRP-钢管混凝土柱动力响应与损伤评估[D].西安：长安大学，2021.

[18]李绍琦.爆炸作用后钢筋混凝土柱损伤程度快速评估[D].天津：天津大学，2019.

[19]杨轩.爆炸损伤钢筋混凝土构件的轴向压缩承载力特征及其数学建模研究[D].武汉：江汉大学，2023.

[20]崔莹.爆炸荷载下复式空心钢管混凝土柱的动态响应及损伤评估[D].西安：长安大学，2013.

[21]邓旭辉，王达锋.近爆作用下中空夹层超高性能钢管混凝土柱的抗爆性能[J].高压物理学报，2020，34(6)：151-164.

[22]孙宇，毛毳，杜欣新.爆炸荷载作用下方钢管混凝土柱的动力响应分析[J].天津城建大学学报，2015，21(4)：258-261.

[23]曹雪叶，赵均海，李艳.爆炸荷载作用下钢管混凝土柱非线性分析[J].建筑科学与工程学报，2015，32(1)：58-63.

[24]崔莹，赵均海，张常光，等.爆炸冲击波在钢管混凝土柱表面压力分布试验研究及数值模拟[J].北京工业大学学报，2014，40(12)：1828-1836.

[25]牛操，卢永刚，陶俊林.钢管混凝土柱对爆炸冲击波影响的数值模拟研究[J].西南科技大学学报，2014，29(2)：23-28.

[26]齐宝欣，刘雪微，任庆新.截面短长轴比对椭圆钢管混凝土柱抗爆性能影响[J].沈阳建筑大学学报(自然科学版)，2023，39(2)：202-210.

[27]马建军，陈建营，陈万祥，等.圆柱形装药不确定爆炸作用下钢管 RPC 柱的破坏机理[J].中山大学学报(自然科学版)(中英文)，2023，62(3)：68-78.

[28]王新征，牛冠毅，郑金明，等.侧向非接触爆炸钢管混凝土构件损伤演化数值分析[C]// 第 23 届全国结构工程学术会议论文集 (第Ⅲ册).兰州，2014：207-213.

[29]吴赛，赵均海，魏雪英，等.爆炸荷载作用下复式钢管混凝土柱的数值分析[J].工业建筑，2013，43(1)：112-117.

[30]王帅，徐亚丰，张凤荣，等.爆炸荷载作用下 CFRP 加固钢骨-钢管混凝土柱的动力响应分析[C]// 第十届沈阳科学学术年会论文集 (信息科学与工程技术分册).沈阳，2013：569-573.

[31]魏宏先，袁帅兵，刘钰，等.爆炸荷载下钢管混凝土 L 型柱的受力性能研究[C]// 第二十二届全国现代结构工程学术研讨会论文集.徐州，2022：293-298.

[32]马云玲，谢冰，何大治，等.圆钢管混凝土爆炸响应的数值分析[J].武汉理工大学学报，2010，32(14)：120-125.

[33]李智斌，王宏伟，赵建魁，等.爆炸荷载下钢管混凝土结构动力响应的研究进展综述[J].广东建材，2017，33 (5)：72-76.

[34]蔡鹏飞，熊祖钊，蔡路军.爆炸荷载下钢管混凝土构件动态响应的数值模拟与试验验证[J].爆破，2021，38(4)：44-51,88.

[35]冯红波，赵均海，魏雪英，等.爆炸荷载作用下钢管混凝土柱的有限元分析[J]. 解放军理工大学学报(自然科学版)，2007，8(6)：680-684.

[36]杜林，石少卿，张湘冀，等.钢管混凝土短柱内部抗爆炸性能的有限元数值模拟[J].重庆大学学报(自然科学版) 2004，27(10)：142-144.

[37]QASRAWI Y, HEFFERNAN P J, FAM A. Performance of concrete-filled FRP tubes under field close-in blast loading[J].Journal of composites for construction，2015，19(4):1-12.

[38]REMENNIKOV A M, UY B. Explosive testing and modelling of square tubular steel columns for near-field detonations[J].Journal of constructional steel research，2014，101:290-303.

[39]DING Y, WANG M, LI Z X, et al.Damage evaluation of the steel tubular column subjected to explosion and post-explosion fire condition[J].Engineering structures，2013，55:44-55.

[40]苏丽娜，侯延利.钢筋混凝土柱在爆炸荷载作用下的动态响应分析[J].四川建筑科学研究，2012，38(4):52-54.

[41]阎石，辛志强，齐宝欣，等.轻钢结构柱爆炸荷载应变率效应影响因素分析[J].土木建筑与环境工程，2011，33(S1):49-52.

[42]向强，李金灿.爆炸荷载作用下钢筋混凝土柱的抗爆性能研究[J].四川建筑，2011，31(5):184-186.

[43]胡文伟，王蕊，赵晖，等.考虑高温影响的钢管混凝土柱抗爆性能研究[J].爆炸与冲击，2021，41(11)：58-69.

[44]贾少刚.不锈钢管混凝土柱抗爆性能试验研究与数值模拟[D].长沙：国防科技大学，2020.

[45]阎石，齐宝欣，辛志强，等.高温与爆炸作用下轻钢柱动力响应与破坏模式数值分析[J].土木工程学报，2010，43(S1):484-489.

[46]张秀华，张春巍，段忠东.爆炸荷载作用下钢框架柱冲击响应与破坏模式的数值模拟[J].沈阳建筑大学学报(自然科学版)，2009，25(4):656-662.

[47]赵均海，孙珊珊，党会学，等.钢管混凝土柱抗爆性能数值模拟与实验验证[J].应用数学和力学，2020，41(9)：943-955.

[48]师燕超，李忠献.爆炸荷载作用下钢筋混凝土柱的动力响应与破坏模式[J].建筑结构学报，2008，29(4):112-117.

[49]魏雪英，白国良.爆炸荷载下钢筋混凝土柱的动力响应及破坏形态分析[J].解放军理工大学学报(自然科学版)，2007，8(5):525-529.

[50]汪旭光.乳化炸药[M].2 版. 北京：冶金工业出版社，2008.

[51]Technical Manual (TM 5-1300). Structures to resist the effect of accidental explosions[S].Washington, DC:Department of the Army, Navy and the Air force, 1990.
[52]宁建国,王成,马天宝.爆炸与冲击动力学[M].北京：国防工业出版社，2010.
[53]郭进平，聂兴信.新编爆破工程实用技术大全[M].北京：光明日报出版社,2002.
[54]许成龙,周强,李克璋，等.汽车炸弹袭击下高层框剪结构数值模拟[J].武汉理工大学学报,2024,46(6):40-45.
[55]于文华.爆炸冲击波荷载研究[D].南京：解放军理工大学，2013.
[56]李翼祺，马素贞.爆炸力学[M].北京：科学出版社，1992.
[57]肖岩，陈林，肖果，等.防撞柱实车碰撞性能研究[J].振动与冲击，2013,32(11):1-6.
[58] HENRYCH J. The dynamics of explosion and its use [M]. Amsterdam: Elsevier,1979.
[59]叶晓华.军事爆破工程[M].北京：解放军出版社，1999.
[60]陈林.桥墩防车辆撞击研究[D].长沙：湖南大学，2015.
[61]恽寿榕,赵衡阳.爆炸力学[M].北京：国防工业出版社，2005.
[62]贝克 W E，考克斯 P A，威斯汀 P S,等.爆炸危险性及其评估[M]. 张国顺,文以民,刘定吉,译. 北京:群众出版社，1988.
[63]乔小玲，胡毅亭，彭金华,等.岩石型乳化炸药的 TNT 当量[J].爆破器材，1998(6):5-8.
[64]范俊余，方秦，张亚栋,等.岩石乳化炸药 TNT 当量系数的试验研究[J].兵工学报，2011，32(10):1243-1249.
[65]严国建，周明安，余轮,等.空气中爆炸冲击波超压峰值的预测[J].采矿技术，2011,11(5):89-90.
[66]盛利，郭玉荣，肖岩.爆炸空气冲击波荷载效应[J].湖南城市学院学报(自然科学版)，2006，15(2):1-3.
[67]张守中.爆炸基本原理[M].北京：国防工业出版社，1988.
[68]黄寅生.炸药理论[M]. 北京:兵器工业出版社，2009.
[69]刘殿中，杨仕春.工程爆破实用手册[M].2 版.北京：冶金工业出版社，2003.
[70]孙建运,李国强.建筑结构抗爆设计研究发展概述[J].四川建筑科学研究,2007,33(2):4-10.
[71]吴赛.爆炸荷载下复式钢管混凝土柱动力响应研究[D].西安：长安大学，2012.
[72]吴鹏.轴压比对钢管混凝土柱抗爆性能的影响研究[D].西安：长安大学，2014.
[73]王泽溥，郑志良.爆炸及其防护：火炸药、弹药企业事故爆炸效应及防护条件设置的基本要求[M].北京：兵器工业出版社，2008.
[74]过镇海，时旭东.钢筋混凝土原理和分析[M]. 北京:清华大学出版社，2003.
[75]过镇海.钢筋混凝土原理[M].3 版. 北京:清华大学出版社，2013.
[76]肖诗云，林皋，逯静洲,等.应变率对混凝土抗压特性的影响[J].哈尔滨建筑大学学报，2002，35(5):35-39.
[77]肖诗云，林皋，王哲，等.应变率对混凝土抗拉特性影响[J].大连理工大学学报,

2001，41(6)：721-725.
[78]董毓利，谢和平，赵鹏.不同应变率下混凝土受压全过程的实验研究及其本构模型[J].水利学报，1997,28(7)：72-77.
[79]陈洪涛，钟善桐，张素梅.钢管混凝土中混凝土的三向本构关系[J].哈尔滨建筑大学学报,2000，33(6)：13-16.
[80]李国豪.工程结构抗爆动力学[M].上海：上海科学技术出版社，1989.
[81]史巨元.钢的动态力学性能及应用[M].北京：冶金工业出版社，1993.
[82]RICHARD LIEW J Y，CHEN H.Explosion and fire analysis of steel frames using fiber element approach[J]. Journal of structural engineering，2004，130(7)：991-1000.
[83]周云，李伍平，浣石，等.防灾减灾工程学[M].北京：中国建筑工业出版社，2007.
[84]王学谦，刘万臣.建筑防火设计手册[M].北京：中国建筑工业出版社，1998.
[85]冯红波.爆炸荷载作用下钢管混凝土柱的动力响应研究[D].西安：长安大学，2008.
[86]中华人民共和国住房和城乡建设部.混凝土结构设计规范：GB 50010—2010[S].北京：中国建筑工业出版社，2010.
[87]中华人民共和国住房和城乡建设部.高层建筑混凝土结构技术规程:JGJ 3—2010[S].北京：中国建筑工业出版社，2010.
[88]师燕超.爆炸荷载作用下钢筋混凝土结构的动态响应行为与损伤破坏机理[D].天津：天津大学，2009.
[89]杜成斌，苏擎柱.混凝土材料动力本构模型研究进展[J].世界地震工程，2002，18(2)：94-98.
[90]刘小敏，王华，杨萌，等.混凝土本构关系研究现状及发展[J].河南科技大学学报(自然科学版)，2004，25(5)：58-62.
[91]赵曦濛.关于混凝土 HJC 本构损伤模型的几点探讨[J].建筑建材装饰，2009，10(62)：54-57.
[92]曹吉星.钢纤维混凝土的动态本构模型及其有限元方法[D].成都：西南交通大学，2011.
[93]李世民，李晓军.几种常用混凝土动态损伤本构模型评述[J].混凝土，2011(6)：19-22.
[94]贾彬，王汝恒，陶俊林，等.混凝土 SHPB 试验数值模拟研究[J].固体力学学报，2010,31(S)：216-222.
[95]陈星明，刘彤，肖正学.混凝土 HJC 模型抗侵彻参数敏感性数值模拟研究[J].高压物理学报,2012,26(3)：313-318.
[96]王宏伟,李鹏,周云. 两种截面钢管混凝土轴压柱抗侧承载力研究[J]. 广州大学学报(自然科学版),2016,15(02)：70-75.
[97]王亚生,爆炸荷载作用下钢管混凝土柱破坏模式的试验研究[D].广州：广州大学,2014.
[98]王国慧.爆炸荷载作用下混凝土框架结构的倒塌破坏研究[J].科学技术创新,2022

(27):126-131.
[99]韩林海，杨有福.现代钢管混凝土结构技术[M].2 版.北京：中国建筑工业出版社，2007.
[100]王宏伟，陈少杰，周云.圆空心钢管混凝土短柱在轴向压力作用下的可靠性分析[J].土木建筑与环境工程，2018 ，40 (6) 98-107.
[101]BISCHOFF P H, PERRY S H.Compressive behaviour of concrete at high strain rates[J].Materials and structures, 1991, 24(6): 425-450.
[102]MALVAR L.Review of static and dynamic properties of steel reinforcing bars[J].ACI materials journal, 1998, 95(6): 609-616.
[103]李耀，李和平，巫绪涛.混凝土 HJC 动态本构模型的研究[J].合肥工业大学学报(自然科学版)，2009，32(8):1244-1248.
[104]石少卿，康建功，汪敏，等.ANSYS/LS-DYNA 在爆炸与冲击领域内的工程应用[M].北京：中国建筑工业出版社，2011.
[105]白金泽.LS-DYNA3D 理论基础与实例分析[M].北京：科学出版社，2005.
[106]李裕春，时党勇，赵远.ANSYS 11.0/LS-DYNA 基础理论与工程实践[M].北京：中国水利水电出版社，2008.
[107]尚晓江，苏建宇，王化锋，等.ANSYS/LS-DYNA 动力分析方法与工程实例[M].2 版.北京：中国水利水电出版社，2008.
[108]AASHTO.AASHTO LRFD Bridge Design Specifications[M]. 4th ed.Washington D C: American Association of State Highway and Transportation Officials, 2007.
[109]赵海鸥.LS-DYNA 动力分析指南[M].北京：兵器工业出版社，2003.
[110]HOLMQUIST T J, JOHNSON G R.A computational constitutive model for glass subjected to large strains, high strain rates, and high pressures[J]. Journal of applied mechanics, 2011, 78(5):1-9.
[111]张凤国，李恩征.大应变、高应变率及高压强条件下混凝土的计算模型[J].爆炸与冲击，2002，22(3):198-202.
[112]中交公路规划设计院有限公司.公路桥涵设计通用规范：JTG D60—2015[S].北京：人民交通出版社，2015.
[113]HANCHAK S J, FORRESTAL M J, YOUNG E R, et al.Perforation of concrete slabs with 48 MPa (7 ksi) and 140 MPa (20 ksi) unconfined compressive strengths [J].International journal of impact engineering, 1992, 12(1):1-7.
[114]中华人民共和国建设部.钢结构设计规范:GB 50017—2003[S].北京：中国计划出版社，2003.
[115]全国标准化技术委员会. 金属材料　室温拉伸试验方法：GB/T 228—2002[S].北京：中国标准出版社，2002.
[116]中华人民共和国住房和城乡建设部.普通混凝土配合比设计规程：JGJ 55—2011 [S].北京：中国建筑工业出版社，2011.
[117]中华人民共和国建设部.普通混凝土力学性能试验方法标准：GB/T 50081—2002

[S].北京：中国建筑工业出版社，2003.
[118]邱法维，钱稼茹，陈志鹏.结构抗震实验方法[M].北京：科学出版社，2000.
[119]王玉镯，傅传国.ABAQUS结构工程分析及实例详解[M].北京：中国建筑工业出版社,2010.
[120]王金昌，陈页开.ABAQUS在土木工程中的应用[M].杭州：浙江大学出版社,2006.
[121]肖果.防撞柱实车碰撞性能研究及有限元分析[D].长沙：湖南大学，2010.
[122]薛建英.钢管混凝土结构构件在爆炸冲击荷载作用下动力响应的研究[D].太原：中北大学，2011.
[123]李国强，瞿海雁，杨涛春，等.钢管混凝土柱抗爆性能试验研究[J].建筑结构学报，2013，34(12)：69-76.
[124]张正胜.车辆冲击荷载作用下钢管混凝土墩柱动力响应与损伤分析[D].广州：广州大学,2020.
[125]KRISHNAPPA N，BRUNEAU M，WARN G P.Weak-axis behavior of wide flange columns subjected to blast[J].Journal of structural engineering，2014,140(5):1-9.
[126]SUN W B，JIANG Y，HE W Z.An overview on the blast loading and blast effects on the RC structures[J].Applied mechanics and materials，2011，94/95/96:77-80.
[127]NGO T，MENDIS P，GUPTA A，et al.Blast loading and blast effects on structures-an overview[J].Electronic journal of structural engineering，2007，7(1)：76-91.
[128]侯川川.低速横向冲击荷载下圆钢管混凝土构件的力学性能研究[D].北京：清华大学，2012.
[129]李忠献,任其武,师燕超,等.重要建筑结构抗恐怖爆炸设计爆炸荷载取值探讨[J].建筑结构学报,2016,37(3):51-58.
[130]SUDEEP K，RAO V N. Structures to resist the effects of the accidental explosions[J]. International journal of trend in scientific research and development 2019，3(3):1528-1530.
[131]中华人民共和国建设部.人民防空地下室设计规范:GB 50038—2005[S].北京：中国计划出版社,2005.
[132]WU C Q，HAO H.Modeling of simultaneous ground shock and airblast pressure on nearby structures from surface explosions[J].International journal of impact engineering，2005，31(6):699-717.
[133]MALVAR L J，ROSS C A.A review of strain rate effects for concrete in tension [J].ACI materials journal，1998,95(6):735-739.
[134]JEREMIC R，BAJIC Z.An approach to determining the TNT equivalent of high explosives[J].Scientific technical review，2006，56(1):58-62.
[135]刘晓石.概率论与数理统计[M].2版.北京:科学出版社,2005.
[136]卢德辉,王宏伟,周云.基于OpenSees的空心钢管混凝土柱恢复力计算公式研究

[J]. 防灾减灾工程学报,2014,34(05):626-631.
[137]NASSR A A, RAZAQPUR A G, TAIT M J, et al.Experimental performance of steel beams under blast loading [J]. Journal of performance of constructed facilities, 2012, 26(5): 600-619.
[138]BURRELL R P, AOUDE H, SAATCIOGLU M.Response of SFRC columns under blast loads[J].Journal of structural engineering, 2014, 141(9):209-214.
[139]NICKERSON J M, TRASBORG P A, NAITO C J, et al.Finite element assessment of methods for incorporating axial load effects into blast design SDOF analyses of precast wall panels[J].Journal of performance of constructed facilities, 2015, 29(5): B4014006.
[140]HAO H, HAO Y F, LI J, et al.Review of the current practices in blast-resistant analysis and design of concrete structures[J].Advances in structural engineering, 2016, 19(8): 1193-1223.
[141]崔莹,赵均海,张常光,等.复式空心钢管混凝土柱抗爆性能及损伤研究[J].振动与冲击,2015,34(21):188-193.
[142]BAERA C,SZILAGYI H.Concrete structures under impact and implosive loading: general aspects[J]. Urbanism arhitectura constructii, 2016, 7(3):239-250.
[143]克拉夫 R,彭津 J.结构动力学[M]. 王光远,等译. 北京:高等教育出版社, 2006.
[144] BIGGS J M. Introduction to structural dynamics [M]. New York: McGraw-Hill, 1964.
[145]中华人民共和国住房和城乡建设部.石油化工控制室抗爆设计规范: GB 50779—2012[S].北京:中国计划出版社, 2012.
[146]王蕊.钢管混凝土结构构件在侧向撞击下动力响应及其损伤破坏的研究[D].太原:太原理工大学,2008.
[147]王博.固简支钢管混凝土构件在侧向冲击荷载作用下响应的分析[D].太原:太原理工大学,2007.
[148]王新敏.ANSYS 工程结构数值分析[M].北京:人民交通出版社, 2007.
[149]杜喜凯,王铁成,张建辉,等.方钢管混凝土柱轴压比限值的研究[J].河北农业大学学报,2006,29(2):112-114.
[150]中华人民共和国住房和城乡建设部.钢管混凝土结构技术规范: GB 50936—2014[S].北京:中国建筑工业出版社, 2014.
[151]RONG H C, LI B.Probabilistic response evaluation for RC flexural members subjected to blast loadings[J].Structural safety, 2007, 29(2): 146-163.
[152]CAMPIDELLI M, TAIT M J, EL-DAKHAKHNI W W, et al.Numerical strategies for damage assessment of reinforced concrete block walls subjected to blast risk[J].Engineering structures, 2016, 127: 559-582.
[153]WESEVICH J W, OSWALD C J.Empirical based concrete masonry pressure-impulse diagrams for varying degrees of damage[C]//Structures Congress 2005.

New York, USA. American Society of Civil Engineers, 2005.
[154]CHEN S W, CHEN X, LI G Q, et al.Development of pressure-impulse diagrams for framed PVB-laminated glass windows[J].Journal of structural engineering, 2019, 145(3): 04018263.
[155]COLOMBO M, MARTINELLI P, HUAPING R.Pressure-impulse diagrams for SFRC underground tunnels[J].Computational modelling of concrete structures, 2014,2:1023-1030.
[156]ESKEW E, JANG S.Rapid condition assessment of structural condition after a blast using state-space identification[C]//Structural Health Monitoring and Inspection of Advanced Materials, Aerospace, and Civil Infrastructure 2015.San Diego, California, USA.SPIE, 2015,1-6.
[157]ESKEW E L, JANG S.Damage assessment of a building subjected to a terrorist attack[J].Advances in structural engineering, 2014, 17(11): 1693-1704.
[158]LI J, HAO H.Influence of brittle shear damage on accuracy of the two-step method in prediction of structural response to blast loads[J].International journal of impact engineering, 2013, 54: 217-231.
[159]EL-DAKHAKHNI W W, MEKKY W F, CHANGIZ REZAEI S H.Validity of SDOF models for analyzing two-way reinforced concrete panels under blast loading [J].Journal of performance of constructed facilities, 2010, 24(4): 311-325.
[160]FALLAH A S, LOUCA L A.Pressure-impulse diagrams for elastic-plastic-hardening and softening single-degree-of-freedom models subjected to blast loading[J]. International journal of impact engineering, 2007, 34(4): 823-842.
[161]HUANG X, BAO H R, HAO Y F, et al.Damage assessment of two-way RC slab subjected to blast load using mode approximation approach[J]. International journal of structural stability and dynamics, 2017, 17(1): 1750013.
[162]TSAI Y K, KRAUTHAMMER T.Energy based load-impulse diagrams[J].Engineering structures, 2017, 149: 64-77.
[163]WANG W, ZHANG D, LU F Y, et al.Pressure-impulse diagram with multiple failure modes of one-way reinforced concrete slab under blast loading using SDOF method[J].Journal of central south university, 2013, 20(2): 510-519.
[164]WANG Y H, XIONG M X.Analysis of axially restrained water storage tank under blast loading[J].International journal of impact engineering, 2015, 86: 167-178.
[165]ZHANG H D, LI Z X, WU C Q.Investigation of blast effects on double-skinned composite steel tubular columns[J].International journal of protective structures, 2015, 6(3): 403-418.
[166]JONES N.Structural impact[M].Cambridge: Cambridge University Press, 1997.
[167]余同希,邱信明.冲击动力学[M].北京:清华大学出版社,2011.
[168]卢德辉.圆、方形空心钢管混凝土柱抗震性能及设计方法研究[D].广州:广州大

学，2012.

[169]赵均海，董婧，张冬芳，等.FRP钢管混凝土柱抗爆性能数值模拟[J].建筑科学与工程学报，2020，37(2)：35-43.

[170]汪明.爆炸荷载作用下钢结构损伤机理及砌体墙破碎过程研究[D].天津：天津大学，2010.

[171]孙建运.爆炸冲击荷载作用下钢骨混凝土柱性能研究[D].上海：同济大学，2006.

[172]LI Q M, MENG H.Pulse loading shape effects on pressure-impulse diagram of an elastic-plastic, single-degree-of-freedom structural model[J].International journal of mechanical sciences, 2002, 44(9): 1985-1998.

[173]LI Q M, MENG H.Pressure-impulse diagram for blast loads based on dimensional analysis and single-degree-of-freedom model[J].Journal of engineering mechanics, 2002, 128(1): 87-92.

[174]周清，吴逸雄，孙亮，等.加劲肋对爆炸荷载下HM450×300型钢梁整体位移及局部变形的影响[J].建筑技术，2019，50(12)：1512-1515.

[175]刘钝，邢沛霖，陈好平.采用部分钢管混凝土柱的装配式框架结构体系设计与分析[J].建筑结构，2023，53(S2)：935-939.

[176]李斌，赵媛媛.方钢管混凝土柱-钢梁框架抗震性能研究[J].科技创新与应用，2023，13(28)：96-99.

[177]李文明.屈曲约束支撑与混凝土框架梁柱新型连接节点的有限元分析[D].沈阳：沈阳建筑大学，2016.

[178]丁发兴，佘露雨，段林利，等.高轴压比方钢管混凝土柱-组合梁加强环节点抗震性能有限元分析[J].钢结构(中英文)，2024，39(1)：29-40.

名词索引